普通高等教育"十三五"规划教材

电工电子基础课程规划教材

信号与系统分析基础

成开友　刘长学　编著

电子工业出版社

Publishing House of Electronics Industry

北京·BEIJING

内 容 简 介

信号与系统是高等学校重要的电类专业基础课程。本书是根据我国高等教育发展的新形势，依据教育部教指委制定的课程教学基本要求，以及高等学校培养应用型高级技术人才的定位编写的简明教材。该教材突出基础，给出大量实例，注重典型题目的分析。主要内容包括：信号和系统的基本概念、连续系统的时域分析、离散系统的时域分析、连续系统的频域分析、连续系统的 s 域分析、离散系统的 z 域分析和系统函数等，每章后附大量习题，并提供配套电子课件和习题参考答案。

本书可作为高等学校电类及相关各专业信号与系统课程的本科生教材，也可作为相关工程技术人员的参考书。

图书在版编目（CIP）数据

信号与系统分析基础 / 成开友，刘长学编著. — 北京：电子工业出版社，2016.4

ISBN 978-7-121-28274-4

I. ①信… II. ①成 ②刘… III. ①信号分析－高等学校－教材 ②信号系统－系统分析－高等学校－教材 IV. ①TN911.6

中国版本图书馆 CIP 数据核字（2016）第 045327 号

策划编辑：王羽佳
责任编辑：周宏敏
印　　刷：北京盛通商印快线网络科技有限公司
装　　订：北京盛通商印快线网络科技有限公司
出版发行：电子工业出版社
　　　　　北京市海淀区万寿路 173 信箱　　邮编：100036
开　　本：787×1092　1/16　印张：16.75　字数：484 千字
版　　次：2016 年 4 月第 1 版
印　　次：2021 年 1 月第 3 次印刷
定　　价：39.90 元

凡所购买电子工业出版社图书有缺损问题，请向购买书店调换。若书店售缺，请与本社发行部联系，联系及邮购电话：（010）88254888，88258888。

质量投诉请发邮件至 zlts@phei.com.cn，盗版侵权举报请发邮件至 dbqq@phei.com.cn。

本书咨询联系方式：（010）88254535，wyj@phei.com.cn。

前　言

　　信号与系统课程是高等学校理工科重要的电类专业基础课。通过本课程的学习，可以掌握信号与系统的基本概念、基本理论和基本的分析方法，为后续课程的学习打下良好的理论基础。

　　随着高等教育大众化的进一步深入，各高校对教材的层次性要求越来越高。本书主要面向普通本科高校，在符合教育部电工电子基础课程教学指导委员会制定的"信号与系统课程教学基本要求"的基础上，以实用、够用为度的原则，我们编写了本书。本书主要内容突出基础理论，注重典型题目的分析，讲解深入浅出，通俗易懂。

　　本书的主要内容包括：连续信号与离散信号的时域分析和频域分析、线性时不变系统的描述和特性、连续信号通过线性时不变系统的时域分析、实频域分析、复频域分析；离散信号通过线性时不变系统的时域分析、z域分析；最后还简单介绍了系统函数。

　　为了使读者能够更好地理解和运用所学的知识，本书精选了大量例题和习题，并提供配套电子课件和习题参考答案等教辅资料。请登录华信教育资源网http://www.hxedu.com.cn注册下载。

　　本书力图体现以下几方面的特色。

　　理念：在我国高等教育从精英教育向大众化教育的转型阶段，教材也必须适应这个变化，才能在现代高等教育中很好地发挥提高教学质量、培养高水准人才的作用。几十年体系、内容变化缓慢的教材无法适应今天的快节奏。本书的编写充分体现了"以学生为中心，以教师为主导"的原则。

　　定位：本书的编写本着"知行并重，实践育人"的理念，在内容和体系上与传统同类教材有所区别。

　　思路：注重基本概念、基本理论和基本分析方法，不在计算上花费太多时间和精力，习题侧重于相关概念及知识的理解与考察。

　　实用：教材突出理论与实际生活和工程实践的结合，使读者感到学有所用，学有所趣。

　　简明：简明扼要，力争做到适用、实用和好用。

　　本书由成开友和刘长学编写，其中成开友负责第2章、第3章、第5章、第6章、附录和参考答案的编写，并负责全书的统稿工作；刘长学负责第1章、第4章和第7章内容的编写工作。

　　本书的编写和出版得到了盐城工学院教材出版基金的资助，得到了盐城工学院电气工程学院全体同仁的支持和帮助，电气工程学院何坚强教授以及信息工程学院王吉林教授审阅了全书并对本书的编写工作提出了不少宝贵建议，在此一并致以衷心的感谢和敬意！

　　最后，感谢使用本书的各高等学校同行和读者，由于编者水平有限，书中一定还存在许多不妥和错误之处，恳请读者给予批评指正。

编著者

2016年4月

目　录

第 1 章　信号和系统的基本概念

本章主要介绍信号和系统的概念和它们的分类方法，信号的描述、信号与系统分析中经常用到的几种典型信号的特点、信号的基本运算，以及系统的描述、线性非时变系统的特性和系统的一般分析方法。

1.1　概　　述

在物理学中，人们通常把载有一定信息的电、光、声等称为信号。以电流、电压、电荷、磁通和电磁波形式出现的信号为电信号，以光波形式出现的信号为光信号，以声波为载体的信号为声信号。用于发出、传输、接收、转换、分配、存储和加工处理信号的装置叫系统。与信号类型相对应，系统也有电学系统、光学系统和声学系统等之分。

与其他类型信号相比电信号具有以下几个重要特点。一是更容易实现与其他类型信号之间的相互转换。通过各种换能器就能方便地完成这项工作，比如通过传声器可以把声音信号转变为对应的音频电信号，通过扬声器又可以方便地把音频电信号还原成声音信号。二是更容易实现远距离传输。现代通信技术就是通过电磁波作为信息载体，把信息带到地球的每个角落的。我们用的手机就是利用这个技术实现远距离双向通信的。三是电信号更容易进行各种形式的加工处理，比如滤波、整形、限幅、线性放大、压缩、叠加、调制等。四是电信号更容易被储存。电信号以数据的方式有规律地存储在磁盘、光盘等存储设备中。随着电子计算机技术的发展和普及，数据的存储量越来越大，处理信号的能力越来越强，处理信号的过程越来越便捷。正因为如此，其他形式信号的处理一般都是将它们先转变为电信号加工处理，处理工作完成之后，再通过换能器把加工处理好的电信号还原为非电信号，过程如图 1.1.1 所示。因此，研究电信号及其处理的意义就显得及其重要，本教材也只介绍电信号和电系统的分析方法。

非电信号1　→　换能器1　→　电信号处理　→　换能器2　→　非电信号2

图 1.1.1　非电信号的处理过程框图

1.2　信号的描述与分类

1.2.1　信号的描述

描述信号的方法通常使用函数表达式，即用函数的方法来描述电信号随自变量的变化关系。因此，在信号系统中往往不去区分"信号"和"函数"。说到函数指的就是信号，说到信号就是指函数。提到函数我们就想到它的另外一种描述方式，那就是函数图形，即在以函数的自变量为横坐标、函数值为纵坐标的直角坐标系里，把函数值随自变量的关系用曲线表示出来。在时间域（简称时域）中信号的值随时间 t 变化，其函数表达式的自变量就是时间。信号的值随时间 t 变化的曲线称为信号的波形图。在电路实验中，周期性信号的波形图可以用示波器来观察。显然，与函数表达式相比，用波形图来描述时域信号显得更加形象直观。当我们把函数通过变换变成非时域信号时，函数和自变量都将发生改变，但依然可以用表达式或图形来描述这个域里面的信号。当然，不是所有的信号都可以用函数表达式来描述的，像随机信号等不确定信号就不能用表达式描述。

1.2.2　信号的分类

根据电信号的特点，我们可以把信号分为确定性信号与随机信号、连续信号和离散信号、周期信号和非周期信号、能量有限信号与功率有限信号，现分述如下。

1．确定性信号和随机信号

若信号可以用确定的图形、曲线或函数表达式来准确描述，则称该信号为确定性信号。对于这种信号，给定一个自变量的值，就能确定其相应的信号值。

如果信号不遵循确定的规律，事先将无法预知它的变化规律，这种信号称为随机信号或不确定信号，如马路上的噪声、电路中的各种干扰、电网的电压波动等都属于随机信号。随机信号是不能用函数式来描述的。随机信号是客观存在的信号，它服从统计规律，所以研究随机信号要用到概率统计的方法。尽管如此，研究确定性信号仍是十分重要的，因为它不仅广泛应用于系统分析设计中，同时也是进一步研究随机信号的基础。本教材主要研究确定性信号。

2．连续时间信号和离散信号

如果信号在某个时间区间内除有限个间断点外都有定义，就称该信号在此区间内为连续时间信号，简称连续信号。这里"连续"一词是指在定义域内（除有限个间断点外）信号自变量是连续可变的。至于信号的取值，在值域内可以是连续的，也可以是不连续的。

图 1.2.1(a)所示的余弦信号就是一个典型的连续信号，其表达式为

$$f_1(t) = A\cos(\pi t)$$

式中，A 是常数。其自变量 t 在定义域 $(-\infty,\infty)$ 内连续变化，信号在值域$[-A, A]$上连续取值。为了简便起见，若信号表达式中的定义域为 $(-\infty,\infty)$，则可省去不写。也就是说，凡没有标明时间区间时，均默认其定义域为 $(-\infty,\infty)$。

图 1.2.1(b)是单位阶跃信号，通常记为 $\varepsilon(t)$，其表达式为

$$f_2(t) = \varepsilon(t) = \begin{cases} 1, & t > 0 \\ 0, & t < 0 \end{cases}$$

信号定义域为 $(-\infty,\infty)$，信号值只取 0 或 1。虽然信号在 $t = 0$ 处有一个间断点，但它依然属于连续信号。

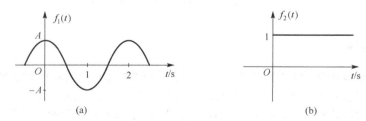

图 1.2.1　连续信号举例

对于间断点处的信号值一般不作定义，这样做不会影响分析结果。如有必要，也可按高等数学规定，定义信号 $f(t)$ 在间断点 $t = t_0$ 处的信号值等于其左极限 $f(t_{0-})$ 与右极限 $f(t_{0+})$ 的算术平均值，即

$$f(t_0) = \frac{1}{2}\left[f(t_{0-}) + f(t_{0+})\right]$$

这样，图 1.2.1(b)中的信号 $\varepsilon(t)$ 也可表示为

$$f_2(t) = \varepsilon(t) = \begin{cases} 1, & t > 0 \\ 0.5, & t = 0 \\ 0, & t < 0 \end{cases}$$

上述信号的自变量 t 都有意义，或只有有限个间断点，它们都属于连续信号。如果信号仅在离散时刻点上有定义，则称这样的信号为离散时间信号，简称离散信号。这里"离散"一词表示自变量只取离散的数值，相邻离散时刻点的间隔可以是相等的，也可以是不相等的。在这些离散时刻点以外，信号无定义。而信号的值域可以是连续的，也可以是不连续的。

定义在等间隔离散时刻点上的离散信号也称为序列，通常记为 $f(k)$，其中 k 称为序号。序号 m 相应的序列值 $f(m)$ 称为信号的第 m 个样值。序列 $f(k)$ 的数学表达式可以写成闭式，也可以直接列出序列值或者写成序列值的集合。例如，图 1.2.2(a)所示的指数序列可表示为

$$f_1(k) = \begin{cases} 0, & k < 0 \\ e^{-ak}, & k \geqslant 0, \ \alpha > 0 \end{cases}$$

其中 k 只能取整数。图 1.2.2(b)所示序列的表达式为

$$f_2(k) = \begin{cases} 0, & k = -1 \\ 1, & k = 0 \\ 1, & k = 1 \\ 0.5, & k = 2 \\ -1, & k = 3 \\ 0, & k = 4 \end{cases}$$

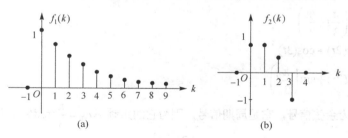

(a)   (b)

图 1.2.2 离散信号举例

或

$$f_2(k) = \{0, 1, 1, 0.5, -1, 0\}$$
$$\underset{k=0}{\uparrow}$$

在工程应用中，常常把幅值可连续取值的连续信号称为模拟信号；把幅值可连续取值的离散信号称为抽样信号；而把幅值只能取某些规定数值的离散信号称为数字信号。为了方便表达式书写起见，常用 $f(\cdot)$ 来代表 $f(t)$ 和 $f(k)$，若括号中的点用时间 t 代替，此式的信号为连续信号；若括号中的点被 k（只能取整数）取代则该信号为离散信号。

3. 周期信号与非周期信号

对于连续信号 $f(t)$，若对所有 t 均满足

$$f(t) = f(t - mT), \qquad m = 0, \pm 1, \pm 2, \cdots \qquad (1\text{-}2\text{-}1)$$

则称 $f(t)$ 为连续周期信号，满足上式的最小 T 值称为 $f(t)$ 的周期。

对于离散信号 $f(k)$，若对所有 k 均满足

$$f(k) = f(k - mN), \qquad m = 0, \pm 1, \pm 2, \cdots \qquad (1\text{-}2\text{-}2)$$

则称 $f(k)$ 为离散周期信号，满足上式的最小 N 值称为 $f(k)$ 的周期。

图 1.2.3(a) 绘出了一个连续周期信号的例子，其周期为 2（如果 t 未标单位，表示默认单位为秒）；图 1.2.3(b) 绘出了一个离散周期信号的例子，其周期为 5。

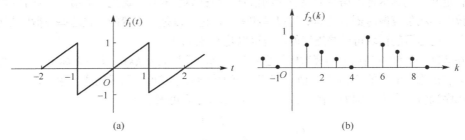

图 1.2.3   周期信号举例

不满足式（1-2-1）或式（1-2-2）的信号称为非周期信号。非周期信号的幅值随时间不具有周而复始变化的特性，它不具有周期，或者认为它的周期趋于无限大。

一般周期信号有如下特点：

（1）无始无终，定义域是 $(-\infty, \infty)$；

（2）波形变化有规律，周而复始地重复某一段波形；

（3）周期比为有理数的周期信号之和仍然为周期信号，其周期等于相加的各周期信号的最小公倍数。

例 1.2.1   判断下列连续信号是否为周期信号，若是则计算其周期。

（1）$f_1(t) = \cos\left(\dfrac{\pi}{3}t + \dfrac{\pi}{6}\right)$

（2）$f_2(t) = \cos(2t) + \cos(3t)$

（3）$f_3(t) = \cos(2t) + \sin\left(\dfrac{\pi}{3}t\right)$

解：（1）$f_1(t)$ 为余弦信号，它是周期信号，因为它的角频率 $\omega_1 = \dfrac{\pi}{3}(\text{rad/s})$，所以它的周期为：

$$T_1 = \frac{2\pi}{\omega_1} = 6(\text{s})$$

（2）$f_2(t)$ 是两个余弦函数之和，其中

$\cos(2t)$ 的周期为 $T_1 = \pi\,(\text{s})$，$\cos(3t)$ 的周期为 $T_2 = 2\pi / 3\,(\text{s})$

$$T_1 / T_2 = 3/2$$

比值为有理数，因此 $f_2(t)$ 的周期为 T_1 和 T_2 的最小公倍数，即 $T = 2\pi\,(\text{s})$。

（3）$f_3(t)$ 是一个正弦函数和一个余弦函数之和，其中

$\cos(2t)$ 的周期为 $T_1 = \pi\,(\text{s})$，$\sin\left(\dfrac{\pi}{3}t\right)$ 的周期为 $T_2 = 6\,(\text{s})$

$$T_1 / T_2 = \pi / 6$$

比值为无理数，因此 $f_3(t)$ 为非周期性信号。

例 1.2.2 判断 $f(k) = \cos(\omega_0 k)$ 是否为周期信号，若是则计算其周期。

解：因为

$$f(k) = \cos(\omega_0 k) = \cos(\omega_0 k - 2m\pi)$$

$$= \cos\left[\omega_0\left(k - m\frac{2\pi}{\omega_0}\right)\right]$$

其中，m 为整数。由此式可见，当 $\dfrac{2\pi}{\omega_0}$ 为整数时，$f(k)$ 为周期性信号，并且周期为 $N = \dfrac{2\pi}{\omega_0}$。而当 $\dfrac{2\pi}{\omega_0} = \dfrac{N}{M}$ 为有理数时，余弦序列依然是周期性的，不过周期为 $N = M\dfrac{2\pi}{\omega_0}$。这里的 M、N 为互质的整数。当 $\dfrac{2\pi}{\omega_0}$ 为无理数时，$f(k)$ 为非周期性序列。

例 1.2.3 判断下列离散信号是否为周期信号，若是则计算其周期。

（1）$f_1(k) = \cos\left(\dfrac{\pi}{3}k\right)$　　　　　　（2）$f_2(k) = \cos(3\pi k)$

（3）$f_3(k) = \cos(10k)$　　　　　　（4）$f_4(k) = \sin\left(\dfrac{3}{2}\pi k\right) + \cos\left(\dfrac{1}{3}\pi k\right)$

解：（1）$\omega_{01} = \dfrac{\pi}{3}$，$\dfrac{2\pi}{\omega_{01}} = 6$ 为整数，$f_1(k)$ 是周期序列，周期 $N_1 = 6$。

（2）$\omega_{02} = 3\pi$，$\dfrac{2\pi}{\omega_{02}} = \dfrac{2}{3}$ 为有理数，$f_2(k)$ 是周期序列，周期 $N_1 = \dfrac{2}{3} \times 3 = 2$。

（3）$\omega_{03} = 10$，$\dfrac{2\pi}{\omega_{03}} = \dfrac{\pi}{5}$ 为无理数，$f_3(k)$ 是非周期序列。

（4）$f_4(k)$ 中 $\sin\left(\dfrac{3}{2}\pi k\right)$ 是周期序列，周期 $N_1 = 4$；$\cos\left(\dfrac{1}{3}\pi k\right)$ 也是周期序列，周期是 $N_2 = 6$，所以 $f_4(k)$ 也是周期序列，周期 N 为 N_1 和 N_2 的最小公倍数，即 $N = 12$。

4．能量有限信号与功率有限信号

若将信号 $f(t)$ 设为电压或电流信号，则加载在 1Ω 电阻上产生的瞬时功率为

$$p(t) = |f(t)|^2$$

定义信号在时间区间 $(-\infty, \infty)$ 内消耗的能量为信号 $f(t)$ 的能量，则信号的能量为

$$E = \lim_{a \to \infty} \int_{-a}^{a} |f(t)|^2 \mathrm{d}t \tag{1-2-3}$$

信号在时间区间 $(-\infty, \infty)$ 内的平均功率为

$$P = \lim_{a \to \infty} \frac{1}{2a} \int_{-a}^{a} |f(t)|^2 \mathrm{d}t \tag{1-2-4}$$

如果信号的能量 E 为有限值（此时平均功率 $P=0$），就称该信号为能量有限信号，简称能量信号。如果信号的平均功率为有限值（此时信号能量 $E \to \infty$），则称此信号为功率有限信号，简称功率信号。

显然，根据上述定义，时限信号（在有限时间区间内存在非零值的信号）必定是能量信号。周期信号必定是功率信号，而非周期信号可能是能量信号，也可能是功率信号，还有可能既非功率信号又非能量信号。

离散信号 $f(k)$ 的能量定义为

$$E = \sum_{k=-\infty}^{\infty} |f(k)|^2 \tag{1-2-5}$$

1.3　几种典型信号

在多种多样的信号中，有一些是常见的基本信号，许多复杂的信号可由它们表示出来。

1.3.1　典型的连续信号

1. 稳恒直流信号

在时域中，信号是不随时间变化的常数，表达式为

$$f(t) = A$$

波形图如图 1.3.1(a)所示，显然直流信号为功率信号，平均功率为 $P=A^2$。

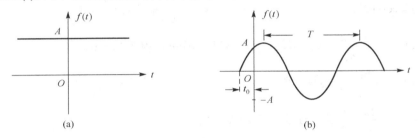

图 1.3.1　直流信号和正弦信号波形图

2. 正（余）弦信号

正弦信号的表达式

$$f(t) = A\sin(\omega t + \varphi)$$

式中，A 为正弦信号的幅值，ω 为角频率，φ 为初相位。这三个量合称正弦信号的三要素。信号的周期 T、频率 f 和角频率 ω 的关系为

$$f = \frac{1}{T} = \frac{\omega}{2\pi}$$

周期 T 的单位：秒（s）；角频率 ω 的单位：弧度/秒（rad/s）；初相位 φ 的单位：度或弧度（°或 rad）。

正弦信号是周期无时限信号，它的微分和积分的结果依然是同频率的正弦信号，它与余弦信号关系为

$$f(t) = A\sin(\omega t + \varphi) = A\cos(\omega t + \varphi - 90°)$$

正弦信号 $f(t) = A\sin(\omega t + \varphi)$ 的波形图如图 1.3.1(b)所示，其中 $\varphi = \omega t_0$。

3. E 指数信号

E 指数信号的表达式是

$$f(t) = Ae^{\alpha t}$$

其中，A 为常数，α 既可以为实数常数也可以是复数常数。

当 α 为实数常数时，$f(t)$ 就为实 E 指数信号。$\alpha > 0$ 时，$f(t)$ 随时间单调增长；$\alpha < 0$ 时，$f(t)$ 随时间单调衰减；$\alpha = 0$ 时，$f(t) = A$ 为直流信号，E 指数的波形图如图 1.3.2(a)所示。事实上，用得较多的指数信号为单边的衰减 E 指数信号：

$$f(t) = \begin{cases} 0, & t < 0 \\ A\mathrm{e}^{-\alpha t}, & t > 0 \end{cases}$$

其中，$\alpha > 0$，并称 $\tau = 1/\alpha$ 为 E 指数的时间常数。单边 E 指数的波形图如图 1.3.2(b)所示。

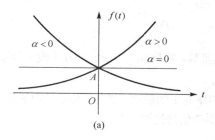 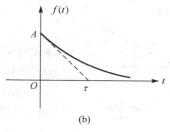

(a)　　　　　　　　　　　　　　　　　(b)

图 1.3.2　实数 E 指数信号

当 α 为复数常数时，$f(t)$ 就为复 E 指数信号：

$$f(t) = A\mathrm{e}^{\alpha t} = A\mathrm{e}^{(\sigma + \mathrm{j}\omega)t}$$

由欧拉公式

$$\mathrm{e}^{\mathrm{j}\omega t} = \cos(\omega t) + \mathrm{j}\sin(\omega t)$$

于是复指数信号可以表示为

$$f(t) = A\mathrm{e}^{\sigma t}\cos(\omega t) + \mathrm{j}A\mathrm{e}^{\sigma t}\sin(\omega t)$$

图 1.3.3(a)、(b)、(c)依次绘出了当 $\sigma > 0$、$\sigma = 0$ 和 $\sigma < 0$ 时复 E 指数信号虚部的波形图。

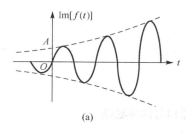 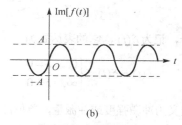 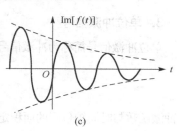

(a)　　　　　　　　　　　(b)　　　　　　　　　　　(c)

图 1.3.3　复数 E 指数信号虚部波形图

4. 取样信号

取样信号用 Sa(t)表示，其表达式为

$$f(t) = \mathrm{Sa}(t) = \frac{\sin(t)}{t}$$

显然，取样函数是偶函数，图形关于纵轴对称。波形图如图 1.3.4 所示。取样信号不是实际物理装置所能产生的信号，但在信号分析中占有比较重要的地位。

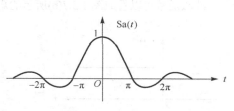

图 1.3.4　取样信号

1.3.2　奇异信号

这里讲的奇异信号依然属于连续时间信号，基本的奇异信号包括：单位斜变信号 $r(t)$、单位阶跃信号 $\varepsilon(t)$、单位冲激信号 $\delta(t)$ 和冲激偶信号 $\delta'(t)$。下面分别予以介绍。

1．单位斜变信号

单位斜变信号简称为斜变信号，记为 $r(t)$，它的表达式为

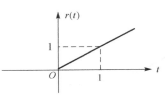

图 1.3.5　单位斜变信号

$$r(t) = \begin{cases} 0, & t < 0 \\ t, & t \geqslant 0 \end{cases}$$

单位斜变信号是连续函数，在区间 $(-\infty < t < \infty)$ 上没有间断点。$t < 0$ 时，信号的值全为 0，$t > 0$ 时是一条斜率为 1 的射线。斜变信号是单边函数，其导数在 $t=0$ 点不连续。单位斜变信号的波形图如图 1.3.5 所示。

2．单位阶跃信号

单位阶跃信号简称为阶跃信号，记为 $\varepsilon(t)$，它的表达式为

$$\varepsilon(t) = \begin{cases} 0, & t < 0 \\ 1, & t > 0 \end{cases}$$

显然，阶跃信号在 $t=0$ 点不连续，函数值发生了跳跃。阶跃信号的波形图如图 1.3.6 所示。

单位阶跃信号与单位斜变信号的关系为

$$\varepsilon(t) = \frac{\mathrm{d}r(t)}{\mathrm{d}t} \tag{1-3-1}$$

$$r(t) = \int_{-\infty}^{t} \varepsilon(x)\mathrm{d}x = t\varepsilon(t) \tag{1-3-2}$$

3．单位冲激信号

单位冲激信号简称为冲激信号，记为 $\delta(t)$，它的表达式为

$$f(t) = \delta(t) = \begin{cases} 0, & t \neq 0 \\ \infty, & t = 0 \end{cases}$$

把冲激函数与时间轴包围的面积定义为冲激强度或冲激量，单位冲激信号的冲激强度为

$$\int_{-\infty}^{\infty} \delta(t)\,\mathrm{d}t = \int_{0-}^{0+} \delta(t)\mathrm{d}t = 1$$

冲激信号的波形图如图 1.3.7(a)所示，其中冲激函数箭头旁边用括号括起来的 1 代表它的冲激量为 1。冲激函数可以看成图 1.3.7(b)所示的矩形脉冲 $p(t)$ 当脉冲宽度 $\tau \to 0$ 时的极限。

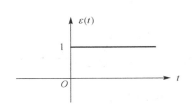

图 1.3.6　单位阶跃信号波形图

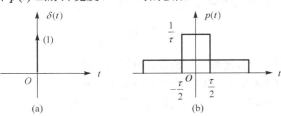

图 1.3.7　单位冲激信号波形图

冲激函数是偶函数，$\delta(t) = \delta(-t)$，波形图关于纵轴对称。另外，冲激函数具有"筛选"性质，即

$$\left.\begin{array}{l} f(t)\delta(t) = f(0)\delta(t) \\ f(t)\delta(t - t_0) = f(t_0)\delta(t - t_0) \end{array}\right\} \qquad (1\text{-}3\text{-}3)$$

$$\left.\begin{array}{l} \displaystyle\int_{-\infty}^{\infty} f(t)\delta(t)\mathrm{d}t = f(0) \\ \displaystyle\int_{-\infty}^{\infty} f(t)\delta(t - t_0)\mathrm{d}t = f(t_0) \end{array}\right\} \qquad (1\text{-}3\text{-}4)$$

冲激信号与阶跃信号的关系为

$$\left.\begin{array}{l} \delta(t) = \dfrac{\mathrm{d}\varepsilon(t)}{\mathrm{d}t} \\ \varepsilon(t) = \displaystyle\int_{-\infty}^{t} \delta(x)\mathrm{d}x \end{array}\right\} \qquad (1\text{-}3\text{-}5)$$

4．冲激偶信号

单位冲激函数的微分定义为冲激偶函数，记为 $\delta'(t)$。这个函数可以用矩形单脉冲的导数在脉冲宽度 τ 趋于 0 的极限来逼近，如图 1.3.8 所示。

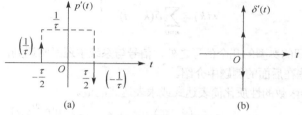

图 1.3.8　冲激偶函数

从图 1.3.8(b)可以看出，冲激偶信号是由一对正负冲激组成的函数，两个冲激的冲激量都是无穷大。另外，冲激偶函数是奇函数，即

$$\delta'(t) = -\delta'(-t)$$

且

$$\int_{-\infty}^{\infty} \delta'(t)\mathrm{d}t = 0$$

因为

$$[f(t)\delta(t)]' = f(t)\delta'(t) + f'(t)\delta(t)$$

所以

$$f(t)\delta'(t) = [f(t)\delta(t)]' - f'(t)\delta(t)$$

根据冲激函数的筛选特性：

$$f(t)\delta'(t) = f(0)\delta'(t) - f'(0)\delta(t) \qquad (1\text{-}3\text{-}6)$$

1.3.3　基本的离散信号

1．单位样值信号

单位样值信号的定义为

$$f(k) = \delta(k) = \begin{cases} 1, & k = 0 \\ 0 & k \neq 0 \end{cases}$$

其图形如图 1.3.9 所示。

2．单位阶跃序列

单位阶跃序列的定义为

$$f(k) = \varepsilon(k) = \begin{cases} 1, & k \geqslant 0 \\ 0 & k < 0 \end{cases}$$

单位阶跃序列的图形如图 1.3.10 所示。

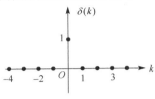

图 1.3.9　单位样值函数

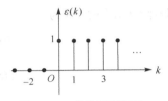

图 1.3.10　单位阶跃序列

单位阶跃序列与单位样值序列的关系为

$$\left. \begin{aligned} \delta(k) &= \varepsilon(k) - \varepsilon(k-1) \\ \varepsilon(k) &= \sum_{n=0}^{\infty} \delta(k-n) \end{aligned} \right\}$$

（1-3-7）

当然，除了上述介绍的典型的几个信号之外，信号与系统中还经常遇到门函数、符号函数和单边 E 指数序列等信号，这些在后面的例题中介绍。

例 1.3.1　根据奇异函数的性质化简表达式或求表达式的值。

（1）$\cos(t)\delta(t)$　　　　（2）$\tan(t)\delta\left(t - \dfrac{\pi}{3}\right)$　　　　（3）$\dfrac{\mathrm{d}[\mathrm{e}^{-2t}\varepsilon(t)]}{\mathrm{d}t}$

（4）$\displaystyle\int_{-\infty}^{\infty} \dfrac{\sin(t)}{t}\delta(t)\mathrm{d}t$　　（5）$\displaystyle\int_{-1}^{1} [\delta(t-10) + \delta'(t)]\mathrm{d}t$　　（6）$\displaystyle\int_{-\infty}^{t} (1-x)\delta'(x)\,\mathrm{d}x$

解：（1）根据冲激信号的筛选性质，即式（1-3-3），得

$$\cos(t)\delta(t) = \cos(0)\delta(t) = \delta(t)$$

（2）根据冲激信号的筛选性质，即式（1-3-3），得

$$\tan(t)\delta\left(t - \frac{\pi}{3}\right) = \tan\left(\frac{\pi}{3}\right)\delta\left(t - \frac{\pi}{3}\right) = \sqrt{3}\delta\left(t - \frac{\pi}{3}\right)$$

（3）

$$\frac{\mathrm{d}[\mathrm{e}^{-2t}\varepsilon(t)]}{\mathrm{d}t} = \frac{\mathrm{d}\mathrm{e}^{-2t}}{\mathrm{d}t}\varepsilon(t) + \mathrm{e}^{-2t}\frac{\mathrm{d}\varepsilon(t)}{\mathrm{d}t} = -2\mathrm{e}^{-2t}\varepsilon(t) + \mathrm{e}^{-2t}\delta(t)$$

根据冲激信号的筛选性质得

$$\frac{\mathrm{d}[\mathrm{e}^{-2t}\varepsilon(t)]}{\mathrm{d}t} = -2\mathrm{e}^{-2t}\varepsilon(t) + \delta(t)$$

（4）根据冲激信号的筛选性质，即式（1-3-3）和式（1-3-4），得

$$\int_{-\infty}^{\infty} \frac{\sin(t)}{t}\delta(t)\mathrm{d}t = \int_{-\infty}^{\infty} \mathrm{Sa}(0)\delta(t)\mathrm{d}t = \int_{-\infty}^{\infty} \delta(t)\mathrm{d}t = 1$$

（5）

$$\int_{-1}^{1} [\delta(t-10) + \delta'(t)]\mathrm{d}t = \int_{-1}^{1} \delta(t-10)\,\mathrm{d}t + \int_{-1}^{1} \delta'(t)\,\mathrm{d}t$$

因为 $\delta(t-10)$ 的冲激不在区间 $(-1<t<1)$，所以第一项积分为 0；而冲激偶函数为奇函数，所以第二项积分也为 0，所以

$$\int_{-1}^{1}[\delta(t-10)+\delta'(t)]\mathrm{d}t=0$$

（6）首先对积分号内部函数进行化简，根据冲激偶函数的性质：
$$(1-x)\delta'(x)=\delta'(x)+\delta(x)$$

所以

$$\int_{-\infty}^{t}(1-x)\delta'(x)\mathrm{d}x=\int_{-\infty}^{t}\delta'(x)\mathrm{d}x+\int_{-\infty}^{t}\delta(x)\mathrm{d}x=\delta(t)+\varepsilon(t)$$

1.4　信号的基本运算

信号的基本运算包括信号的相加（减）和相乘，信号波形的翻转、平移和展缩，连续信号的微分和积分以及离散信号的差分等运算。

1.4.1　相加（减）和相乘

两个信号相加（减），其和（差）信号在任意时刻的值等于两信号在该时刻的信号值之和（差）。
两个信号相乘，其积信号在任意时刻的信号值等于两信号在该时刻的信号值之积。
设两个连续信号 $f_1(t)$ 和 $f_2(t)$，则其和（差）信号 $s(t)$ 与积信号 $p(t)$ 可表示为
$$s(t)=f_1(t)\pm f_2(t)\qquad p(t)=f_1(t)\cdot f_2(t)$$
同样，若有两个离散信号 $f_1(k)$ 和 $f_2(k)$，则其和（差）信号 $s(k)$ 与积信号 $p(k)$ 可表示为
$$s(k)=f_1(k)\pm f_2(k)\qquad p(k)=f_1(k)\cdot f_2(k)$$
作为两个例子，图 1.4.1(a)和图 1.4.1(b)分别给出了一对连续信号和一对离散信号以及与它们相应的和信号与积信号波形。

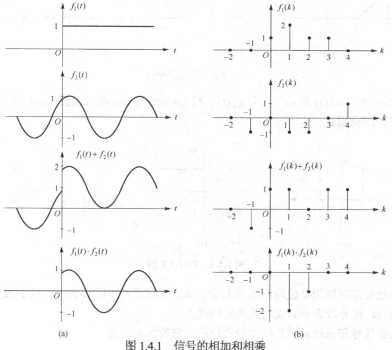

图 1.4.1　信号的相加和相乘

通常把 $t<0$ 时 $f(t)=0$、$t>0$ 时 $f(t)\neq0$ 的信号称为因果信号。从图 1.4.2(a)可以看出，让普通信号 $f(t)$ 与单位阶跃信号相乘，可以把无时间起点的（无始）信号 $f(t)$ 变成有时间起点的因果信号 $f(t)\varepsilon(t)$。

1.4.2　平移、反转和尺度变换

1. 平移

将连续信号 $f(t)$ 的自变量 t 换成 $t\pm t_0$（t_0 为正常数），得到另一个信号 $f(t\pm t_0)$，称这种变换为信号的平移。信号 $f(t-t_0)$ 的波形可通过将 $f(t)$ 波形沿 t 轴正方向平移（右移）t_0 单位来得到，而 $f(t+t_0)$ 的波形可通过将 $f(t)$ 波形沿 t 轴负方向平移（左移）t_0 单位来得到，如图 1.4.2(a) 所示。

对于离散信号也有类似情形。设 k_0 为正整数，$f(k-k_0)$ 表示将 $f(k)$ 波形沿 k 轴正方向平移（右移）k_0 个单位，$f(k+k_0)$ 表示将 $f(k)$ 波形沿 k 轴负方向平移（左移）k_0 个单位，如图 1.4.2(b) 所示。

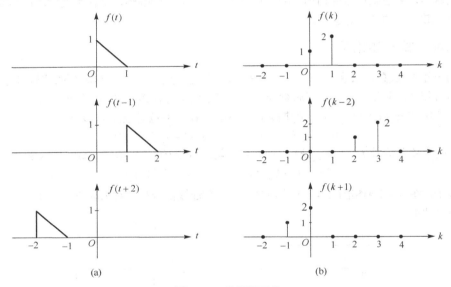

图 1.4.2　信号的平移

例 1.4.1　写出图 1.4.3(a) 所示门信号 $g_\tau(t)$、图 1.4.3(b)所示的符号函数 $\operatorname{sgn}(t)$ 以及图 1.4.3(c)所示信号 $f(t)$ 表达式的闭合形式。

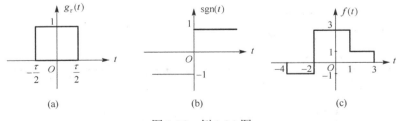

图 1.4.3　例 1.4.1 图

解：这三个函数都可以用单位阶跃函数表示出来，这种用基本函数表示一般函数的表达式称为闭合式。与之对应的，称分段表示的表达式为区间式。

（a）门函数在信号和系统频域分析中经常使用，它的区间式为

$$g_\tau(t) = \begin{cases} 0, & |t| > \dfrac{\tau}{2} \\ 1, & |t| < \dfrac{\tau}{2} \end{cases}$$

它用阶跃信号表示的闭合式，等于两个分别向左、向右平移 $\tau/2$ 的单位阶跃信号之差，即

$$g_\tau(t) = \varepsilon\left(t + \frac{\tau}{2}\right) - \varepsilon\left(t - \frac{\tau}{2}\right)$$

（b）符号函数是信号系统中又一个重要的连续函数，它的定义为

$$\mathrm{sgn}(t) = \begin{cases} -1, & t < 0 \\ 1, & t > 0 \end{cases}$$

如果将符号函数沿着纵轴方向向上平移 1 个单位，则它就变成跃变幅度为 2 的阶跃函数，即

$$\mathrm{sgn}(t) + 1 = 2\varepsilon(t)$$

所以

$$\mathrm{sgn}(t) = 2\varepsilon(t) - 1$$

（c）将信号 $f(t)$ 纵向或者横向分解成多个门信号相加：

$$f(t) = -g_2(t+3) + 3g_3(t+0.5) + g_2(t-2)$$

将 $f(t)$ 分解为多个延时阶跃信号的代数和：

$$f(t) = -[\varepsilon(t+4) - \varepsilon(t+2)] + 3[\varepsilon(t+2) - \varepsilon(t-1)] + [\varepsilon(t-1) - \varepsilon(t-3)]$$
$$= -\varepsilon(t+4) + 4\varepsilon(t+2) - 2\varepsilon(t-1) - \varepsilon(t-3)$$

2. 反转

将信号 $f(t)$（或 $f(k)$）的自变量 t（或 k）换成 $-t$（或 $-k$），得到另一个信号 $f(-t)$（或 $f(-k)$），称这种变换为信号的反转（或翻转）。它的几何意义是将 $f(t)$ 或 $f(k)$ 的波形绕纵坐标轴翻转 $180°$，即为 $f(-t)$ 或 $f(-k)$ 的波形，如图 1.4.4 所示。

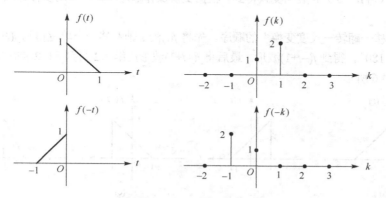

图 1.4.4　信号的反转

3. 尺度变换

如果将信号 $f(t)$ 的自变量 t 换成 at，a 为正数，并且保持 t 轴尺度不变，那么，当 $a > 1$ 时，$f(at)$ 表示将 $f(t)$ 波形以坐标原点为中心，沿 t 轴压缩为原来的 $1/a$；当 $0 < a < 1$ 时，$f(at)$ 表示将 $f(t)$ 波形沿 t 轴展宽 $1/a$ 倍。图 1.4.5(b) 和 (c) 分别给出了 $a = 2$ 和 $a = 0.5$ 时 $f(t)$ 波形的展缩情况。

应该注意，如果 $f(t)$ 是分段定义信号，则在列写 $f(at)$ 表达式时，应将原 $f(t)$ 及定义域区间表达式中的所有 t 均改换为 at。对于图 1.4.5，信号 $f(t)$、$f(2t)$ 和 $f(0.5t)$ 的表达式为

$$f(t) = \begin{cases} 0.5t+1, & -2 < t \leqslant 0 \\ 1, & 0 < t < 2 \\ 0, & \text{其他} \end{cases}$$

$$f(2t) = \begin{cases} 0.5 \times (2t)+1, & -2 < 2t \leqslant 0 \\ 1, & 0 < 2t < 2 \\ 0, & \text{其他} \end{cases} = \begin{cases} t+1, & -1 < t \leqslant 0 \\ 1, & 0 < t < 1 \\ 0, & \text{其他} \end{cases}$$

$$f(0.5t) = \begin{cases} 0.5 \times (0.5t)+1, & -2 < 0.5t \leqslant 0 \\ 1, & 0 < 0.5t < 2 \\ 0, & \text{其他} \end{cases} = \begin{cases} 0.25t+1, & -4 < t \leqslant 0 \\ 1, & 0 < t < 4 \\ 0, & \text{其他} \end{cases}$$

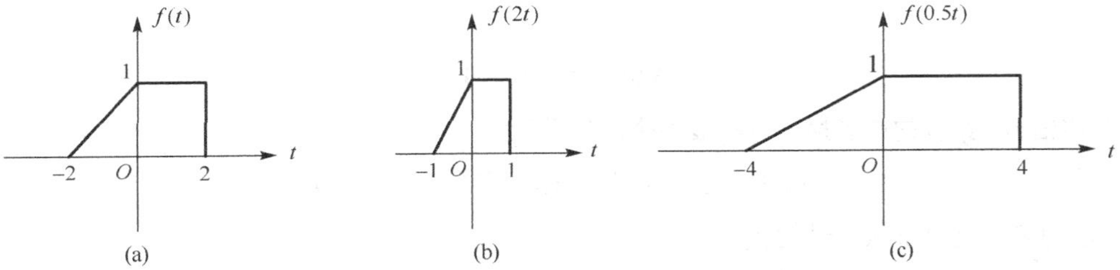

图 1.4.5   尺度变换举例

对于离散信号，由于 $f(ak)$ 仅在 ak 为整数时才有意义，进行 k 轴尺度变换或 $f(k)$ 波形展缩时可能会使部分信号丢失，因此一般不进行波形展缩变换。

例 1.4.2   已知信号 $f(t)$ 的波形如图 1.4.6(a) 所示，试画出 $f(1-2t)$ 的波形图。

解： 一般说来，在 t 轴尺度保持不变的情况下，信号 $f(at+b)$，$a \neq 0$ 的波形可以通过对信号 $f(t)$ 波形的平移、翻转（若 $a < 0$）和展缩变换得到。根据变换操作顺序不同，可用多种方法画出 $f(at+b)$ 的波形。

（1）按"平移—翻转—尺度变换"的顺序。先将 $f(t)$ 沿 t 轴左移一个单位得到 $f(t+1)$ 波形。再将该波形绕纵轴翻转 180°，得到 $f(-t+1)$ 波形。最后将 $f(-t+1)$ 波形压缩 1/2 得到 $f(1-2t)$ 的波形。信号波形的变换进程如图 1.4.6 所示。

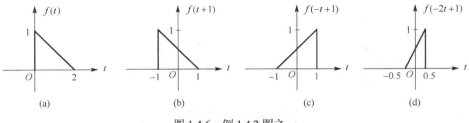

图 1.4.6   例 1.4.2 图之一

（2）按"翻转—尺度变换—平移"的顺序。首先将 $f(t)$ 的波形进行翻转得到如图 1.4.6(b) 所示的 $f(-t)$ 波形图。然后，以坐标原点为中心，将 $f(-t)$ 波形沿 t 轴压缩到原来的 1/2，得到 $f(-2t)$ 波形，如图 1.4.6(c) 所示。由于 $f(1-2t)$ 可以改写为 $f(-2(t-0.5))$，所以只要将 $f(-2t)$ 波形沿 t 轴右移 0.5 个单位，即可得到 $f(1-2t)$ 波形。信号的波形变换过程如图 1.4.7 所示。

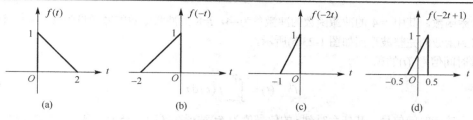

图 1.4.7 例 1.4.2 图之二

（3）按"尺度变换—平移—翻转"顺序。先以坐标原点为中心，将 $f(t)$ 的波形沿 t 轴压缩得到 $f(2t)$ 的波形。再将 $f(2t)$ 的波形沿 t 轴左移 1/2 个单位，得到信号 $f(2(t+0.5))$ 即 $f(2t+1)$ 的波形。最后，进行"反转"操作，得到 $f(1-2t)$ 的波形。信号波形的变换过程如图 1.4.8 所示。

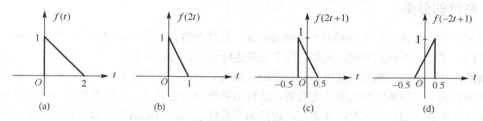

图 1.4.8 例 1.4.2 图之三

1.4.3 微分和积分

连续时间信号 $f(t)$ 的导数产生另一个连续时间信号 $f'(t)$，它表示信号 $f(t)$ 的变化率随变量 t 的变化情况。使用时应注意，函数在间断点处的导数是一个冲激函数，其冲击强度等于沿 t 方向上信号在该间断点上函数值的跳变量。

例 1.4.3 绘出图 1.4.9(a)所示函数对时间 t 求导数所得函数的波形图。

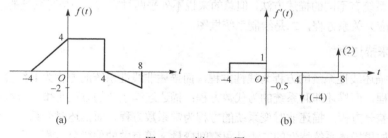

图 1.4.9 例 1.4.3 图

解：因为连续函数 $f(t)$ 的导数是该时刻点曲线切线的斜率，而本题图 1.4.9(a)所示函数为分段函数，每段都是一个直线段，因此在每个时间段 $f(t)$ 的导数值就等于直线段的斜率。

容易得到：

$$f'(t) = f^{(1)}(t) = \begin{cases} 0, & t < -4 \\ 1, & -4 < t < 0 \\ 0, & 0 < t < 4 \\ -0.5, & 4 < t < 8 \\ 0, & t > 8 \end{cases}$$

函数 $f(t)$ 有两个间断点，分别在 $t=4$ 和 $t=8$ 处，这两点函数对时间的导数为无穷大，也就是说求导后得到的是冲激函数，其中 $t=4$ 的冲激函数的冲激量为-4，$t=8$ 的冲激函数的冲激量为 2。函数 $f(t)$ 对时间求导数得到函数的完整波形图如图 1-23(b)所示。

连续时间信号 $f(t)$ 的积分为

$$f^{(-1)}(t) = \int_{-\infty}^{t} f(\tau)\,\mathrm{d}\tau \tag{1-4-1}$$

产生另一个连续时间信号，其任意时刻 t 的信号值为 $f(t)$ 波形在区间 $(-\infty, t)$ 上所包含的净面积。

1.5　系统的分类与描述

1.5.1　系统的分类

信号的产生、传输和处理都需要一个物理装置，这样的装置就是所谓的系统。鉴于用途、工作方式等的不同，系统有不同的种类。比如，用于处理连续信号称为连续系统；用于加工处理离散信号的系统叫离散系统。系统的响应（输出）只与激励（输入）有关，这样的系统叫即时系统；系统的响应不只与激励有关，还与系统的初始状态有关，这样的系统叫动态系统。系统的响应与产生响应的原因之间存在线性关系，则此系统为线性系统，否则为非线性系统。如果系统内部参数也随时间变化，我们称这样的系统为时变系统，否则为非时变系统。如果系统的响应出现在产生它的激励之前，则该系统为非因果系统，反之为因果系统。给系统一个有界的激励，输出的响应也有界，则称这样的系统为稳定系统，否则为非稳定系统。如果系统是由集总参数元件构成的，则称这样的系统为集总系统；如果系统中包含分布参数元件，称这种系统为分布参数系统。如果系统只有一个输入一个输出，称这种系统为单输入输出系统，反之称多输入输出系统。

1.5.2　系统的描述

不同类型的系统有不同的描述方法，但总的来说不外乎两种方式，一是写系统的输入信号（激励）和输出信号（响应）关系方程，二是绘制系统框图。

1.　用方程来描述系统

一般来说，描述线性系统的方程为线性方程，而描述非线性系统的方程为非线性方程；描述动态系统的是微分方程，而描述即时系统的为代数方程；描述连续系统的方程是微分方程或代数方程，描述离散系统的为差分方程。描述非时变系统的方程为常系数方程，而描述时变系统方程的系数与自变量 t 或 k 有关。如果描述系统特性的方程是跟空间变量 x 等有关的偏微分方程，则该系统为分布参数系统，反之为集总系统。

图 1.5.1 是一个二阶电路的电路图，其中 R、L、C 为常量。电压源的电压 $u_S(t)$ 看作激励，电容电压 $u_C(t)$ 看作响应，下面我们根据电路的基本知识列出它的方程。

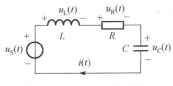

图 1.5.1　RLC 二阶系统

由回路的基尔霍夫电压定律（KVL）有

$$u_L(t) + u_R(t) + u_C(t) = u_S(t)$$

再根据三个元件的电流电压关系，得

$$u_L(t) = L\frac{\mathrm{d}i(t)}{\mathrm{d}t} \quad,\quad u_R(t) = Ri(t) \quad,\quad i(t) = C\frac{\mathrm{d}u_C(t)}{\mathrm{d}t}$$

代入上式并整理得到

$$LC\frac{\mathrm{d}^2 u_{\mathrm{C}}(t)}{\mathrm{d}t^2} + RC\frac{\mathrm{d}u_{\mathrm{C}}(t)}{\mathrm{d}t} + u_{\mathrm{C}}(t) = u_{\mathrm{S}}(t)$$

此方程是一个二阶常系数线性微分方程，因此它描述的电路是二阶、线性、非时变动态集总电路（系统）。线性非时变集总系统常用英文字母组合 LTI 表示。本书中研究的连续系统主要都是这种类型的系统。

图 1.5.2 是电阻梯形网络，网络中每个电阻的阻值都是 R，节点从左向右依次编号，其序号为 k（$k = 0,1,2,3,\cdots,n$），相应的节点电位为 $u(k)$，下面将列出节点电位变量 $u(k)$ 和节点序号之间的关系方程。

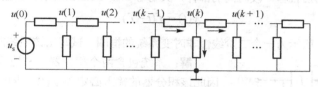

图 1.5.2 电阻梯形网络

根据 k 节点的基尔霍夫电流定律得

$$\frac{u(k-1)-u(k)}{R} = \frac{u(k)}{R} + \frac{u(k)-u(k+1)}{R}$$

即得到差分方程：

$$u(k+1) - 3u(k) + u(k-1) = 0$$

其中，节点的序号只能是非负整数，自变量 k 是离散量。又因为此线性方程的系数为常数，则方程所描述的系统是一个线性非时变的离散系统。

2．用框图来描述系统

对于连续系统有 4 个基本功能部件，即数乘器、加法器、积分器、延时器。它们的图形符号如图 1.5.3 所示。

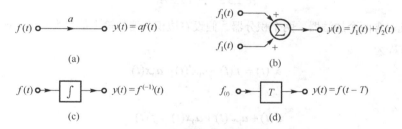

图 1.5.3 连续系统的基本功能部件

数乘器又称线性放大器，如图 1.5.3(a)所示，信号 $f(t)$ 沿着信号的流向经过数乘器后，信号被放大 a 倍，即

$$y(t) = a\,f(t)$$

加法器是完成两路以上信号叠加的部件，如图 1.5.3(b)所示，当两个信号 $f_1(t)$、$f_2(t)$ 加到加法器的输入端时，加法器将两个信号相加后输出，即

$$y(t) = f_1(t) + f_2(t)$$

加法器符号上的"+"代表信号输入时的极性，当把 $f_2(t)$ 所在输入端的极性改为"−"时，加法器会把 $f_2(t)$ 反个极性，然后再把它与 $f_1(t)$ 相加。实际上是在做减法运算，即

$$y(t) = f_1(t) - f_2(t)$$

积分器是具有将输入信号 $f(t)$ 积分后输出的功能部件，如图 1-26(c)所示，其输入输出关系是

$$y(t) = f^{(-1)}(t) = \int_{-\infty}^{t} f(\tau)\,\mathrm{d}\tau$$

积分器具有较强的抗干扰能力，因此在电路中使用更多的是积分器而不用微分器。

延时器是将信号向后推移一段时间的部件，其符号如图 1.5.3(d)所示，其输入输出关系是

$$y(t) = f(t - T)$$

例 1.5.1　图 1.5.4 所示为一个二阶线性非时变系统的框图，试写出该系统的方程。

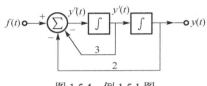

图 1.5.4　例 1.5.1 图

解：系统包含两个积分器，右边积分器的输出为 $y(t)$，因此该积分器的输入必定为 $y'(t)$。同理，左边积分器的输出为 $y'(t)$，则其输入比为 $y''(t)$，如图 1.5.4 所示。于是在加法器上列写等式：

$$y''(t) = f(t) - 3y'(t) - 2y(t)$$

整理得该系统的微分方程为

$$y''(t) + 3y'(t) + 2y(t) = f(t)$$

例 1.5.2　图 1.5.5 所示为一个线性非时变系统的框图，试写出该系统的方程。

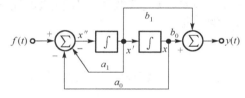

图 1.5.5　例 1.5.2 图

解：本系统包含两个加法器、两个积分器。假设右边积分器的输出信号为 $x(t)$，如图 1.5.5 所示。则左边加法器方程为

$$x''(t) = f(t) - a_1 x'(t) - a_0 x(t)$$

即

$$x''(t) + a_1 x'(t) + a_0 x(t) = f(t) \tag{1-5-1}$$

右边加法器的方程为

$$y(t) = b_1 x'(t) + b_0 x(t) \tag{1-5-2}$$

将方程（1-5-1）和方程（1-5-2）联立，并消去中间变量 $x(t)$ 及其一阶、二阶导数，就得到系统的输入（激励）和输出（响应）的关系方程：

$$y''(t) + a_1 y'(t) + a_0 y(t) = b_1 f'(t) + b_0 f(t)$$

对于离散系统也有 3 个基本功能部件，即数乘器、加法器和迟延单元，它们的图形符号如图 1.5.6 所示。

数乘器的功能与连续系统中的数乘器一样，实现输入信号的放大，即

$$y(k) = a f(k)$$

加法器的功能也和连续系统中的加法器一样,实现多路信号的叠加。图 1.5.6(b)绘出了具有两个输入端的加法器,其输入输出关系为

$$y(k) = f_1(k) + f_2(k)$$

迟延单元又称移位器,部件符号如图 1.5.6(c)所示。输入到移位器输入端的离散信号通过移位器后,信号图形被沿着 k 轴向右平移一个单位。其输入和输出关系是

$$y(k) = f(k-1)$$

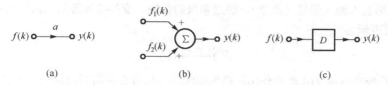

图 1.5.6　离散系统的基本部件

例 1.5.3　图 1.5.7 所示为一个离散系统的框图,试写出该系统的差分方程。

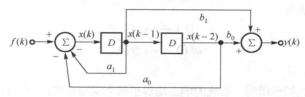

图 1.5.7　例 1.5.3 图

解：本题离散系统由两个加法器、两个迟延单元以及一些数乘器构成。设左侧加法器的输出为 $x(k)$,则它经过第一个迟延单元后变为 $x(k-1)$,再经过第二个迟延单元信号变成 $x(k-2)$ 。首先列写左边加法器上的方程:

$$x(k) = f(k) - a_1 x(k-1) - a_0 x(k-2)$$

即

$$x(k) + a_1 x(k-1) + a_0 x(k-2) = f(k) \tag{1-5-3}$$

再写出右边加法器方程:

$$y(k) = b_1 x(k-1) - b_0 x(k-2) \tag{1-5-4}$$

联立式（1-5-3）和式（1-5-4）消去中间变量 $x(k)$ 、$x(k-1)$ 、$x(k-2)$ 得到系统方程:

$$y(k) + a_1 y(k-1) + a_0 y(k-2) = b_1 f(k-1) - b_0 f(k-2)$$

由以上数例可以看出列写框图的系统方程的步骤如下:

（1）选择中间变量 $x(\cdot)$ 。连续系统选 $x(t)$,离散系统选 $x(k)$;

（2）列各加法器的方程;

（3）消去中间变量。消去中间变量的过程本教材未写出来,若读者感兴趣请阅读相关参考教材。

从上面两个例子不难看出系统方程与两个加法器方程之间的关系的规律。即系统方程的左边各项与左加法器方程左边的规律相同,系统方程的右边激励的各项与右加法器方程的右边规律相同。有了这个规律,当我们写出左右两加法器的方程之后,可以直接写出消去中间变量之后的系统方程。

1.6 系统的特性

连续或离散的动态系统，按照其基本特性可分为线性系统与非线性系统，时变系统和非时变（时不变）系统，因果系统和非因果系统，稳定系统和不稳定系统。本教材主要讨论线性非时变系统，即 LTI 系统。本节从系统的激励 $f(\cdot)$ 与系统响应 $y(\cdot)$ 的关系，说明系统的线性性、时变性和稳定性性质。

1.6.1 线性性

系统在输入端加入输入信号（激励），经过系统的传输、变换或处理后，从输出端输出信号（响应）。这一过程可表示为

$$f(\cdot) \longrightarrow y(\cdot)$$

式中，$y(\cdot)$ 表示系统在激励 $f(\cdot)$ 单独作用时产生的响应。信号变量用圆点标记，代表连续时间变量 t 或离散变量 k。

如果系统的激励 $f(\cdot)$ 数乘 a（a 为任意常数），其响应 $y(\cdot)$ 也数乘 a，就称该系统具有齐次性或均匀性。这一特性也可表述为

已知 $\qquad\qquad\qquad\qquad f(\cdot) \longrightarrow y(\cdot)$

若有 $\qquad\qquad\qquad\qquad af(\cdot) \longrightarrow ay(\cdot)$ $\qquad\qquad\qquad\qquad$ (1-6-1)

则称系统具有齐次性。

如果任意两个激励共同作用时，系统的响应均等于每个激励单独作用时所产生的响应之和，就称系统具有可加性。或表述为

已知 $\qquad\qquad f_1(\cdot) \longrightarrow y_1(\cdot) \qquad\qquad f_2(\cdot) \longrightarrow y_2(\cdot)$

若有 $\qquad\qquad\qquad f_1(\cdot) + f_2(\cdot) \longrightarrow y_1(\cdot) + y_2(\cdot)$ $\qquad\qquad$ (1-6-2)

则称系统具有可加性。

如果系统同时具有齐次性和可加性，就称系统具有线性特性。或表述为

若 $\qquad\qquad f_1(\cdot) \longrightarrow y_1(\cdot) \qquad\qquad f_2(\cdot) \longrightarrow y_2(\cdot)$

且有 $\qquad\qquad\qquad af_1(\cdot) + bf_2(\cdot) \longrightarrow ay_1(\cdot) + by_2(\cdot)$ $\qquad\qquad$ (1-6-3)

式中，a、b 为任意常数，则系统具有线性特性。

动态系统的响应不仅取决于激励，还取决于系统的初始状态。为了简便起见，不妨设初始时刻为 $t=0$ 或 $k=0$，系统的初始状态用 $x(0)$ 表示，如果系统有多个初始状态，则可依次用 $x_1(0)$，$x_2(0)$，$\cdots$ 表示。动态系统在 $t \geqslant 0$ 时的响应由初始状态和激励完全确定。初始状态可以看成系统的另一种激励。

如果系统的初始状态都为 0，则称系统的状态为零状态。系统在零状态下由激励产生的响应叫零状态响应，用 $y_{zs}(\cdot)$ 表示。如果系统在 $t \geqslant 0$（或 $k \geqslant 0$）时所有激励均为 0，我们称之为零输入，在零输入的情况下由初始状态产生的响应称为系统的零输入响应，用 $y_{zi}(\cdot)$ 表示。

根据上述线性系统的理论，一个系统，如果它同时满足如下 3 个条件，则称为线性系统，否则称为非线性系统。

条件 1：系统的响应 $y(\cdot)$ 可以分解为零输入响应 $y_{zi}(\cdot)$ 和零状态响应 $y_{zs}(\cdot)$ 之和，即

$$y(\cdot) = y_{zi}(\cdot) + y_{zs}(\cdot)$$

这一结论称为系统响应的可分解性，简称分解性。$y(\cdot)$ 常被称为全响应。

条件 2：满足零输入线性，即零输入响应 $y_{zi}(\cdot)$ 与初始状态 $x(0_-)$ 或 $x(0)$ 之间满足线性特性。

条件 3：满足零状态线性，即零状态响应 $y_{zs}(\cdot)$ 与激励 $f(\cdot)$ 之间满足线性特性。

例 1.6.1　在下列系统中 $f(t)$ 为激励，$y(t)$ 为系统的全响应，$x(0_-)$ 为初始状态，试根据响应的情况判定系统是否为线性系统。

（1）$y(t) = x(0_-)f(t)$　　　　（2）$y(t) = x(0_-)^2 + f(t)$　　　　（3）$y(t) = x(0_-) + |f(t)|$

（4）$y(t) = x(0_-) + 5f(t)$

解：（1）由于系统不满足分解性，所以系统为非线性系统。

（2）不满足零输入线性，所以也是非线性系统。

（3）不满足零状态线性，故是非线性系统。

（4）零输入响应和零状态响应可拆分，并且零输入线性和零状态线性均满足，故该系统是线性系统。

从系统方程来看，一般线性微分（差分）方程描述的系统都是线性系统，而以非线性微分（差分）方程描述的系统都是非线性系统。

1.6.2　时不变特性

参数不随时间变化的系统称为时不变系统或定常系统，否则称为时变系统。

一个时不变系统，由于参数不随时间变化，故系统的输入输出关系也不会随时间变化。如果激励 $f(\cdot)$ 作用于系统产生的零状态响应为 $y_{zs}(\cdot)$，那么，当激励延迟 t_d（或 k_d）接入时，其零状态响应也延迟相同的时间，且响应的波形形状保持相同。也就是说，一个时不变系统，若

$$f(\cdot) \longrightarrow y_{zs}(\cdot)$$

则对连续系统有

$$f(t - t_d) \longrightarrow y_{zs}(t - t_d)$$

对离散系统有

$$f(k - k_d) \longrightarrow y_{zs}(k - k_d)$$

系统的这种性质称为时不变特性。连续系统时不变特性的示意性说明如图 1.6.1 所示。

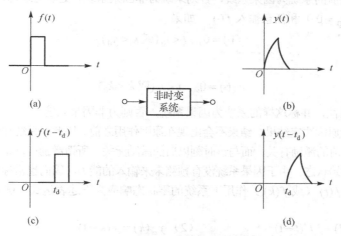

图 1.6.1　时不变（非时变）系统特性

描述线性时不变系统的输入输出方程是线性常系数微分（差分）方程，描述线性时变系统的输入输出关系的方程是线性变系数微分（差分）方程。对于非线性系统，也可以区分为时不变和时变两类，相应的系统方程分别是非线性常系数微分（差分）方程和非线性变系数微分（差分）方程。

例 1.6.2 试判断以下系统是否为时不变系统。

（1）$y_{zs}(t) = \cos(f(t))$

（2）$y_{zs}(t) = f(2t)$

解：（1）因为

$$f(t) \longrightarrow y_{zs}(t) = \cos(f(t))$$

设 $f_{td}(t) = f(t - t_d)$，$t_d > 0$

相应的零状态响应为

$$y_{td}(t) = \cos(f(t - t_d))$$

而

$$y_{zs}(t - t_d) = \cos(f(t - t_d))$$

显然

$$y_{td}(t) = y_{zs}(t - t_d)$$

故该系统是时不变系统。

（2）这个系统是一个时间 t 上的尺度变换系统，系统输出 $y_{zs}(t)$ 的波形是输入 $f(t)$ 波形在时间 t 上压缩 1/2 后得到的波形。设

$$f_{td}(t) = f(t - t_d), \qquad t_d > 0$$

则 $f_{td}(t)$ 作用于系统产生的零状态响应为

$$y_{td}(t) = f_{td}(2t) = f(2t - t_d)$$

而

$$y_{zs}(t - t_d) = f(2(t - t_d)) = f(2t - 2t_d)$$

显然

$$y_{td}(t) \neq y_{zs}(t - t_d)$$

所以该系统为时变系统。

1.6.3 因果性

如果把系统激励看成是引起零状态响应的原因，零状态响应看成是激励作用于系统的结果，那么，响应不出现在激励之前的系统为因果系统，否则系统为非因果系统。更确切地说，对任一时刻 t_0 或 k_0（一般可选 $t_0 = 0$ 或 $k_0 = 0$）和任意输入 $f(\cdot)$，如果

$$f(\cdot) = 0, \quad t < t_0 \text{(或} k < k_0)$$

其零状态响应为

$$y_{zs}(\cdot) = 0, \quad t < t_0 \text{(或} k < k_0)$$

就称该系统具有因果性，并称这样的系统为因果系统，否则为非因果系统。

在因果系统中，原因决定结果，结果不会出现在原因作用之前。因此，系统在任一时刻的响应只与该时刻以及该时刻以前的激励有关，而与该时刻以后的激励无关。所谓激励可以是当前输入，也可以是历史输入或等效的初始状态。由于因果系统没有预测未来输入的能力，因而也常称为不可预测系统。

例 1.6.3 激励 $f(t)$（或 $f(k)$）作用下系统的零状态响应为下述表达式，试分别判别各系统是否具有因果性。

（1）$y_{zs}(t) = f(t) + 3f'(t - 1)$ （2）$y_{zs}(k) = f(k + 1)$

（3）$y_{zs}(t) = f(2t)$ （4）$y_{zs}(t) = f(-t)$

解：（1）系统的零状态响应的每个分量出现在激励 $f(t)$ 的同时或之后，所以此系统为因果系统。

（2）系统的零状态响应 $y_{zs}(k) = f(k + 1)$ 是激励 $f(k)$ 沿着 k 轴向左平移 1 个单位得到的，所以响应在先激励在后，该系统为非因果系统。

（3）激励 $f(t)$，系统的零状态响应为 $f(2t)$，即将 $f(t)$ 沿着时间 t 轴压缩 1/2。显然，响应可能先于激励出现。这种情况的举例如图 1.6.2(a)所示，因而经过尺度变换的系统一般为非因果系统。

（4）这个系统是一个反转系统，即将输入信号的"过去"和"未来"颠倒一下。显然，这样的系统也为非因果系统。激励和响应的关系举例如图 1.6.2(b)所示。

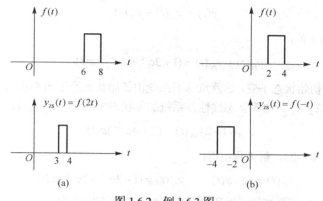

图 1.6.2　例 1.6.3 图

1.6.4　稳定性

如果系统对任何有界的激励 $f(\cdot)$ 所产生的零状态响应 $y_{zs}(\cdot)$ 亦为有界，则该系统为稳定系统，否则为不稳定系统。

例 1.6.4　激励 $f(t)$ 作用下系统的零状态响应为下述表达式，试分别判别各系统是否稳定。

（1）$y_{zs}(t) = f^2(t) + f(t-1)$ 　　　　　（2）$y_{zs}(t) = f'(t)$

解：（1）设 $f(t)$ 有界，则 $f^2(t)$ 和 $f(t-1)$ 均有界，它们之和自然也有界，即系统的零状态响应有界。所以该系统是稳定系统。

（2）这个系统是一个微分系统。根据稳定性判断条件，只要举一个有界的输入经过该系统后产生无界的零状态响应例子，就可以确定它是不稳定系统。选输入信号 $f(t) = \varepsilon(t)$，这是有界信号，输入系统后得到的零状态响应为

$$y_{zs}(t) = f'(t) = [\varepsilon(t)]' = \delta(t)$$

冲激信号在 $t=0$ 时的函数值为无穷大，因此，系统的零状态响应无界，所以该系统为不稳定系统。这正是在前面介绍积分器时提到的，在系统中一般都用积分器而极少用微分器的原因。

1.7　LTI 系统特性及信号系统分析方法

1.7.1　LTI 系统特性

1. 线性性和时不变特性

LTI 系统具有零输入线性、零状态线性和时不变特性，这些特性在 1.6.1 节和 1.6.2 节已经分析过，在时域分析 LTI 系统中经常用到系统的这个性质。

例 1.7.1　某 LTI 系统，其初始状态一定，当激励为 $f(t)$ 时，其全响应为

$$y(t) = (1 + 3e^{-t} + 2e^{-2t})\varepsilon(t)$$

若初始状态不变，激励变为 $2f(t)$ 时，全响应为：$y(t) = (2 + 4e^{-2t})\varepsilon(t)$。若初始状态仍然不变，当激励变为 $-f(t-1)$ 时求全响应 $y(t)$。

解： 设系统在初始状态下的零输入响应为 $y_{zi}(t)$，在激励 $f(t)$ 作用下的零状态响应为 $y_{zs}(t)$。由全响应可拆分性：

$$y(t) = y_{zi}(t) + y_{zs}(t)$$

根据题目的第一个已知条件：

$$y_{zi}(t) + y_{zs}(t) = (1 + 3e^{-t} + 2e^{-2t})\varepsilon(t) \tag{1-7-1}$$

第二个条件中，系统的初始状态不变，这就意味着系统由初始状态产生的零输入响应分量不发生变化，仍为 $y_{zi}(t)$；激励变为 $2f(t)$，由零状态线性，系统的零状态响应变为 $2y_{zs}(t)$，于是有

$$y_{zi}(t) + 2y_{zs}(t) = (2 + 4e^{-2t})\varepsilon(t) \tag{1-7-2}$$

联立式（1-7-1）和式（1-7-2），解方程组得：

$$y_{zi}(t) = 6e^{-t}\varepsilon(t) \qquad y_{zs}(t) = (1 - 3e^{-t} + 2e^{-2t})\varepsilon(t)$$

当激励变为 $f(t-1)$ 时，根据系统的线性和时不变特性，零状态响应为

$$y_{zs}(t-1) = (1 - 3e^{-(t-1)} + 2e^{-2(t-1)})\varepsilon(t-1)$$

因为初始状态不变，零输入响应分量依然是 $y_{zi}(t)$，故当激励变为 $-f(t-1)$ 时的全响应为

$$y(t) = y_{zi}(t) - y_{zs}(t-1) = 6e^{-t}\varepsilon(t) - (1 - 3e^{-(t-1)} + 2e^{-2(t-1)})\varepsilon(t-1)$$

2．微积分特性

对于 LTI 系统，若

$$f(t) \longrightarrow y_{zs}(t)$$

则有

$$f'(t) \longrightarrow y_{zs}'(t) \tag{1-7-3}$$

$$f^{(-1)}(t) \longrightarrow y_{zs}^{(-1)}(t) \tag{1-7-4}$$

称式（1-7-3）、式（1-7-4）分别为 LTI 系统微分和积分特性。

例 1.7.2 有一个 LTI 系统，当激励为 $f_1(t) = \varepsilon(t)$ 时系统的零状态响应为

$$y_{zs1}(t) = e^{-t}\varepsilon(t)$$

求当激励为 $f_2(t) = r(t) + 2\delta(t)$ 时系统的零状态响应 $y_{zs2}(t)$。

解： 因为 $\delta(t) = [\varepsilon(t)]' = f_1'(t)$，$r(t) = t\varepsilon(t) = [\varepsilon(t)]^{(-1)} = f_1^{(-1)}(t)$，根据 LTI 系统的微分和积分特性：

$$f_1(t) = \varepsilon(t) \longrightarrow y_{zs1}(t) = e^{-t}\varepsilon(t)$$

$$2\delta(t) \longrightarrow 2y_{zs1}'(t) = -2e^{-t}\varepsilon(t) + 2\delta(t)$$

$$r(t) \longrightarrow y_{zs1}^{(-1)}(t) = \int_{-\infty}^{t} e^{-\tau}\varepsilon(\tau)d\tau = \int_{0}^{t} e^{-\tau}d\tau\varepsilon(t) = (1 - e^{-t})\varepsilon(t)$$

根据 LTI 系统的线性性：

$$\begin{aligned} y_{zs2}(t) &= y_{zs1}^{(-1)}(t) + 2y_{zs1}'(t) \\ &= (1 - e^{-t})\varepsilon(t) - 2e^{-t}\varepsilon(t) + 2\delta(t) \\ &= (1 - 3e^{-t})\varepsilon(t) + 2\delta(t) \end{aligned}$$

1.7.2　信号和 LTI 系统分析方法

信号与系统的分析包括信号分析和系统分析。信号分析是研究信号的描述、运算、特性以及信号发生某些变化时其特性的相应变化。信号分析的基本目的是揭示信号自身的特性，例如确定信号的时域特性与频域特性等。实现信号分析的主要途径是研究信号的分解，即将一般信号分解成众多基本信号单元的线性组合，通过研究这些基本信号单元在时域或变换域的分布规律来达到了解信号特性的目的。由于信号的分解可以在时域进行，也可以在频域或复频域进行，因此信号分析的方法也有时域法、频域法和复频域法。

在信号的时域分析中，采用单位冲激信号 $\delta(t)$ 或单位脉冲序列 $\delta(k)$ 作为基本信号，将连续时间信号表示为 $\delta(t)$ 的加权积分，将离散时间信号表示为 $\delta(k)$ 的加权和，它们分别是一种特殊的卷积积分运算与卷积和运算。这里，通过基本信号单元的加权值随变量 t（或 k）的变化直接表征信号的时域特性。

在信号的频域分析中，采用复指数信号 $\mathrm{e}^{\mathrm{j}\omega t}$ 或 $\mathrm{e}^{\mathrm{j}\Omega k}$ 作为基本信号，将连续时间（或离散时间）信号表示为 $\mathrm{e}^{\mathrm{j}\omega t}$（或 $\mathrm{e}^{\mathrm{j}\Omega k}$）的加权积分（或加权和）。这就引出了傅里叶分析的理论和方法。这里，通过各基本信号单元振幅（或振幅密度）、相位随频率的变化（即信号的频谱）来反映信号的频域特性。

在复频域分析信号时，则采用复指数信号 e^{st}（或 z^k）作为基本信号，将连续时间（或离散时间）信号表示为 e^{st}（或 z^k）的加权积分（或加权和），相应导出了拉普拉斯变换与 z 变换的理论和方法。

系统分析的主要任务是分析给定系统在激励作用下产生的响应。其分析过程包括建立系统模型；用数学方法求解由系统模型建立的系统方程，求得系统的响应。必要时，对求解结果给出物理解释，赋予一定的物理意义。就本书所研究的 LTI 系统而言，系统方程是线性常系数的微分方程或差分方程。在系统方程或系统输出响应的求解方面，按照系统理论，一般先求出系统的零输入响应和零状态响应；然后将它们叠加，得到系统的完全响应。

分析 LTI 系统的基本思想是先将激励信号分解为众多基本信号单元的线性组合，求出各基本信号单元通过系统后产生的响应分量，再将这些响应分量叠加起来得到系统在激励信号作用下的输出响应。与信号分析类似，系统分析也有相应的时域分析法、频域分析法和复频域分析法。

系统函数在分析 LTI 系统中占有十分重要的地位，它不仅是连接响应与激励之间的纽带和桥梁，而且通过它可以研究系统各种特性，预测响应的类型。通过信号流图可以将所描述系统的方程、框图和系统函数联系在一起。

习　题　一

1.1　绘出下列信号的波形图。

（1）　$f_1(t) = \mathrm{e}^{-t}\varepsilon(t)$

（2）　$f_2(t) = (1 - \mathrm{e}^{-2t})\varepsilon(t)$

（3）　$f_3(t) = (\mathrm{e}^{-t} - \mathrm{e}^{-3t})\varepsilon(t)$

（4）　$f_4(t) = \varepsilon(\sin(\pi t))$

（5）　$f_5(t) = 3\varepsilon(t+1) - \varepsilon(t) - 3\varepsilon(t-1) + \varepsilon(t-2)$

（6）　$f_6(t) = \cos(\pi t)[\varepsilon(t) - \varepsilon(t-2)]$

（7）　$f_7(t) = r[\cos(\pi t)]$

（8）　$f_8(t) = Sa(\pi t)$

1.2　绘出下列信号的图形。

（1）　$f_1(k) = \varepsilon(k+2) - \varepsilon(k-2)$

（2）　$f_2(k) = 0.5^k \varepsilon(k)$

（3）　$f_3(k) = 2^{1-k} \varepsilon(k-1)$

（4）　$f_4(k) = (-1)^k \varepsilon(k-1)$

（5）$f_5(k) = \begin{cases} 0, & k < -2 \\ k+1, & -2 \leqslant k \leqslant 3 \\ 1, & k > 3 \end{cases}$ 　　　（6）$f_6(k) = \cos\left(\dfrac{k\pi}{4}\right)[\varepsilon(k) - \varepsilon(k-12)]$

（7）$f_7(k) = k[\varepsilon(k) - \varepsilon(k-5)]$ 　　　（8）$f_8(k) = (-1)^k[\varepsilon(3-k) - \varepsilon(-k)]$

1.3　写出题 1.3 图所示函数的闭合表达式。

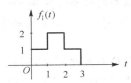 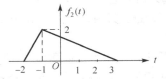

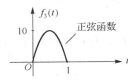 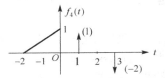

题 1.3 图

1.4　写出题 1.4 图所示序列的闭合表达式。

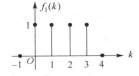 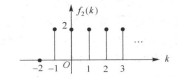

 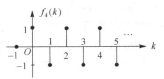

题 1.4 图

1.5　判别下列信号是否为周期信号，若是则确定信号的周期。

（1）$f_1(t) = \sin(t) + \sin(2t)$ 　　　（2）$f_2(t) = 4\sin(2t) + 5\cos(\pi t)$

（3）$f_3(t) = \cos(t) + \sin(\sqrt{3}t)$ 　　　（4）$f_4(t) = \sin\left(\dfrac{1}{3}t\right) + \cos\left(\dfrac{1}{2}t\right) + \sin\left(\dfrac{1}{6}t\right)$

（5）$f_5(t) = \sin^3(t)$ 　　　（6）$f_6(t) = e^{j(\pi t - 1)}$

（7）$f_7(k) = \sin\left(\dfrac{8\pi}{7}k\right)$ 　　　（8）$f_8(k) = \cos\left(\dfrac{3\pi}{4}k\right) + \cos\left(\dfrac{\pi}{3}k\right)$

1.6　已知信号 $f(t)$ 的波形如图，试绘出下列函数的波形图。

（1）$f_1(t) = f(t+1)$ 　　　（2）$f_2(t) = f(-t)$

（3）$f_3(t) = f(2-t)$ 　　　（4）$f_4(t) = f(2t-1)$

（5）$f_5(t) = f(0.5t+1)$ 　　　（6）$f_6(t) = f(1-0.5t)$

（7）$f_7(t) = f'(t)$ 　　　（8）$f_8(t) = \displaystyle\int_{-\infty}^{t} f(\tau)\,\mathrm{d}\tau$

1.7 已知信号 $f(k)$ 的波形如图，试绘出下列函数的波形图。

（1）$f_1(k) = f(k-1)$　　　　　　　（2）$f_2(k) = f(k-1)\varepsilon(k-1)$

（3）$f_3(k) = f(k) - f(k-2)$　　　　（4）$f_4(k) = f(-k)$

（5）$f_5(k) = f(k) \cdot f(-k)$　　　　（6）$f_6(k) = f(k)\varepsilon(-k) + \varepsilon(k-1)$

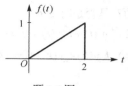

题 1.6 图

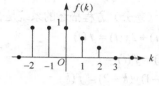

题 1.7 图

1.8 计算或化简下列表达式。

（1）$\dfrac{\mathrm{d}}{\mathrm{d}t}[\mathrm{e}^{-t}\varepsilon(t)]$　　　　　　　（2）$\dfrac{\mathrm{d}}{\mathrm{d}t}[\mathrm{e}^{-t}\delta(t)]$

（3）$\displaystyle\int_{-\infty}^{\infty} \mathrm{e}^{-\mathrm{j}\omega t}[\delta(t) - \delta(t-t_0)]\mathrm{d}t$　　　（4）$\displaystyle\int_{-\infty}^{t} \mathrm{e}^{-\tau}[\delta(\tau) + \delta'(\tau)]\mathrm{d}\tau$

（5）$\displaystyle\int_{-\infty}^{\infty} (2t^2 + t - 5)\delta(3-t)\mathrm{d}t$　　　（6）$\displaystyle\int_{-1}^{5}\left(t^2 + t - \sin\dfrac{\pi}{4}t\right)\delta(t+2)\mathrm{d}t$

（7）$\displaystyle\int_{-\infty}^{\infty} \delta(2t)\mathrm{d}t$　　　　　　（8）$\displaystyle\int_{-\infty}^{\infty} (t^2 + t + 1)\delta\left(\dfrac{t}{2}\right)\mathrm{d}t$

1.9 见题 1.9 图所示电路，试以电流源电流 $i_s(t)$ 为激励，分别写出以 $i(t)$ 和 $u(t)$ 为响应的系统方程。

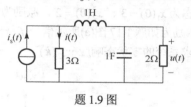

题 1.9 图

1.10 写出题 1.10 图所示框图的系统方程。

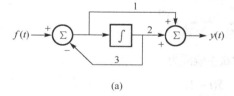

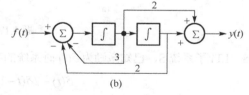

题 1.10 图

1.11 写出题 1.10 图所示框图的系统方程。

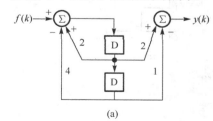

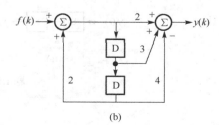

题 1.11 图

1.12　设系统的初始状态为 $x(0)$，激励为 $f(t)$，试根据全响应的表达式判断该系统是否线性。

（1）$y(t) = 2x(0) + \int_0^t \cos(\tau)f(\tau)\mathrm{d}\tau$　　　（2）$y(t) = f(t)x(0) + f(t)$

（3）$y(t) = \cos(x(0)t) + \int_0^t f(\tau)\mathrm{d}\tau$　　　（4）$y(k) = 2^{-k}x(0) + f(k)f(k-1)$

1.13　下列微分（差分）方程描述的系统是否为线性的？是否是时变的？

（1）$y''(t) + 3y'(t) + 2y(t) = f(t)$　　　（2）$y''(t) + t^2y(t) = f(t)$

（3）$y'(t) + y^2(t) = f(t)$　　　（4）$ky(k) + y(k-1) = f(k)$

（5）$y(k) + y(k-1)y(k-2) = f(k)$

1.14　在 $f(t)$（或 $f(k)$）作用下系统的零状态响应如下，试判断系统的线性性、时变性、因果性和稳定性。

（1）$y_{zs}(t) = 2f'(t-1)$　　　（2）$y_{zs}(t) = |f(t)|$

（3）$y_{zs}(t) = f(t)\sin(t)$　　　（4）$y_{zs}(t) = f(-t)$

（5）$y_{zs}(k) = f(k)f(k-2)$　　　（6）$y_{zs}(k) = f(1-k)$

1.15　某 LTI 系统，已知当激励 $f(t) = \varepsilon(t)$ 作用时，系统的零状态响应为 $y_{zs}(t) = \mathrm{e}^{-2t}\varepsilon(t)$。求系统在 $f_1(t) = 3\delta(t) + 2r(t)$ 作用下的零状态响应 $y_{zs1}(t)$。

1.16　某二阶 LTI 系统，当初始状态为 $x_1(0) = 1$、$x_2(0) = 0$ 时，系统的零输入响应为 $y_{zi1}(t) = \mathrm{e}^{-t} + \mathrm{e}^{-2t}$，$t \geq 0$；当初始状态为 $x_1(0) = 0$、$x_2(0) = 1$ 时，系统的零输入响应为 $y_{zi2}(t) = \mathrm{e}^{-t} - \mathrm{e}^{-2t}$，$t \geq 0$；而当初始状态为 $x_1(0) = 1$、$x_2(0) = -1$，激励为 $f(t)$ 时，系统的全响应为 $y(t) = 2 + \mathrm{e}^{-t}$，$t \geq 0$。求当初始状态为 $x_1(0) = 3$、$x_2(0) = 2$，激励为 $2f(t)$ 时，系统的全响应。

1.17　某 LTI 离散系统，已知激励为如题 1.17 图(a)所示信号 $f_1(k)$ 时，系统的零状态响应为 $y_{zs1}(k)$，若系统以 $f_2(k) = y_{zs1}(k)$ 为激励，求系统的零状态响应 $y_{zs2}(k)$。

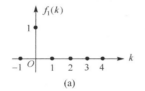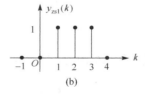

题 1.17 图

1.18　LTI 子系统 S，已知激励为 $\delta(t)$ 时系统的零状态响应为

$$\delta(t) - 2\delta(t-1) + \delta(t-2)$$

如果将两个一样的 S 系统级联，如题 1.18 图所示，求复合系统在 $f(t)$ 作用下的零状态响应。

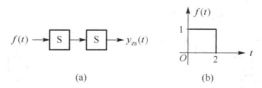

题 1.18 图

第 2 章　连续系统的时域分析

本章将研究线性时不变（LTI）连续系统的时域分析方法，即对于给定的激励，根据描述系统响应与激励之间关系的微分方程求得其响应的方法。由于分析是在时间域内进行的，故称为时域分析。

本章在用经典法求解微分方程的基础上，讨论零输入响应、零状态响应、全响应的求解。在引入系统的冲激响应之后，零状态响应等于冲激响应与激励的卷积积分。冲激响应和卷积积分概念的引入，使 LTI 连续系统分析更加简捷、明晰，它们在系统理论分析中具有重要作用。

2.1　LTI 连续系统的响应

2.1.1　微分方程的经典解

一般而言，如果单输入-单输出系统的激励为 $f(t)$，响应为 $y(t)$，则描述 LTI 连续系统激励与响应之间关系的数学模型是 n 阶常系数线性微分方程，它可写为

$$y^{(n)}(t) + a_{n-1}y^{(n-1)}(t) + \cdots + a_1 y^{(1)}(t) + a_0 y(t)$$
$$= b_m f^{(m)}(t) + b_{m-1}f^{(m-1)}(t) + \cdots + b_1 f^{(1)}(t) + b_0 f(t)$$

或缩写为

$$\sum_{j=0}^{n} a_j y^{(j)}(t) = \sum_{i=0}^{n} b_i f^{(i)}(t)$$

式中，a_j，$j = 0,\ 1,\ \cdots,\ n$ 和 b_i，$i = 0,\ 1,\ \cdots,\ m$ 均是常数，$a_n = 1$。该微分方程的全解由齐次解 $y_h(t)$ 和特解 $y_p(t)$ 组成，即

$$y(t) = y_p(t) + y_h(t)$$

下面举例说明齐次解和特解的求解方法。

例 2.1.1　描述某 LTI 连续系统的微分方程为

$$y''(t) + 5y'(t) + 6y(t) = f(t)$$

求输入 $f(t) = 2e^{-t}$，$t \geqslant 0$，$y(0) = 2$，$y'(0) = -1$ 时的全解。

解：（1）齐次解 $y_h(t)$

齐次解是齐次微分方程

$$y_h''(t) + 5y_h'(t) + 6y_h(t) = 0$$

的解。上式的特征方程为 $\qquad \lambda^2 + 5\lambda + 6 = 0$

其特征根 $\lambda_1 = -2$，$\lambda_2 = -3$。表 2-1 列出了特征根取不同值时所对应的齐次解，其中 C_i、D_i、A_i 和 θ_i 等为待定系数。由表 2-1 可知，上式的齐次解为

$$y_h(t) = C_1 e^{-2t} + C_2 e^{-3t}$$

式中的常数 C_1、C_2 将在求得全解后由初始条件确定。

表 2-1　不同特征根所对应的齐次解

特 征 根 λ	齐 次 解 $y_h(t)$
单实根	$Ce^{\lambda t}$
r 重实根	$(C_{r-1}t^{r-1} + C_{r-2}t^{r-2} + \cdots + C_1 t + C_0)e^{\lambda t}$
一对共轭复根 $\lambda_{1,2} = \alpha \pm j\beta$	$e^{\alpha t}[C\cos(\beta t) + D\sin(\beta t)]$ 或 $A\cos(\beta t - \theta)$，其中 $Ae^{j\theta} = C + jD$
r 重共轭复根	$A_{r-1}t^{r-1}\cos(\beta t + \theta_{r-1}) + A_{r-2}t^{r-2}\cos(\beta t + \theta_{r-2}) + \cdots + A_0\cos(\beta t + \theta_0)]e^{\alpha t}$

（2）特解 $y_p(t)$

特解的函数形式与激励函数的形式有关。表 2-2 列出了几种激励及其所对应的特解。选定特解后，将它代入原微分方程，求出各待定系数，就得出方程的特解。

表 2-2　不同激励所对应的特解

激 励 $f(t)$	特 解 $y_p(t)$	
t^m	$P_m t^m + P_{m-1}t^{m-1} + \cdots + P_1 t + P_0$	所有特征根均不等于 0
	$t^r[P_m t^m + P_{m-1}t^{m-1} + \cdots + P_1 t + P_0]$	有 r 重根等于 0 的特征根
$e^{\alpha t}$	$Pe^{\alpha t}$	α 不等于特征根
	$(P_1 t + P_0)e^{\alpha t}$	α 等于特征单根
	$(P_r t^r + P_{r-1}t^{r-1} + \cdots + P_1 t + P_0)e^{\alpha t}$	α 等于 r 重特征根
$\cos(\beta t)$ 和 $\sin(\beta t)$	$P\cos(\beta t) + Q\sin(\beta t)$	所有的特征根均不等于 $\pm j\beta$
	或 $A\cos(\beta t - \theta)$，其中 $Ae^{j\theta} = P + jQ$	

由表 2-2 可知，当输入 $f(t) = 2e^{-t}$ 时，其特解可设为

$$y_p(t) = Pe^{-t}$$

将 $y_p''(t)$、$y_p'(t)$、$y_p(t)$ 和 $f(t)$ 代入系统的微分方程中，得

$$Pe^{-t} + 5(-Pe^{-t}) + 6Pe^{-t} = 2e^{-t}$$

由上式可解得 $P = 1$。于是得微分方程的特解：

$$y_p(t) = e^{-t}$$

微分方程的全解：

$$y(t) = y_h(t) + y_p(t) = C_1 e^{-2t} + C_2 e^{-3t} + e^{-t}$$

其一阶导数：

$$y'(t) = -2C_1 e^{-2t} - 3C_2 e^{-3t} - e^{-t}$$

令 $t = 0$，并将初始值代入，得

$$y(0) = C_1 + C_2 + 1 = 2$$
$$y'(0) = -2C_1 - 3C_2 - 1 = -1$$

由上式可解得 $C_1 = 3$，$C_2 = -2$，最后得微分方程的全解：

$$y(t) = \underbrace{\overbrace{3e^{-2t} - 2e^{-3t}}^{齐次解}}_{自由响应} + \underbrace{\overbrace{e^{-t}}^{特解}}_{强迫响应}, \quad t \geq 0$$

由以上可见，LTI 连续系统的数学模型——常系数线性微分方程的全解由齐次解和特解组成，齐

次解的函数形式仅仅依赖于系统本身的特性，而与激励 $f(t)$ 的函数形式无关，称为系统的自由响应或固有响应。特征方程的根 λ_i 称为系统的"固有频率"，它决定了系统自由响应的形式。但应注意，齐次解的系数 C_i 是与激励有关的。特解的形式由激励信号确定，称为强迫响应。

例2.1.2　描述某 LTI 连续系统的微分方程为

$$y''(t) + 5y'(t) + 6y(t) = f(t)$$

求输入 $f(t) = 10\cos t$ ，$t \geqslant 0$ ，$y(0) = 2$ ，$y'(0) = 0$ 时的全响应。

解：本例的微分方程与例 2.1.1 的相同，故特征根也相同，为 $\lambda_1 = -2$ ，$\lambda_2 = -3$ 。方程的齐次解为

$$y_h(t) = C_1 e^{-2t} + C_2 e^{-3t}$$

由表 2-2 可知，因输入 $f(t) = 10\cos t$ ，故可设方程的特解为

$$y_p(t) = P\cos t + Q\sin t$$

其一、二阶导数分别为

$$y_p'(t) = -P\sin t + Q\cos t$$

$$y_p''(t) = -P\cos t - Q\sin t$$

将 $y_p''(t)$ 、$y_p'(t)$ 、$y_p(t)$ 和 $f(t)$ 代入系统的微分方程中，得

$$(-P + 5Q + 6P)\cos t + (-Q - 5P + 6Q)\sin t = 10\cos t$$

因上式对所有的 $t \geqslant 0$ 成立，故有

$$5P + 5Q = 10$$
$$-5P + 5Q = 0$$

由以上两式可解得 $P = Q = 1$ ，得特解为

$$y_p(t) = \cos t + \sin t = \sqrt{2}\cos\left(t - \frac{\pi}{4}\right)$$

于是得方程的全解，即系统的全响应为

$$y(t) = y_h(t) + y_p(t) = C_1 e^{-2t} + C_2 e^{-3t} + \sqrt{2}\cos\left(t - \frac{\pi}{4}\right)$$

其一阶导数为

$$y'(t) = -2C_1 e^{-2t} - 3C_2 e^{-3t} - \sqrt{2}\sin\left(t - \frac{\pi}{4}\right)$$

令 $t = 0$ ，并代入初始条件，得

$$y(0) = C_1 + C_2 + 1 = 2$$
$$y'(0) = -2C_1 - 3C_2 + 1 = 0$$

由上式可解得 $C_1 = 2$ ，$C_2 = -1$ ，最后得该系统的全响应为

$$y(t) = \underbrace{\overbrace{2e^{-2t} - e^{-3t}}^{\text{自由响应}}}_{\text{瞬态响应}} + \underbrace{\overbrace{\sqrt{2}\cos\left(t - \frac{\pi}{4}\right)}^{\text{强迫响应}}}_{\text{稳态响应}}, \quad t \geqslant 0$$

上式的前两项随 t 的增大而逐渐消失，称为瞬态响应；后一项随 t 的增大呈现等幅振荡，称为稳态响应。

通常，当输入信号是阶跃函数或有始的周期函数（例如，有始正弦函数、方波等）时，稳定系统的全响应也可分解为瞬态（暂态）响应和稳态响应。瞬态响应是指激励接入以后，全响应中暂时出现的分量，随着时间的延长，它将消失。也就是说，全响应中按指数衰减的各项[如 $e^{-\alpha t}$、$e^{-\alpha t}\sin(\beta t+\theta)$ 等，其中 $\alpha>0$]组成瞬态分量。如果系统微分方程的特征根 λ_i 的实部均为负（这样的系统是稳定的，其齐次解均按指数衰减），那么，由全响应中除去瞬态响应就是稳态响应，它通常也是由阶跃函数或周期函数组成的。对于特征根有正实部的不稳定系统或激励不是阶跃信号或有始周期信号的系统，通常不这样区分（如例 2.1.1）。

2.1.2 关于 0_- 与 0_+

用经典法解微分方程时，一般输入 $f(t)$ 是在 $t=0$ （或 $t=t_0$ ）接入系统的，那么方程的解也适用于 $t>0$ （或 $t>t_0$ ）。为确定解的待定系数所需的一组初始值是指 $t=0_+$ （或 $t=t_{0_+}$ ）时刻的值，即 $y^{(j)}(0_+)$ 或 $y^{(j)}(t_{0_+})$ ，$j=0,1,\cdots,n-1$，简称 0_+ 值。在 $t=0_-$ （或 $t=t_{0_-}$ ）时，激励尚未接入，因而响应及其各阶导数在该时刻的值 $y^{(j)}(0_-)$ 或 $y^{(j)}(t_{0_-})$ ，$j=0,1,\cdots,n-1$ 反映了系统的历史情况而与激励无关，它们为求得 $t>0$ （或 $t>t_0$ ）时的响应 $y(t)$ 提供了以往历史的全部信息，称这些在 $t=0_-$ （或 $t=t_{0_-}$ ）时刻的值为初始状态，简称 0_- 值。通常，对于具体的系统，初始状态 0_- 值通常容易求得。如果激励 $f(t)$ 中含有冲激函数及其导数，那么当 $t=0$ 时激励接入系统时，响应及其导数从 $y^{(j)}(0_-)$ 值到 $y^{(j)}(0_+)$ 值可能发生跃变。这样，求解描述 LTI 连续系统的微分方程时，就需要从已知的 $y^{(j)}(0_-)$ 或 $y^{(j)}(t_{0_-})$ 设法求得 $y^{(j)}(0_+)$ 或 $y^{(j)}(t_{0_+})$ 。下面以二阶系统为例说明其求解方法。

例 2.1.3 描述某 LTI 连续系统的微分方程为

$$y''(t)+2y'(t)+y(t)=f''(t)+2f(t)$$

已知 $y(0_-)=1$ ，$y'(0_-)=-1$ ，$f(t)=\delta(t)$ ，求 $y(0_+)$ ，$y'(0_+)$ 。

解：将输入 $f(t)=\delta(t)$ 代入微分方程，得

$$y''(t)+2y'(t)+y(t)=\delta''(t)+2\delta(t)$$

因上式对所有的 t 成立，故等号两端 $\delta(t)$ 及其各阶导数的系数应分别相等，于是知上式中 $y''(t)$ 必含有 $\delta''(t)$ ，即 $y''(t)$ 含有冲激函数导数的最高阶为二阶，故令

$$y''(t)=a\delta''(t)+b\delta'(t)+c\delta(t)+r_0(t)$$

式中 a、b、c 为待定常数，函数 $r_0(t)$ 中不含 $\delta(t)$ 及其各阶导数。对上式等号两端从 $-\infty$ 到 t 积分，得

$$y'(t)=a\delta'(t)+b\delta(t)+r_1(t)$$

上式中

$$r_1(t)=c\varepsilon(t)+\int_{-\infty}^{t}r_0(x)\mathrm{d}x$$

它不含 $\delta(t)$ 及其各阶导数。

对上式等号两端从 $-\infty$ 到 t 再积分，得

$$y(t)=a\delta(t)+r_2(t)$$

式中

$$r_2(t)=b\varepsilon(t)+\int_{-\infty}^{t}r_1(x)\mathrm{d}x$$

它也不含 $\delta(t)$ 及其各阶导数。将 $y''(t)$ 、$y'(t)$ 、$y(t)$ 代入微分方程式并稍加整理，得

$$a\delta''(t)+(2a+b)\delta'(t)+(a+2b+c)\delta(t)+[r_0(t)+2r_1(t)+r_2(t)]=\delta''(t)+2\delta'(t)$$

上式中等号两端 $\delta(t)$ 及其各阶导数的系数应分别相等，故得

$$a=1$$
$$2a+b=0$$
$$a+2b+c=2$$

由上式可解得 $a=1, b=-2, c=5$。将 a、b 代入 $y'(t)$ 表达式中，并对等号两端从 0_- 到 0_+ 进行积分，有

$$y(0_+)-y(0_-)=\int_{0_-}^{0_+}\delta'(t)\mathrm{d}t-\int_{0_-}^{0_+}2\delta(t)\mathrm{d}t+\int_{0_-}^{0_+}r_1(t)\mathrm{d}t$$

由于 $r_1(t)$ 不含 $\delta(t)$ 及其各阶导数，而且积分是在无穷小区间 $[0_-, 0_+]$ 进行的，故 $\int_{0_-}^{0_+}r_1(t)\mathrm{d}t=0$ 而

$$\int_{0_-}^{0_+}\delta'(t)\mathrm{d}t=\delta(0_+)-\delta(0_-)=0，\quad \int_{0_-}^{0_+}\delta(t)\mathrm{d}t=1，故有$$

$$y(0_+)-y(0_-)=-2$$

已知 $y(0_-)=1$，得

$$y(0_+)=y(0_-)-2=-1$$

同样，将 a、b、c 代入 $y''(t)$ 的表达式中，并对等号两端从 0_- 到 0_+ 进行积分，得

$$y'(0_+)-y'(0_-)=\int_{0_-}^{0_+}\delta''(t)\mathrm{d}t-2\int_{0_-}^{0_+}\delta'(t)\mathrm{d}t+5\int_{0_-}^{0_+}\delta(t)\mathrm{d}t+\int_{0_-}^{0_+}r_0(t)\mathrm{d}t$$

由于在 $[0_-, 0_+]$ 区间 $\delta''(t)$、$\delta'(t)$ 及 $r_0(t)$ 的积分均为 0，故得

$$y'(0_+)-y'(0_-)=c=5$$

将 $y'(0_-)=-1$ 代入上式得

$$y'(0_+)=y'(0_-)+5=4$$

由上可见，当微分方程等号右端含有冲激函数及其各阶导数时，响应 $y(t)$ 及其各阶导数由 0_- 到 0_+ 的瞬间将发生跃变。这时可按下述步骤由 0_- 值求得 0_+ 值（仍以二阶系统为例）：

（1）将输入 $f(t)$ 代入微分方程。如等号右端含有 $\delta(t)$ 及其各阶导数，根据微分方程等号两端各奇异函数的系数相等的原则，判断方程左端 $y(t)$ 的最高阶导数（对于二阶系统为 $y''(t)$）所含 $\delta(t)$ 导数的最高阶次（例如为 $\delta''(t)$）。

（2）令 $y''(t)=a\delta''(t)+b\delta'(t)+c\delta(t)+r_0(t)$，对 $y''(t)$ 进行积分（从 $-\infty$ 到 t），逐次求得 $y'(t)$ 和 $y(t)$。

（3）将 $y''(t)$、$y'(t)$ 和 $y(t)$ 代入微分方程，根据方程等号两端各奇异函数的系数相等，从而求得 $y''(t)$ 中的各待定系数。

（4）分别对 $y'(t)$ 和 $y''(t)$ 等号两端从 0_- 到 0_+ 进行积分，依次求得各 0_+ 值 $y(0_+)$ 和 $y'(0_+)$。

2.1.3　零输入响应

LTI 连续系统全响应 $y(t)$ 也可分为零输入响应和零状态响应。零输入响应是激励为零时仅由系统的初始状态 $\{x(0)\}$ 所引起的响应，用 $y_{zi}(t)$ 表示。在零输入条件下，系统微分方程式等号右端为零，化为齐次方程，即

$$\sum_{j=0}^{n}a_jy_{zi}^{(j)}(t)=0$$

若其特征根均为单根，则其零输入响应为

$$y_{zi}(t) = \sum_{j=1}^{n} C_{zij} e^{\lambda_j t}$$

式中，C_{zij} 为待定常数。由于输入为零，故初始值为

$$y_{zi}^{(j)}(0_+) = y_{zi}^{(j)}(0_-) = y^{(j)}(0_-), \quad j = 0,1,\cdots,n-1$$

由给定的初始状态即可确定 $y_{zi}(t)$ 式中的各待定常数。

例 2.1.4   若描述某 LTI 连续系统的微分方程和初始状态为

$$y''(t) + 5y'(t) + 4y(t) = 2f'(t) - 4f(t)$$

$y(0_-) = 1$，$y'(0_-) = 5$，求系统的零输入响应。

解：该系统的零输入响应满足方程

$$y_{zi}''(t) + 5y_{zi}'(t) + 4y_{zi}(t) = 0$$

0_+ 初始值为

$$y_{zi}(0_+) = y_{zi}(0_-) = y(0_-) = 1$$
$$y_{zi}'(0_+) = y_{zi}'(0_-) = y'(0_-) = 5$$

上述微分方程的特征方程为

$$\lambda^2 + 5\lambda + 4 = 0$$

特征根 $\lambda_1 = -1$，$\lambda_2 = -4$，零输入响应及其导数为

$$y_{zi}(t) = C_{zi1} e^{-t} + C_{zi2} e^{-4t}$$
$$y_{zi}'(t) = -C_{zi1} e^{-t} - 4C_{zi2} e^{-4t}$$

令 $t = 0_+$，将初始条件代入上式，得

$$y_{zi}(0_+) = C_{zi1} + C_{zi2} = 1$$
$$y_{zi}'(0_+) = -C_{zi1} - 4C_{zi2} = 5$$

由上式可解得 $C_{zi1} = 3$，$C_{zi2} = -2$，将它们代入 $y_{zi}(t)$ 式中，得系统的零输入响应为

$$y_{zi}(t) = 3e^{-t} - 2e^{-4t}, \quad t \geqslant 0$$

2.1.4   零状态响应

零状态响应是系统的初始状态为零时，仅由输入信号 $f(t)$ 引起的响应，用 $y_{zs}(t)$ 表示。这时 LTI 连续系统的微分方程仍是非齐次方程，即

$$\sum_{j=0}^{n} a_j y_{zs}^{(j)}(t) = \sum_{i=0}^{m} b_i f^{(i)}(t)$$

初始状态 $y_{zs}^{(j)}(0_-) = 0, j = 0,1,\cdots,n-1$。若微分方程的特征根均为单根，则其零状态响应为

$$y_{zs}(t) = \sum_{j=1}^{n} C_{zsj} e^{\lambda_j t} + y_p(t)$$

式中，C_{zsj} 为待定常数，$y_p(t)$ 为方程的特解。

例 2.1.5 如例 2.1.4 中的系统输入 $f(t) = \varepsilon(t)$，求该系统的零状态响应。

解：该系统的零状态响应满足方程：

$$y''_{zs}(t) + 5y'_{zs}(t) + 4y_{zs}(t) = 2f'(t) - 4f(t)$$

及初始状态 $y'_{zs}(0_-) = y_{zs}(0_-) = 0$

由于输入 $f(t) = \varepsilon(t)$，代入上式后等号右端将含有冲激函数，故零状态响应在 $t = 0$ 时将产生突变，其 0_+ 值不等于 0_- 值。为此，首先求得响应的 0_+ 值。将 $f(t)$ 代入上式，得

$$y''_{zs}(t) + 5y'_{zs}(t) + 4y_{zs}(t) = 2\delta(t) - 4\varepsilon(t)$$

按前述求 0_+ 值的方法，令

$$y''_{zs}(t) = a\delta(t) + r_0(t)$$

对上式积分（从 $-\infty$ 到 t），得

$$y'_{zs}(t) = r_1(t)$$

$$y_{zs}(t) = r_2(t)$$

式中，$r_0(t)$、$r_1(t)$ 和 $r_2(t)$ 均不含 $\delta(t)$ 及其导数。将 $y''_{zs}(t)$、$y'_{zs}(t)$ 和 $y_{zs}(t)$ 代入微分方程，不难求得 $a = 2$。对式 $y'_{zs}(t)$、$y''_{zs}(t)$ 等号两端积分（从 0_- 到 0_+），得

$$y_{zs}(0_+) - y_{zs}(0_-) = \int_{0_-}^{0_+} r_1(t)\mathrm{d}t = 0$$

$$y'_{zs}(0_+) - y'_{zs}(0_-) = a\int_{0_-}^{0_+} \delta(t)\mathrm{d}t + \int_{0_-}^{0_+} r_0(t)\mathrm{d}t = a$$

由以上两式得[考虑到 $y'_{zs}(0_-) = y_{zs}(0_-) = 0$]

$$y_{zs}(0_+) = y_{zs}(0_-) = 0$$

$$y'_{zs}(0_+) = y'_{zs}(0_-) + a = 2$$

对于 $t > 0$，系统的微分方程可写为

$$y''_{zs}(t) + 5y'_{zs}(t) + 4y_{zs}(t) = -4$$

不难求得其齐次解为 $C_{zs1}\mathrm{e}^{-t} + C_{zs2}\mathrm{e}^{-4t}$，其特解 $y_p(t) = -1$，于是有

$$y_{zs}(t) = C_{zs1}\mathrm{e}^{-t} + C_{zs2}\mathrm{e}^{-4t} - 1$$

将初始条件代入上式及其导数式（令 $t = 0$）得

$$C_{zs1} + C_{zs2} - 1 = 0$$

$$-C_{zs1} - 4C_{zs2} = 2$$

由上式可解得 $C_{zs1} = 2$，$C_{zs2} = -1$。最后，得系统的零状态响应为

$$y_{zs}(t) = 2\mathrm{e}^{-t} - \mathrm{e}^{-4t} - 1, \quad t \geqslant 0$$

在求解系统的零状态响应时，若微分方程等号右端含有激励 $f(t)$ 的导数，则利用 LTI 连续系统零状态响应的线性性质和微分特性，可使计算简化。

例 2.1.6 描述某 LTI 连续系统的微分方程为

$$y'(t) + 2y(t) = f''(t) + f'(t) + 2f(t)$$

若 $f(t) = \varepsilon(t)$，求该系统的零状态响应。

解： 设仅由 $f(t)$ 作用于上述系统所引起的零状态响应为 $y_1(t)$，即

$$y_1(t) = T[0, f(t)]$$

显然，它满足方程

$$y_1'(t) + 2y_1(t) = f(t)$$

且初始状态为零，即 $y_1(0_-) = 0$。根据零状态响应的微分特性，有

$$y_1'(t) = T[0, f'(t)]$$
$$y_1''(t) = T[0, f''(t)]$$

根据线性性质，系统的零状态响应为

$$y_{zs}(t) = y_1''(t) + y_1'(t) + 2y_1(t)$$

现在求当 $f(t) = \varepsilon(t)$ 作用于上述系统时所引起的零状态响应 $y_1(t)$。由于当 $f(t) = \varepsilon(t)$ 时，等号右端仅有阶跃函数，故 $y_1'(t)$ 含有跳跃，而 $y_1(t)$ 在 $t = 0$ 处是连续的，从而有 $y_1(0_+) = y_1(0_-) = 0$。

不难求得当 $f(t) = \varepsilon(t)$ 作用于上述系统时所引起的零状态响应 $y_1(t)$ 的齐次解为 Ce^{-2t}，特解为常数 0.5，代入初始值 $y_1(0_+) = 0$ 后，得

$$y_1(t) = 0.5(1 - e^{-2t}), \qquad t \geqslant 0$$

由于 $y_1(t)$ 为零状态响应，故 $t < 0$ 时 $y_1(t) = 0$。上式可写为

$$y_1(t) = 0.5(1 - e^{-2t})\varepsilon(t)$$

其一阶、二阶导数分别为

$$y_1'(t) = 0.5(1 - e^{-2t})\delta(t) + e^{-2t}\varepsilon(t) = e^{-2t}\varepsilon(t)$$
$$y_1''(t) = e^{-2t}\delta(t) - 2e^{-2t}\varepsilon(t) = \delta(t) - 2e^{-2t}\varepsilon(t)$$

将 $y_1(t)$、$y_1'(t)$ 和 $y_1''(t)$ 代入 $y_{zs}(t)$ 表达式中，得该系统的零状态响应为

$$y_{zs}(t) = \delta(t) + (1 - 2e^{-2t})\varepsilon(t)$$

可见，引入奇异函数后，利用零状态响应的线性性质和微分特性，可使求解简便。

2.1.5　全响应

如果系统的初始状态不为零，在激励 $f(t)$ 的作用下，LTI 连续系统的响应称为全响应，它是零输入响应与零状态响应之和，即

$$y(t) = y_{zi}(t) + y_{zs}(t)$$

其各阶导数为

$$y^{(j)}(t) = y_{zi}^{(j)}(t) + y_{zs}^{(j)}(t), \quad j = 0, 1, \cdots, n-1$$

上式对 $t = 0_-$ 也成立，故有

$$y^{(j)}(0_-) = y_{zi}^{(j)}(0_-) + y_{zs}^{(j)}(0_-)$$
$$y^{(j)}(0_+) = y_{zi}^{(j)}(0_+) + y_{zs}^{(j)}(0_+)$$

对于零状态响应，在 $t = 0_-$ 时激励尚未接入，故 $y_{zs}^{(j)}(0_-) = 0$，因而 $y^{(j)}(0_-) = y_{zi}^{(j)}(0_-)$。这样零输入响应的 0_+ 值 $y_{zi}^{(j)}(0_+) = y_{zi}^{(j)}(0_-) = y^{(j)}(0_-)$，根据给定的初始状态（即 0_- 值），利用上式以及前述由 0_- 值求 0_+ 值的方法，可求得零输入响应和零状态响应的 0_+ 值。

综上所述，LTI 连续系统的全响应可分为自由（固有）响应和强迫响应，也可分为零输入响应和零状态响应。若微分方程的特征值均为单根，它们的关系是

$$y(t) = \sum_{j=1}^{n} C_j e^{\lambda_j t} + y_p(t) = \sum_{j=1}^{n} C_{zij} e^{\lambda_j t} + \sum_{j=1}^{n} C_{zsj} e^{\lambda_j t} + y_p(t)$$

式中

$$\sum_{j=1}^{n} C_j e^{\lambda_j t} = \sum_{j=1}^{n} C_{zij} e^{\lambda_j t} + \sum_{j=1}^{n} C_{zsj} e^{\lambda_j t}$$

即

$$C_j = C_{zij} + C_{zsj}, \quad j = 1, 2, \cdots, n$$

可见，两种分解方式有明显的区别。虽然自由响应和零输入响应都是齐次方程的解，但二者系数各不相同，C_{zij} 仅由系统的初始状态所决定，而 C_j 要由系统的初始状态和激励信号共同来确定。在初始状态为零时，零输入响应等于零，但在激励信号的作用下，自由响应并不为零。也就是说，系统的自由响应包含零输入响应和零状态响应的一部分。

例 2.1.7　描述某 LTI 连续系统的微分方程为

$$y''(t) + 3y'(t) + 2y(t) = 2f'(t) + 6f(t)$$

已知 $y(0_-) = 2$，$y'(0_-) = 1$，$f(t) = \varepsilon(t)$，求该系统的零输入响应、零状态响应和全响应。

解：（1）零输入响应 $y_{zi}(t)$ 满足方程：

$$y_{zi}''(t) + 3y_{zi}'(t) + 2y_{zi}(t) = 0$$

其 0_+ 值为

$$y_{zi}(0_+) = y_{zi}(0_-) = y(0_-) = 2$$
$$y_{zi}'(0_+) = y_{zi}'(0_-) = y'(0_-) = 2$$

方程的特征根 $\lambda_1 = -1$，$\lambda_2 = -2$，故零输入响应为

$$y_{zi}(t) = C_{zi1} e^{-t} + C_{zi2} e^{-2t}$$

将初始值代入上式及其导数式，得

$$y_{zi}(0_+) = C_{zi1} + C_{zi2} = 2$$
$$y_{zi}'(0_+) = -C_{zi1} - 2C_{zi2} = 1$$

由上式解得 $C_{zi1} = 5$，$C_{zi2} = -3$。将它们代入 $y_{zi}(t)$ 式中，得系统的零输入响应为

$$y_{zi}(t) = 5e^{-t} - 3e^{-2t}, \quad t \geqslant 0$$

（2）零状态响应 $y_{zs}(t)$ 是初始状态为零且 $f(t) = \varepsilon(t)$ 时系统微分方程的解，即 $y_{zs}(t)$ 满足方程：

$$y_{zs}''(t) + 3y_{zs}'(t) + 2y_{zs}(t) = 2\delta(t) + 6\varepsilon(t)$$

及初始状态 $y_{zs}(0_-) = y_{zs}'(0_-) = 0$。先求 $y_{zs}(0_+)$ 和 $y_{zs}'(0_+)$，由于上式等号右端含有 $\delta(t)$，令

$$y_{zs}''(t) = a\delta(t) + r_0(t)$$

积分（从 $-\infty$ 到 t）得

$$y_{zs}'(t) = r_1(t)$$

$$y_{zs}(t) = r_2(t)$$

将 $y''_{zs}(t)$、$y'_{zs}(t)$ 和 $y_{zs}(t)$ 代入上式微分方程可求得 $a = 2$。对 $y''_{zs}(t)$、$y'_{zs}(t)$ 式，等号两端从 0_- 到 0_+ 积分，并考虑到 $\int_{0_-}^{0_+} r_0(t)\mathrm{d}t = 0$，$\int_{0_-}^{0_+} r_1(t)\mathrm{d}t = 0$，可求得

$$y'_{zs}(0_+) - y'_{zs}(0_-) = a = 2$$
$$y_{zs}(0_+) - y_{zs}(0_-) = 0$$

解上式，得 $y'_{zs}(0_+) = 2$，$y_{zs}(0_+) = 0$。

对于 $t > 0$，$y_{zs}(t)$ 满足的方程式可写为

$$y''_{zs}(t) + 3y'_{zs}(t) + 2y_{zs}(t) = 6$$

不难求得其齐次解为 $C_{zs1}\mathrm{e}^{-t} + C_{zs2}\mathrm{e}^{-2t}$，其特解为常数 3。于是有

$$y_{zs}(t) = C_{zs1}\mathrm{e}^{-t} + C_{zs2}\mathrm{e}^{-2t} + 3$$

将初始值代入上式及其导数式，得

$$y_{zs}(0_+) = C_{zs1} + C_{zs2} + 3 = 0$$
$$y'_{zs}(0_+) = -C_{zs1} - 2C_{zs2} = 2$$

由上式可求得 $C_{zs1} = -4$，$C_{zs2} = 1$，将它们代入 $y_{zs}(t)$ 表达式，得系统的零状态响应为

$$y_{zs}(t) = -4\mathrm{e}^{-t} + \mathrm{e}^{-2t} + 3, \quad t \geqslant 0$$

（3）全响应 $y(t)$

由 $y_{zi}(t)$ 和 $y_{zs}(t)$ 可得系统的全响应为

$$y(t) = y_{zi}(t) + y_{zs}(t)$$
$$= \underbrace{5\mathrm{e}^{-t} - 3\mathrm{e}^{-2t}}_{\text{零输入响应}} \underbrace{-4\mathrm{e}^{-t} + \mathrm{e}^{-2t} + 3}_{\text{零状态响应}}, \qquad t \geqslant 0$$
$$= \underbrace{5\mathrm{e}^{-t} - 3\mathrm{e}^{-2t} - 4\mathrm{e}^{-t} + \mathrm{e}^{-2t}}_{\text{自由响应}} \underbrace{+3}_{\text{强迫响应}}, \qquad t \geqslant 0$$
$$= \underbrace{\mathrm{e}^{-t} - 2\mathrm{e}^{-2t}}_{\text{自由响应}} \underbrace{+3}_{\text{强迫响应}}, \qquad\qquad t \geqslant 0$$

例 2.1.8　例 2.1.7 所述的系统，若已知 $y(0_+) = 3$，$y'(0_+) = 1$，$y(t) = \varepsilon(t)$，求该系统的零输入响应和零状态响应。

解：本例中已知的是 0_+ 时刻的初始值，有

$$y(0_+) = y_{zi}(0_+) + y_{zs}(0_+) = 3$$
$$y'(0_+) = y'_{zi}(0_+) + y'_{zs}(0_+) = 1$$

按上式无法区分 $y_{zi}(t)$ 和 $y_{zs}(t)$ 在 $t = 0_+$ 时的值，这时可先求出零状态响应。由于零状态响应是指 $y_{zs}(0_-) = y'_{zs}(0_-) = 0$ 时方程的解，因此本例中零状态响应的求法和结果与例 2.1.7 相同，即

$$y_{zs}(t) = -4\mathrm{e}^{-t} + \mathrm{e}^{-2t} + 3, \quad t \geqslant 0$$

由上式及其导数可求得 $y_{zs}(0_+) = 0$，$y'_{zs}(0_+) = 2$，将它们代入 $y(0_+)$、$y'(0_+)$ 式中得 $y_{zi}(0_+) = 3$，$y'_{zi}(0_+) = -1$。本例中，零输入响应的形式也与例 2.1.7 相同，有

$$y_{zi}(t) = C_{zi1}\mathrm{e}^{-t} + C_{zi2}\mathrm{e}^{-2t}$$

将初始值代入，有

$$y_{zi}(0_+) = C_{zi1} + C_{zi2} = 3$$
$$y'_{zi}(0_+) = -C_{zi1} - 2C_{zi2} = -1$$

由上式解得 $C_{zi1} = 5$，$C_{zi2} = -2$，于是得该系统的零输入响应为

$$y_{zi}(t) = 5e^{-t} - 2e^{-2t}, \quad t \geqslant 0$$

2.2　冲激响应和阶跃响应

2.2.1　冲激响应

一个 LTI 连续系统，当其初始状态为零时，输入为单位冲激函数 $\delta(t)$ 所引起的响应称为单位冲激响应，简称冲激响应，用 $h(t)$ 表示，如图 2.2.1 所示，即

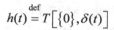

$$h(t) \stackrel{\text{def}}{=} T\big[\{0\}, \delta(t)\big]$$

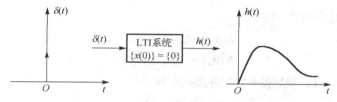

图 2.2.1　冲激响应示意图

下面研究 LTI 连续系统冲激响应的求解方法。

例 2.2.1　若描述某二阶 LTI 连续系统的微分方程为

$$y''(t) + 5y'(t) + 6y(t) = f(t)$$

求其冲激响应 $h(t)$。

解：根据冲激响应的定义，当 $f(t) = \delta(t)$ 时，LTI 连续系统的零状态响应满足

$$h''(t) + 5h'(t) + 6h(t) = \delta(t)$$
$$h'(0_-) = h(0_-) = 0$$

由于冲激函数仅在 $t = 0$ 时有作用，而在 $t > 0$ 时函数值为零。也就是说，激励信号 $\delta(t)$ 的作用是在 $t = 0$ 的瞬间给系统输入了若干能量，储存在系统中，而在 $t > 0$ 时系统的激励为零，只有冲激引入的那些储能在起作用，因而系统的冲激响应由上述储能唯一地确定。因此，系统的冲激响应在 $t > 0$ 时与该系统的零输入响应（即相应的齐次解）具有相同的函数形式。

上述微分方程的特征根 $\lambda_1 = -2, \lambda_2 = -3$，故系统的冲激响应为

$$h(t) = (C_1 e^{-2t} + C_2 e^{-3t})\varepsilon(t)$$

式中，C_1、C_2 为待定常数。为确定常数 C_1、C_2，需要求出 0_+ 时刻的初始值 $h(0_+)$ 和 $h'(0_+)$，由上述微分方程可见，等号两端奇异函数要平衡，根据前面讨论的由 0_- 值求 0_+ 值的方法，由于微分方程右端含 $\delta(t)$，故设

$$h''(t) = a\delta(t) + r_0(t)$$

从 $-\infty$ 到 t 积分得

$$h'(t) = r_1(t)$$

$$h(t) = r_2(t)$$

其中，$r_0(t)$、$r_1(t)$ 和 $r_2(t)$ 不含 $\delta(t)$ 及其各阶导数。将上面三式代入微分方程，并根据等号两端冲激函数及其各阶导数相平衡，可求得

$$a = 1$$

对 $h''(t)$ 和 $h'(t)$ 式等号两端从 0_- 到 0_+ 积分，并考虑到 $\int_{0_-}^{0_+} r_0(t)\mathrm{d}t = 0$，$\int_{0_-}^{0_+} r_1(t)\mathrm{d}t = 0$，可求得

$$h'(0_+) - h'(0_-) = a\int_{0_-}^{0_+} \delta(t)\mathrm{d}t = a$$

$$h(0_+) - h(0_-) = 0$$

故

$$h'(0_+) = h'(0_-) + a = 1$$

$$h(0_+) = h(0_-) = 0$$

将以上初始值代入 $h(t)$ 表达式，得

$$h(0_+) = C_1 + C_2 = 0$$

$$h'(0_+) = -2C_1 - 3C_2 = 1$$

由上式解得 $C_1 = 1, C_2 = -1$，最后得系统的冲激响应为

$$h(t) = (\mathrm{e}^{-2t} - \mathrm{e}^{-3t})\varepsilon(t)$$

一般来说，若 n 阶微分方程的等号右端只含激励 $f(t)$，即若

$$y^{(n)}(t) + a_{n-1}y^{(n-1)}(t) + \cdots + a_0 y(t) = f(t)$$

则当 $f(t) = \delta(t)$ 时，其零状态响应（即冲激响应 $h(t)$）满足方程：

$$h^{(n)}(t) + a_{n-1}h^{(n-1)}(t) + \cdots + a_0 h(t) = \delta(t)$$

$$h^{(j)}(0_-) = 0, \quad j = 0,1,2,\cdots,n-1$$

用前述类似的方法，可推得各 0_+ 初始值为

$$h^{(j)}(0_+) = 0, \quad j = 0,1,2,\cdots,n-2$$

$$h^{(n-1)}(0_+) = 1$$

如果微分方程 $h^{(n)}(t) + a_{n-1}h^{(n-1)}(t) + \cdots + a_0 h(t) = \delta(t)$ 的特征根 λ_j，$j = 1,2,\cdots,n$ 均为单根，则冲激响应为

$$h(t) = \left(\sum_{j=1}^{n} C_j \mathrm{e}^{\lambda_j t}\right)\varepsilon(t)$$

式中各常数 C_j 由 0_+ 各初始值确定。

一般而言，若描述 LTI 连续系统的微分方程为

$$y^{(n)}(t) + a_{n-1}y^{(n-1)}(t) + \cdots + a_0 y(t) = b_m f^{(m)}(t) + b_{m-1}f^{(m-1)}(t) + \cdots + b_0 f(t)$$

求解系统的冲激响应 $h(t)$ 可分两步进行：

① 选新变量 $y_1(t)$，使它满足微分方程

$$y_1^{(n)}(t) + a_{n-1}y_1^{(n-1)}(t) + \cdots + a_0 y_1(t) = f(t)$$

令上式系统的冲激响应为 $h_1(t)$，它可按前述方法求得。

② 根据 LTI 连续系统零状态响应的线性性质和微分特性，可得式

$y^{(n)}(t) + a_{n-1}y^{(n-1)}(t) + \cdots + a_0 y(t) = b_m f^{(m)}(t) + b_{m-1}f^{(m-1)}(t) + \cdots + b_0 f(t)$ 的冲激响应：

$$h(t) = b_m h_1^{(m)}(t) + b_{m-1}h_1^{(m-1)}(t) + \cdots + b_0 h_1(t)$$

例 2.2.2　描述某二阶 LTI 连续系统的微分方程为

$$y''(t) + 5y'(t) + 6y(t) = f''(t) + 2f'(t) + 3f(t)$$

求其冲激响应 $h(t)$。

解法一　选新变量 $y_1(t)$，它满足方程

$$y_1''(t) + 5y_1'(t) + 6y_1(t) = f(t)$$

设其冲激响应为 $h_1(t)$，则 LTI 连续系统的冲激响应为

$$h(t) = h_1''(t) + 2h_1'(t) + 3h_1(t)$$

现在求 $h_1(t)$，即

$$h_1(t) = (e^{-2t} - e^{-3t})\varepsilon(t)$$

它的一阶、二阶导数分别为

$$h_1'(t) = (-2e^{-2t} + 3e^{-3t})\varepsilon(t)$$
$$h_1''(t) = (4e^{-2t} - 9e^{-3t})\varepsilon(t) + \delta(t)$$

将它们代入式 $h(t) = h_1''(t) + 2h_1'(t) + 3h_1(t)$，得系统的冲激响应为

$$h(t) = \delta(t) + (3e^{-2t} - 6e^{-3t})\varepsilon(t)$$

解法二　根据冲激响应的定义，当 $f(t) = \delta(t)$ 时，系统的零状态响应 $h(t)$ 满足

$$h''(t) + 5h'(t) + 6h(t) = \delta''(t) + 2\delta'(t) + 3\delta(t)$$
$$h'(0_-) = h(0_-) = 0$$

首先求出 0_+ 时刻的初始值 $h(0_+)$ 和 $h'(0_+)$，根据前面讨论的由 0_- 值求 0_+ 值的方法，设

$$h_1''(t) = a\delta''(t) + b\delta'(t) + c\delta(t) + r_0(t)$$

对其从 $-\infty$ 到 t 积分得

$$h'(t) = a\delta'(t) + b\delta(t) + r_1(t)$$
$$h(t) = a\delta(t) + r_2(t)$$

其中，$r_0(t)$、$r_1(t)$ 和 $r_2(t)$ 不含 $\delta(t)$ 及其各阶导数。将上面三式代入上述微分方程，并由等号两端冲激函数及其各阶导数相平衡，可求得 $a = 1, b = -3, c = 12$。对式 $h_1''(t) = a\delta''(t) + b\delta'(t) + c\delta(t) + r_0(t)$ 和 $h'(t) = a\delta'(t) + b\delta(t) + r_1(t)$ 等号两端从 0_- 到 0_+ 积分，并考虑到

$$\int_{0_-}^{0_+} r_0(t)\mathrm{d}t = 0, \int_{0_-}^{0_+} r_1(t)\mathrm{d}t = 0$$

可求得

$$h'(0_+) = 12, h(0_+) = -3$$

当 $t > 0$ 时，$h(t)$ 满足方程

$$h''(t) + 5h'(t) + 6h(t) = 0$$

它的特征根 $\lambda_1 = -2, \lambda_2 = -3$ ，故系统的冲激响应为

$$h(t) = (C_1 e^{-2t} + C_2 e^{-3t})\varepsilon(t)$$

式中，待定常数 C_1 和 C_2 由初始值 $h'(0_+) = 12, h(0_+) = -3$ 确定，将初始值代入上式，得

$$h(0_+) = C_1 + C_2 = -3$$
$$h'(0_+) = -2C_1 - 3C_2 = 12$$

由上式解得 $C_1 = 3, C_2 = -6$ 。由于 $t<0$ 时， $h(t) = 0$ ，故得系统的冲激响应为

$$h(t) = \delta(t) + (3e^{-2t} - 6e^{-3t})\varepsilon(t)$$

2.2.2　阶跃响应

　　一个 LTI 连续系统，当其初始状态为零时，输入为单位阶跃函数所引起的响应称为单位阶跃响应，用 $g(t)$ 表示，如图 2.2.2 所示，即

$$g(t) \overset{\text{def}}{=} T\big[\{0\}, \varepsilon(t)\big]$$

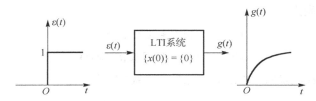

图 2.2.2　　阶跃响应示意图

　　若 n 阶微分方程等号右端只含激励 $f(t)$ ，当激励 $f(t) = \varepsilon(t)$ 时，系统的零状态响应，即阶跃响应 $g(t)$ 满足方程

$$g^{(n)}(t) + a_{n-1}g^{(n-1)}(t) + \cdots + a_0 g(t) = \varepsilon(t)$$
$$g^{(j)}(0_-) = 0, \quad j = 0,1,2,\cdots,n-1$$

由于等号右端只含 $\varepsilon(t)$ ，故除 $g^{(n)}(t)$ 外， $g(t)$ 及其直到 $n-1$ 阶导数均连续，即有

$$g^{(j)}(0_+) = 0, \quad j = 0,1,2,\cdots,n-1$$

若系统微分方程的特征根均为单根，则阶跃响应为

$$g(t) = \left(\sum_{j=1}^{n} C_j e^{\lambda_j t} + \frac{1}{a_0}\right)\varepsilon(t) \tag{2-2-1}$$

式中， $\dfrac{1}{a_0}$ 为系统微分方程的特解，待定常数 C_j 由 0_+ 初始值确定。

　　如果微分方程的等号右端含有 $f(t)$ 及其各阶导数，则可根据 LTI 连续系统的线性性质和微分特性求得其阶跃响应。

　　由于单位阶跃函数 $\varepsilon(t)$ 与单位冲激函数 $\delta(t)$ 的关系为

$$\delta(t) = \frac{\mathrm{d}\varepsilon(t)}{\mathrm{d}t}$$

$$\varepsilon(t) = \int_{-\infty}^{t} \delta(x)\mathrm{d}x$$

根据 LTI 连续系统的微（积）分特性，同一系统的阶跃响应与冲激响应的关系为

$$h(t) = \frac{\mathrm{d}g(t)}{\mathrm{d}t}$$

$$g(t) = \int_{-\infty}^{t} h(t)\mathrm{d}x$$

例 2.2.3 如图 2.2.3 所示的 LTI 连续系统，求其阶跃响应。

解：（1）列写图 2.2.3 所示系统的微分方程

设图中右端积分器的输出为 $x(t)$，则其输入为 $x'(t)$，左端积分器的输入为 $x''(t)$。左端加法器的输出为

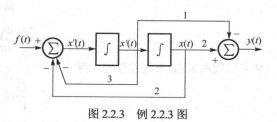

图 2.2.3　例 2.2.3 图

$$x''(t) = -3x'(t) - 2x(t) + f(t)$$

即

$$x''(t) + 3x'(t) + 2x(t) = f(t)$$

右端加法器的输出为

$$y(t) = -x'(t) + 2x(t)$$

描述图 2.2.3 所示系统的微分方程为

$$y''(t) + 3y'(t) + 2y(t) = -f'(t) + 2f(t)$$

（2）求阶跃响应

若设 $x''(t) + 3x'(t) + 2x(t) = f(t)$ 所述系统的阶跃响应为 $g_x(t)$，则图 2.2.3 所示系统的阶跃响应为

$$g(t) = -g_x'(t) + 2g_x(t)$$

而阶跃响应 $g_x(t)$ 满足方程

$$g_x''(t) + 3g_x'(t) + 2g_x(t) = \varepsilon(t)$$

$$g_x(0_-) = g_x'(0_-) = 0$$

其特征根 $\lambda_1 = -1, \lambda_2 = -2$，其特解为 0.5，于是得

$$g_x(t) = (C_1 \mathrm{e}^{-t} + C_2 \mathrm{e}^{-2t} + 0.5)\varepsilon(t)$$

由于 $g_x(0_-) = g_x'(0_-) = 0$，可得 $g_x(0_+) = g_x'(0_+) = 0$，将它们代入上式，有

$$g_x(0_+) = C_1 + C_2 + 0.5 = 0$$

$$g_x'(0_+) = -C_1 - 2C_2 = 0$$

可解得 $C_1 = -1, C_2 = 0.5$，于是

$$g_x(t) = (-\mathrm{e}^{-t} + 0.5\mathrm{e}^{-2t} + 0.5)\varepsilon(t)$$

其一阶导数为

$$g_x'(t) = (\mathrm{e}^{-t} - \mathrm{e}^{-2t})\varepsilon(t)$$

最后得图 2.2.3 所示系统的阶跃响应为

$$g(t) = -g'_x(t) + 2g_x(t) = (-3e^{-t} + 2e^{-2t} + 1)\varepsilon(t)$$

例 2.2.4 如图 2.2.4 所示的二阶电路，已知 $L = 0.4\text{H}$，$C = 0.1\text{F}$，$G = 0.6\text{S}$，若以 $u_s(t)$ 为输入，以 $u_c(t)$ 为输出，求该电路的冲激响应和阶跃响应。

解：

（1）列写电路方程

按图由 KCL 和 KVL 有

$$i_L = i_C + i_G = Cu'_C + Cu_C$$

$$u_L + u_C = u_S$$

由于

$$u_L = L\frac{di_L}{dt} = LCu''_C + LCu'_C$$

将它们代入 KVL 方程并整理，得

$$u''_C + \frac{G}{C}u'_C + \frac{1}{LC}u_C = \frac{1}{LC}u_S$$

将元件值代入，得图 2.2.4 所示电路的微分方程为

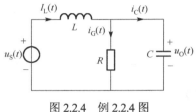

图 2.2.4 例 2.2.4 图

$$u''_C(t) + 6u'_C(t) + 25u_C(t) = 25u_S(t)$$

（2）求冲激响应

按冲激响应的定义，当 $u_S(t) = \delta(t)$ 时，电路的冲激响应 $h(t)$ 满足方程

$$h''(t) + 6h'(t) + 25h(t) = 25\delta(t)$$
$$h(0_-) = h'(0_-) = 0$$

用前述方法，不难求得其 0_+ 值分别为

$$h(0_+) = 0$$
$$h'(0_+) = 25$$

电路的冲激响应 $h(t)$ 满足的方程的特征方程为

$$\lambda^2 + 6\lambda + 25 = 0$$

其特征根 $\lambda_{1,2} = -3 \pm j4$。考虑到在 $t>0$ 时 $\delta(t) = 0$，方程成为 $h''(t) + 6h'(t) + 25h(t) = 0$，由表 2-1 有

$$h(t) = e^{-3t}\left[C\cos(4t) + D\sin(4t)\right]\varepsilon(t)$$

其导数为

$$h'(t) = e^{-3t}\left[C\cos(4t) + D\sin(4t)\right]\delta(t) +$$
$$e^{-3t}\left[-4C\sin(4t) + 4D\cos(4t)\right]\varepsilon(t) -$$
$$3e^{-3t}\left[C\cos(4t) + D\sin(4t)\right]\varepsilon(t)$$

令 $t = 0_+$ 并代入 0_+ 时刻的初始值，有

$$h(0_+) = C = 0$$
$$h'(0_+) = 4D - 3C = 25$$

可解得 $C = 0$，$D = 6.25$，于是该二阶电路的冲激响应为

$$h(t) = 6.25\mathrm{e}^{-3t}\sin(4t)\varepsilon(t)$$

（3）求阶跃响应

按阶跃响应的定义，当 $u_S(t) = \varepsilon(t)$ 时，电路的阶跃响应 $g(t)$ 满足方程

$$g''(t) + 6g'(t) + 25g(t) = 25\varepsilon(t)$$
$$g(0_-) = g'(0_-) = 0$$

可求得 0_+ 值 $g(0_+) = g'(0_+) = 0$。

方程的特征根同前，其特解为 1。由表 2-1 可知，阶跃响应可写为

$$g(t) = \{\mathrm{e}^{-3t}\left[C\cos(4t) + D\sin(4t)\right] + 1\}\varepsilon(t)$$

或

$$g(t) = \left[A\mathrm{e}^{-3t}\cos(4t - \theta) + 1\right]\varepsilon(t)$$

其导数为

$$g'(t) = \left[A\mathrm{e}^{-3t}\cos(4t - \theta) + 1\right]\delta(t) + \left[-4A\mathrm{e}^{-3t}\sin(4t - \theta) - 3A\mathrm{e}^{-3t}\cos(4t - \theta)\right]\varepsilon(t)$$

令 $t = 0_+$ 并代入 0_+ 值，有

$$g(0_+) = A\cos\theta + 1 = 0$$
$$g'(0_+) = 4A\sin\theta - 3A\cos\theta = 0$$

可解得

$$\theta = \arctan\left(\frac{3}{4}\right) = 36.9°, \quad A = -\frac{1}{\cos\theta} = -1.25$$

最后得图 2.2.4 所示电路的阶跃响应为

$$g(t) = \left[1 - 1.25\mathrm{e}^{-3t}\cos(4t - 36.9°)\right]\varepsilon(t)$$
$$= \left\{1 - \mathrm{e}^{-3t}\left[\cos(4t) + 0.75\sin(4t)\right]\right\}\varepsilon(t)$$

二阶系统是经常遇到的一类典型 LTI 连续系统。在图 2.2.5(a)和(b)所示的电路中，若以 $u_S(t)$ 为激励，$u_C(t)$ 为响应；图 2.2.5(c)和(d)分别是图 2.2.5(a)和(b)的对偶电路，若以 $i_S(t)$ 为激励，$i_L(t)$ 为响应，则描述这四种电路的微分方程为

$$y''(t) + 2\alpha y'(t) + \omega_0^2 y(t) = \omega_0^2 f(t)$$

式中，$\omega_0^2 = \dfrac{1}{LC}$，系数 α 分别注于各图中。

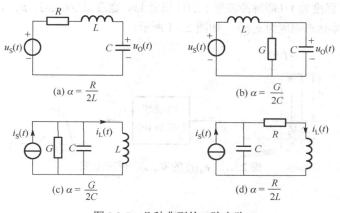

图 2.2.5　几种典型的二阶电路

　　上式的特征根 $\lambda_{1,2} = -\alpha \pm \sqrt{\alpha^2 - \omega_0^2}$，对于不同的 α 和 ω_0 值，特征根有 4 种情况，它们分别对应于过阻尼、临界、欠阻尼（衰减振荡）和等幅振荡。相应的冲激响应和阶跃响应的表示式列于表 2-3，其波形如图 2.2.6 所示。

表 2-3　二阶系统的冲激响应和阶跃响应

特征根的 4 种情况		冲激响应 $h(t)$	阶跃响应 $g(t)$
过阻尼	$\alpha > \omega_0$ $\beta = \sqrt{\alpha^2 > \omega_0^2}$	$\dfrac{\omega_0^2}{2\beta}\left[e^{-(\alpha-\beta)t} - e^{-(\alpha+\beta)t}\right]\varepsilon(t)$	$\left[1 - \dfrac{\alpha+\beta}{2\beta}e^{-(\alpha-\beta)t} + \dfrac{\alpha+\beta}{2\beta}e^{-(\alpha+\beta)t}\right]\varepsilon(t)$
临界	$\alpha = \omega_0$	$\omega_0^2 t e^{-\alpha t}\varepsilon(t)$	$[1 - (1 + \omega_0 t)e^{-\alpha t}]\varepsilon(t)$
欠阻尼	$\alpha < \omega_0$ $\beta = \sqrt{\omega_0^2 - \alpha^2}$	$\dfrac{\omega_0^2}{\beta}e^{-\alpha t}\sin(\beta t)\varepsilon(t)$	$\left[1 - \dfrac{\omega_0}{\beta}e^{-\alpha t}\sin(\beta t + \theta)\right]\varepsilon(t)$ $\theta = \arctan\left(\dfrac{\beta}{\alpha}\right)$
等幅振荡	$\alpha = 0$ $\omega_0 \neq 0$	$\omega_0 \sin(\omega_0 t)\varepsilon(t)$	$[1 - \cos(\omega_0 t)]\varepsilon(t)$

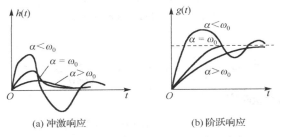

(a) 冲激响应　　　　　　　　(b) 阶跃响应

图 2.2.6　二阶系统的冲激响应和阶跃响应

2.3　卷 积 积 分

　　卷积方法在信号与系统理论中占有重要地位。这里所要讨论的卷积积分是将输入信号 $f(t)$ 分解为众多的冲激函数之和（这里是积分），利用冲激响应，求解 LTI 连续系统对任意激励的零状态响应。

2.3.1　卷积积分

　　第 1 章中定义了强度为 1（即脉冲波形下的面积为 1）、宽度很窄的脉冲 $p_n(t)$。设当 $p_n(t)$ 作用于 LTI 连续系统时，其零状态响应为 $h_n(t)$，如图 2.3.1 所示。

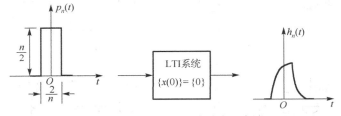

图 2.3.1　$p_n(t)$ 的零状态响应示意图

　　显然，由于

$$\delta(t) = \lim_{n \to \infty} p_n(t)$$

所以，对于 LTI 连续系统，其冲激响应为

$$h(t) = \lim_{n \to \infty} h_n(t)$$

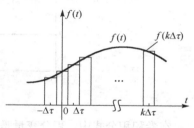

图 2.3.2 函数 $f(t)$ 分解为窄脉冲

现在考虑任意激励信号 $f(t)$。为了方便，令 $\Delta\tau = \dfrac{2}{n}$，把激励 $f(t)$ 分解为许多宽度为 $\Delta\tau$ 的窄脉冲，如图 2.3.2 所示。其中第 k 个脉冲出现在 $t = k\Delta\tau$ 时刻，其强度（脉冲下的面积）为 $f(k\Delta\tau)\Delta\tau$。

这样，可以将 $f(t)$ 近似地看作由一系列强度不同、接入时刻不同的窄脉冲组成。所有这些窄脉冲的和近似等于 $f(t)$，即

$$f(t) \approx \sum_{k=-\infty}^{\infty} f(k\Delta\tau) p_n(t - k\Delta\tau)\Delta\tau$$

式中，k 为整数。

如果 LTI 连续系统在窄脉冲 $p_n(t)$ 作用下的零状态响应为 $h_n(t)$，那么，根据 LTI 连续系统的零状态线性性质和激励与响应间的时不变特性，在以上一系列窄脉冲作用下，系统的零状态响应近似为

$$y_{zs}(t) \approx \sum_{k=-\infty}^{\infty} f(k\Delta\tau) h_n(t - k\Delta\tau)\Delta\tau$$

在 $\Delta\tau \to 0$（即 $n \to \infty$）的极限情况下，将 $\Delta\tau$ 写作 $\mathrm{d}\tau$，$k\Delta\tau$ 写作 τ，它是时间变量，同时求和符号应改写为积分符号，则 $f(t)$ 和 $y_{zs}(t)$ 可写为

$$f(t) \approx \lim_{\substack{\Delta\tau \to 0 \\ n \to \infty}} \sum_{k=-\infty}^{\infty} f(k\Delta\tau) p_n(t - k\Delta\tau)\Delta\tau = \int_{-\infty}^{\infty} f(\tau)\delta(t - \tau)\,\mathrm{d}\tau$$

$$y_{zs}(t) \approx \lim_{\substack{\Delta\tau \to 0 \\ n \to \infty}} \sum_{k=-\infty}^{\infty} f(k\Delta\tau) h_n(t - k\Delta\tau)\Delta\tau = \int_{-\infty}^{\infty} f(\tau)h(t - \tau)\,\mathrm{d}\tau$$

它们称为卷积积分。上式表明，LTI 连续系统的零状态响应 $y_{zs}(t)$ 是激励 $f(t)$ 与冲激响应 $h(t)$ 的卷积积分。

一般而言，如有两个函数 $f_1(t)$ 和 $f_2(t)$，积分

$$f(t) = \int_{-\infty}^{\infty} f_1(\tau) f_2(t - \tau)\,\mathrm{d}\tau$$

称为 $f_1(t)$ 与 $f_2(t)$ 的卷积积分，简称卷积。常记作

$$f(t) = f_1(t) * f_2(t)$$

即

$$f(t) = f_1(t) * f_2(t) = \int_{-\infty}^{\infty} f_1(\tau) f_2(t - \tau)\,\mathrm{d}\tau$$

2.3.2 卷积的图解机理

卷积积分是一种重要的数学方法，它的有关图形能直观地表明卷积的含义，有助于对卷积概念的理解。

设有函数 $f_1(t)$ 和 $f_2(t)$，如图 2.3.3 所示。函数 $f_1(t)$ 是幅度为 2 的矩形脉冲，$f_2(t)$ 是锯齿波。

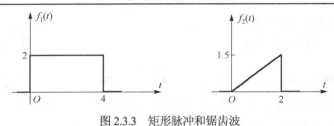

图 2.3.3　矩形脉冲和锯齿波

在卷积积分式中，积分变量是 τ，函数 $f_1(\tau)$、$f_2(\tau)$ 与原波形完全相同，只需将横坐标换为 τ 即可。

为了求出 $f_1(t) * f_2(t)$ 在任意时刻（譬如 $t = t_1$，这里 $0 < t_1 < 2$）的值，其步骤如下：

（1）将函数 $f_1(t)$、$f_2(t)$ 的自变量 t 用 τ 代换，然后将函数 $f_2(\tau)$ 以纵坐标为轴线反转，就得到与 $f_2(\tau)$ 镜像对称的函数 $f_2(-\tau)$，如图 2.3.4（b）所示。

（2）将函数 $f_2(-\tau)$ 沿正 τ 轴平移时间 t_1（$0 < t_1 < 2$），就得到函数 $f_2(t_1 - \tau)$，如图 2.3.4(c)中实线所示。注意，$f_2(t_1 - \tau)$ 图形的前沿是 t_1，其后沿是 $t_1 - 2$。当参变量 t 的值不同时，$f_2(t - \tau)$ 的位置将不同，譬如，$t = t_2$（这里 $4 < t_2 < 6$）的波形如图 2.3.4(c)中虚线所示。

（3）将函数 $f_1(\tau)$ 与函数 $f_2(t_1 - \tau)$ 相乘[见图 2.3.4(d)]，得函数 $f_1(\tau)f_2(t_1 - \tau)$，如图 2.3.4(e)实线所示。由图可知，当 $\tau < 0$ 及 $\tau > t_1$ 时，函数 $f_1(\tau)f_2(t_1 - \tau)$ 等于零，因而卷积积分的积分限为 $0 \sim t_1$，即

$$f(t_1) = \int_0^{t_1} f_1(\tau)f_2(t_1 - \tau)\mathrm{d}\tau$$

其积分值恰好是乘积 $f_1(\tau)f_2(t_1 - \tau)$ 曲线下的面积，如图 2.3.4(f)所示。

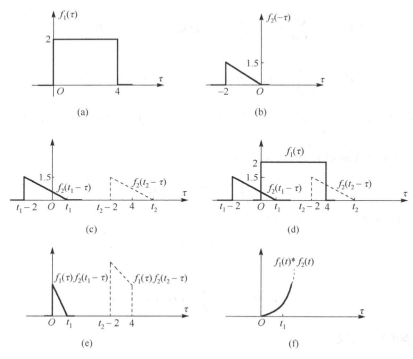

图 2.3.4　卷积运算的过程 $0 < t_1 < 2$，$4 < t_2 < 6$

（4）将波形 $f_2(t - \tau)$ 连续地沿 τ 轴平移，就得到任意时刻 t 的卷积积分 $f(t) = f_1(t) * f_2(t)$，它是 t 的函数。

由上可见，卷积积分中正确地选取参变量 t 的取值区间和相应的积分上/下限是十分关键的步骤，这可借助于简略的图形协助确定。图 2.3.4(d)中 $f_1(\tau)$ 与 $f_2(t_1-\tau)$ 乘积不等于零的时间区间为两函数的重叠部分，如图 2.3.4(e)中实线所示，故 $f_1(\tau)f_2(t_1-\tau)$ 的积分上下限为从 0 到 t_1。

需要注意，当参变量 t 取值不同时，卷积的积分限也不同，譬如 $t=t_2$，由图 2.3.4(e)中虚线可见，其积分限为从 t_2-2 到 4。

例2.3.1 求图 2.3.5 所示函数 $f_1(t)$ 和 $f_2(t)$ 的卷积积分。

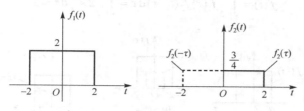

图 2.3.5 例 2.3.1 图

解： 函数可写为

$$f_1(\tau) = \begin{cases} 0, & \tau < -2 \\ 2, & -2 < \tau < 2 \\ 0, & \tau > 2 \end{cases}$$

$$f_2(\tau) = \begin{cases} 0, & \tau < 0 \\ \dfrac{3}{4}, & 0 < \tau < 2 \\ 0, & \tau > 2 \end{cases}$$

将 $f_2(\tau)$ 反转，得

$$f_2(-\tau) = \begin{cases} 0, & \tau > 0 \\ \dfrac{3}{4}, & 0 > \tau > -2 \\ 0, & \tau < -2 \end{cases}$$

其波形如图 2.3.5(b)中虚线所示。

将 $f_2(-\tau)$ 平移 t，就得到 $f_2(t-\tau)$。当 t 从 $-\infty$ 逐渐增大时，$f_2(t-\tau)$ 沿 τ 轴从左向右平移。对应不同的 t 值，将 $f_1(\tau)$ 与 $f_2(t-\tau)$ 相乘并积分就可得到 $f_1(t)$ 与 $f_2(t)$ 的卷积积分：

$$f(t) = f_1(t) * f_2(t) = \int_{-\infty}^{\infty} f_1(\tau)f_2(t-\tau)\mathrm{d}\tau$$

其计算结果如下：

（1） $-\infty < t < -2$

$f_2(t-\tau)$ 在该时间区间所处的位置参见图 2.3.6 中左下角图形。函数 $f_2(t-\tau)$ 图形的前沿是 t，后沿是 $t-2$，由图 2.3.6 可知，当 $t < -2$ 时，$f_1(\tau) = 0$；被积函数 $f_1(\tau)$ 与 $f_2(t-\tau)$ 的乘积等于零，因而 $f(t) = 0$。

（2） $-2 < t < 0$

随着时间 t 的增加，$f_2(t-\tau)$ 移动到此时间区间，所处的位置参见图 2.3.6 左上方的几个图形。被积函数 $f_1(\tau)$ 与 $f_2(t-\tau)$ 的乘积仅在 $-2 < \tau < t$ 区间不等于零，故

$$f(t) = \int_{-2}^{t} f_1(\tau) f_2(t-\tau) \mathrm{d}\tau = \int_{-2}^{t} 2 \times \frac{3}{4} \mathrm{d}\tau = \frac{3}{2}(t+2)$$

（3）$0 < t < 2$

$f_2(t-\tau)$ 在该时间区间参见图 2.3.6 中正上方的图形。被积函数 $f_1(\tau)$ 与 $f_2(t-\tau)$ 的乘积仅在 $t-2 < \tau < t$ 区间不等于零，故

$$f(t) = \int_{t-2}^{t} f_1(\tau) f_2(t-\tau) \mathrm{d}\tau = \int_{t-2}^{t} 2 \times \frac{3}{4} \mathrm{d}\tau = 3$$

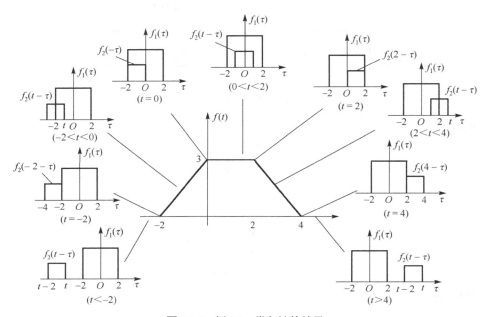

图 2.3.6　例 2.3.1 卷积计算结果

（4）$2 < t < 4$

这时被积函数 $f_1(\tau)$ 与 $f_2(\mathrm{t}-\tau)$ 的乘积仅在 $t-2 < \tau < 2$ 区间不等于零，参见图 2.3.6 右上方的几个图形，所以

$$f(t) = \int_{t-2}^{2} f_1(\tau) f_2(t-\tau) \mathrm{d}\tau = \int_{t-2}^{2} 2 \times \frac{3}{4} \mathrm{d}\tau = \frac{3}{2}(4-t)$$

（5）$t > 4$

当 $t > 4$ 时，$f_1(\tau) = 0$，这时被积函数 $f_1(\tau)$ 与 $f_2(t-\tau)$ 的乘积等于零，因而 $f(t) = 0$，参见图 2.3.6 右下角的图形。

以上过程和计算结果都画在图 2.3.6 中。将以上各段的计算结果归纳在一起，得

$$f(t) = f_1(t) * f_2(t) = \begin{cases} 0, & t < -2, t > 4 \\ \int_{-2}^{t} 2 \times \frac{3}{4} \mathrm{d}\tau = \frac{3}{2}(t+2), & -2 < t < 0 \\ \int_{-2}^{t} 2 \times \frac{3}{4} \mathrm{d}\tau = 3, & 0 < t < 2 \\ \int_{t-2}^{t} 2 \times \frac{3}{4} \mathrm{d}\tau = \frac{3}{2}(4-t), & 2 < t < 4 \end{cases}$$

几种常用函数的卷积积分列于附录 A 中，以备查阅。

2.4 卷积的性质

卷积是一种数学运算，它有许多重要的性质，灵活地运用它们能简化系统分析。

性质 1 卷积的代数运算

卷积运算满足 3 个基本代数运算律，即

交换律

$$f_1(t) * f_2(t) = f_2(t) * f_1(t)$$

可证明如下：

$$f_1(t) * f_2(t) = \int_{-\infty}^{\infty} f_1(\tau) f_2(t - \tau) \mathrm{d}\tau$$

将变量 τ 换为 $t - \eta$，则 $t - \tau$ 应换为 η，这样上式可写为

$$f_1(t) * f_2(t) = \int_{\infty}^{-\infty} f_1(t - \eta) f_2(\eta) \mathrm{d}(-\eta)$$

$$= \int_{-\infty}^{\infty} f_2(\eta) f_1(t - \eta) \mathrm{d}(\eta) = f_2(t) * f_1(t)$$

例 2.4.1 设 $f_1(t) = \mathrm{e}^{-\alpha t} \varepsilon(t)$, $f_2(t) = \varepsilon(t)$，分别求 $f_1(t) * f_2(t)$ 和 $f_2(t) * f_1(t)$。

解：根据卷积的定义：

$$f_1(t) * f_2(t) = \int_{-\infty}^{\infty} \mathrm{e}^{-\alpha \tau} \varepsilon(\tau) \varepsilon(t - \tau) \mathrm{d}\tau$$

$$= \left[\int_0^t \mathrm{e}^{-\alpha \tau} \mathrm{d}\tau \right] \varepsilon(t) = \frac{1}{\alpha}(1 - \mathrm{e}^{-\alpha t}) \varepsilon(t)$$

而

$$f_2(t) * f_1(t) = \int_{-\infty}^{\infty} \varepsilon(\tau) \mathrm{e}^{-\alpha(t - \tau)} \varepsilon(t - \tau) \mathrm{d}\tau$$

$$= \left[\int_0^t \mathrm{e}^{-\alpha(t - \tau)} \mathrm{d}\tau \right] \varepsilon(t) = \frac{1}{\alpha}(1 - \mathrm{e}^{-\alpha t}) \varepsilon(t)$$

分配律

$$f_1(t) * [f_2(t) + f_3(t)] = f_1(t) * f_2(t) + f_1(t) * f_3(t)$$

这个关系式由卷积的定义可直接导出，即

$$f_1(t) * [f_2(t) + f_3(t)] = \int_{-\infty}^{\infty} f_1(\tau) [f_2(t - \tau) + f_3(t - \tau)] \mathrm{d}\tau$$

$$= \int_{-\infty}^{\infty} f_1(\tau) f_2(t - \tau) \mathrm{d}\tau + \int_{-\infty}^{\infty} f_1(\tau) f_3(t - \tau) \mathrm{d}\tau$$

$$= f_1(t) * f_2(t) + f_1(t) * f_3(t)$$

它的物理含义可这样理解，假如 $f_1(t)$ 是系统的冲激响应，$f_2(t)$ 和 $f_3(t)$ 是激励，那么上式表明几个输入信号之和的零状态响应将等于每个激励的零状态响应之和；或者假如 $f_1(t)$ 是激励，而 $f_2(t) + f_3(t)$ 是系统的冲激响应 $h(t)$，那么上式表明，激励作用与冲激响应为 $h(t)$ 的系统产生的零状态响应等于激励分别作用于冲激响应为 $h_2(t) = f_2(t)$ 和 $h_3(t) = f_3(t)$ 的两个子系统相并联所产生的零状态响应，如图 2.4.1 所示。

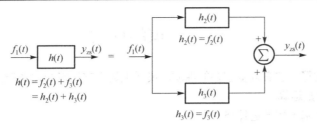

图 2.4.1 卷积的分配律

结合律

$$[f_1(t) * f_2(t)] * f_3(t) = f_1(t) * [f_2(t) * f_3(t)]$$

证明如下：

$$[f_1(t) * f_2(t)] * f_3(t) = \int_{-\infty}^{\infty} \left[\int_{-\infty}^{\infty} f_1(\tau) f_2(\eta - \tau) \mathrm{d}\tau \right] f_3(t - \eta) \mathrm{d}\eta$$

交换上式积分的次序并将方括号内的 $\eta - \tau$ 换为 x，得

$$\begin{aligned}
[f_1(t) * f_2(t)] * f_3(t) &= \int_{-\infty}^{\infty} f_1(\tau) \left[\int_{-\infty}^{\infty} f_2(\eta - \tau) f_3(t - \eta) \mathrm{d}\eta \right] \mathrm{d}\tau \\
&= \int_{-\infty}^{\infty} f_1(\tau) \left[\int_{-\infty}^{\infty} f_2(x) f_3(t - \tau - x) \mathrm{d}x \right] \mathrm{d}\tau \\
&= \int_{-\infty}^{\infty} f_1(\tau) f_{23}(t - \tau) \mathrm{d}\tau \\
&= f_1(t) * [f_2(t) * f_3(t)]
\end{aligned}$$

式中，$f_{23}(t - \tau) = \int_{-\infty}^{\infty} f_2(x) f_3(t - \tau - x) \mathrm{d}x$。

它的物理含义可这样理解，如有冲激响应分别为 $h_2(t) = f_2(t)$ 和 $h_3(t) = f_3(t)$ 的两个系统相级联，其零状态响应等于一个冲激响应为 $h(t) = f_2(t) * f_3(t)$ 的系统的零状态响应。应用交换律可知，子系统 $h_2(t)$、$h_3(t)$ 可以交换次序，如图 2.4.2 所示。

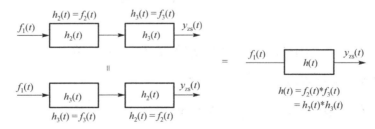

图 2.4.2 卷积的结合律

注意：由于结合律证明过程中交换了二重积分的次序，故结合律成立的条件是必须同时满足函数两两相卷积都存在。

性质 2 函数与冲激函数的卷积

利用冲激函数的取样性质和卷积运算的交换律，可得

$$f(t) * \delta(t) = \delta(t) * f(t) = \int_{-\infty}^{\infty} \delta(\tau) f(t - \tau) \mathrm{d}\tau = f(t)$$

即
$$f(t) * \delta(t) = \delta(t) * f(t) = f(t)$$

上式表明，某函数与冲激函数的卷积就是它本身。

上式是卷积运算的重要性质之一，将它进一步推广，可得
$$f(t) * \delta(t - t_1) = \delta(t - t_1) * f(t) = f(t - t_1)$$

上两式的图形如图 2.4.3 所示。

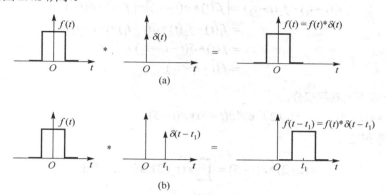

图 2.4.3　函数与冲激函数的卷积

如令 $f(t) = \delta(t - t_2)$，上式则有
$$\delta(t - t_2) * \delta(t - t_1) = \delta(t - t_1) * \delta(t - t_2) = \delta(t - t_1 - t_2)$$

此外还有
$$\delta(t - t_2) * f(t - t_1) = \delta(t - t_1) * f(t - t_2) = f(t - t_1 - t_2)$$

其图形如图 2.4.4 所示。

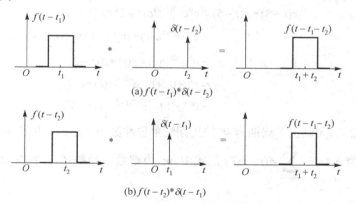

图 2.4.4　延时函数与延时冲激函数的卷积

应用函数与冲激函数的卷积性质及其卷积的交换律、结合律可得以下重要结论。即若
$$f(t) = f_1(t) * f_2(t)$$

则
$$f_1(t - t_1) * f_2(t - t_2) = f_1(t - t_2) * f_2(t - t_1) = f(t - t_1 - t_2)$$

证明如下：

根据式 $f(t) * \delta(t - t_1) = \delta(t - t_1) * f(t) = f(t - t_1)$，上式可写为

$$f_1(t-t_1)*f_2(t-t_2) = \left[f_1(t)*\delta(t-t_1)\right]*\left[f_2(t)*\delta(t-t_2)\right]$$
$$= \left[f_1(t)*\delta(t-t_2)\right]*\left[f_2(t)*\delta(t-t_1)\right]$$
$$= f_1(t-t_2)*f_2(t-t_1)$$

而且有

$$f_1(t-t_1)*f_2(t-t_2) = \left[f_1(t)*\delta(t-t_1)\right]*\left[f_2(t)*\delta(t-t_2)\right]$$
$$= f_1(t)*f_2(t)*\delta(t-t_1)*\delta(t-t_2)$$
$$= f(t)*\delta(t-t_1-t_2)$$
$$= f(t-t_1-t_2)$$

例 2.4.2　计算下列卷积积分。

（1）$\varepsilon(t+3)*\varepsilon(t-5)$　　　　（2）$e^{-2t}\varepsilon(t+3)*\varepsilon(t-5)$

解：（1）按卷积定义

$$\varepsilon(t+3)*\varepsilon(t-5) = \int_{-\infty}^{\infty} \varepsilon(\tau+3)\cdot\varepsilon(t-\tau-5)\mathrm{d}\tau$$
$$= \int_{-3}^{t-5} \mathrm{d}\tau = t-2$$

由于积分上限大于下限，故上式适用于 $t-5\geqslant-3$ 区间，即有

$$\varepsilon(t+3)*\varepsilon(t-5) = (t-2)\varepsilon(t-2)$$

（2）由例 2.4.1 可得

$$e^{-2t}\varepsilon(t)*\varepsilon(t) = 0.5(1-e^{-2t})\varepsilon(t)$$

而

$$e^{-2t}\varepsilon(t+3)*\varepsilon(t-5) = e^6 e^{-2(t+3)}\varepsilon(t+3)*\varepsilon(t-5)$$
$$= e^6\left[e^{-2t}\varepsilon(t)*\delta(t+3)\right]*\left[\varepsilon(t)*\delta(t-5)\right]$$
$$= e^6 e^{-2t}\varepsilon(t)*\varepsilon(t)*\delta(t-2)$$
$$= e^6\times0.5(1-e^{-2t})\varepsilon(t)*\delta(t-2)$$
$$= 0.5e^6\left[1-e^{-2(t-2)}\right]\varepsilon(t-2)$$

例 2.4.3　图 2.4.5(a)画出了周期为 T 的周期性单位冲激函数序列，可称为梳状函数，它可用 $\delta_T(t)$ 表示，可写为 $\delta_T(t)=\sum\limits_{m=-\infty}^{\infty}\delta(t-mT)$，式中 m 为整数。函数 $f_0(t)$ 如图 2.4.5(b)所示，试求 $f(t)=f_0(t)*\delta_T(t)$。

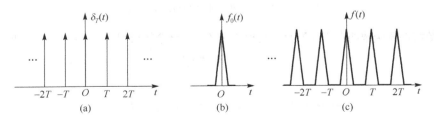

图 2.4.5　$\delta_T(t)$ 与 $f_0(t)$ 的卷积

解:

$$f(t) = f_0(t) * \delta_T(t) = f_0(t) * \left[\sum_{m=-\infty}^{\infty} \delta(t-mT) \right]$$

$$= \sum_{m=-\infty}^{\infty} [f_0(t) * \delta(t-mT)] = \sum_{m=-\infty}^{\infty} f_0(t-mT)$$

如果 $f_0(t)$ 的波形（假定其宽度 $\tau < T$）如图 2.4.5(b)所示，那么 $f_0(t)$ 与 $\delta_T(t)$ 卷积的波形就是图 2.4.5(c)。由图可见 $f_0(t) * \delta_T(t)$ 也是周期为 T 的周期信号，它在每个周期内的波形与 $f_0(t)$ 相同。

本例提供了一个周期函数的表示方法，需要注意的是，如果 $f_0(t)$ 的宽度 $\tau > T$，那么 $f_0(t) * \delta_T(t)$ 的波形中，各相邻脉冲将相互重叠。

性质 3 卷积的微分与积分

卷积代数运算规则与普通乘法类似，但卷积的微分或积分运算与普通函数乘积的微分、积分运算不同。

对任意函数 $f(t)$，用符号 $f^{(1)}(t)$ 表示其一阶导数，用符号 $f^{(-1)}(t)$ 表示一次积分，即

$$f^{(1)}(t) \overset{\text{def}}{=} \frac{\mathrm{d}f(t)}{\mathrm{d}t}$$

$$f^{(-1)}(t) \overset{\text{def}}{=} \int_{-\infty}^{t} f(x)\,\mathrm{d}x$$

若

$$f(t) = f_1(t) * f_2(t) = f_2(t) * f_1(t)$$

则其导数

$$f^{(1)}(t) = f_1^{(1)}(t) * f_2(t) = f_1(t) * f_2^{(1)}(t)$$

积分

$$f^{(-1)}(t) = f_1^{(-1)}(t) * f_2(t) = f_1(t) * f_2^{(-1)}(t)$$

先证导数

$$f^{(1)}(t) = \frac{\mathrm{d}}{\mathrm{d}t} \int_{-\infty}^{\infty} f_1(\tau) f_2(t-\tau)\,\mathrm{d}\tau = \int_{-\infty}^{\infty} f_1(\tau) \frac{\mathrm{d}}{\mathrm{d}t} f_2(t-\tau)\,\mathrm{d}\tau = f_1(t) * f_2^{(1)}(t)$$

同理可得

$$f^{(1)}(t) = \frac{\mathrm{d}}{\mathrm{d}t} \int_{-\infty}^{\infty} f_2(\tau) f_1(t-\tau)\,\mathrm{d}\tau = f_2(t) * f_1^{(1)}(t) = f_1^{(1)}(t) * f_2(t)$$

对于积分有

$$f^{(-1)}(t) = \int_{-\infty}^{t} \left[\int_{-\infty}^{\infty} f_1(\tau) f_2(x-\tau)\,\mathrm{d}\tau \right] \mathrm{d}x$$

$$= \int_{-\infty}^{\infty} f_1(\tau) \left[\int_{-\infty}^{t} f_2(x-\tau)\,\mathrm{d}x \right] \mathrm{d}\tau$$

$$= \int_{-\infty}^{\infty} f_1(\tau) \left[\int_{-\infty}^{t-\tau} f_2(x-\tau)\,d(x-\tau) \right] \mathrm{d}\tau$$

$$= f_1(t) * f_2^{(-1)}(t)$$

同理可得

$$f^{(-1)}(t) = \int_{-\infty}^{t}\left[\int_{-\infty}^{\infty}f_2(\tau)f_1(x-\tau)\mathrm{d}\tau\right]\mathrm{d}x$$

$$= f_2(t)*f_1^{(1)}(t) = f_1^{(1)}(t)*f_2(t)$$

用类似推导还可得

$$f^{(i)}(t) = f_1^{(j)}(t)*f_2^{(i-j)}(t)$$

式中，当 i 或 j 取正整数时表示导数的阶数，取负整数时为积分的次数。上式表明了卷积的高阶导数和多重积分的运算规则。

LTI 连续系统的零状态响应等于激励与系统冲激响应的卷积积分，利用上述特性可得

$$y_{zs}(t) = f(t)*h(t) = f_1^{(1)}(t)*h^{(-1)}(t) = f^{(1)}(t)*g(t)$$

$$= \int_{-\infty}^{\infty}f'(\tau)g(t-\tau)\mathrm{d}\tau$$

上式表示 LTI 连续系统的零状态响应等于激励的导数与系统的阶跃响应 $g(t)$ 的卷积积分。

例 2.4.4   求图 2.4.6 中函数 $f_1(t)$ 与 $f_2(t)$ 的卷积。

解：直接求 $f_1(t)$ 与 $f_2(t)$ 的卷积比较复杂，如果利用卷积的微分或积分运算性质，并利用函数与冲激函数的卷积性质将较为简便。

对 $f_1(t)$ 求导得 $f_1^{(1)}(t)$，对 $f_2(t)$ 求积分得 $f_2^{(-1)}(t)$，其波形如图 2.4.7(a) 和 (b) 所示，卷积为

$$f_1(t)*f_2(t) = f_1^{(1)}(t)*f_2^{(-1)}(t)$$

$$= 2\delta(t-1)*f_2^{(-1)}(t) - 2\delta(t-3)*f_2^{(-1)}(t)$$

$$= 2f_2^{(-1)}(t-1) - 2f_2^{(-1)}(t-3)$$

如图 2.4.7(c) 所示。

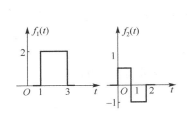

图 2.4.6　例 2.4.4 图

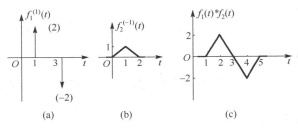

图 2.4.7　$f_1(t)$ 与 $f_2(t)$ 的卷积运算

应用卷积的延时和微、积分运算，不难得到系统框图的基本单元 [数乘器（标量乘法器）、延时器、微分器和积分器] 的冲激响应，如图 2.4.8 所示。利用它们可依据所要求的冲激响应构成系统的框图。

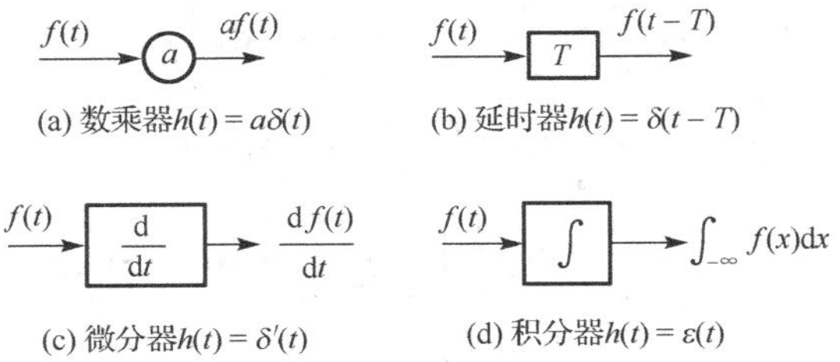

(a) 数乘器 $h(t) = a\delta(t)$

(b) 延时器 $h(t) = \delta(t-T)$

(c) 微分器 $h(t) = \delta'(t)$

(d) 积分器 $h(t) = \varepsilon(t)$

图 2.4.8　系统基本单元的冲激响应

例2.4.5 图 2.4.9(a)的复合系统由 3 个子系统构成，已知各子系统的冲激响应 $h_a(t)$、$h_b(t)$ 如图 2.4.9(b)所示。

（1）求复合系统的冲激响应 $h(t)$，画出它的波形。

（2）用积分器、加法器和延时器构成子系统 $h_a(t)$ 和 $h_b(t)$ 的框图。

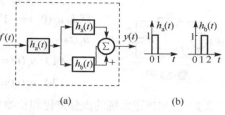

图 2.4.9　例 2.4.5 图

解：

（1）求 $h(t)$

当 $f(t)=\delta(t)$ 时，系统的零状态响应为 $h(t)$，由图 2.4.9(a)可知，复合系统的冲激响应为

$$h(t) = h_a(t) * h_a(t) + h_a(t) * h_b(t) = h_a(t) * [h_a(t) + h_b(t)]$$

其波形如图 2.4.10(a)所示。

（2）子系统的模拟框图

由于

$$h_a(t) = \varepsilon(t) - \varepsilon(t-1) = \varepsilon(t) * [\delta(t) - \delta(t-1)]$$

利用图 2.4.8 中的单元可构成其框图如图 2.4.10(b)所示。

子系统冲激响应 $h_b(t)$ 与 $h_a(t)$ 的关系为

$$h_b(t) = h_a(t-1)$$

故 $h_b(t)$ 的框图如图 2.4.10(c)所示。

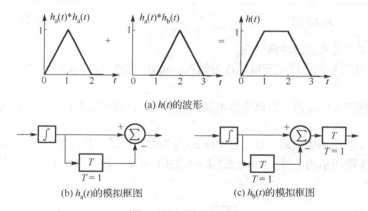

(a) $h(t)$的波形

(b) $h_a(t)$的模拟框图　　　(c) $h_b(t)$的模拟框图

图 2.4.10　例 2.4.5 的解

习　题　二

2.1　已知描述系统的微分方程和初始状态如下，试求其零输入响应。

（1）$y''(t) + 5y'(t) + 6y(t) = f(t), y(0_-) = 1, y'(0_-) = -1$

（2）$y''(t) + 2y'(t) + 5y(t) = f(t), y(0_-) = 2, y'(0_-) = -2$

（3）$y''(t) + 2y'(t) + y(t) = f(t), y(0_-) = 1, y'(0_-) = 1$

（4）$y''(t) + y'(t) = f(t), y(0_-) = 2, y'(0_-) = 0$

2.2　已知描述系统的微分方程和初始状态如下，试求其 0_+ 值 $y(0_+)$ 和 $y'(0_+)$。

（1）$y''(t) + 3y'(t) + 2y(t) = f(t), y(0_-) = 1, y'(0_-) = -1, f(t) = \varepsilon(t)$

（2）$y''(t) + 4y'(t) + 5y(t) = f'(t), y(0_-) = 1, y'(0_-) = 2, f(t) = e^{-2t}\varepsilon(t)$

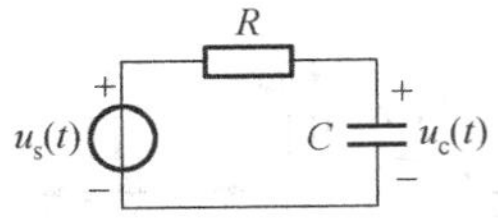

2.3　在题 2.3 图所示 RC 电路中，已知 $R = 1\Omega, C = 0.5F$，电容的初始状态 $u_c(0_-) = -1V$，试求激励电压源 $u_s(t)$ 为下列函数时电容电压的全响应 $u_c(t)$。

题 2.3 图

（1）$u_s(t) = \varepsilon(t)$　　　　　　　　　（2）$u_s(t) = e^{-t}\varepsilon(t)$

（3）$u_s(t) = e^{-2t}\varepsilon(t)$　　　　　　　（4）$u_s(t) = t\varepsilon(t)$

2.4　已知描述系统的微分方程和初始状态如下，试求其零输入响应、零状态响应和全响应。

（1）$y''(t) + 4y'(t) + 3y(t) = f(t), y(0_-) = y'(0_-) = 1, f(t) = \varepsilon(t)$

（2）$y''(t) + 4y'(t) + 4y(t) = f'(t) + 3f(t), y(0_-) = 1, y'(0_-) = 2, f(t) = e^{-t}\varepsilon(t)$

2.5　如题 2.5 图所示的电路，已知 $R_1 = 2\Omega, R_2 = 4\Omega, L = 1H, C = 0.5F, u_s(t) = 2e^{-t}\varepsilon(t)V$，列出 $i(t)$ 的微分方程，求其零状态响应。

2.6　如题 2.6 图所示的电路，已知 $R = 3\Omega, L = 1H, C = 0.5F, u_s(t) = \cos t\varepsilon(t)V$，若以 $u_c(t)$ 为输出，求其零状态响应。

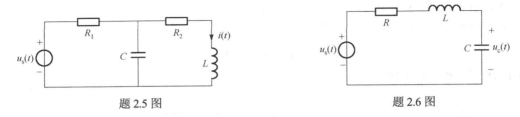

题 2.5 图　　　　　　　　　　　　　　　　　题 2.6 图

2.7　计算题 2.4 中各系统的冲激响应。

2.8　如题 2.8 图所示的电路，若以 $i_s(t)$ 为输入，$u_R(t)$ 为输出，试列出其微分方程，并求出冲激响应和阶跃响应。

2.9　如题 2.8 图所示的电路，若以电容电流 $i_c(t)$ 为响应，试列出其微分方程，并求出冲激响应和阶跃响应。

2.10　如题 2.10 图所示的电路，以电容电压 $u_c(t)$ 为响应，试求其冲激响应和阶跃响应。

2.11　如题 2.11 图所示的电路，$R = 0.5\Omega, L = 0.2H, C = 1F$，输出为 $i_L(t)$，试求其冲激响应和阶跃响应。

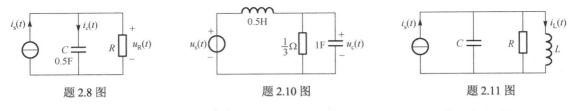

题 2.8 图　　　　　　　　题 2.10 图　　　　　　　　题 2.11 图

2.12　描述系统的方程为

$$y'(t) + 2y(t) = f'(t) - f(t)$$

求其冲激响应和阶跃响应。

2.13　描述系统的方程为

$$y'(t) + 2y(t) = f''(t)$$

求其冲激响应和阶跃响应。

2.14　求下列函数的卷积积分 $f_1(t) * f_2(t)$。

（1）$f_1(t)=t\varepsilon(t),\quad f_2(t)=\varepsilon(t)$

（2）$f_1(t)=\mathrm{e}^{-2t}\varepsilon(t),\quad f_2(t)=\varepsilon(t)$

（3）$f_1(t)=f_2(t)=\mathrm{e}^{-2t}\varepsilon(t)$

（4）$f_1(t)=\mathrm{e}^{-2t}\varepsilon(t),\quad f_2(t)=\mathrm{e}^{-3t}\varepsilon(t)$

（5）$f_1(t)=t\varepsilon(t),\quad f_2(t)=\mathrm{e}^{-2t}\varepsilon(t)$

（6）$f_1(t)=\varepsilon(t+2),\quad f_2(t)=\varepsilon(t-3)$

（7）$f_1(t)=\varepsilon(t)-\varepsilon(t-4),\quad f_2(t)=\sin(\pi t)\varepsilon(t)$

（8）$f_1(t)=t\varepsilon(t),\quad f_2(t)=\varepsilon(t)-\varepsilon(t-2)$

（9）$f_1(t)=t\varepsilon(t-1),\quad f_2(t)=\varepsilon(t+3)$

（10）$f_1(t)=\mathrm{e}^{-2t}\varepsilon(t+1),\quad f_2(t)=\varepsilon(t-3)$

2.15　某 LTI 系统的冲激响应如题 2.15 图(a)所示，求输入为下列函数时的零状态响应（或画出波形图）。

（1）输入为单位阶跃函数 $\varepsilon(t)$。

（2）输入为 $f_1(t)$，如题 2.15 图(b)所示。

（3）输入为 $f_2(t)$，如题 2.15 图(c)所示。

（4）输入为 $f_3(t)$，如题 2.15 图(d)所示。

2.16　试求下列 LTI 系统的零状态响应，并画出波形图。

（1）输入为 $f_1(t)$，如题 2.16(a)图所示，$h(t)=\mathrm{e}^{t}\varepsilon(t-2)$。

（2）输入为 $f_2(t)$，如题 2.16 图(b)所示，$h(t)=\mathrm{e}^{-(t+1)}\varepsilon(t+1)$。

（3）输入为 $f_3(t)$，如题 2.16 图(c)所示，$h(t)=\mathrm{e}^{-t}\varepsilon(t)$。

（4）输入为 $f_4(t)$，如题 2.16 图(d)所示，$h(t)=2\left[\varepsilon(t+1)-\varepsilon(t-1)\right]$。

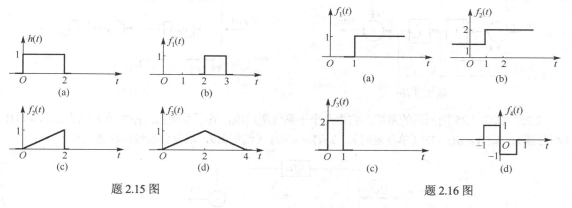

题 2.15 图　　　　　　　　　　　　　　　题 2.16 图

2.17　已知 $f_1(t)=t\varepsilon(t),f_2(t)=\varepsilon(t)-\varepsilon(t-2)$，求 $y(t)=f_1(t)*f_2(t-1)*\delta'(t-2)$。

2.18　某 LTI 系统，其输入 $f(t)$ 与输出 $y(t)$ 由下列方程表示：

$$y'(t)+3y(t)=f(t)*s(t)+2f(t)$$

式中，$s(t)=\mathrm{e}^{-2t}\varepsilon(t)+\delta(t)$，求该系统的冲激响应。

2.19　某 LTI 系统的冲激响应 $h(t)=\delta'(t)+2\delta(t)$，当输入为 $f(t)$ 时，其零状态响应 $y_{zs}(t)=\mathrm{e}^{-t}\varepsilon(t)$，求输入信号 $f(t)$。

2.20　某 LTI 系统的输入信号 $f(t)$ 和其零状态响应 $y_{zs}(t)$ 的波形如题 2.20 图所示。

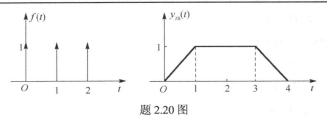

题 2.20 图

（1）求该系统的冲激响应 $h(t)$。

（2）用积分器、加法器和延时器（$T=1$）构成该系统。

2.21　试求题 2.21 图所示系统的冲激响应。

2.22　如题 2.22 图所示的系统，试求当输入 $f(t) = \varepsilon(t) - \varepsilon(t-4\pi)$ 时，系统的零状态响应。

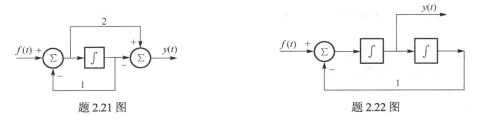

题 2.21 图　　　　　　　　　　　题 2.22 图

2.23　如题 2.23 图所示的系统，试求输入 $f(t) = \varepsilon(t)$ 时，系统的零状态响应。

2.24　如题 2.24 图所示的系统，它由几个子系统组合而成，各子系统的冲激响应分别为

$$h_a(t) = \delta(t-1)，\quad h_b(t) = \varepsilon(t) - \varepsilon(t-3)$$

求复合系统的冲激响应。

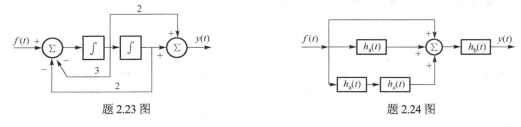

题 2.23 图　　　　　　　　　　　题 2.24 图

2.25　如题 2.25 图所示的系统，它由几个子系统所组成，各子系统的冲激响应分别为 $h_1(t) = \varepsilon(t)$（积分器）、$h_2(t) = \delta(t-1)$（单位延时）、$h_3(t) = -\delta(t)$（倒相器），求复合系统的冲激响应。

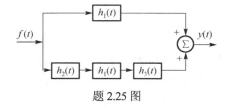

题 2.25 图

第 3 章　离散系统的时域分析

　　离散系统分析与连续系统分析在许多方面是相互平行的，它们有许多类似之处。连续系统可用微分方程描述，离散系统可用差分方程描述。差分方程与微分方程的求解方法在很大程度上是相互对应的。在连续系统分析中，卷积积分具有重要意义；在离散系统分析中，卷积和也具有同等重要的地位。连续系统分析与离散系统分析的相似性为读者学习本章提供了有利条件。在离散系统中，激励用 $f(k)$ 表示，响应用 $y(k)$ 表示，其中 k 为整数；初始状态用 $\{x(k_0)\}$ 表示，其中 k_0 为整常数，通常取 $k_0 = 0$。与连续系统类似，线性时不变（LTI）离散系统的全响应 $y(k)$ 也可分为零输入响应 $y_{zi}(k)$ 和零状态响应 $y_{zs}(k)$ 两部分，即

$$y(k) = y_{zi}(k) + y_{zs}(k)$$

本章主要讨论离散系统的零状态响应 $y_{zs}(k)$。

　　对于时不变系统（或称为位移不变系统），若激励 $f(k)$ 引起的零状态响应为 $y_{zs}(k)$，那么，激励 $f(k - k_d)$ 引起的零状态响应为 $y_{zs}(k - k_d)$，其中 k_d 为延时或称位移。时不变系统的这种性质可称为激励与响应之间的位移不变性（或称为时不变性）。

　　在线性时不变（LTI）连续系统中，以冲激函数为基本信号，将任意信号分解，从而得到系统的零状态响应等于激励与系统冲激响应的卷积积分；在线性时不变（LTI）离散系统中，以单位序列为基本信号来分析较复杂的信号，线性时不变（LTI）离散系统的零状态响应为 $y_{zs}(k)$，等于激励 $f(k)$ 与系统的单位序列响应 $h(k)$ 的卷积和。

　　下面从离散系统的差分方程及其求解开始，研究线性时不变（LTI）离散系统的时域分析。

3.1　LTI 离散系统的响应

3.1.1　差分及差分方程

　　与连续时间信号的微分及积分运算相对应，离散时间信号有差分及序列求和运算。设有序列 $f(k)$，则称 $\cdots, f(k+2), f(k+1), \cdots, f(k-1), f(k-2), \cdots$ 为 $f(k)$ 的移位序列。序列的差分可分为前向差分和后向差分。

　　一阶前向差分定义为

$$\Delta f(k) \overset{\text{def}}{=} f(k+1) - f(k) \tag{3-1-1}$$

　　一阶后向差分定义为

$$\nabla f(k) \overset{\text{def}}{=} f(k) - f(k-1) \tag{3-1-2}$$

式中，Δ 和 ∇ 称为差分算子。由式（3-1-1）、式（3-1-2）可见，前向差分与后向差分的关系为

$$\nabla f(k) = \Delta f(k-1)$$

二者仅移位不同，没有原则上的差别，因而它们的性质也相同。本书主要采用后向差分，并简称其为差分。

由差分的定义，若有序列 $f_1(k)$、$f_2(k)$ 和常数 α_1、α_2，则

$$\nabla\left[\alpha_1 f_1(k)+\alpha_2 f_2(k)\right]=\left[\alpha_1 f_1(k)+\alpha_2 f_2(k)\right]-\left[\alpha_1 f_1(k-1)+\alpha_2 f_2(k-1)\right]$$
$$=\alpha_1\left[f_1(k)-f_1(k-1)\right]+\alpha_2\left[f_2(k)-f_2(k-1)\right]$$
$$=\alpha_1\nabla f_1(k)+\alpha_2\nabla f_2(k)$$

这表明差分运算具有线性性质。

二阶差分可定义为

$$\nabla^2 f(k)\overset{\text{def}}{=}\nabla\left[\nabla f(k)\right]=\nabla\left[\left[f(k)-f(k-1)\right]\right]=\nabla f(k)-\nabla f(k-1)$$
$$=f(k)-2f(k-1)+f(k-2)$$

类似地，可定义三阶、四阶、…、n 阶差分。一般来说，n 阶差分为

$$\nabla^n f(k)\overset{\text{def}}{=}\nabla\left[\nabla^{n-1}f(k)\right]$$

序列 $f(k)$ 的求和运算为

$$\sum_{i=-\infty}^{\infty}f(i)$$

差分方程是包含关于变量 k 的未知序列 $y(k)$ 及其各阶差分的方程式，它的一般形式可写为

$$F\left[K,y(k),\nabla y(k),\cdots,\nabla^n y(k)\right]=0$$

式中，差分的最高阶为 n 阶，称为 n 阶差分方程。由于各阶差分均可写为 $y(k)$ 及其各移位序列的线性组合，故上式常写为

$$G\left[K,y(k),y(k-1),\cdots,y(k-n)\right]=0$$

通常所说的差分方程是指上述形式的方程。

若方程中，$y(k)$ 及其各移位序列的系数均为常数，就称其为常系数差分方程；如果某些系数是变量 k 的函数，就称其为变系数差分方程。描述 LTI 离散系统的是常系数线性差分方程。

差分方程是具有递推关系的代数方程，若已知初始条件和激励，利用迭代法可求得差分方程的数值解。

例 3.1.1 若描述某离散系统的差分方程为

$$y(k)+3y(k-1)+2y(k-2)=f(k)$$

已知初始条件 $y(0)=0,y(1)=2$，激励 $f(k)=2^k,k\geqslant0$，求 $y(k)$。

解： 将差分方程中除 $y(k)$ 以外的各项都移到等号右端，得

$$y(k)=-3y(k-1)-2y(k-2)+f(k)$$

对于 $k=2$，将已知初始值 $y(0)=0,y(1)=2$ 代入上式，得

$$y(2)=-3y(1)-2y(0)+f(2)=-2$$

类似地，依次迭代可得

$$y(3)=-3y(2)-2y(1)+f(3)=10$$
$$y(4)=-3y(3)-2y(2)+f(4)=-10$$
$$\vdots$$

由上例可见，用迭代法求解差分方程思路清楚，便于用计算机求解。

3.1.2 差分方程的经典解

一般而言，如果单输入-单输出的 LTI 离散系统的激励为 $f(k)$，其全响应为 $y(k)$，那么，描述该系统激励 $f(k)$ 与响应 $y(k)$ 之间关系的数学模型是 n 阶常系数线性差分方程，它可以写为

$$y(k) + a_{n-1}y(k-1) + \cdots + a_0 y(k-n)$$
$$= b_m f(k) + b_{m-1} f(k-1) + \cdots + b_0 f(k-m) \tag{3-1-3}$$

式中，$a_j,\ j = 0,1,\cdots,n-1$ 和 $b_i,\ i = 0,1,\cdots,m$ 都是常数。上式可缩写为

$$\sum_{j=0}^{n} a_{n-j} y(k-j) = \sum_{i=0}^{m} b_{m-i} f(k-i), \quad a_n = 1$$

与微分方程的经典解类似，式（3-1-3）差分方程的解由齐次解和特解两部分组成。齐次解用 $y_h(k)$ 表示，特解用 $y_p(k)$ 表示，即

$$y(k) = y_h(k) + y_p(k) \tag{3-1-4}$$

齐次解

当式（3-1-3）差分方程中的 $f(k)$ 及其各移位项均为零时，齐次方程

$$y(k) + a_{n-1}y(k-1) + \cdots + a_0 y(k-n) = 0 \tag{3-1-5}$$

的解称为齐次解。

首先分析最简单的一阶差分方程。若一阶差分方程的齐次方程为

$$y(k) + ay(k-1) = 0$$

它可改写为

$$\frac{y(k)}{y(k-1)} = -a$$

$y(k)$ 与 $y(k-1)$ 之比等于 $-a$ 表明，序列 $y(k)$ 是一个公比为 $-a$ 的等比级数，因此 $y(k)$ 应具有如下形式：

$$y(k) = C(-a)^k$$

式中，C 是常数，由初始条件确定。

对于 n 阶齐次差分方程，它的齐次解由形式为 $C\lambda^k$ 的序列组合而成，将 $C\lambda^k$ 代入齐次方程

$$y(k) + a_{n-1}y(k-1) + \cdots + a_0 y(k-n) = 0$$

得

$$C\lambda^k + a_{n-1}C\lambda^{k-1} + \cdots + a_1 C\lambda^{k-n+1} + a_0 C\lambda^{k-n} = 0$$

由于 $C \neq 0$，消去 C；且 $\lambda \neq 0$，以 λ^{k-n} 除上式，得

$$\lambda^n + a_{n-1}\lambda^{n-1} + \cdots + a_1 \lambda + a_0 = 0$$

上式称为差分方程的特征方程，它有 n 个根 $\lambda_j,\ j = 1,2,\cdots,n$，称为差分方程的特征根。显然，形式为 $C_j \lambda_j^k$ 的序列都满足齐次差分方程，因而它们是差分方程的齐次解。依特征根取值的不同，差分方程齐次解的形式见表 3-1，其中 C_j、D、A_j、θ_j 等为待定常数。

表 3-1　不同特征根所对应的齐次解

特 征 根 λ	齐 次 解 $y_h(k)$
单实根	$C\lambda^k$
r 重实根	$(C_{r-1}k^{r-1} + C_{r-2}k^{r-2} + \cdots + C_1k + C_0)\lambda^k$
一对共轭复根 $\lambda_{1,2} = \rho e^{\pm j\beta}$	$\rho^k[C\cos(\beta k) + D\sin(\beta k)]$ 或 $A\rho^k\cos(\beta k - \theta)$， 其中 $Ae^{j\theta} = C + jD$
r 重共轭复根	$[A_{r-1}k^{r-1}\cos(\beta k - \theta_{r-1}) + A_{r-2}k^{r-2}\cos(\beta k - \theta_{r-2}) + \cdots + A_0\cos(\beta k - \theta_0)]\rho^k$

特解

特解的函数形式与激励的函数形式有关，表 3-2 列出了几种典型的激励 $f(k)$ 所对应的特解 $y_p(k)$。选定特解后代入原差分方程，求出其待定系数 P_j（或 A、θ）等，就得出方程的特解。

表 3-2　不同激励所对应的特解

激励 $f(k)$	特 解 $y_p(k)$	
k^m	$P_mk^m + P_{m-1}k^{m-1} + \cdots + P_1k + P_0$	所有特征根均不等于 1 时
	$k^r[P_mk^m + P_{m-1}k^{m-1} + \cdots + P_1k + P_0]$	当有 r 重等于 1 的特征根时
a^k	Pa^k	当 a 不等于特征根时
	$(Pk + P_0)a^k$	当 a 是特征单根时
	$(P_rk^r + P_{r-1}k^{r-1} + \cdots + P_1k + P_0)a^k$	当 a 是 r 重特征根时
$\cos(\beta k)$ 或 $\sin(\beta k)$	$P\cos(\beta k) + Q\sin(\beta k)$	所有特征根均不等于 $e^{\pm j\beta}$
	或 $A\cos(\beta k - \theta)$，其中 $Ae^{j\theta} = P + jQ$	

全解

差分方程的全解是齐次解与特解之和。如果方程的特征根均为单根，则差分方程的全解为

$$y(k) = y_h(k) + y_p(k) = \sum_{j=1}^n C_j\lambda_j^{\,k} + y_p(k) \qquad (3\text{-}1\text{-}6)$$

如果特征根 λ_1 为 r 重根，而其余 $n-r$ 个特征根为单根时，差分方程的全解为

$$y(k) = \sum_{j=1}^r C_jk^{r-j}\lambda_j^{\,k} + \sum_{j=r+1}^n C_j\lambda_j^{\,k} + y_p(k)$$

式中各系数 C_j 由初始条件确定。

如果激励信号是在 $k=0$ 时接入的，差分方程的解适合于 $k \geqslant 0$，对于 n 阶差分方程，用给定的 n 个初始条件 $y(0), y(1), \cdots, y(n-1)$ 就可确定全部待定系数 C_j。如果差分方程的特征根均为单根，则方程的全解为式（3-1-6），将给定的初始条件 $y(0), y(1), \cdots, y(n-1)$ 分别代入式（3-1-6），可得

$$y(0) = C_1 + C_2 + \cdots + C_n + y_p(0)$$
$$y(1) = \lambda_1C_1 + \lambda_2C_2 + \cdots + \lambda_nC_n + y_p(1)$$
$$\vdots$$
$$y(n-1) = \lambda_1^{n-1}C_1 + \lambda_2^{n-1}C_2 + \cdots + \lambda_n^{n-1}C_n + y_p(n-1)$$

由以上方程可求得全部待定系数 C_j，$j = 1, 2, \cdots, n$。

例 3.1.2　若描述某系统的差分方程为

$$y(k) + 4y(k-1) + 4y(k-2) = f(k)$$

已知初始条件 $y(0)=0, y(1)=-1$，激励 $f(k)=2^k, k\geq0$，求方程的全解。

解： 首先求齐次解。上述差分方程的特征方程为

$$\lambda^2+4\lambda+4=0$$

可解得特征根 $\lambda_1=\lambda_2=-2$，为二重根，由表 3-1 可知，其齐次解为

$$y_h(k)=C_1 k(-2)^k+C_2(-2)^k$$

其次求特解。由表 3-2，根据 $f(k)$ 的形式可知特解为

$$y_p(k)=P\cdot 2^k, \quad k\geq0$$

将 $y_p(k)$、$y_p(k-1)$ 和 $y_p(k-2)$ 代入系统的差分方程，得

$$P\cdot 2^k+4P\cdot 2^{k-1}+4P\cdot 2^{k-2}=f(k)=2^k$$

上式中消去 2^k，可解得 $P=\dfrac{1}{4}$，于是得到特解：

$$y_p(k)=\frac{1}{4}\cdot 2^k, \quad k\geq0$$

微分方程的全解为

$$y(k)=y_h(k)+y_p(k)=C_1 k(-2)^k+C_2(-2)^k+\frac{1}{4}\cdot 2^k, \quad k\geq0$$

将已知的初始条件代入上式，有

$$y(0)=C_2+\frac{1}{4}=0$$

$$y(1)=-2C_1-2C_2+\frac{1}{4}\times 2=-1$$

由上式可求得 $C_1=1, C_2=-\dfrac{1}{4}$。最后得方程的全解为

$$y(k)=k(-2)^k-\frac{1}{4}(-2)^k+\frac{1}{4}\cdot 2^k, \quad k\geq0$$

差分方程的齐次解也称为系统的自由响应，特解也称为强迫响应。本例中由于 $|\lambda|>1$，故其自由响应随 k 的增大而增大。

例 3.1.3　若描述某离散系统的差分方程为

$$6y(k)-5y(k-1)+y(k-2)=f(k)$$

已知初始条件以 $y(0)=0, y(1)=1$，激励为有始的周期序列 $f(k)=10\cos(0.5\pi t), k\geq0$，求其全解。

解： 首先求齐次解。差分方程的特征方程为

$$6\lambda^2-5\lambda+1=0$$

可解得特征根 $\lambda_1=\dfrac{1}{2}, \lambda_2=\dfrac{1}{3}$，方程的齐次解为

$$y_h(k)=C_1\left(\frac{1}{2}\right)^k+C_2\left(\frac{1}{3}\right)^k$$

其次求特解。由表 3-2 可知，特解为

$$y_p(k)=P\cos(0.5\pi t)+Q\sin(0.5\pi t)$$

其移位序列为

$$y_p(k-1) = P\cos[0.5\pi(k-1)] + Q\sin[0.5\pi(k-1)]$$
$$= P\cos(0.5\pi k) - Q\sin(0.5\pi k)$$
$$y_p(k-2) = P\cos[0.5\pi(k-2)] + Q\sin[0.5\pi(k-2)]$$
$$= -P\cos(0.5\pi k) - Q\sin(0.5\pi k)$$

将 $y_p(k)$、$y_p(k-1)$ 和 $y_p(k-2)$ 代入系统的差分方程并稍加整理，得

$$(6P + 5Q - P)\cos(0.5\pi k) + (6Q - 5P - Q)\sin(0.5\pi k)$$
$$= f(k) = 10\cos(0.5\pi k)$$

由于上式对任何 $k \geq 0$ 均成立，因而等号两端的正弦、余弦序列的系数应相等，于是有

$$6P + 5Q - P = 10$$
$$6Q - 5P - Q = 0$$

由上式可解得 $P = Q = 1$，于是特解为

$$y_p(k) = \cos(0.5\pi k) + \sin(0.5\pi k) = \sqrt{2}\cos\left(0.5\pi k - \frac{\pi}{4}\right), \quad k \geq 0$$

方程的全解为

$$y(k) = y_h(k) + y_p(k) = C_1\left(\frac{1}{2}\right)^k + C_2\left(\frac{1}{3}\right)^k + \cos(0.5\pi k) + \sin(0.5\pi k), \quad k \geq 0$$

将已知的初始条件代入上式，有

$$y(0) = C_1 + C_2 + 1 = 0$$
$$y(1) = 0.5C_1 + \frac{1}{3}C_2 + 1 = 1$$

由上式可解得 $C_1 = 2, C_2 = -3$，最后得全解：

$$y(k) = 2\left(\frac{1}{2}\right)^k - 3\left(\frac{1}{3}\right)^k + \cos(0.5\pi k) + \sin(0.5\pi k)$$
$$= \underbrace{2\left(\frac{1}{2}\right)^k - 3\left(\frac{1}{3}\right)^k}_{\substack{\text{自由响应}\\(\text{瞬态响应})}} + \underbrace{\sqrt{2}\cos\left(0.5\pi k - \frac{\pi}{4}\right)}_{\substack{\text{强迫响应}\\(\text{稳态响应})}}, \quad k \geq 0$$

由上式可见，由于本例中特征根 $|\lambda_{1,2}| < 1$，因而其自由响应是衰减的。一般而言，如果差分方程所有的特征根均满足 $|\lambda_j| < 1, \; j = 1, 2, \cdots, n$，那么其自由响应将随着 k 的增大而逐渐衰减趋近于零。这样的系统称为稳定系统，这时的自由响应也称为瞬态响应。稳定系统在阶跃序列或有始周期序列作用下，其强迫响应也称为稳态响应。

3.1.3　零输入响应

　　系统的激励为零，仅由系统的初始状态引起的响应称为零输入响应，用 $y_{zi}(k)$ 表示。在零输入条件下，式（3-1-3）等号右端为零，化为齐次方程，即

$$\sum_{j=0}^{n} a_{n-j} y_{zi}(k-j) = 0 \tag{3-1-7}$$

一般设定激励是在 $k=0$ 时接入系统的，在 $k<0$ 时，激励尚未接入，故式（3-1-7）的几个初始状态满足

$$y_{zi}(-1) = y(-1)$$
$$y_{zi}(-2) = y(-2)$$
$$\vdots$$
$$y_{zi}(-n) = y(-n)$$

式中的 $y(-1), y(-2), \cdots, y(-n)$ 为系统的初始状态，由式（3-1-7）和系统的初始状态可求得零输入响应 $y_{zi}(k)$ 。

例 3.1.4　若描述某离散系统的差分方程为

$$y(k) + 3y(k-1) + 2y(k-2) = f(k)$$

已知 $f(k) = 0, k < 0$ ，初始条件 $y(-1) = 0, y(-2) = \dfrac{1}{2}$ ，求该系统的零输入响应。

解： 根据定义，零输入响应满足

$$y_{zi}(k) + 3y_{zi}(k-1) + 2y_{zi}(k-2) = 0$$

其初始状态为

$$y_{zi}(-1) = y(-1) = 0$$
$$y_{zi}(-2) = y(-2) = \frac{1}{2}$$

首先求出初始值 $y_{zi}(0), y_{zi}(1)$ ，上式可写为

$$y_{zi}(k) = -3y_{zi}(k-1) - 2y_{zi}(k-2)$$

令 $k = 0, 1$ ，并将 $y_{zi}(-1), y_{zi}(-2)$ 代入，得

$$y_{zi}(0) = -3y_{zi}(-1) - 2y_{zi}(-2) = -1$$
$$y_{zi}(1) = -3y_{zi}(0) - 2y_{zi}(-1) = 3$$

差分方程的特征方程为

$$\lambda^2 + 3\lambda + 2 = 0$$

其特征根 $\lambda_1 = -1, \lambda_2 = -2$ ，其齐次解为

$$y_{zi}(k) = C_{zi1}(-1)^k + C_{zi2}(-2)^k$$

将初始值代入，得

$$y_{zi}(0) = C_{zi1} + C_{zi2} = -1$$
$$y_{zi}(1) = -C_{zi1} - 2C_{zi2} = 3$$

可解得 $C_{zi1} = 1, C_{zi2} = -2$ ，于是得系统的零输入响应为

$$y_{zi}(k) = (-1)^k - 2(-2)^k, \quad k \geqslant 0$$

3.1.4　零状态响应

若系统的初始状态为零，仅由激励 $f(k)$ 所产生的响应称为零状态响应，用 $y_{zs}(k)$ 表示。在零状态情况下，式（3.1.3）仍是非齐次方程，其初始状态为零，即零状态响应满足

$$\begin{cases} \sum_{j=0}^{n} a_{n-j} y_{zs}(k-j) = \sum_{i=0}^{m} b_{m-i} f(k-i) \\ y_{zs}(-1) = y_{zs}(-2) = \cdots = y_{zs}(-n) = 0 \end{cases}$$

的解。若其特征根均为单根，则其零状态响应为

$$y_{zs}(k) = \sum_{j=1}^{n} C_{zsj} \lambda_j^k + y_p(k)$$

式中，C_{zsj} 为待定常数，$y_p(k)$ 为特解。需要指出，零状态响应的初始状态 $y_{zs}(-1), y_{zs}(-2), \cdots, y_{zs}(-n)$ 为零，但其初始值 $y_{zs}(0), y_{zs}(1), \cdots, y_{zs}(n-1)$ 不一定等于零。

例 3.1.5 若例 3.1.4 的离散系统

$$y(k) + 3y(k-1) + 2y(k-2) = f(k)$$

中的 $f(k) = 2^k, k \geq 0$，求该系统的零状态响应。

解： 根据定义，零状态响应满足

$$\begin{cases} y_{zs}(k) + 3y_{zs}(k-1) + 2y_{zs}(k-2) = f(k) \\ y_{zs}(-1) = y_{zs}(-2) = 0 \end{cases}$$

首先求出初始值 $y_{zs}(0)$ 和 $y_{zs}(1)$，将上式改写为

$$y_{zs}(k) = -3y_{zs}(k-1) - 2y_{zs}(k-2) + f(k)$$

令 $k = 0$、1，并代入 $y_{zs}(-1) = y_{zs}(-2) = 0$ 和 $f(0), f(1)$，得

$$y_{zs}(0) = -3y_{zs}(-1) - 2y_{zs}(-2) + f(0) = 1$$
$$y_{zs}(1) = -3y_{zs}(0) - 2y_{zs}(-1) + f(1) = -1$$

零状态响应满足的方程为非齐次差分方程，其特征根 $\lambda_1 = -1, \lambda_2 = -2$，不难求得其特解 $y_p(k) = \frac{1}{3} \cdot 2^k$，故零状态响应为

$$y_{zs}(k) = C_{zs1}(-1)^k + C_{zs2}(-2)^k + \frac{1}{3}(2)^k$$

将初始值代入上式，有

$$y_{zs}(0) = C_{zs1} + C_{zs2} + \frac{1}{3} = 1$$

$$y_{zs}(1) = -C_{zs1} - 2C_{zs2} + \frac{2}{3} = -1$$

可解得 $C_{zs1} = -\frac{1}{3}, C_{zs2} = 1$，于是得零状态响应为

$$y_{zs}(k) = -\frac{1}{3}(-1)^k + (-2)^k + \frac{1}{3}(2)^k, \quad k \geq 0$$

与连续系统类似，一个初始状态不为零的 LTI 离散系统，在外加激励作用下，其完全响应等于零输入响应与零状态响应之和，即

$$y(k) = y_{zi}(k) + y_{zs}(k) \tag{3-1-8}$$

若特征根均为单根，则全响应为

$$y(k) = \underbrace{\sum_{j=1}^{n} C_{zj}\lambda_j^k}_{\text{零输入响应}} + \underbrace{\sum_{j=1}^{n} C_{zj}\lambda_j^k + y_{\mathrm{p}}(k)}_{\text{零状态响应}}$$

$$= \underbrace{\sum_{j=1}^{n} C_j\lambda_j^k}_{\text{自由响应}} + \underbrace{y_{\mathrm{p}}(k)}_{\text{强迫响应}}$$

式中，

$$\sum_{j=1}^{n} C_j\lambda_j^k = \sum_{j=1}^{n} C_{zij}\lambda_j^k + \sum_{j=1}^{n} C_{zsj}\lambda_j^k$$

可见，系统的全响应有两种分解方式：可以分解为自由响应和强迫响应，也可分解为零输入响应和零状态响应。这两种分解方式有明显的区别。虽然自由响应与零输入响应都是齐次解的形式，但它们的系数并不相同，C_{zij} 仅由系统的初始状态所决定，而 C_j 则由初始状态和激励共同决定。

如果激励 $f(k)$ 是在 $k=0$ 时接入系统的，根据零状态响应的定义，有

$$y_{\mathrm{zs}}(k) = 0, \quad k < 0$$

由式（3-1-8）有

$$y_{\mathrm{zi}}(k) = y(k), \quad k < 0$$

系统的初始状态是指 $y(-1), y(-2), \cdots, y(-n)$，它给出了该系统以往历史的全部信息。根据系统的初始状态和 $k \geqslant 0$ 时的激励，可以求得系统的全响应。

例 3.1.6　已知系统的差分方程为

$$y(k) - 2y(k-1) + 2y(k-2) = f(k)$$

其中，$f(k) = k, k \geqslant 0$，初始状态 $y(-1)=1$，$y(-2)=0.5$，求系统的零输入响应、零状态响应和全响应。

解：

（1）零输入响应

零输入响应满足

$$\left.\begin{array}{l} y_{\mathrm{zi}}(k) - 2y_{\mathrm{zi}}(k-1) + 2y_{\mathrm{zi}}(k-2) = 0 \\ y_{\mathrm{zi}}(-1) = y(-1) = 1, y_{\mathrm{zi}}(-2) = y(-2) = 0.5 \end{array}\right\} \tag{3-1-9}$$

方程的特征方程为

$$\lambda^2 - 2\lambda + 2 = 0$$

其特征根 $\lambda_{1,2} = 1 \pm \mathrm{j}1 = \sqrt{2}\mathrm{e}^{\pm \mathrm{j}\frac{\pi}{4}}$。由表 3-1 可知，零输入响应为

$$y_{\mathrm{zi}}(k) = \left(\sqrt{2}\right)^k\left[C_1\cos\left(\frac{k\pi}{4}\right) + D_1\sin\left(\frac{k\pi}{4}\right)\right] \tag{3-1-10}$$

下面计算初始值 $y_{\mathrm{zi}}(0)$ 和 $y_{\mathrm{zi}}(1)$。由式（3-1-9）得

$$y_{\mathrm{zi}}(k) = 2y_{\mathrm{zi}}(k-1) - 2y_{\mathrm{zi}}(k-2)$$

令 $k = 0$、1，并将 $y_{\mathrm{zi}}(-1)$ 和 $y_{\mathrm{zi}}(-2)$ 代入，得

$$y_{\mathrm{zi}}(0) = 2y_{\mathrm{zi}}(-2) - 2y_{\mathrm{zi}}(-2) = 1$$
$$y_{\mathrm{zi}}(1) = 2y_{\mathrm{zi}}(0) - 2y_{\mathrm{zi}}(-1) = 0$$

将初始值代入式（3-1-10），得

$$y_{zi}(0) = C_1 = 1$$

$$y_{zi}(1) = \sqrt{2}\left(C_1\frac{\sqrt{2}}{2} + D_1\frac{\sqrt{2}}{2}\right) = 0$$

解得 $C_1 = 1$、$D_1 = -1$，得

$$y_{zi}(k) = \left(\sqrt{2}\right)^k\left[\cos\left(\frac{k\pi}{4}\right) - \sin\left(\frac{k\pi}{4}\right)\right], \quad k \geqslant 0$$

（2）零状态响应

零状态响应满足

$$\left.\begin{array}{l} y_{zs}(k) - 2y_{zs}(k-1) + 2y_{zs}(-2) = k \\ y_{zs}(-1) = y_{zs}(-2) = 0 \end{array}\right\} \tag{3-1-11}$$

先求初始值 $y_{zs}(0)$和$y_{zs}(1)$。由式（3-1-11）得

$$y_{zs}(k) = 2y_{zs}(k-1) - 2y_{zs}(-2) + k$$

令 $k = 0$、1，由上式得

$$y_{zs}(0) = 2y_{zs}(-1) - 2y_{zs}(-2) = 0$$

$$y_{zs}(1) = 2y_{zs}(0) - 2y_{zs}(-1) + 1 = 1$$

由表 3-2 可知，令式（3-1-11）的特解为

$$y_p(k) = P_1 k + P_0$$

式中 P_1、P_0 为待定常数。将 $y_p(k)$ 代入式（3-1-11）得

$$P_1 k + P_0 - 2\left[P_1(k-1) + P_0\right] + 2\left[P_1(k-2) + P_0\right] = k$$

将上式化简，得

$$P_1 k + P_0 - 2P_1 = k$$

根据上式等式两端相等，得

$$P_1 = 1$$

$$P_0 - 2P_1 = 0$$

解得 $P_1 = 1$、$P_0 = 2$，故

$$y_p(k) = k + 2, \quad k \geqslant 0$$

式（3-1-11）的特征根与式（3-1-9）相同，故

$$y_{zs}(k) = \left(\sqrt{2}\right)^k\left[C_2\cos\left(\frac{k\pi}{4}\right) + D_2\sin\left(\frac{k\pi}{4}\right)\right] + k + 2$$

令 $k = 0$、1，并将初始值代入上式，得

$$y_{zs}(0) = C_2 + 2 = 0$$

$$y_{zs}(1) = \sqrt{2}\left(C_2\frac{\sqrt{2}}{2} + D_2\frac{\sqrt{2}}{2}\right) + 3 = 1$$

解得 $C_2 = -2$，$D_2 = 0$，故

$$y_{zs}(k) = -2\left(\sqrt{2}\right)^k \cos\left(\frac{k\pi}{4}\right) + k + 2, \quad k \geqslant 0$$

全响应为

$$y(k) = y_{zi}(k) + y_{zs}(k)$$
$$= -\left(\sqrt{2}\right)^{k+1} \cos\left(\frac{k\pi}{4} - \frac{\pi}{4}\right) + k + 2, \quad k \geqslant 0$$

以上都是以后向差分方程为例进行讨论的，如果描述系统的是前向差分方程，其求解方法相同，需要注意的是，要根据已知条件细心、正确地确定初始值 $y_{zi}(j)$ 和 $y_{zs}(j)$, $j = 0, 1, \cdots, n-1$。也可将前向差分方程转换为后向差分方程求解。

3.2　单位序列响应和单位阶跃序列响应

3.2.1　单位序列和单位阶跃序列

单位序列定义为

$$\delta(k) \overset{\text{def}}{=} \begin{cases} 1, & k = 0 \\ 0, & k \neq 0 \end{cases} \tag{3-2-1}$$

它只在 $k = 0$ 处取值为 1，而在其余各点均为零，如图 3.2.1(a)所示。单位序列也称为单位样值（或取样）序列或单位脉冲序列，它是离散系统分析中最简单也是最重要的序列之一。它在离散时间系统中的作用类似于冲激函数 $\delta(t)$ 在连续时间系统中的作用，因此在不致发生误解的情况下，也可称其为单位冲激序列。但是，作为连续时间信号的 $\delta(t)$ 可理解为脉宽趋近于零，幅度趋于无限大的信号，或由广义函数定义；而离散时间信号 $\delta(k)$ 的幅度在 $k = 0$ 时为有限值，其值为 1。

若将 $\delta(k)$ 平移 i 位，如图 3.2.1(b)所示（图中 $i > 0$），得

$$\delta(k-i) \overset{\text{def}}{=} \begin{cases} 1, & k = i \\ 0, & k \neq i \end{cases}$$

由于 $\delta(k-i)$ 只在 $k = i$ 时其值为 1，而取其他 k 值时为零，故有

$$f(k)\delta(k-i) = f(i)\delta(k-i)$$

上式也可称为 $\delta(k)$ 的取样性质。

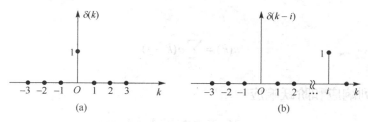

图 3.2.1　$\delta(k)$ 与 $\delta(k-i)$ 的图形

单位阶跃序列定义为

$$\varepsilon(k) \overset{\text{def}}{=} \begin{cases} 0, & k < 0 \\ 1, & k \geqslant 0 \end{cases} \tag{3-2-2}$$

它在 $k < 0$ 的各点为零，在 $k \geq 0$ 的各点为1，如图3.2.2(a)所示。它类似于连续时间信号中的单位阶跃信号 $\varepsilon(t)$。但应注意，$\varepsilon(t)$ 在 $t = 0$ 处发生跃变，在此点常常不予定义（或定义为1/2）；而单位阶跃序列 $\varepsilon(k)$ 在 $k = 0$ 处定义为1。

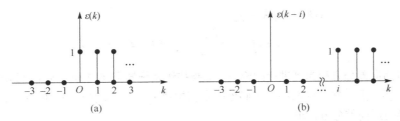

图 3.2.2 $\varepsilon(k)$ 与 $\varepsilon(k-i)$ 的图形

若将 $\varepsilon(k)$ 平移 i 位，得

$$\varepsilon(k-i) \overset{\text{def}}{=} \begin{cases} 0, & k < i \\ 1, & k \geq i \end{cases}$$

如图3.2.2(b)所示（图中 $i > 0$）。

若有序列

$$f(k) = \begin{cases} 2^k, & k \geq 2 \\ 0, & k < 2 \end{cases}$$

那么利用移位的阶跃序列，可将 $f(k)$ 表示为

$$f(k) = 2^k \varepsilon(k-2)$$

不难看出，单位序列 $\delta(k)$ 与单位阶跃序列 $\varepsilon(k)$ 之间的关系是

$$\delta(k) = \nabla \varepsilon(k) = \varepsilon(k) - \varepsilon(k-1)$$

$$\varepsilon(k) = \sum_{i=\infty}^{k} \delta(i) \tag{3-2-3}$$

令 $i = k - j$，则当 $i = -\infty$ 时，$j = \infty$；当 $i = k$ 时，$j = 0$，故上式可写为

$$\varepsilon(k) = \sum_{i=-\infty}^{k} \delta(i) = \sum_{j=\infty}^{0} \delta(k-j) = \sum_{j=0}^{\infty} \delta(k-j)$$

即 $\varepsilon(k)$ 也可写为

$$\varepsilon(k) = \sum_{j=0}^{\infty} \delta(k-j) \tag{3-2-4}$$

3.2.2　单位序列响应和阶跃响应

1. 单位序列响应

当LTI离散系统的激励为单位序列 $\delta(k)$ 时，系统的零状态响应称为单位序列响应（或单位样值响应、单位取样响应），用 $h(k)$ 表示，它的作用与连续系统中的冲激响应 $h(t)$ 相类似。

求解系统的单位序列响应可用求解差分方程法或z变换法（见第6章）。

由于单位序列 $\delta(k)$ 仅在 $k=0$ 处等于 1，而在 $k>0$ 时为零，因而在 $k>0$ 时，系统的单位序列响应与该系统的零输入响应的函数形式相同。这样就把求单位序列响应的问题转化为求差分方程齐次解的问题，而 $k=0$ 处的值 $h(0)$ 可按零状态的条件由差分方程确定。

例 3.2.1　求图 3.2.3 所示离散系统的单位序列响应 $h(k)$。

解：（1）列写差分方程，求初始值

根据图 3.2.3，左端加法器的输出为 $y(k)$，相应迟延单元的输出为 $y(k-1)$，$y(k-2)$。由加法器的输出可列出系统的方程为

$$y(k) = y(k-1) + 2y(k-2) + f(k)$$

或写为

$$y(k) - y(k-1) - 2y(k-2) = f(k)$$

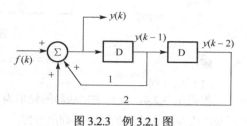

图 3.2.3　例 3.2.1 图

根据单位序列响应 $h(k)$ 的定义，它应满足方程

$$h(k) - h(k-1) - 2h(k-2) = \delta(k)$$

且初始状态 $h(-1) = h(-2) = 0$。将上式移项有

$$h(k) = h(k-1) + 2h(k-2) + \delta(k)$$

令 $k = 0$、1，并考虑 $\delta(0) = 1$，$\delta(1) = 0$，可求得单位序列响应 $h(k)$ 的初始值：

$$h(0) = h(-1) + 2h(-2) + \delta(0) = 1$$
$$h(1) = h(0) + 2h(-1) + \delta(1) = 1$$

（2）求 $h(k)$

对于 $k>0$，由式 $h(k) - h(k-1) - 2h(k-2) = \delta(k)$ 知 $h(k)$ 满足齐次方程

$$h(k) - h(k-1) - 2h(k-2) = 0$$

其特征方程为

$$\lambda^2 - \lambda - 2 = 0$$

其特征根 $\lambda_1 = -1, \lambda_2 = 2$，得方程的齐次解为

$$h(k) = C_1(-1)^k + C_2(2)^k, \quad k > 0$$

将初始值代入，有

$$h(0) = C_1 + C_2 = 1$$
$$h(1) = -C_1 + 2C_2 = 1$$

注意，这时已将 $h(0)$ 代入，因而方程的解也满足 $k=0$。由上式可解得 $C_1 = \dfrac{1}{3}$，$C_2 = \dfrac{2}{3}$，于是得系统的单位序列响应为

$$h(k) = \frac{1}{3}(-1)^k + \frac{2}{3}(2)^k, \quad k \geqslant 0$$

由于 $h(k) = 0, k < 0$，因此 $h(k)$ 可写为

$$h(k) = \left[\frac{1}{3}(-1)^k + \frac{2}{3}(2)^k \right] \varepsilon(k)$$

例 3.2.2　如图 3.2.4 所示的离散系统，求其单位序列响应。

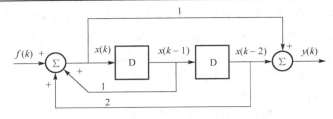

图 3.2.4　例 3.2.2 图

解：

（1）列方程

根据图 3.2.4，设左端加法器的输出为 $x(k)$，相应迟延单元的输出为 $x(k-1), x(k-2)$，如图 3.2.4 所示。由左端加法器的输出可列出方程：

$$x(k) = x(k-1) + 2x(k-2) + f(k)$$

它可写为

$$x(k) - x(k-1) - 2x(k-2) = f(k)$$

由右端加法器的输出端可列出方程：

$$y(k) = x(k) - x(k-2)$$

为消除中间变量 $x(k)$，先求出 $y(k)$ 的移位序列为

$$y(k-1) = x(k-1) - x(k-3)$$
$$y(k-2) = x(k-2) - x(k-4)$$

则系统的差分方程为

$$y(k) - y(k-1) - 2y(k-2) = f(k) - f(k-2)$$

根据单位序列响应的定义，$h(k)$ 应满足方程

$$h(k) - h(k-1) - 2h(k-2) = \delta(k) - \delta(k-2) \tag{3-2-5}$$

和初始状态 $h(-1) = h(-2) = 0$。

（2）求 $h(k)$

式（3-2-5）中等号右端包含 $\delta(k)$ 和 $\delta(k-2)$，因而不能认为 $k > 0$ 时输入为零。这给应用前述方法求系统的单位序列响应造成困难。不过，根据 LTI 系统的线性性质和移位不变性，可以把 $\delta(k)$ 和 $\delta(k-2)$ 看作两个激励，分别求得它们的单位序列响应，然后按线性性质求得系统的单位序列响应。

令只有 $\delta(k)$ 作用时，系统的单位序列响应为 $h_1(k)$，显然它满足

$$h_1(k) - h_1(k-1) - 2h_1(k-2) = \delta(k) \tag{3-2-6}$$

和初始状态 $h_1(-1) = h_1(-2) = 0$。只有 $\delta(k-2)$ 作用时其单位序列响应为 $h_2(k)$，它满足方程

$$h_2(k) - h_2(k-1) - 2h_2(k-2) = -\delta(k-2)$$

和初始状态 $h_2(0) = h_2(1) = 0$。由线性性质，系统〔式（3-2-5）〕单位序列响应为

$$h(k) = h_1(k) + h_2(k)$$

由时不变系统的移位不变性，显然有

$$h_2(k) = -h_1(k-2)$$

因此，系统的单位序列响应为

$$h(k) = h_1(k) - h_1(k-2)$$

这样求解式（3-2-5）单位序列响应 $h(k)$ 的问题就转化为求 $h_1(k)$ 的问题，而 $h_1(k)$ 求解方法与上例相同，故有

$$h_1(k) = \left[\frac{1}{3}(-1)^k + \frac{2}{3}(2)^k\right]\varepsilon(k)$$

移位后，有

$$h_1(k-2) = \left[\frac{1}{3}(-1)^{k-2} + \frac{2}{3}(2)^{k-2}\right]\varepsilon(k-2)$$

由式 $h(k) = h_1(k) - h_1(k-2)$ 得图 3.2.4 所示系统的单位序列响应为

$$
\begin{aligned}
h(k) &= h_1(k) - h_1(k-2) \\
&= \left[\frac{1}{3}(-1)^k + \frac{2}{3}(2)^k\right]\varepsilon(k) - \left[\frac{1}{3}(-1)^{k-2} + \frac{2}{3}(2)^{k-2}\right]\varepsilon(k-2) \\
&= \begin{cases} 0, & k < 0 \\ \dfrac{1}{3}(-1)^k + \dfrac{2}{3}(2)^k, & k = 0,1 \\ \dfrac{1}{2}(2)^k, & k \geqslant 2 \end{cases}
\end{aligned}
$$

2. 阶跃响应

当 LTI 离散系统的激励为单位阶跃 $\varepsilon(k)$ 时，系统的零状态响应称为单位阶跃响应或阶跃响应，用 $g(k)$ 表示。若已知系统的差分方程，那么利用经典法可以求得系统的单位阶跃响应 $g(k)$。此外，由式（3-2-4）知

$$\varepsilon(k) = \sum_{i=-\infty}^{k}\delta(i) = \sum_{j=0}^{\infty}\delta(k-j)$$

若已知系统的单位序列响应 $h(k)$，根据 LTI 系统的线性性质和移位不变性，系统的阶跃响应为

$$g(k) = \sum_{i=-\infty}^{k}h(i) = \sum_{j=0}^{\infty}h(k-j)$$

类似地，由于

$$\delta(k) = \nabla\varepsilon(k) = \varepsilon(k) - \varepsilon(k-1)$$

若已知系统的阶跃响应 $g(k)$，那么系统的单位序列响应为

$$h(k) = \nabla g(k) = g(k) - g(k-1)$$

例 3.2.3　求例 3.2.1 中图 3.2.3 所示系统的单位阶跃响应。

解：

（1）经典法

前已求得图 3.2.3 所示系统的差分方程为

$$y(k) - y(k-1) - 2y(k-2) = f(k)$$

根据阶跃响应的定义，$g(k)$ 满足方程

$$g(k) - g(k-1) - 2g(k-2) = \varepsilon(k) \tag{3-2-7}$$

和初始状态 $g(-1) = g(-2) = 0$ 。上式可写为

$$(g(k) = g(k-1) + 2g(k-2) + \varepsilon(k))$$

将 $k = 0$、1 和 $\varepsilon(0) = \varepsilon(1) = 1$ 代入上式，得初始值为

$$g(0) = g(-1) + 2g(-2) + \varepsilon(0) = 1$$
$$g(1) = g(0) + 2g(-1) + \varepsilon(1) = 2$$

式（3.2-7）的特征根 $\lambda_1 = -1, \lambda_2 = 2$ ，容易求得它的特解 $g_p(k) = -\dfrac{1}{2}$ ，于是得

$$g(k) = C_1(-1)^k + C_2(2)^k - \frac{1}{2}, \quad k \geqslant 0$$

将初始值代入上式，可求得 $C_1 = \dfrac{1}{6}, C_2 = \dfrac{4}{3}$ ，最后得该系统的阶跃响应为

$$g(k) = \left[\frac{1}{6}(-1)^k + \frac{4}{3}(2)^k - \frac{1}{2}\right]\varepsilon(k)$$

（2）利用单位序列响应

例 3.2.1 中求得了系统的单位序列响应为

$$h(k) = \left[\frac{1}{3}(-1)^k + \frac{2}{3}(2)^k\right]\varepsilon(k)$$

则系统的阶跃响应为

$$g(k) = \sum_{i=-\infty}^{k} h(i) = \left[\frac{1}{3}\sum_{i=0}^{k}(-1)^i + \frac{2}{3}\sum_{i=0}^{k}(2)^i\right]\varepsilon(k)$$

由几何级数求和公式得

$$\sum_{i=0}^{k}(-1)^i = \frac{1-(-1)^{k+1}}{1-(-1)} = \frac{1}{2}\left[1+(-1)^k\right]$$

$$\sum_{i=0}^{k} 2^i = \frac{1-2^{k+1}}{1-2} = 2^{k+1}-1$$

将它们代入 $g(k)$ 表达式，得

$$g(k) = \left[\frac{1}{3}\times\frac{1}{2}(1+(-1)^k) + \frac{2}{3}(2\times 2^k - 1)\right]\varepsilon(k)$$

$$\left[\frac{1}{6}(-1)^k + \frac{4}{3}(2)^k - \frac{1}{2}\right]\varepsilon(k)$$

与经典法结果相同。

最后将常用的几何数列求和公式列于表 3-3，以便查阅。

表 3-3   常用的几种数列的求和公式

序　号	公　式	说　明
1	$\sum\limits_{j=0}^{k} a^j = \begin{cases} \dfrac{1-a^{k+1}}{1-a}, & a \neq 1 \\ k+1, & a = 1 \end{cases}$	$k \geqslant 0$

序　号	公　式	说　明
2	$\displaystyle\sum_{j=k_1}^{k_2} a^j = \begin{cases} \dfrac{a^{k_1}-a^{k_2+1}}{1-a}, & a\neq1 \\ k_2-k_1+1, & a=1 \end{cases}$	k_1、k_2 可为正整数或负整数，但 $k_2\geqslant k_1$
3	$\displaystyle\sum_{j=0}^{\infty} a^j = \frac{1}{1-a}, \quad |a|<1$	
4	$\displaystyle\sum_{j=k_1}^{\infty} a^j = \frac{a^{k_1}}{1-a}, \quad |a|<1$	k_1 可为正整数或负整数
5	$\displaystyle\sum_{j=0}^{k} j = \frac{k(k+1)}{2}$	$k\geqslant0$
6	$\displaystyle\sum_{j=k_1}^{k_2} j = \frac{(k_2+k_1)(k_2-k_1+1)}{2}$	k_1、k_2 可为正整数或负整数，但 $k_2\geqslant k_1$
7	$\displaystyle\sum_{j=0}^{k} j^2 = \frac{k(k+1)(2k+1)}{6}$	$k\geqslant0$

3.3　卷　积　和

本节讨论 LTI 离散系统对任意输入的零状态响应。

3.3.1　卷积和

在 LTI 连续系统中，把激励信号分解为一系列冲激函数，求出各冲激函数单独作用于系统时的冲激响应，然后将这些响应相加就得到系统对于该激励信号的零状态响应。这个相加的过程表现为求卷积积分。在 LTI 离散系统中，可用与上述大致相同的方法进行分析。由于离散信号本身是一个序列，因此，激励信号分解为单位序列的工作很容易完成。如果系统的单位序列响应为已知，那么，也不难求得每个单位序列单独作用于系统的响应。把这些响应相加就得到系统对于该激励信号的零状态响应，这个相加过程表现为求卷积和。

任意离散时间序列 $f(k)$，$k=\cdots,-2,-1,0,1,2,\cdots$ 可以表示为

$$f(k) = \cdots f(-2)\delta(k+2) + f(-1)\delta(k+1) + f(0)\delta(k) +$$
$$f(1)\delta(k-1) + \cdots + f(i)\delta(k-i) + \cdots$$
$$= \sum_{i=-\infty}^{\infty} f(i)\delta(k-i)$$

如果 LTI 系统的单位序列响应为 $h(k)$，那么由线性系统的齐次性和时不变系统的移位不变性可知，系统对 $f(i)\delta(k-i)$ 的响应为 $f(i)h(k-i)$。根据系统的零状态线性性质，序列 $f(k)$ 作用于系统所引起的零状态响应 $y_{zs}(k)$ 应为

$$y_{zs}(k) = \cdots f(-2)h(k+2) + f(-1)h(k+1) + f(0)h(k) +$$
$$f(1)h(k-1) + \cdots + f(i)h(k-i) + \cdots \tag{3-3-1}$$
$$= \sum_{i=-\infty}^{\infty} f(i)h(k-i)$$

式（3-3-1）称为序列 $f(k)$ 与 $h(k)$ 的卷积和，也简称为卷积。卷积常用符号"*"表示，即

$$y_{zs}(k) = f(k)*h(k) \overset{\text{def}}{=} \sum_{i=-\infty}^{\infty} f(i)h(k-i) \tag{3-3-2}$$

式（3-3-2）表明，LTI 系统对于任意激励的零状态响应是激励 $f(k)$ 与系统单位序列响应 $h(k)$ 的卷积和。

一般而言，若有两个序列 $f_1(k)$ 和 $f_2(k)$，其卷积和为

$$f(k) = f_1(k) * f_2(k) \overset{\text{def}}{=} \sum_{i=-\infty}^{\infty} f_1(i) f_2(k-i) \tag{3-3-3}$$

如果序列 $f_1(k)$ 是因果序列，即有 $k < 0$，$f_1(k) = 0$，则式（3-3-3）中求和下限可改写为零，即若 $k < 0$，$f_1(k) = 0$，则

$$f_1(k) * f_2(k) = \sum_{i=0}^{\infty} f_1(i) f_2(k-i) \tag{3-3-4}$$

如果 $f_1(k)$ 不受限制，而 $f_2(k)$ 为因果序列，那么式（3-3-3）中，当 $k-i < 0$，即 $i > k$ 时，$f_2(k-i) = 0$，因而求和的上限可改写为 k，即若 $k < 0$，$f_2(k) = 0$，则

$$f_1(k) * f_2(k) = \sum_{i=-\infty}^{k} f_1(i) f_2(k-i) \tag{3-3-5}$$

如果 $f_1(k)$，$f_2(k)$ 均为因果序列，即若 $k < 0$，$f_1(k) = f_2(k) = 0$，则

$$f_1(k) * f_2(k) = \sum_{i=0}^{k} f_1(i) f_2(k-i) \tag{3-3-6}$$

例 3.3.1　如果 $f_1(k) = 0.5^k \varepsilon(k), f_2(k) = 1, f_3(k) = \varepsilon(k), -\infty < k < \infty$，求

（1）$f_1(k) * f_2(k)$

（2）$f_1(k) * f_3(k)$

解：

（1）由卷积和的定义式（3-3-4），考虑到 $f_2(k-i) = 1$，得

$$f_1(k) * f_2(k) = \sum_{i=0}^{\infty} 0.5^i = 2$$

上式中对 k 没有限制，故可写为

$$f_1(k) * f_2(k) = 2, \quad -\infty < k < \infty$$

（2）由卷积和的定义式（3-3-6）得

$$f_1(k) * f_3(k) = \sum_{i=0}^{k} 0.5^i = 2\left[1 - 0.5^{k+1}\right]$$

显然，上式中 $k \geqslant 0$，故应写为

$$f_1(k) * f_3(k) = 2\left[1 - 0.5^{k+1}\right] \varepsilon(k)$$

在附录 B 中列出了几种常用因果序列的卷积和，以备查阅。

3.3.2　卷积和的图示

在用式（3-3-3）计算卷积和时，正确地选定参变量 k 的适用区域以及确定相应的求和上限和下限是十分关键的步骤，这可借助于作图的方法解决。作图法也是求简单序列卷积和的有效方法。

用作图法计算序列 $f_1(k)$ 与 $f_2(k)$ 卷积和的步骤为：

（1）将序列 $f_1(k)$、$f_2(k)$ 的自变量用 i 代换，然后将序列 $f_2(i)$ 以纵坐标为轴线反转，成为 $f_2(-i)$。

（2）序列 $f_2(-i)$ 沿 i 轴正方向平移 k 个单位，成为 $f_2(k-i)$。

（3）求乘积 $f_1(i)f_2(k-i)$。

（4）按式（3-3-3）或式（3-3-6）（当两个序列均为因果序列时），求各乘积之和。

例 3.3.2　如有两个序列：

$$f_1(k) = \begin{cases} k+1, & k=0,1,2 \\ 0, & 其他 \end{cases}$$

$$f_2(k) = \begin{cases} 1, & k=0,1,2,3 \\ 0, & 其他 \end{cases}$$

试求两序列的卷积和 $f(k) = f_1(k) * f_2(k)$。

解：将序列 $f_1(k)$、$f_2(k)$ 的自变量换为 i，序列 $f_1(i)$ 和 $f_2(i)$ 的图形如图 3.3.1(a)和(b)所示。

将 $f_2(i)$ 反转后，得 $f_2(-i)$，如图 3.3.1(c)所示。

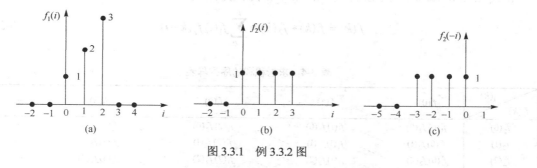

图 3.3.1　例 3.3.2 图

由于 $f_1(k)$、$f_2(k)$ 都是因果信号，可逐次令 $k = \cdots, -1, 0, 1, 2, \cdots$，计算乘积，并按式（3-3-6）求各乘积之和，其计算过程如图 3.3.2 所示。

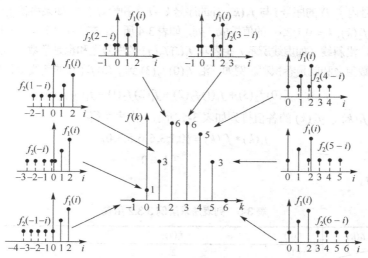

图 3.3.2　例 3.3.2 卷积和的计算过程

当 $k<0$ 时，

$$f(k) = f_1(k) * f_2(k) = 0$$

当 $k=0$ 时，

$$f(0) = \sum_{i=0}^{0} f_1(i)f_2(0-i) = f_1(0)f_2(0) = 1$$

当 $k = 1$ 时，

$$f(1) = \sum_{i=0}^{1} f_1(i)f_2(1-i) = f_1(0)f_2(1) + f_1(1)f_2(0) = 3$$

如此，依次可得

$$f(2) = f_1(0)f_2(2) + f_1(1)f_2(1) + f_1(2)f_2(0) = 6$$

$$f(3) = f_1(0)f_2(3) + f_1(1)f_2(2) + f_1(2)f_2(1) + f_1(3)f_2(0) = 6$$

$$\vdots$$

计算结果如图 3.3.2 所示。

利用下述序列阵表的方法（简称列表法），计算卷积和更加简便。

由式（3-3-6）知，两个因果序列 $f_1(k)$ 和 $f_2(k)$ 的卷积和为

$$f(k) = f_1(k) * f_2(k) = \sum_{i=0}^{k} f_1(i)f_2(k-i) \tag{3-3-7}$$

表 3-4 求卷积和的序列阵表

$f_2(k)$ \ $f_1(k)$	$f_1(0)$	$f_1(1)$	$f_1(2)$	$f_1(3)$	⋯
$f_2(0)$	$f_1(0)f_2(0)$	$f_1(1)f_2(0)$	$f_1(2)f_2(0)$	$f_1(3)f_2(0)$	⋯
$f_2(1)$	$f_1(0)f_2(1)$	$f_1(1)f_2(1)$	$f_1(2)f_2(1)$	$f_1(3)f_2(1)$	⋯
$f_2(2)$	$f_1(0)f_2(2)$	$f_1(1)f_2(2)$	$f_1(2)f_2(2)$	$f_1(3)f_2(2)$	⋯
$f_2(3)$	$f_1(0)f_2(3)$	$f_1(1)f_2(3)$	$f_1(2)f_2(3)$	$f_1(3)f_2(3)$	⋯
⋮	⋮	⋮	⋮	⋮	⋮

可见，求和符号内 $f_1(i)$ 的序号 i 与 $f_2(k-i)$ 的序号 $k-i$ 之和恰等于 k。如果将各 $f_1(k)$, $k = 0,1,2,\cdots$ 的值排成一行，将各 $f_2(k)$, $k = 0,1,2,\cdots$ 的值排成一列，如表 3-4 所示。在表中各行与列的交叉点处记入相应的乘积。我们发现，沿斜线（如虚线所示）上各项 $f_1(i)f_2(j)$ 的序号之和也是常数，与式（3-3-7）相对照可知，沿斜线上各数值之和就是卷积和。例如，沿 $f_1(0)f_2(3)$ 到 $f_1(3)f_2(0)$ 的斜线上各乘积之和为

$$f(3) = f_1(0)f_2(3) + f_1(1)f_2(2) + f_1(2)f_2(1) + f_1(3)f_2(0)$$

将例 3.3.2 的 $f_1(k)$、$f_2(k)$ 的各值排列如表 3-5 所示，由表可得

$$f_1(k) * f_2(k) = \{0,1,3,6,6,5,3,0\}$$

$$\uparrow k = 0$$

可见计算结果同前。

表 3-5 列表法求解例 3.3.2 用表

$f_2(k)$ \ $f_1(k)$		$f_1(0)$	$f_1(1)$	$f_1(2)$	$f_1(3)$
		1	2	3	0
$f_2(0)$	1	1	2	3	0
$f_2(1)$	1	1	2	3	0
$f_2(2)$	1	1	2	3	0
$f_2(3)$	1	1	2	3	0
$f_2(4)$	0	0	0	0	0

3.3.3 卷积和的性质

离散信号卷积和的运算也服从某些代数运算规则，对式（3-3-3）进行变量代换，令 $i=k-j$ ，则式（3-3-3）可写为

$$f_1(k)*f_2(k)=\sum_{i=-\infty}^{\infty}f_1(i)f_2(k-i)=\sum_{j=\infty}^{-\infty}f_1(k-j)f_2(j)$$

$$=\sum_{j=-\infty}^{\infty}f_2(j)f_1(k-j)=f_2(k)*f_1(k)$$

即离散序列的卷积和也服从交换律。类似地，也可证明两个序列的卷积和也服从分配律和结合律，即

$$f_1(k)*\left[f_2(k)+f_3(k)\right]=f_1(k)*f_2(k)+f_1(k)*f_3(k)$$

$$\left[f_1(k)*f_2(k)\right]*f_3(k)=f_1(k)*\left[f_2(k)*f_3(k)\right]$$

如果两序列之一是单位序列，由于 $\delta(k)$ 仅当 $k=0$ 时等于 1 ， $k\neq0$ 时全为零，因而有

$$f(k)*\delta(k)=\delta(k)*f(k)=\sum_{i=-\infty}^{\infty}\delta(i)f(k-i)=f(k)$$

即序列 $f(k)$ 与单位序列 $\delta(k)$ 的卷积和就是序列 $f(k)$ 本身。

将上推广， $f(k)$ 与移位序列 $\delta(k-k_1)$ 的卷积和为

$$f(k)*\delta(k-k_1)=f(k-k_1)$$

考虑到交换律，有

$$f(k)*\delta(k-k_1)=\delta(k-k_1)*f(k)=f(k-k_1)$$

此外还有

$$f(k-k_1)*\delta(k-k_2)=f(k-k_2)*\delta(k-k_1)=f(k-k_1-k_2)$$

若

$$f(k)=f_1(k)*f_2(k)$$

则

$$f_1(k-k_1)*f_2(k-k_2)=f_1(k-k_2)*f_2(k-k_1)=f(k-k_1-k_2)$$

以上各式中 k_1 、 k_2 均为常整数，各式的证明和图示与连续系统相似，这里不多赘述。

例 3.3.3 如图 3.3.3 的复合系统由两个子系统级联组成，已知子系统的单位序列响应分别为： $h_1(k)=a^k\varepsilon(k),h_2(k)=b^k\varepsilon(k)$ ， a 、 b 为常数，求复合系统的单位序列响应 $h(k)$ 。

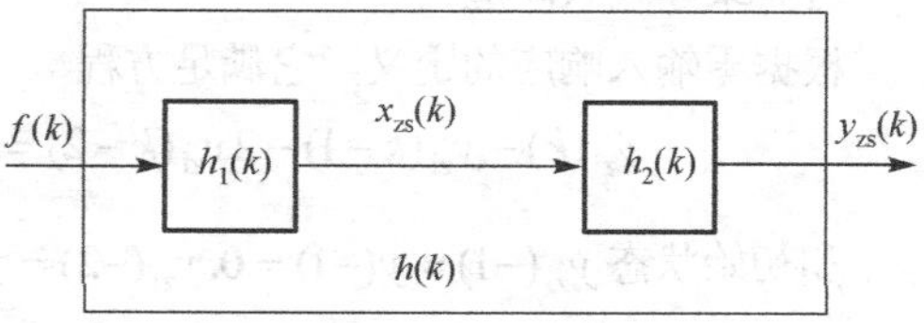

解：根据单位序列响应的定义，复合系统的单位序列响应 $h(k)$ 是激励 $f(k)=\delta(k)$ 时系统的零状态响应，即 $y_{zs}(k)=h(k)$ 。

图 3.3.3 例 3.3.3 图

令 $f(k)=\delta(k)$ ，则子系统 1 的零状态响应为

$$x_{zs}(k)=f(k)*h_1(k)=\delta(k)*h_1(k)=h_1(k)$$

当子系统 2 的输入为 $x_{zs}(k)$ 时，则子系统 2 的零状态响应（即复合系统的零状态响应）为

$$y_{zs}(k)=h(k)=x_{zs}(k)*h_2(k)=h_2(k)*h_1(k)$$

即复合系统的单位序列响应为

$$h(k) = h_2(k) * h_1(k) = \sum_{i=-\infty}^{\infty} a^i \varepsilon(i) b^{k-i} \varepsilon(k-i) = \sum_{i=0}^{k} a^i b^{k-i}$$

当 $a \neq b$ 时，

$$h(k) = h_2(k) * h_1(k) = \sum_{i=0}^{k} a^i b^{k-i} = b^k \sum_{i=0}^{k} \left(\frac{a}{b}\right)^i = b^k \frac{1 - \left(\frac{a}{b}\right)^{k+1}}{1 - \frac{a}{b}} = \frac{b^{k+1} - a^{k+1}}{b - a}$$

当 $a = b$ 时，

$$h(k) = h_2(k) * h_1(k) = b^k \sum_{i=0}^{k} 1 = (k+1)b^k$$

显然以上两式仅在 $k \geq 0$ 成立，故得

$$h(k) = h_2(k) * h_1(k) = \begin{cases} \dfrac{b^{k+1} - a^{k+1}}{b - a} \varepsilon(k), & a \neq b \\ (k+1)b^k \varepsilon(k), & a = b \end{cases}$$

上式中，若 $a \neq 1$，$b = 1$，则有

$$a^k \varepsilon(k) * \varepsilon(k) = \frac{1 - a^{k+1}}{1 - a} \varepsilon(k)$$

若 $a = 1$，$b = 1$，则有

$$\varepsilon(k) * \varepsilon(k) = (k+1)\varepsilon(k)$$

在计算移位序列的卷积和时，利用卷积和的性质比较方便。如

$$\varepsilon(k+2) * \varepsilon(k-5) = (k-21)\varepsilon(k-3)$$

最后，举例说明时域分析求解 LTI 离散系统全响应的有关问题。

例 3.3.4 如图 3.3.4 所示的离散系统，已知初始状态 $y(-1) = 0, y(-2) = \dfrac{1}{6}$，激励 $f(k) = \cos(k\pi)$

$\varepsilon(k) = (-1)^k \varepsilon(k)$，求系统的全响应。

解： 按图列出系统差分方程为

$$y(k) - y(k-1) - 2y(k-2) = f(k)$$

（1）求零输入响应

根据零输入响应的定义，它满足方程

$$y_{zi}(k) - y_{zi}(k-1) - 2y_{zi}(k-2) = 0$$

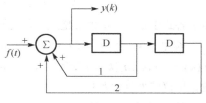

图 3.3.4　例 3.3.4 图

和初始状态 $y_{zi}(-1) = y(-1) = 0, y_{zi}(-2) = y(-2) = \dfrac{1}{6}$，可推得其初始条件为

$$y_{zi}(0) = y_{zi}(-1) + 2y_{zi}(-2) = \frac{1}{3}$$

$$y_{zi}(1) = y_{zi}(0) + 2y_{zi}(-1) = \frac{1}{3}$$

方程 $y_{zi}(k) - y_{zi}(k-1) - 2y_{zi}(k-2) = 0$ 的特征根为 $\lambda_1 = -1, \lambda_2 = 2$，有

$$y_{zi}(k) = C_{zi1}(-1)^k + C_{zi2}(2)^k$$

将初始条件代入，有

$$y_{zi}(0) = C_{zi1} + C_{zi2} = \frac{1}{3}$$

$$y_{zi}(1) = -C_{zi1} + 2C_{zi2} = \frac{1}{3}$$

解得 $C_{zi1} = \frac{1}{9}$，$C_{zi2} = \frac{2}{9}$，得零输入响应为

$$y_{zi}(k) = \frac{1}{9}(-1)^k + \frac{2}{9}(2)^k, \quad k \geqslant 0$$

（2）求单位序列响应和零状态响应

根据单位序列响应 $h(k)$ 的定义，它应满足方程

$$h(k) - h(k-1) - 2h(k-2) = \delta(k)$$

且初始状态 $h(-1) = h(-2) = 0$。将上式移项有

$$h(k) = h(k-1) + 2h(k-2) + \delta(k)$$

令 $k = 0$、1，并考虑 $\delta(0) = 1, \delta(1) = 0$，可求得单位序列响应 $h(k)$ 的初始值：

$$h(0) = h(-1) + 2h(-2) + \delta(0) = 1$$
$$h(1) = h(0) + 2h(-1) + \delta(1) = 1$$

对于 $k > 0$，由式 $h(k) - h(k-1) - 2h(k-2) = \delta(k)$ 知 $h(k)$ 满足齐次方程：

$$h(k) - h(k-1) - 2h(k-2) = 0$$

其特征方程为

$$\lambda^2 - \lambda - 2 = 0$$

其特征根 $\lambda_1 = -1, \lambda_2 = 2$，得方程的齐次解为

$$h(k) = C_1(-1)^k + C_2(2)^k, \quad k > 0$$

将初始值代入，有

$$h(0) = C_1 + C_2 = 1$$
$$h(1) = -C_1 + 2C_2 = 1$$

请注意，这时已将 $h(0)$ 代入，因而方程的解也满足 $k = 0$。由上式可解得 $C_1 = \frac{1}{3}$，$C_2 = \frac{2}{3}$，于是得系统的单位序列响应为

$$h(k) = \frac{1}{3}(-1)^k + \frac{2}{3}(2)^k, \quad k \geqslant 0$$

由于 $h(k) = 0, k < 0$，因此 $h(k)$ 可写为

$$h(k) = \left[\frac{1}{3}(-1)^k + \frac{2}{3}(2)^k\right]\varepsilon(k)$$

系统的零状态响应等于激励 $f(k)$ 与单位序列响应 $h(k)$ 的卷积和，即

$$y_{zs}(k) = f(k) * h(k) = \left[\frac{1}{3}(-1)^k + \frac{2}{3}(2)^k\right]\varepsilon(k) * (-1)^k\varepsilon(k)$$

$$= \left[\frac{1}{3}k(-1)^k + \frac{5}{9}(-1)^k + \frac{4}{9}(2)^k\right]\varepsilon(k)$$

最后，得系统的全响应为

$$y(k) = y_{zs}(k) + y_{zi}(k) = \frac{1}{3}k(-1)^k + \frac{5}{9}(-1)^k + \frac{4}{9}(2)^k + \frac{1}{9}(-1)^k + \frac{2}{9}(2)^k$$

$$= \frac{1}{3}(k+2)(-1)^k + \frac{2}{3}(2)^k, \quad k \geq 0$$

习 题 三

3.1 试求下列各序列 $f(k)$ 的差分 $\nabla f(k)$ 和 $\sum_{i=-\infty}^{k} f(i)$ 。

（1） $f(k) = \begin{cases} 0, & k < 0 \\ \left(\dfrac{1}{2}\right)^k, & k \geq 0 \end{cases}$ （2） $f(k) = \begin{cases} 0, & k < 0 \\ k, & k \geq 0 \end{cases}$

3.2 求下列齐次差分方程的解。
（1） $y(k) - 0.5y(k-1) = 0, y(0) = 1$
（2） $y(k) - 2y(k-1) = 0, y(0) = 2$
（3） $y(k) + 3y(k-1) = 0, y(1) = 1$
（4） $y(k) + \dfrac{1}{3}y(k-1) = 0, y(-1) = -1$

3.3 求下列齐次差分方程的解。
（1） $y(k) - 7y(k-1) + 16y(k-2) - 12y(k-3) = 0$,
     $y(0) = 0, y(1) = -1, y(2) = -3$
（2） $y(k) - 2y(k-1) + 2y(k-2) - 2y(k-3) + y(k-4) = 0$,
     $y(0) = 0, y(1) = 1, y(2) = 2, y(3) = 5$

3.4 求下列差分方程所描述的 LTI 离散系统的零输入响应。
（1） $y(k) + 3y(k-1) + 2y(k-2) = f(k)$,
     $y(-1) = 0, y(-2) = 1$
（2） $y(k) + 2y(k-1) + y(k-2) = f(k) - f(k-1)$,
     $y(-1) = 1, y(-2) = -3$
（3） $y(k) + y(k-2) = f(k-2)$,
     $y(-1) = -2, y(-2) = -1$

3.5 一个兵乓球从离地面 10m 高处自由下落，设球落地后反弹的高度总是其落下高度的 $\dfrac{1}{2}$ ，令 $y(k)$ 表示其第 k 次反弹所达到的高度，列出其方程并求解 $y(k)$ 。

3.6 求下列差分方程所描述的 LTI 离散系统的零输入响应、零状态响应和全响应。
（1） $y(k) - 2y(k-1) = f(k)$,
     $f(k) = 2\varepsilon(k), y(-1) = -1$
（2） $y(k) + 2y(k-1) = f(k)$,
     $f(k) = 2^k \varepsilon(k), y(-1) = 1$
（3） $y(k) + 2y(k-1) = f(k)$,
     $f(k) = (3k+4)\varepsilon(k), y(-1) = -1$

（4）$y(k)+3y(k-1)+2y(k-2)=f(k)$,

　　$f(k)=\varepsilon(k), y(-1)=1, y(-2)=0$

（5）$y(k)+2y(k-1)+y(k-2)=f(k)$,

　　$f(k)=3\left(\dfrac{1}{2}\right)^{k}\varepsilon(k), y(-1)=3, y(-2)=-5$

3.7　下列差分方程所描述的系统，若激励 $f(k)=2\cos\left(\dfrac{k\pi}{3}\right), k\geq 0$，求各系统的稳态响应。

（1）$y(k)+\dfrac{1}{2}y(k-1)=f(k)$

（2）$y(k)+\dfrac{1}{2}y(k-1)=f(k)+2f(k-1)$

3.8　求下列差分方程所描述的离散系统的单位序列响应。

（1）$y(k)+2y(k-1)=f(k-1)$

（2）$y(k)-y(k-2)=f(k)$

（3）$y(k)+y(k-1)+\dfrac{1}{4}y(k-2)=f(k)$

（4）$y(k)+4y(k-2)=f(k)$

（5）$y(k)-4y(k-1)+8y(k-2)=f(k)$

3.9　求题 3.9 图所示各系统的单位序列响应。

3.10　求题 3.10 图所示各系统的单位序列响应。

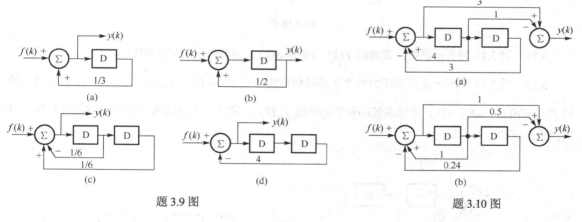

题 3.9 图　　　　　　　　　　　　　　　　　题 3.10 图

3.11　各序列的图形如题 3.11 图所示，求下列卷积和。

（1）$f_1(k)*f_2(k)$　　（2）$f_2(k)*f_3(k)$　　（3）$f_3(k)*f_4(k)$　　（4）$[f_2(k)-f_1(k)]*f_3(k)$

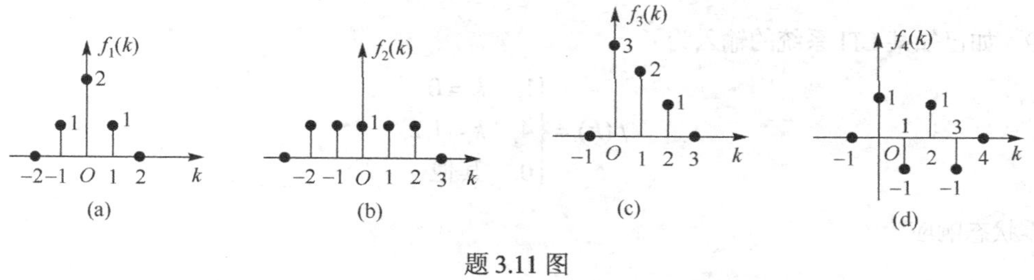

题 3.11 图

3.12 已知系统的激励 $f(k)$ 和单位序列响应 $h(k)$ 如下，求系统的零状态响应 $y_{zs}(k)$。

(1) $f(k) = h(k) = \varepsilon(k)$ (2) $f(k) = \varepsilon(k), h(k) = \delta(k) - \delta(k-3)$

(3) $f(k) = h(k) = \varepsilon(k) - \varepsilon(k-4)$ (4) $f(k) = (0.5)^k \varepsilon(k), h(k) = \varepsilon(k) - \varepsilon(k-5)$

3.13 求题 3.9 图(a)、(b)、(c)所示各系统的阶跃响应。

3.14 求题 3.14 图所示各系统的单位序列响应和阶跃响应。

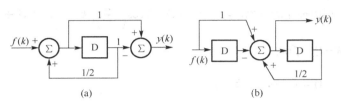

题 3.14 图

3.15 若 LTI 离散系统的阶跃响应 $g(k) = (0.5)^k \varepsilon(k)$，求其单位序列响应。

3.16 题 3.16 图所示系统，试求当激励分别为 $f(k) = \varepsilon(k)$ 和 $f(k) = (0.5)^k \varepsilon(k)$ 时的零状态响应。

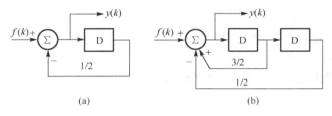

题 3.16 图

3.17 题 3.17 图所示系统，若激励 $f(k) = (0.5)^k \varepsilon(k)$，求系统的零状态响应。

3.18 题 3.18 图所示离散系统由两个子系统级联组成，已知 $h_1(k) = 2\cos\left(\dfrac{k\pi}{4}\right), h_2(k) = a^k \varepsilon(k)$，激励 $f(k) = \delta(k) - a\delta(k-1)$，求该系统的零状态响应 $y_{zs}(k)$。（提示：利用卷积和的结合律和交换律，可以简化运算。）

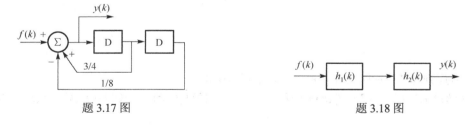

题 3.17 图   题 3.18 图

3.19 如已知某 LTI 系统的输入为

$$f(k) = \begin{cases} 1, & k = 0 \\ 4, & k = 1, 2 \\ 0, & \text{其他} \end{cases}$$

时，其零状态响应为

$$y(k) = \begin{cases} 0, & k < 0 \\ 9, & k \geqslant 0 \end{cases}$$

求系统的单位序列响应。

　　3.20　如题 3.20 图所示的复合系统由 3 个子系统组成，它们的单位序列响应分别为 $h_1(k) = \delta(k)$，$h_2(k) = \delta(k - N)$，N 为常数，$h_3(k) = \varepsilon(k)$，求复合系统的单位序列响应。

　　3.21　题 3.21 图所示的复合系统由 3 个子系统组成，它们的单位序列响应分别为 $h_1(k) = \varepsilon(k)$，$h_2(k) = \varepsilon(k - 5)$，求复合系统的单位序列响应。

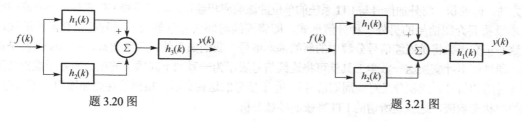

题 3.20 图　　　　　　　　　　　　　　　题 3.21 图

第4章　连续系统的频域分析

连续时间信号可以表示为阶跃函数或冲激函数等基本信号的代数和，因而，在时域中我们可以根据叠加原理来计算连续时间信号作用于 LTI 系统产生的零状态响应。在第 2 章中还推出了叠加结果的一种计算方法，即卷积。将外加信号与 LTI 系统的单位冲激响应相卷积，即可求得 LTI 系统的零状态响应。

本章将要介绍信号的另外一种分解形式，即将连续时间信号分解为一系列的正交函数的线性组合。这些正交函数将是连续信号分解中的新的基本信号。我们熟悉的正弦函数 $\sin \omega t$、$\cos \omega t$ 都是正交函数。通过傅里叶变换这一数学工具就可将连续信号表示为一系列不同频率的正弦函数或虚指数函数之和（对周期信号）或积分（对非周期信号）。有了信号的这种分解，根据线性叠加原理亦可求得 LTI 系统的零状态响应，这就是所谓的 LTI 系统的频域分析。

4.1　信号的正交分解

4.1.1　正交函数集

在数学中我们学过矢量的分解，其实信号的分解和矢量的分解十分相似。下面我们就从矢量的分解说起，类比说明连续时间信号的分解。

设矢量 e_x 与 e_y 是二维直角坐标系的两个单位矢量：e_x 的模为 1，方向和 x 轴正方向一致；e_y 的模也为 1，方向指向 y 轴正方向。由于 e_x、e_y 夹角为 90°，满足 $e_x \cdot e_y = \cos 90° = 0$，我们称这两个矢量正交。两个矢量点积为 0，可作为两矢量正交的定义式，称 $\{ e_x , e_y \}$ 为二维直角坐标系的正交矢量集。坐标系中任一矢量都可以表示成集合中基本元素 e_x、e_y 的线性组合。例如，图 4.1.1 中的矢量 A，如果它在 x 轴上投影长度为 A_x，在 y 轴上投影长度为 A_y，那么矢量 A 就可以表示为

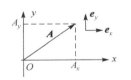

图 4.1.1　二维直角坐标系中的矢量

$$A = A_x e_x + A_y e_y$$

同样，如果一个三维正交空间的正交元素集为 $\{ e_x , e_y , e_z \}$，那么在这个空间中的任一矢量 B 可以表示为

$$B = B_x e_x + B_y e_y + B_z e_z$$

对于函数，满足什么条件可以说它们正交呢？如果有定义在 (t_1, t_2) 区间的两个函数 $\varphi_1(t)$ 和 $\varphi_2(t)$，两者正交的充分必要条件是：

$$\int_{t_1}^{t_2} \varphi_1(t)\varphi_2(t)\mathrm{d}t = 0$$

如果有 n 个函数构成一个函数集合 $\{\varphi_1(t), \varphi_2(t), \cdots, \varphi_n(t)\}$，当其中任意两个函数在区间 (t_1, t_2) 满足

$$\int_{t_1}^{t_2} \varphi_i(t)\varphi_j(t)\mathrm{d}t = \begin{cases} 0, & i \neq j \\ k_i, & i = j \end{cases}$$

时，称 $\{\varphi_1(t), \varphi_2(t), \cdots, \varphi_n(t)\}$ 为区间 (t_1, t_2) 上的一个正交函数集。

要使该空间中的任一函数能够表示为正交函数集中各函数的线性组合，正交函数集还必须满足一个条件，那就是完备性。完备性说的是，在区间（t_1，t_2）内与集合中正交的函数都在集合中，在集合之外再也找不到一个函数与集合中的每个函数正交。

由常数 1 和各种频率的正弦、余弦函数在区间（t_0，t_0+T）就构成了一个完备的正交函数集：{1，$\cos(\Omega t)$，$\cos(2\Omega t)$，$\cdots$，$\cos(m\Omega t)$，$\cdots$，$\sin(\Omega t)$，$\sin(2\Omega t)$，$\cdots$，$\sin(m\Omega t)$，$\cdots$}，其中 $\Omega = 2\pi/T$。因为在区间（t_0，t_0+T）中，

$$\int_{t_0}^{t_0+T} \cos(m\Omega t)\cos(n\Omega t)\mathrm{d}t = \begin{cases} 0, & m \neq n \\ 0.5T, & m = n \end{cases}$$

$$\int_{t_0}^{t_0+T} \sin(m\Omega t)\sin(n\Omega t)\mathrm{d}t = \begin{cases} 0, & m \neq n \\ 0.5T, & m = n \end{cases}$$

$$\int_{t_0}^{t_0+T} \sin(m\Omega t)\cos(n\Omega t)\mathrm{d}t = 0$$

对于它的完备性本教材不予讨论，感兴趣的读者请查阅吴大正主编的《信号与线性系统分析》中的相关章节。

复指数函数集 { $\mathrm{e}^{jn\Omega t}$ }，$n = 0，\pm1，\pm2，\cdots$ 在区间（t_0，t_0+T）（$\Omega = 2\pi/T$）内也构成完备的正交函数集，它在区间中满足：

$$\int_{t_0}^{t_0+T} \mathrm{e}^{jn\Omega t}(\mathrm{e}^{jm\Omega t})^* \mathrm{d}t = \int_{t_0}^{t_0+T} \mathrm{e}^{j(n-m)\Omega t}\mathrm{d}t = \begin{cases} 0, & m \neq n \\ T, & m = n \end{cases}$$

除了上述正交函数集之外，常见的正交函数集还有：沃尔什函数集、勒让德多项式函数、切比雪夫多项式、小波函数集等，它们都是完备的正交函数集。

4.1.2　信号的正交分解

设 n 个函数在区间（t_1，t_2）构成了正交函数集 { $\varphi_1(t)$，$\varphi_2(t)$，$\cdots$，$\varphi_n(t)$ }，则在这个空间中的任一函数 $f(t)$ 可以近似地用此空间中的函数的线性组合来表示：

$$f(t) \approx C_1\varphi_1(t) + C_2\varphi_2(t) + \cdots + C_n\varphi_n(t) = \sum_{i=1}^{n} C_i\varphi_i(t) \tag{4-1-1}$$

那么如何选择各项的系数 C_i 使得 $f(t)$ 与近似函数之间的误差最小呢？下面我们来计算以下近似的方均误差：

$$\overline{\lambda} = \frac{1}{t_2 - t_1} \int_{t_1}^{t_2} \left[f(t) - \sum_{i=1}^{n} C_i\varphi_i(t) \right]^2 \mathrm{d}t \tag{4-1-2}$$

在 $i = 1, 2, 3, \cdots, n$ 时，为了求得使得均方误差最小时的 C_i，必须令

$$\frac{\partial \overline{\lambda}}{\partial C_i} = \frac{\partial}{\partial C_i} \int_{t_1}^{t_2} \left[f(t) - \sum_{i=1}^{n} C_i\varphi_i(t) \right]^2 \mathrm{d}t = 0$$

展开上式中的被积函数并求导。因为序号不同的正交函数相乘的各项积分都等于零，而且所有不包含 C_i 的各项对 C_i 求导也等于零，上式只有两项不为零，这就是

$$\frac{\partial}{\partial C_i} \int_{t_1}^{t_2} [-2C_i\varphi_i(t)f(t) + C_i^2\varphi_i^2(t)]\mathrm{d}t = 0$$

交换微分和积分次序得

$$-2\int_{t_1}^{t_2} \varphi_i(t)f(t)\mathrm{d}t + 2C_i\int_{t_1}^{t_2} \varphi_i^2(t)\mathrm{d}t = 0$$

于是求得

$$C_i = \frac{\int_{t_1}^{t_2} f(t)\varphi_i(t)\mathrm{d}t}{\int_{t_1}^{t_2} \varphi_i^2(t)\mathrm{d}t} = \frac{1}{k_i}\int_{t_1}^{t_2} f(t)\varphi_i(t)\mathrm{d}t \tag{4-1-3}$$

式中，

$$k_i = \int_{t_1}^{t_2} \varphi_i^2(t)\mathrm{d}t$$

式（4-1-3）就是满足最小均方差条件下，$f(t)$线性组合表达式（4-1-1）中系数 C_i 的求解表达式。如果将系数代入均方差表达式（4-1-2），则得

$$\overline{\lambda} = \frac{1}{t_2 - t_1}\int_{t_1}^{t_2}\left[f(t) - \sum_{i=1}^n C_i\varphi_i(t)\right]^2 \mathrm{d}t$$

$$= \frac{1}{t_2 - t_1}\left[\int_{t_1}^{t_2} f^2(t)\mathrm{d}t + \sum_{i=1}^n C_i^2\int_{t_1}^{t_2} \varphi_i^2(t)\mathrm{d}t - 2\sum_{i=1}^n C_i\int_{t_1}^{t_2} f(t)\varphi_i(t)\mathrm{d}t\right]$$

考虑到 $\int_{t_1}^{t_2} \varphi_i^2(t)\mathrm{d}t = k_i$，$C_i = \frac{1}{k_i}\int_{t_1}^{t_2} f(t)\varphi_i(t)\mathrm{d}t$，得

$$\overline{\lambda} = \frac{1}{t_2 - t_1}\left[\int_{t_1}^{t_2} f^2(t)\mathrm{d}t + \sum_{i=1}^n C_i^2 k_i - 2\sum_{i=1}^n C_i^2 k_i\right]$$

$$= \frac{1}{t_2 - t_1}\left[\int_{t_1}^{t_2} f^2(t)\mathrm{d}t - \sum_{i=1}^n C_i^2 k_i\right]$$

由均方差的定义可知，均方差总是大于等于零的，因而上式告诉我们，在用正交函数集去逼近函数 $f(t)$ 的时候，所取的项数越多，即 n 越大，均方误差就越小。当 $n \to \infty$ 时，均方误差趋近于0。此时，

$$\int_{t_1}^{t_2} f^2(t)\mathrm{d}t = \sum_{i=1}^\infty C_i^2 k_i$$

此式称为帕斯瓦尔方程。方程的信息告诉我们：信号 $f(t)$ 在区间（t_1，t_2）的总能量等于 $f(t)$ 在正交函数集中分解的各正交分量的能量之和。

这样，当 n 趋近无穷大时，式（4-1-1）可写为

$$f(t) = C_1\varphi_1(t) + C_2\varphi_2(t) + \cdots + C_n\varphi_n(t) = \sum_{i=1}^\infty C_i\varphi_i(t) \tag{4-1-4}$$

也就是说，$f(t)$信号在区间（t_1，t_2）可以分解为无穷多项正交函数的代数和。

4.2　周期信号的傅里叶级数

周期信号是定义在区间（$-\infty$，∞）的每隔一定时间 T 按照相同规律重复变化的信号，连续周期信号满足下面这个表达式规律：

$$f(t) = f(t \pm mT)$$

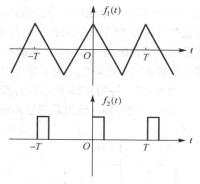

式中，m 为任意整数，时间 T 称为该信号的周期。周期的倒数称该信号的频率。周期信号见图 4.2.1。

　　由式（4-1-4）可知，周期信号 $f(t)$ 在区间 $(t_0，t_0+T)$ 可以展开成在完备正交信号空间的无穷级数。如果完备的正交函数集是三角函数或复指数函数集，那么，周期信号所展开的无穷级数就分别称为"三角形式傅里叶级数"或"复指数形式傅里叶级数"，两者统称为傅里叶级数。

图 4.2.1　周期信号

4.2.1　三角形式的傅里叶级数

　　前面已经讲过，三角函数集 $\{1，\cos(\Omega t)，\cos(2\Omega t)，\cdots，$ $\cos(m\Omega t)，\cdots，\sin(\Omega t)，\sin(2\Omega t)，\cdots，\sin(m\Omega t)，\cdots\}$ 在区间 $(t_0，t_0+T)$ 是完备的正交函数集。周期信号 $f(t)$ 如果满足狄里赫利条件，即函数连续或只有有限个第一类间断点，函数只有有限个极大值或极小值点（一般来说，实际应用到的周期信号都满足这个条件），那么周期为 T 的周期信号 $f(t)$ 可分解为这些三角函数的线性组合，即

$$f(t) = \frac{a_0}{2} + \sum_{n=1}^{\infty}[a_n\cos(n\Omega t) + b_n\sin(n\Omega t)] \tag{4-2-1}$$

式（4-2-1）就称为信号 $f(t)$ 的三角函数形式的傅里叶级数，其中 $\Omega = 2\pi/T$ 是 $f(t)$ 的角频率，$\dfrac{a_0}{2}$、a_n、b_n 为傅里叶系数。根据式（4-1-3）不难得到傅里叶系数的求解公式：

常数项：
$$a_0 = \frac{2}{T}\int_{-\frac{T}{2}}^{\frac{T}{2}} f(t)\mathrm{d}t \tag{4-2-2}$$

余弦项系数：
$$a_n = \frac{2}{T}\int_{-\frac{T}{2}}^{\frac{T}{2}} f(t)\cos(n\Omega t)\mathrm{d}t \tag{4-2-3}$$

正弦项系数：
$$b_n = \frac{2}{T}\int_{-\frac{T}{2}}^{\frac{T}{2}} f(t)\sin(n\Omega t)\mathrm{d}t \tag{4-2-4}$$

其中，$n = 0, 1, 2, \cdots$。上式中的积分上下限也可以改成 0 到 T，只要积分一个周期即可。当然，实际情况中究竟从哪里积到哪里要看波形的具体情况以方便积分而定。从式（4-2-3）和式（4-2-4）可以看出，傅里叶系数都是 n（或 $n\Omega$）的函数，其中 a_n 是 n 的偶函数，b_n 是 n 的奇函数。

　　将式（4-2-1）中同频率的余弦项和正弦项合并为带有初相位的余弦函数项，则三角形式的傅里叶级数又可以改写为如下形式：

$$f(t) = \frac{A_0}{2} + \sum_{n=1}^{\infty} A_n\cos(n\Omega t + \varphi_n) \tag{4-2-5}$$

其中，$A_0 = a_0$，$A_n = \sqrt{a_n^2 + b_n^2}$，$\varphi_n = -\arctan(b_n/a_n)$。不难发现，这种合并形式傅里叶级数的系数也是 n 的函数，其中 A_n 为 n 的偶函数，φ_n 为 n 的奇函数。

　　从式（4-2-5）还可以看出，一般周期性信号都可以分解为不随时间变化的常数项和随时间变化的余弦项。在电信号中，常数项称为信号的直流分量，余弦项称为交流分量。在交流分量中，$n=1$ 的称为信号 $f(t)$ 的基波，基波的频率与 $f(t)$ 相同，$n>1$ 的余弦分量称为谐波。$n=2$ 叫二次谐波，$n=3$ 叫三次谐

波。n 值比较小的余弦项称为 $f(t)$ 的低次谐波，n 值比较大的余弦项称为 $f(t)$ 的高次谐波。当 n 为偶数时，此余弦项称为 $f(t)$ 的偶次谐波，而当 n 为奇数时称为奇次谐波项。所以，通过傅里叶级数分解，可以把周期性信号分解成直流分量、基波和无穷项谐波的和。一般来说，周期信号的高次谐波的振幅 A_n 随着谐波次数的增高而降低。为了分析的方便起见，工程中常常忽略高次谐波项。

例 4.2.1　将图 4.2.2 所示的方波信号 $f(t)$ 展开为傅里叶级数。

解：由图可知，该周期信号 $f(t)$ 的周期为 $T = 2\pi$（s），可以算得角频率：

$$\Omega = \frac{2\pi}{T} = 1 \text{（rad/s）}$$

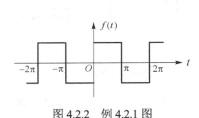

图 4.2.2　例 4.2.1 图

由傅里叶系数的计算公式（4-2-2）～式（4-2-4）得

$$a_0 = \frac{2}{T} \int_{\frac{T}{2}}^{\frac{T}{2}} f(t)\mathrm{d}t$$

$$= \frac{1}{\pi} \int_{-\pi}^{0} (-1)\mathrm{d}t + \frac{1}{\pi} \int_{0}^{\pi} 1\mathrm{d}t$$

$$= 0$$

$$a_n = \frac{2}{T} \int_{\frac{T}{2}}^{\frac{T}{2}} f(t)\cos(n\Omega t)\mathrm{d}t$$

$$= \frac{1}{\pi} \int_{-\pi}^{\pi} \cos(nt) f(t)\mathrm{d}t$$

$$= \frac{1}{\pi} \int_{-\pi}^{0} (-1\cos(nt))\mathrm{d}t + \frac{1}{\pi} \int_{0}^{\pi} 1\cos(nt)\mathrm{d}t$$

$$= 0$$

$$b_n = \frac{2}{T} \int_{\frac{T}{2}}^{\frac{T}{2}} f(t)\sin(n\Omega t)\mathrm{d}t$$

$$= \frac{1}{\pi} \int_{-\pi}^{\pi} \sin(nt) f(t)\mathrm{d}t$$

$$= \frac{1}{\pi} \int_{-\pi}^{0} (-1\sin(nt))\mathrm{d}t + \frac{1}{\pi} \int_{0}^{\pi} 1\sin(nt)\mathrm{d}t$$

$$= \frac{1}{\pi} \cdot \frac{1}{n}\cos(nt)\Big|_{-\pi}^{0} - \frac{1}{\pi} \cdot \frac{1}{n}\cos(nt)\Big|_{0}^{\pi}$$

$$= \frac{2}{n\pi}[1 - \cos(n\pi)]$$

所以，该周期性方波信号的傅里叶级数为

$$f(t) = \sum_{n=1}^{\infty} \frac{2}{n\pi}[1 - \cos(n\pi)]\sin(n\Omega t)$$

写成展开式：

$$f(t) = \frac{4}{\pi}\left[\sin t + \frac{1}{3}\sin 3t + \frac{1}{5}\sin 5t + \frac{1}{7}\sin 7t + \cdots\right]$$

从分解后的表达式可以看出，图示方波信号只含有基波和奇次谐波，不含直流分量以及偶次谐波。随着谐波次数的递增，谐波的振幅不断下降。图 4.2.3 所示是用 $f(t)$ 分解后的分量反过来合成 $f(t)$。图 4.2.3(a)是只有基波的情况，基波是正弦波，与分解前的方波 $f(t)$ 的波形相差巨大；图 4.2.3(b)是基波叠加其三次谐波后形成的波形；图 4.2.3(c)是基波分量叠加上三次和五次谐波分量后波形的情况；

图 4.2.3(d)是基波叠加上三次、五次和七次谐波的合成图形。加入的谐波分量越全，合成的波形越接近于 $f(t)$ 方波的波形。

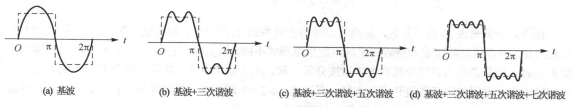

(a) 基波　　　　　(b) 基波+三次谐波　　　(c) 基波+三次谐波+五次谐波　　(d) 基波+三次谐波+五次谐波+七次谐波

图 4.2.3　方波的谐波叠加的过程

4.2.2　复指数形式的傅里叶级数

复指数形式的傅里叶级数是把周期信号分解成复指数函数正交函数集中元素的线性组合。复指数正交函数集 $\{e^{jn\Omega t}\}$，$n = 0, \pm 1, \pm 2, \cdots$ 在区间 (t_0, t_0+T)（$\Omega = 2\pi / T$）内也构成完备的正交函数集。周期信号 $f(t)$ 分解为复指数形式级数：

$$f(t) = F_0 + F_1 e^{j\Omega t} + F_2 e^{j2\Omega t} + \cdots + F_{-1} e^{-j\Omega t} + F_{-2} e^{-j2\Omega t} + \cdots$$

$$= \sum_{n=-\infty}^{\infty} F_n e^{jn\Omega t} \tag{4-2-6}$$

其中，F_n 为傅里叶系数，其计算公式为

$$F_n = \frac{1}{T} \int_0^T f(t) e^{-jn\Omega t} dt \tag{4-2-7}$$

指数傅里叶级数还可以从三角傅里叶级数直接导出。因为根据欧拉公式

$$\cos\theta = \frac{e^{-j\theta} + e^{j\theta}}{2}$$

将这一关系应用于式(4-2-5)，并考虑到 A_n 是 n 的偶函数，φ_n 是 n 的奇函数，即 $A_{-n} = A_n$，$\varphi_{-n} = -\varphi_n$，则

$$f(t) = \frac{A_0}{2} + \sum_{n=1}^{\infty} A_n \cos(n\Omega t + \varphi_n)$$

$$= \frac{A_0}{2} + \frac{1}{2} \sum_{n=1}^{\infty} A_n [e^{j(n\Omega t + \varphi_n)} + e^{-j(n\Omega t + \varphi_n)}]$$

$$= \frac{A_0}{2} + \frac{1}{2} \sum_{n=1}^{\infty} A_n e^{j(n\Omega t + \varphi_n)} + \frac{1}{2} \sum_{n=1}^{\infty} e^{-j(n\Omega t + \varphi_n)}$$

$$= \frac{A_0}{2} + \frac{1}{2} \sum_{n=1}^{\infty} A_n e^{j(n\Omega t + \varphi_n)} + \frac{1}{2} \sum_{n=-1}^{-\infty} e^{j(n\Omega t + \varphi_n)}$$

$$= \frac{1}{2} \sum_{n=-\infty}^{\infty} A_n e^{j(n\Omega t + \varphi_n)}$$

$$= \sum_{n=-\infty}^{\infty} \frac{1}{2} A_n e^{j\varphi_n} e^{jn\Omega t}$$

$$= \sum_{n=-\infty}^{\infty} F_n e^{jn\Omega t} \tag{4-2-8}$$

由推导可以看出复指数傅里叶系数和三角函数傅里叶系数之间的关系为

$$F_n = \frac{1}{2}A_n e^{j\varphi_n} = |F_n| e^{j\varphi_n} \tag{4-2-9}$$

因此，一般来说 F_n 为一复数，其模为三角傅里叶系数 A_n 的一半，辐角就是对应余弦项的初相位。由此可见，三角傅里叶级数和指数傅里叶级数虽然形式不同，但实际上它们都是属于同一性质的级数，即都是将一信号表示为直流分量和各次谐波分量之和。A_n（或 $2|F_n|$）是第 n 次谐波分量的振幅。在实际应用中，采用指数级数展开更为方便，根据式（4-2-9）就可以方便地得出三角函数形式各次谐波的振幅和初相位。信号 $f(t)$ 的组成情况就十分清楚了。

需要说明的是，在式（4-2-8）中 $n=0$ 或 $n\Omega=0$ 代表的是信号中的直流分量，并假设其初相位 $\varphi_0 = 0$。在指数形式的傅里叶级数中，当 n 取负数时，出现了负的频率 $n\Omega$，但这并不表示存在着什么负频率，而只是将第 n 次谐波的正弦分量写成两个指数项之和后出现的一种数学形式。

例4.2.2   求图4.2.4所示周期锯齿波的复指数形式的傅里叶级数。

解： $f(t)$ 在一个周期内的表达式为

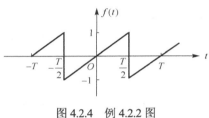

图 4.2.4   例 4.2.2 图

$$f(t) = \frac{2}{T}t, \quad -\frac{T}{2} < t < \frac{T}{2}$$

由傅里叶系数求解公式：

$$F_n = \frac{1}{T}\int_0^T f(t)e^{-jn\Omega t}dt$$

$$= \frac{1}{T}\int_0^T \frac{2}{T}t e^{-jn\Omega t}dt$$

利用分部积分法对此式进行积分得

$$F_n = \frac{2}{T^2}\left[\frac{t}{-jn\Omega}e^{-jn\Omega t}\Big|_{-\frac{T}{2}}^{\frac{T}{2}} + \frac{2}{jn\Omega}\int_{\frac{T}{2}}^{\frac{T}{2}}e^{-jn\Omega t}dt\right]$$

$$= j\frac{1}{n\pi}\cos(n\pi)$$

所以，$f(t)$ 复指数形式的傅里叶级数为

$$f(t) = \sum_{n=-\infty}^{\infty} F_n e^{jn\Omega t} = \sum_{n=-\infty}^{\infty} j\frac{1}{n\pi}\cos(n\pi)e^{jn\Omega t}$$

4.3   波形的对称性与三角函数傅里叶级数的特点

若给定的函数 $f(t)$ 具有某些特点，比如具有对称性，那么有些傅里叶系数将等于零，从而可以使得傅里叶系数的求解更方便。波形的对称性分为两类：一类是整个周期对称，比如偶函数和奇函数；另一类是半个周期对称，比如奇谐波函数和偶谐波函数。前者的三角函数形式傅里叶级数中可能不含正弦项或余弦项，后者则不含奇次谐波项或者偶次谐波项。

1. 偶周期性函数

若周期函数 $f(t)$ 是关于时间 t 的偶函数，即 $f(t) = f(-t)$，则其波形关于纵轴对称。如图4.3.1所示就是一个偶函数。

由傅里叶系数求解式（4-2-3）和式（4-2-4）可知，$f(t)$是偶函数，$\cos(n\Omega t)$ 也是 t 的偶函数，因而式（4-2-3）中被积函数 $f(t)\cos(n\Omega t)$ 依然是 t 的偶函数，积分之后得到的函数为奇函数，把积分上下限 $0.5T$ 和 $-0.5T$ 代入后，得到系数 a_n 的值为半个周期积分值的两倍，即

$$a_n = \frac{4}{T}\int_0^{\frac{T}{2}} f(t)\cos(n\Omega t)\mathrm{d}t$$

在求 b_n 的表达式（4-2-4）中，因为 $\sin(n\Omega t)$ 是 t 的奇函数，$f(t)\sin(n\Omega t)$ 也是 t 的奇函数，积分后得到的函数为 t 的偶函数，把积分上下限 $0.5T$ 和 $-0.5T$ 代入后，得到 $b_n = 0$。

因此，偶周期函数的三角函数形式的傅里叶级数中，只可能含有直流分量和余弦分量，不含正弦分量项。由于级数中直流分量是函数在一个周期里的平均值，偶函数中是否含有直流分量只要看函数的图形在时间轴上方包围的面积与下方包围的面积是否相等。相等则直流分量为零，不相等则直流分量就不为零。图 4.3.1 所示的函数的直流分量显然不为零。如果将波形沿着纵轴下移 0.5 得到一个新的偶函数，这个新偶函数的直流分量就为零了。

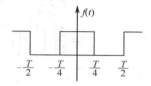

图 4.3.1　偶函数举例

2. 奇周期性函数

若周期函数 $f(t)$是关于时间 t 的奇函数，即 $f(t) = -f(-t)$，其波形关于坐标原点对称。如图 4.3.2 就是一个奇函数。

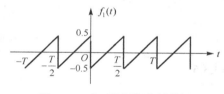

图 4.3.2　奇函数周期信号举例

由傅里叶系数求解式（4-2-3）和式（4-2-4）可知，$f(t)$是奇函数，$\cos(n\Omega t)$ 是 t 的偶函数，因而式（4-2-3）中被积函数 $f(t)\cos(n\Omega t)$ 是 t 的奇函数，积分之后得到的函数为偶函数，把积分上下限 $0.5T$ 和 $-0.5T$ 代入后，得到系数 a_n 的值为零：

$$a_n = 0$$

在求 b_n 的表达式（4-2-4）中，因为 $\sin(n\Omega t)$ 是 t 的奇函数，$f(t)\sin(n\Omega t)$ 是 t 的偶函数，积分后得到的函数为 t 的奇函数，把积分上下限 $0.5T$ 和 $-0.5T$ 代入后，得到 b_n 的值为半个周期积分值的两倍，即

$$b_n = \frac{4}{T}\int_0^{\frac{T}{2}} f(t)\sin(n\Omega t)\mathrm{d}t$$

从奇函数的波形图可知，奇函数波形与时间轴包围的面积在前半个周期与后半个周期分别位于时间轴的上下方，且包围的面积相等，因而奇函数的傅里叶级数中直流分量也为零。

所以，奇周期性函数的傅里叶级数中只包含正弦项。

3. 奇谐波函数

如果函数 $f(t)$的波形沿着时间轴向前或向后平移半个周期后，与原函数关于时间轴上下对称，这样的函数称为半波对称函数。由于这种函数的傅里叶级数中只含奇次谐波，所以又称为奇谐波函数。奇谐波函数满足：

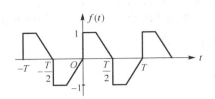

图 4.3.3　奇谐波函数举例

$$f(t) = -f\left(t \pm \frac{T}{2}\right)$$

图 4.3.3 所示就是一种奇谐波函数的波形图。

由于奇谐波函数在一个周期中，前半周与后半周与时间轴包围的面积相等，并且分别在时间轴上下两侧，因而它在一个周期的平均值为零，所以它的傅里叶级数中直流分量为零，即 $a_0 = 0$。

$$a_n = \frac{2}{T}\int_{-\frac{T}{2}}^{\frac{T}{2}} f(t)\cos(n\Omega t)\mathrm{d}t = \frac{2}{T}\left[\int_{-\frac{T}{2}}^{0} f(t)\cos(n\Omega t)\mathrm{d}t + \int_{0}^{\frac{T}{2}} f(t)\cos(n\Omega t)\mathrm{d}t\right]$$

$$= \frac{2}{T}\left[\int_{0}^{\frac{T}{2}} f\left(t-\frac{T}{2}\right)\cos n\Omega\left(t-\frac{T}{2}\right)\mathrm{d}t + \int_{0}^{\frac{T}{2}} f(t)\cos(n\Omega t)\mathrm{d}t\right]$$

考虑到：

$$f\left(t \pm \frac{T}{2}\right) = -f(t)$$

$$\cos n\Omega\left(t-\frac{T}{2}\right) = \begin{cases} \cos(n\Omega t), & n=2,4,6,\cdots \\ -\cos(n\Omega t), & n=1,3,5,\cdots \end{cases}$$

则

$$a_n = \begin{cases} 0, & n=2,4,6,\cdots \\ \dfrac{4}{T}\displaystyle\int_{0}^{\frac{T}{2}} f(t)\cos(n\Omega t)\mathrm{d}t, & n=1,3,5,\cdots \end{cases}$$

同理可以求出

$$b_n = \begin{cases} 0, & n=2,4,6,\cdots \\ \dfrac{4}{T}\displaystyle\int_{0}^{\frac{T}{2}} f(t)\sin(n\Omega t)\mathrm{d}t, & n=1,3,5,\cdots \end{cases}$$

因此，半波对称函数的傅里叶级数中只含有基波和奇次谐波，不含直流分量和偶次谐波分量。

4. 偶谐波函数

如果函数 $f(t)$ 的波形沿着时间轴向左或向右平移半个周期后，与原波形重合，即满足 $f(t) = f\left(t \pm \dfrac{T}{2}\right)$，则称这种函数为半周期重叠函数或偶谐波函数。图 4.3.4 就是一个偶谐波函数的例子。

偶谐波函数实际上是周期为 $\dfrac{T}{2}$ 的函数，其基波角频率为：$2\pi / \dfrac{T}{2} = 2 \times \dfrac{2\pi}{T} = 2\Omega$，因此，按以 T 为周期的函数进行分析时，谐波的频率总是 2Ω 的整数倍，也就是说，$f(t)$ 中没有奇次谐波。

了解周期信号奇、偶性和奇谐、偶谐等对称性，就可以迅速地判断信号波形中存在的分量，便于计算函数的傅里叶级数。

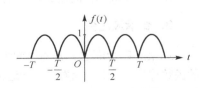

图 4.3.4　偶谐波函数举例

例 4.3.1　计算图 4.3.5(a)信号的傅里叶级数。

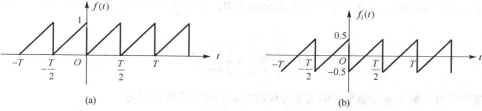

图 4.3.5　例 4.3.1 图

解： 由图 4.3.5(a)看出函数 $f(t)$ 为偶谐波函数，因此它的傅里叶级数里只包含直流分量与偶次谐波。并且从图 4.3.5(a)观察发现，若将 $f(t)$ 沿着纵轴向下移动 0.5（即去掉 $f(t)$ 的直流分量），便变成图 4.3.5(b)波形所示的函数 $f_1(t)$，而 $f_1(t)$ 是一个奇函数，它的傅里叶级数只含正弦项。

对 $f_1(t)$ 进行级数分解：

$$
\begin{aligned}
b_n &= \frac{4}{T}\int_0^{\frac{T}{2}} f(t)\sin(n\Omega t)\mathrm{d}t \\
&= \frac{4}{T}\int_0^{\frac{T}{2}}\left(\frac{2}{T}t-\frac{1}{2}\right)\sin(n\Omega t)\mathrm{d}t \\
&= \frac{4}{T}\int_0^{V}\frac{2}{T}t\mathrm{d}t-\frac{2}{T}\int_0^{\frac{T}{2}}\sin(n\Omega t)\mathrm{d}t \\
&= \frac{8}{T^2}\int_0^{\frac{T}{2}}\frac{t}{n\Omega}\mathrm{d}\cos(n\Omega t)+\frac{2}{T}\frac{\cos(n\Omega t)}{n\Omega}\bigg|_0^{\frac{T}{2}} \\
&= \frac{8}{n\Omega T^2}\left[t\cos(n\Omega t)\Big|_0^{\frac{T}{2}}-\frac{-8}{n\Omega T^2}\int_0^{\frac{T}{2}}\cos(n\Omega t)\,\mathrm{d}t+0\right. \\
&= -\frac{2}{n\pi},\quad n=2,4,6,\cdots
\end{aligned}
$$

将 $f_1(t)$ 三角形式傅里叶级数展开为

$$
f_1(t)=-\frac{2}{\pi}\left[\frac{1}{2}\sin(2\Omega t)+\frac{1}{4}\sin(4\Omega t)+\frac{1}{6}\sin(6\Omega t)+\frac{1}{8}\sin(8\Omega t)+\cdots\right]
$$

因为 $f(t)=f_1(t)+\dfrac{1}{2}$，所以 $f(t)$ 的傅里叶级数的展开式为

$$
f(t)=\frac{1}{2}-\frac{2}{\pi}\left[\frac{1}{2}\sin(2\Omega t)+\frac{1}{4}\sin(4\Omega t)+\frac{1}{6}\sin(6\Omega t)+\frac{1}{8}\sin(8\Omega t)+\cdots\right]
$$

4.4　周期信号的平均功率和有效值

周期信号一般是功率有限型信号，其平均功率公式为

$$
P=\frac{1}{T}\int_{\frac{T}{2}}^{\frac{T}{2}}f(t)^2\mathrm{d}t
$$

将周期信号分解为三角函数傅里叶级数并代入上式得

$$
P=\frac{1}{T}\int_{\frac{T}{2}}^{\frac{T}{2}}\left\{\frac{A_0}{2}+\sum_{n=1}^{\infty}A_n\cos(n\Omega t+\varphi_n)\right\}^2\mathrm{d}t
$$

将上式中被积函数展开，考虑到常数乘以 $\cos(n\Omega t+\varphi_n)$ 项在一个周期内积分为 0，当 $m \neq n$ 时 $\cos(m\Omega t+\varphi_m)\cos(n\Omega t+\varphi_n)$ 在一个周期内积分也为 0，当 $m = n$ 时积分值为 $T/2$，因而得到信号的功率为

$$P=\left(\frac{A_0}{2}\right)^2+\frac{1}{2}\sum_{n=1}^{\infty}A_n^2 \tag{4-4-1}$$

如果将信号分解为复指数形式的傅里叶级数，则信号功率的计算为

$$P=\left(\frac{A_0}{2}\right)^2+\frac{1}{2}\sum_{n=1}^{\infty}A_n^2=|F_0|^2+2\sum_{n=1}^{\infty}|F_n|^2=\sum_{n=-\infty}^{\infty}|F_n|^2 \tag{4-4-2}$$

即信号的平均功率等于信号复指数级数傅里叶系数模的平方和。

周期信号的有效值等于信号的方均根值，即

$$F_{av}=\sqrt{\frac{1}{T}\int_{-\frac{T}{2}}^{\frac{T}{2}}f(t)^2\mathrm{d}t}=\sqrt{P}=\sqrt{\left(\frac{A_0}{2}\right)^2+\frac{1}{2}\sum_{n=1}^{\infty}A_n^2}=\sqrt{\sum_{n=-\infty}^{\infty}|F_n|^2} \tag{4-4-3}$$

例 4.4.1 求周期信号 $f(t)=10-5\cos(5t-30°)+3\sin(10t+25°)+\cos(10t-78°)$ 的平均功率和有效值。

解：根据功率计算公式（4-4-1）得

$$P=10^2+\frac{1}{2}\times(5^2+3^2+1^2)=117.5$$

有效值 $$F_{av}=\sqrt{P}=\sqrt{117.5}\approx10.8$$

4.5 周期信号的频谱

4.5.1 周期信号的频谱

前面讲过，周期信号可以分解成一系列正弦信号或复指数信号的代数和，即

$$f(t)=\frac{A_0}{2}+\sum_{n=1}^{\infty}A_n\cos(n\Omega t+\varphi_n)$$

或

$$f(t)=\sum_{n=-\infty}^{\infty}F_n\mathrm{e}^{jn\Omega t}$$

其中，$F_n=\frac{1}{2}A_n\mathrm{e}^{j\varphi_n}=|F_n|\mathrm{e}^{j\varphi_n}$。

为了直观地表示出信号所含的各分量的振幅，以频率（或角频率）为横坐标，以各谐波的振幅 A_n 或复指数函数的模 $|F_n|$ 为纵坐标，可以画出图 4.5.1(a)、(b)所示的线图，称为幅度（振幅）频谱，简称幅度谱。图中每条竖线的高度代表相应频率分量的幅度，称这些竖线为谱线。连接谱线顶点的虚线称为谱线的包络线，它反映了各分量振幅随着频率变化的情况。需要说明的是，图 4.5.1(a)中，信号分解为各余弦分量，图中的每条谱线长度表示该次谐波的振幅。这种频谱图的谱线在纵轴的一侧，所以又

称为单边频谱。而图 4.5.1(b) 中，信号分解为各复指数函数，图中每条谱线长度等于 $|F_n|$，为 A_n 的一半。这种频谱的谱线位于纵轴两边，所以称为信号的双边谱。

类似地，也可以画出各交流分量的初相位随频率的变化关系，称为相位频谱，如图 4.5.1(c)、(d) 所示，其中图 4.5.1(c) 是单边谱，图 4.5.1(d) 为双边谱。

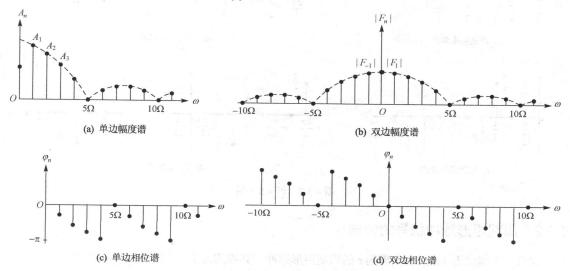

(a) 单边幅度谱　　　　　　　　　　　　　(b) 双边幅度谱

(c) 单边相位谱　　　　　　　　　　　　　(d) 双边相位谱

图 4.5.1　周期信号的频谱

如果信号的 F_n 为实数，可以用 F_n 的正负表示相位为 0 或 π。这时，幅度谱和相位谱可以合二为一。

由周期信号的频谱图不难发现周期信号的频谱具有以下几个特点。

（1）离散性：周期信号的频谱是离散谱。

（2）谐波性：周期信号的频谱的谱线只是出现在频率为 0，Ω，2Ω，3Ω，…，也就是基波的整数倍频率点上，谱线等间隔分布，相邻谱线频率间隔都是 Ω，我们称之为谐波性。

（3）收敛性：周期性信号的谱线长度随着谐波次数的增高将越来越短，称之为收敛性。

例 4.5.1　周期信号 $f(t) = 1 - \cos\left(\dfrac{\pi}{4}t - \dfrac{2\pi}{3}\right) + 0.5\sin\left(\dfrac{\pi}{3}t + \dfrac{\pi}{3}\right) + 0.25\cos\left(\dfrac{2\pi}{3}t - \dfrac{\pi}{3}\right)$，试求此周期信号的基波周期 T、基波角频率 Ω，并画出它的单边频谱图和双边频谱图。

解：按照式（4-2-4）把 $f(t)$ 写成傅里叶级数的标准形式：

$$f(t) = 1 + \cos\left(\frac{\pi}{4}t - \frac{2\pi}{3} + \pi\right) + 0.5\cos\left(\frac{\pi}{3}t + \frac{\pi}{3} - \frac{\pi}{2}\right) + 0.25\cos\left(\frac{2\pi}{3}t - \frac{\pi}{3}\right)$$

$$= 1 + \cos\left(\frac{\pi}{4}t + \frac{\pi}{3}\right) + 0.5\cos\left(\frac{\pi}{3}t - \frac{\pi}{6}\right) + 0.25\cos\left(\frac{2\pi}{3}t - \frac{\pi}{3}\right)$$

显然，1 是直流分量，$\cos\left(\dfrac{\pi}{4}t + \dfrac{\pi}{3}\right)$ 的周期为 $2\pi / \dfrac{\pi}{4} = 8$（s），$\cos\left(\dfrac{\pi}{3}t - \dfrac{\pi}{6}\right)$ 的周期为 $2\pi / \dfrac{\pi}{3} = 6$（s），$\cos\left(\dfrac{2\pi}{3}t - \dfrac{\pi}{3}\right)$ 的周期为 $2\pi / \dfrac{2\pi}{3} = 3$（s），所以 $f(t)$ 的周期为 $T=24$（s），基波周期即为 24（s），而基波角频率 $\Omega = 2\pi / T = \dfrac{\pi}{12}$（rad/s）。图 4.5.2(a) 和 (b) 分别是 $f(t)$ 的单边幅度频谱图和相位频谱图，图 4.5.2(c) 和 (d) 分别是 $f(t)$ 的双边幅度频谱图和相位频谱图。

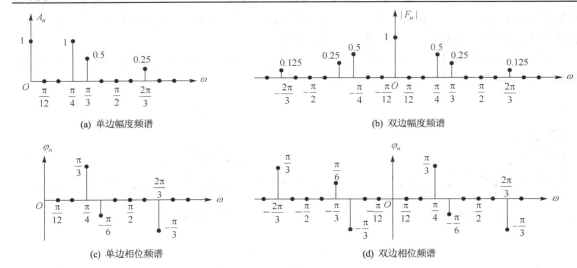

(a) 单边幅度频谱　　　　　　　　　　　　(b) 双边幅度频谱

(c) 单边相位频谱　　　　　　　　　　　　(d) 双边相位频谱

图 4.5.2　例 4.5.1 图

4.5.2　周期矩形脉冲信号的频谱

设有一个幅度为 1、脉冲宽度为 τ 的周期矩形脉冲，其周期为 T，波形图如图 4.5.3 所示。根据复指数形式傅里叶系数计算公式（4-2-7）得

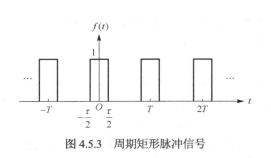

图 4.5.3　周期矩形脉冲信号

$$
\begin{aligned}
F_n &= \frac{1}{T}\int_{-T/2}^{T/2} f(t)\mathrm{e}^{-\mathrm{j}n\Omega t}\mathrm{d}t \\
&= \frac{1}{T}\int_{-\tau/2}^{\tau/2} \mathrm{e}^{-\mathrm{j}n\Omega t}\mathrm{d}t \\
&= \frac{1}{T}\frac{\mathrm{e}^{-\mathrm{j}n\Omega t}}{-\mathrm{j}n\Omega}\bigg|_{-\tau/2}^{\tau/2} \\
&= \frac{\tau}{T}\frac{\sin\left(\dfrac{n\Omega\tau}{2}\right)}{\dfrac{n\Omega\tau}{2}}
\end{aligned}
$$

定义取样函数：$\mathrm{Sa}(x)=\sin(x)/x$，取样函数是偶函数，当 $x\to 0$ 时，$\mathrm{Sa}(x)=1$。于是傅里叶系数又可以表达为

$$
F_n = \frac{\tau}{T}\mathrm{Sa}\left(\frac{n\Omega\tau}{2}\right) \tag{4-5-1}
$$

上式中 n 为整数。周期矩形脉冲的傅里叶级数为

$$
f(t) = \sum_{n=-\infty}^{\infty} F_n\mathrm{e}^{\mathrm{j}n\Omega t} = \frac{\tau}{T}\sum_{n=-\infty}^{\infty}\mathrm{Sa}\left(\frac{n\Omega\tau}{2}\right)\mathrm{e}^{\mathrm{j}n\Omega t} \tag{4-5-2}
$$

图 4.5.4 绘出了当 $T=5\tau$ 时的周期性矩形脉冲的频谱，由于本例中 F_n 为实数，其相位只有 0 或 $\pm\pi$，故将幅度谱和相位谱画在一起，频率轴上方谱线对应的初相位为 0，下方对应的初相位为 $\pm\pi$。

由上述可见，周期性矩形脉冲信号的频谱有一般周期性信号频谱的共同特点，它们的频谱都是离散的。各谐波频率都是基波频率 Ω 的整数倍，相邻谱线的频率间隔都等于基波频率 Ω，脉冲的周期 T 越长，谱线间隔 $\Omega=2\pi/T$ 就越小，频谱越稠密，反之则越稀疏。

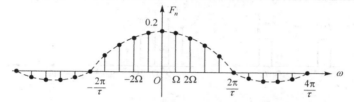

图 4.5.4 $T=5\tau$ 时的周期性矩形脉冲的双边频谱

频谱的外包络线是取样函数 $\mathrm{Sa}\left(\dfrac{\omega\tau}{2}\right)$，当 $\dfrac{\omega\tau}{2}=m\pi$，$m=\pm1$，$\pm2$，… 时包络的值为零，即频谱的零

值点出现在频率 $\omega=m\dfrac{2\pi}{\tau}$ 的地方。

周期矩形脉冲信号包含无穷多条谱线，也就是说，它含有无限多个频率分量。实际上，由于各分量幅度随着频率的增高而减小，信号的能量主要集中在第一个零点 $\omega=2\pi/\tau$ 以内。在允许一定失真的情况下，只需要传输信号的这部分分量就够了。我们把 $0\leqslant\omega\leqslant2\pi/\tau$ 或 $0\leqslant f\leqslant1/\tau$ 称为信号的频带宽度，简称带宽，常用 BW 表示。

$$\mathrm{BW}_{\omega}=2\pi\cdot\mathrm{BW}_{f}=\frac{2\pi}{\tau} \tag{4-5-3}$$

例 4.5.2 求图 4.5.3 所示信号当 $T=1\mathrm{s}$，$\tau=0.2\mathrm{s}$ 时，信号频谱在第一个零点以内的谱线功率占信号总功率的百分比。

解：由信号功率计算公式计算信号总功率：

$$P=\frac{1}{T}\int_{-\frac{T}{2}}^{\frac{T}{2}}f(t)^2\mathrm{d}t=\frac{1}{1}\int_{-0.1}^{0.1}1^2\mathrm{d}t=0.2$$

将 $f(t)$ 展开为复指数形式的傅里叶级数，其系数为

$$F_n=\frac{\tau}{T}\mathrm{Sa}\left(\frac{n\Omega\tau}{2}\right)=0.2\mathrm{Sa}(0.2n\pi)$$

频谱的第一个零点在 $n=5$，对应的角频率为 $5\Omega=5\times\dfrac{2\pi}{T}=10\pi(\mathrm{rad/s})$，根据功率计算公式（4-2-9）

计算 $10\pi\ \mathrm{rad/s}$ 以内频率分量的功率：

$$\begin{aligned}
P_{10\pi}&=|F_0|^2+2\sum_{n=1}^{5}|F_n|^2\\
&=0.2^2+2\times(0.2)^2[\mathrm{Sa}^2(0.2\pi)+\mathrm{Sa}^2(0.4\pi)+\mathrm{Sa}^2(0.6\pi)+\mathrm{Sa}^2(0.8\pi)+\mathrm{Sa}^2(\pi)]\\
&=0.1806
\end{aligned}$$

所以

$$\frac{P_{10\pi}}{P}=\frac{0.1806}{0.2}=90.3\%$$

可见信号频谱中第一个零点以内的低频分量的功率占了信号功率的大部分。

接下来，我们一起来研究一下当矩形脉冲周期 T 和宽度 τ 发生变化时，频谱将作何改变。

从式（4-5-1）可以看出，当周期矩形脉冲的周期 T 不变时，脉冲宽度 τ 减小，则谱线间隔不变，第一个零点处的频率就增高，即信号带宽变大，两零点间的谱线变多。脉冲宽度 τ 减小，还会引起所有谱线长度变短。图 4.5.5 画出了周期相同而脉冲宽度变化时频谱的变化。

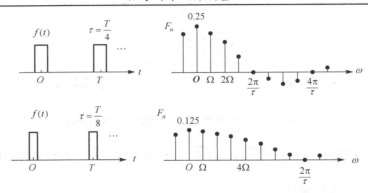

图 4.5.5　周期相同而脉冲宽度变化时频谱的变化

　　如果脉冲宽度 τ 不变，改变信号的周期 T，频谱将怎么变化呢？τ 不变就意味着第一个零点频率不变，信号带宽不变，当周期 T 变大的时候，频谱中谱线间隔变小，在第一个零点内"挤进"更多的谱线，使得谱线变得稠密。T 的增大同样会使谱线的长度变小。信号周期变化对频谱的影响如图 4.5.6 所示。

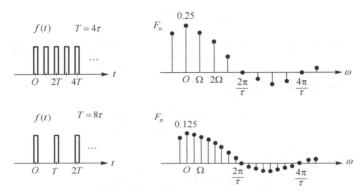

图 4.5.6　脉宽不变而周期变大时频谱的变化

　　如果周期无限增大，增加到无穷大，那么信号就由周期信号转变为非周期信号。信号的频谱也将发生重大变化：频谱间隔将趋近于零，离散谱转变为连续谱；每根谱线的长度减小到零。对于非周期信号的频谱的研究将在下一节进行。

4.6　非周期信号的频谱

　　在上一节关于周期信号的傅里叶级数的讨论中已经知道，周期矩形脉冲信号的周期 T 趋于无限大时，周期信号就转化为非周期的单脉冲信号，所以可以把非周期信号看成是周期趋于无限大的周期信号。当周期信号的周期 T 趋于无限大时，其对应频谱的谱线间隔 $\Omega = \dfrac{2\pi}{T}$ 趋于无限小，这样，离散频谱就变成连续频谱。同时，当周期 T 趋于无限大时，构成信号的各正弦分量的振幅也趋于无穷小量。由此可见，对非周期信号采用傅里叶级数的分析方法来分析其组成显然是不可行的。虽然组成非周期信号的各正弦分量的振幅趋于无穷小量，但这并不意味着非周期信号就不能分解。对于图 4.5.3 所示的周期矩形脉冲信号，当周期 T 趋于无限大时，从求极限的过程可以看出，虽然 F_n 趋于无穷小量，但频谱图的外包络仍将保持取样函数的形状。这清楚地表明，组成非周期信号的各正弦分量的振幅虽然趋于无穷小量,但各频率分量的能量仍按一定的比例分布。为了表述非周期信号的频谱分布,我们引入傅里叶变换。

4.6.1　傅里叶变换

从上面的讨论可知,对非周期信号,不能再采用傅里叶级数的复振幅来表示其频谱,而必须引入一个新的量——频谱密度函数。下面我们由周期信号的傅里叶级数推导出傅里叶变换,从而引出频谱密度函数的概念。

设有一周期信号 $f(t)$,将其展开成复指数形式的傅里叶级数,即

$$f(t) = \sum_{n=-\infty}^{\infty} F_n e^{jn\Omega t}$$

其傅里叶系数为

$$F_n = \frac{1}{T} \int_{-\frac{T}{2}}^{\frac{T}{2}} f(t) e^{-jn\Omega t} dt$$

当 T 趋于无限大时,$|F_n|$ 趋于无穷小量。若将上式两端同乘以 T,则有

$$TF_n = \frac{2\pi F_n}{\Omega} = \int_{-\frac{T}{2}}^{\frac{T}{2}} f(t) e^{-jn\Omega t} dt$$

对于非周期信号,重复周期 T 趋于无限大,谱线间隔趋于无穷小量 $d\omega$,而离散频率 $n\Omega$ 变成连续频率 ω。在这种极限情况下,F_n 趋于无穷小量,但 TF_n 可望趋于有限值,且为一个连续函数,通常记为 $F(j\omega)$,即

$$F(j\omega) = \lim_{T\to\infty} TF_n = \lim_{T\to\infty} \frac{2\pi F_n}{\Omega} = \lim_{T\to\infty} \int_{-\frac{T}{2}}^{\frac{T}{2}} f(t) e^{-jn\Omega t} dt$$

从而得到傅里叶变换的表达式:

$$F(j\omega) = \int_{-\infty}^{\infty} f(t) e^{-j\omega t} dt \tag{4-6-1}$$

我们称 $F(j\omega)$ 为非周期信号 $f(t)$ 的频谱密度函数,简称为频谱。一般来说,$F(j\omega)$ 是频率 ω 的复变函数,由模和辐角组成:

$$F(j\omega) = |F(j\omega)| e^{j\varphi}$$

模 $|F(j\omega)|$ 随频率的变化关系称为 $f(t)$ 的幅度频谱,它表示分解后各个分量的相对大小关系;辐角 φ 随频率的变化关系称为信号 $f(t)$ 的相位频谱,表示各分量的相位随频率的变换关系。

由 $f(t)$ 的傅里叶级数展开式

$$f(t) = \sum_{n=-\infty}^{\infty} F_n e^{jn\Omega t} = \sum_{n=-\infty}^{\infty} \frac{F_n}{\Omega} e^{jn\Omega t} \Omega$$

当 $T\to\infty$ 时,则表达式转化为非周期信号 $f(t)$ 的表达式,此时,$\dfrac{F_n}{\Omega} \to \dfrac{F(j\omega)}{2\pi}$,$\Omega \to d\omega$,$n\Omega \to \omega$,而 Σ 转化成由 $-\infty$ 到 ∞ 的积分,从而得到

$$f(t) = \frac{1}{2\pi} \int_{-\infty}^{\infty} F(j\omega) e^{j\omega t} d\omega \tag{4-6-2}$$

称此式为傅里叶反变换式。

如果将公式中的角频率 ω 换成频率 f，则傅里叶变换和反变换的公式为

$$F(\mathrm{j}f) = \int_{-\infty}^{\infty} f(t)\mathrm{e}^{-\mathrm{j}2\pi ft}\mathrm{d}t$$

$$f(t) = \int_{-\infty}^{\infty} F(\mathrm{j}\omega)\mathrm{e}^{\mathrm{j}2\pi ft}\mathrm{d}f$$

这种关系可标记为

$$F(\mathrm{j}\omega) = F[f(t)]，\quad f(t) = F^{-1}[F(\mathrm{j}\omega)]$$

$f(t)$ 和 $F(\mathrm{j}\omega)$ 关系又可以简写为

$$f(t) \leftrightarrow F(\mathrm{j}\omega)$$

$F(\mathrm{j}\omega)$ 称为 $f(t)$ 的傅里叶变换象函数，$f(t)$ 称为 $F(\mathrm{j}\omega)$ 的原函数。由原函数求象函数的过程是傅里叶正变换的过程，由象函数求其对应的原函数的过程是傅里叶反变换的过程。

傅里叶变换是积分变换，从理论上讲要使象函数 $F(\mathrm{j}\omega)$ 存在原函数 $f(t)$ 必须满足绝对可积条件，即

$$\int_{-\infty}^{\infty} |f(t)|\mathrm{d}t < \infty$$

但这个条件并不是必要条件，后面将会看到在引入广义函数概念之后许多不满足这个条件的信号也存在傅里叶变换。

4.6.2 几个典型信号的傅里叶变换

1. 门函数

门函数是单个矩形脉冲，脉冲高度为 1，脉冲宽度为 τ，其波形图如图 4.6.1(a)所示，其表达式为

$$g_\tau(t) = \begin{cases} 0, & |t| > \dfrac{\tau}{2} \\ 1, & |t| \leqslant \dfrac{\tau}{2} \end{cases}$$

根据傅里叶变换公式（4-6-1）有

$$F(\mathrm{j}\omega) = \int_{-\infty}^{\infty} f(t)\mathrm{e}^{-\mathrm{j}\omega t}\mathrm{d}t$$

$$= \int_{-\frac{\tau}{2}}^{\frac{\tau}{2}} 1\mathrm{e}^{-\mathrm{j}\omega t}\mathrm{d}t = \frac{\mathrm{e}^{-\mathrm{j}} - \mathrm{e}^{\mathrm{j}\omega\frac{\tau}{2}}}{-\mathrm{j}\omega} = \frac{2\sin\left(\dfrac{\omega\tau}{2}\right)}{\omega} \tag{4-6-3}$$

$$= \tau\mathrm{Sa}\left(\frac{\omega\tau}{2}\right)$$

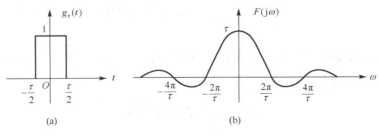

图 4.6.1　门函数及其频谱图

一般而言，信号的频谱需要用幅度频谱和相位频谱两个图才能将它完全表示出来，但是如果 $F(j\omega)$ 是实函数或虚函数，则只用一个曲线即可。门函数的频谱密度函数是实函数，其频谱图如图 4.6.1(b) 所示。对于门函数常取第一个零点频率为该信号的带宽，$\mathrm{BW}_\omega = 2\pi/\tau$。显然，门信号的门宽越窄，信号的带宽就越大。

2. 单边 E 指数函数

单边 E 指数信号的表达式为

$$f(t) = e^{-at}\varepsilon(t) = \begin{cases} 0, & t < 0 \\ e^{-at}, & t \geq 0 \end{cases}$$

其中 $a > 0$，波形图如图 4.6.2(a) 所示，它的傅里叶变换为

$$
\begin{aligned}
F(j\omega) &= \int_{-\infty}^{\infty} f(t)e^{-j\omega t}dt \\
&= \int_{0}^{\infty} e^{-at}e^{-j\omega t}dt \\
&= \frac{1}{a + j\omega}, \qquad a > 0
\end{aligned}
\tag{4-6-4}
$$

可得振幅频谱和相位频谱为

$$|F(j\omega)| = \frac{1}{\sqrt{a^2 + \omega^2}}$$

$$\varphi(\omega) = -\arctan\left(\frac{\omega}{a}\right)$$

单边 E 指数函数的幅度频谱和相位频谱图如图 4.6.2(b) 和 (c) 所示。

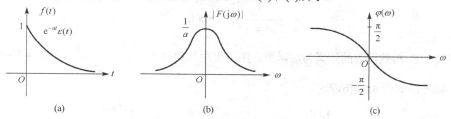

图 4.6.2　单边 E 指数信号的波形图及其频谱图

3. 双边（偶）E 指数函数

双边（偶）E 指数信号的表达式为

$$f(t) = e^{-a|t|} = \begin{cases} e^{at}, & t < 0 \\ e^{-at}, & t \geq 0 \end{cases}$$

其中，$a > 0$，波形图如图 4.6.3(a) 所示，它的傅里叶变换为

$$
\begin{aligned}
F(j\omega) &= \int_{-\infty}^{\infty} f(t)e^{-j\omega t}dt \\
&= \int_{-\infty}^{0} e^{at}e^{-j\omega t}dt + \int_{0}^{\infty} e^{-at}e^{-j\omega t}dt \\
&= \frac{1}{a - j\omega} + \frac{1}{a + j\omega} \\
&= \frac{2a}{a^2 + \omega^2}, \quad a > 0
\end{aligned}
\tag{4-6-5}
$$

双边（偶）E 指数函数的频谱为实函数，所以只画一张图即可，如图 4.6.3(b)所示。

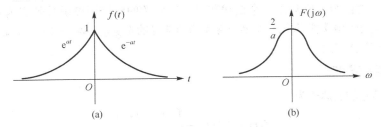

图 4.6.3　双边（偶）E 指数信号的波形图及其频谱图

4．双边（奇）E 指数函数

双边（奇）E 指数信号的表达式为

$$f(t) = \begin{cases} -e^{at}, & t < 0 \\ e^{-at}, & t \geq 0 \end{cases}$$

其中，$a > 0$，波形图如图 4.6.4(a)所示，它的傅里叶变换为

$$
\begin{aligned}
F(j\omega) &= \int_{-\infty}^{\infty} f(t) e^{-j\omega t} dt \\
&= \int_{-\infty}^{0} -e^{at} e^{-j\omega t} dt + \int_{0}^{\infty} e^{-at} e^{-j\omega t} dt \\
&= -\frac{1}{a - j\omega} + \frac{1}{a + j\omega} \\
&= -j\frac{2\omega}{a^2 + \omega^2}, \quad a > 0
\end{aligned}
\tag{4-6-6}
$$

双边（奇）E 指数函数的频谱为虚函数，所以可用其虚部 $X(\omega) = -\dfrac{2\omega}{a^2 + \omega^2}$ 随频率的变化曲线表示其频谱，频谱图如图 4.6.4(b)所示。

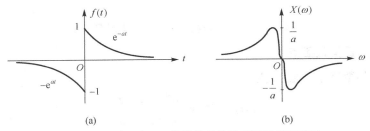

图 4.6.4　双边（奇）E 指数信号的波形图及其频谱图

5．冲激函数

根据傅里叶变换公式，冲激函数的傅里叶变换为

$$
\begin{aligned}
F(j\omega) &= \int_{-\infty}^{\infty} f(t) e^{-j\omega t} dt \\
&= \int_{-\infty}^{\infty} \delta(t) e^{-j\omega t} dt = \int_{-\infty}^{\infty} \delta(t) \, dt \\
&= 1
\end{aligned}
\tag{4-6-7}
$$

即单位冲激函数的频谱为常数 1，如图 4.6.5(b)所示。其密度谱在 $-\infty < \omega < \infty$ 区间处处相等，常称为"均匀谱"或"白色谱"。

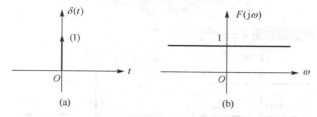

图 4.6.5　冲激函数波形图及其频谱图

6. 冲激偶函数

根据傅里叶变换公式，冲激偶函数 $\delta'(t)$ 的傅里叶变换为

$$F(j\omega) = \int_{-\infty}^{\infty} f(t) e^{-j\omega t} dt$$

$$= \int_{-\infty}^{\infty} \delta'(t) e^{-j\omega t} dt = \int_{-\infty}^{\infty} [\delta'(t) + j\omega \delta(t)] dt \qquad (4\text{-}6\text{-}8)$$

$$= j\omega$$

同理可以求得：　　　$\delta^{(n)}(t) \leftrightarrow (j\omega)^n$。

7. 常数 1

幅度等于 1 的直流信号可表示为

$$f(t) = 1, \quad -\infty < t < \infty$$

显然，该信号不满足绝对可积条件，因此不能采用傅里叶变换的定义去计算 1 的傅里叶变换。前面我们研究过双边（偶）E 指数函数 $f_1(t) = e^{-a|t|}, a > 0$ 的傅里叶变换。因为当 $a \to 0$ 时，双边（偶）E 指数函数的波形无限逼近函数 1 的波形，即

$$f(t) = 1 = \lim_{a \to 0} f_1(t)$$

因此，可以通过对双边（偶）E 指数函数的傅里叶变换中的 $a \to 0$ 求极限的方法求 1 的傅里叶变换。

因为双边（偶）E 指数函数的傅里叶变换为

$$F_1(j\omega) = \frac{2a}{a^2 + \omega^2}, \quad a > 0$$

当 $\omega \neq 0$ 时，$a \to 0$，则 $F_1(j\omega) \to 0$；当 $\omega = 0$ 时，$a \to 0$，则 $F_1(j\omega) \to \infty$，即

$$F(j\omega) = \lim_{a \to 0} \frac{2a}{a^2 + \omega^2} = \begin{cases} 0, & \omega \neq 0 \\ \infty, & \omega = 0 \end{cases}$$

从上式可以看出，它是一个以 ω 为自变量的冲激函数。根据冲激函数的定义，该冲激函数的冲激强度为

$$\lim_{a \to 0} \int_{-\infty}^{\infty} \frac{2a}{a^2 + \omega^2} d\omega = \lim_{a \to 0} \int_{-\infty}^{\infty} \frac{2}{1 + \left(\dfrac{\omega}{a}\right)^2} d\left(\dfrac{\omega}{\alpha}\right) = 2\pi$$

所以有

$$F(j\omega) = \lim_{a \to 0} \frac{2a}{a^2 + \omega^2} = 2\pi\delta(\omega) \tag{4-6-9}$$

常数 1 波形图及其频谱图如图 4.6.6 所示。

图 4.6.6　常数 1 波形图及其频谱图

8．符号函数

符号函数的表达式为

$$\text{sgn}(t) = \begin{cases} -1, & t < 0 \\ 1, & t > 0 \end{cases}$$

显然，该信号也不满足绝对可积条件，因此不能采用傅里叶变换的定义去求傅里叶变换。前面我们研究过双边（奇）E 指数函数的傅里叶变换。因为当 $a \to 0$ 时，双边（奇）E 指数函数的波形无限逼近符号函数 $\text{sgn}(t)$ 的波形，如图 4.6.7(a)所示。

$$\text{sgn}(t) = \lim_{a \to 0} f_1(t)$$

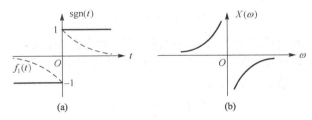

(a)　　　　　　　　　　　　　(b)

图 4.6.7　符号函数的波形图及其频谱图

因此，可以通过对双边（奇）E 指数函数的傅里叶变换中的 $a \to 0$ 求极限的方法求符号函数 $\text{sgn}(t)$ 的傅里叶变换。

因为双边（奇）E 指数函数的傅里叶变换为

$$F_1(j\omega) = -j\frac{2\omega}{a^2 + \omega^2}, \quad a > 0$$

令上式中 $a \to 0$，就得到符号函数 $\text{sgn}(t)$ 的傅里叶变换：

$$F(j\omega) = \lim_{a \to 0} -j\frac{2\omega}{a^2 + \omega^2} = \frac{2}{j\omega} \tag{4-6-10}$$

象函数为虚函数，频谱图则画其虚部随频率的变化曲线即可。符号函数的波形图及其频谱图如图 4.6.7 所示。

9．阶跃函数

阶跃函数也不满足绝对可积条件，因此同样不能采用傅里叶变换的定义式去求傅里叶变换。单位

阶跃函数和符号函数是有关系的，如果把符号函数沿着纵轴向上移动一个单位，就变成阶跃信号，只不过阶跃的幅度为 2，即

$$\text{sgn}(t) + 1 = 2\varepsilon(t)$$

于是有

$$\varepsilon(t) = \frac{1}{2}\text{sgn}(t) + \frac{1}{2}$$

因为 $\frac{1}{2}\text{sgn}(t) \leftrightarrow \frac{1}{j\omega}$，　$\frac{1}{2} \leftrightarrow \pi\delta(\omega)$，所以单位阶跃函数的傅里叶变换为

$$F(j\omega) = \frac{1}{j\omega} + \pi\delta(\omega) \tag{4-6-11}$$

4.7　傅里叶变换的性质

根据傅里叶变换的概念，一个非周期信号可以表述为指数函数的积分，即

$$f(t) = \frac{1}{2\pi}\int_{-\infty}^{\infty} F(j\omega)e^{j\omega t}d\omega \tag{4-7-1}$$

式中，

$$F(j\omega) = \int_{-\infty}^{\infty} f(t)e^{-j\omega t}dt \tag{4-7-2}$$

时间函数 $f(t)$ 与频谱函数 $F(j\omega)$ 有一一对应的关系，可记为

$$f(t) \leftrightarrow F(j\omega)$$

因而，一般信号可以有两种描述方式：时间域描述和频域描述。这两种描述是相互关联的，$f(t)$ 的改变必然引起 $F(j\omega)$ 的改变，本节就分析它们的关联性质。

1．线性性

若 $f_1(t) \leftrightarrow F_1(j\omega)$，　$f_2(t) \leftrightarrow F_2(j\omega)$，则对于任意常数 a_1 和 a_2 有

$$a_1 f_1(t) + a_2 f_2(t) \longleftrightarrow a_1 F_1(j\omega) + a_2 F_2(j\omega) \tag{4-7-3}$$

这个性质虽然简单，但很重要，它是频域分析的基础。在上一节求阶跃函数 $\varepsilon(t)$ 的频谱时我们已经应用了此性质。

2．时移特性

若 $f(t) \leftrightarrow F(j\omega)$，且 t_0 为实常数（可正可负），则有

$$f(t - t_0) \leftrightarrow e^{-j\omega t_0}F(j\omega) \tag{4-7-4}$$

此性质表明，在时域中信号右移 t_0，其频谱函数的幅度不变，而各频率分量的相位比原 $f(t)$ 各频率分量的相位滞后 ωt_0。

此性质可证明如下。据式（4-7-2），有

$$F[f(t - t_0)] = \int_{-\infty}^{\infty} f(t - t_0)e^{-j\omega t}dt$$

令 $t - t_0 = \tau$ ，则上式可写为

$$\mathcal{F}[f(t - t_0)] = \int_{-\infty}^{\infty} f(\tau) e^{-j\omega(\tau + t_0)} d\tau$$

$$= e^{-j\omega t_0} \int_{-\infty}^{\infty} f(\tau) e^{-j\omega\tau} dt$$

$$= e^{-j\omega t_0} F(j\omega)$$

例 4.7.1 图 4.7.1 所示信号 $f(t)$ 是脉冲宽度为 τ 、相邻间隔为 T 的 3 个脉冲信号，求其频谱函数。

解：中间的脉冲为门函数，左右两个矩形脉冲可以看成门函数沿着时间轴向左和向右平移时间 T 得到的波形，写出 $f(t)$ 的表达式如下：

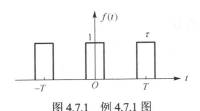

图 4.7.1　例 4.7.1 图

$$f(t) = g_\tau(t + T) + g_\tau(t) + g_\tau(t - T)$$

由式（4-6-3）可知

$$g_\tau(t) \leftrightarrow \tau \mathrm{Sa}\left(\frac{\omega\tau}{2}\right)$$

再根据傅里叶变换的时移性：

$$g_\tau(t + T) \leftrightarrow \tau \mathrm{Sa}\left(\frac{\omega\tau}{2}\right) e^{j\omega T}$$

$$g_\tau(t - T) \leftrightarrow \tau \mathrm{Sa}\left(\frac{\omega\tau}{2}\right) e^{-j\omega T}$$

由傅里叶变换的线性性质有

$$F(j\omega) = \tau \mathrm{Sa}\left(\frac{\omega\tau}{2}\right) e^{j\omega T} + \tau \mathrm{Sa}\left(\frac{\omega\tau}{2}\right) + \tau \mathrm{Sa}\left(\frac{\omega\tau}{2}\right) e^{-j\omega T}$$

$$= \tau \mathrm{Sa}\left(\frac{\omega\tau}{2}\right)(e^{j\omega T} + 1 + e^{-j\omega T})$$

$$= \tau \mathrm{Sa}\left(\frac{\omega\tau}{2}\right)(1 + 2\cos(\omega T))$$

3. 频移特性

若 $f(t) \leftrightarrow F(j\omega)$ ，且 ω_0 为实常数，则

$$f(t) e^{j\omega_0 t} \leftrightarrow F(j(\omega - \omega_0)) \tag{4-7-5}$$

此性质可证明如下。将信号 $f(t) e^{j\omega_0 t}$ 代入式（4-6-9）得

$$\mathcal{F}[f(t) e^{j\omega_0 t}] = \int_{-\infty}^{\infty} f(t) e^{j\omega_0 t} e^{-j\omega t} dt = \int_{-\infty}^{\infty} f(t) e^{-j(\omega - \omega_0)t} dt$$

$$= F(j(\omega - \omega_0))$$

此性质表明，在频域中将频谱沿频率轴右移 ω_0 ，则在时域中，对应于将信号 $f(t)$ 乘以虚指数函数 $e^{j\omega_0 t}$ 。

虽然在实际中我们一般遇不到 $f(t) e^{j\omega_0 t}$ 这样的复信号，但频移性质在实际中仍有着广泛的应用。特别在无线电领域中，诸如调制、混频、同步解调等都需要进行频谱的搬移。频谱搬移的原理是将信号 $f(t)$ 乘以载频信号 $\cos(\omega_0 t)$ 或 $\sin(\omega_0 t)$ ，从而得到 $f(t)\cos(\omega_0 t)$ 或 $f(t)\sin(\omega_0 t)$ 的信号，根据欧拉公式

$$\cos(\omega_0 t) = \frac{1}{2}(e^{j\omega_0 t} + e^{-j\omega_0 t})$$

$$\sin(\omega_0 t) = \frac{1}{2j}(e^{j\omega_0 t} - e^{-j\omega_0 t})$$

依据频移性质，可以导出

$$\mathcal{F}[f(t)\cos(\omega_0 t)] = \frac{1}{2}F(j(\omega - \omega_0)) + \frac{1}{2}F(j(\omega + \omega_0))$$

$$\mathcal{F}[f(t)\sin(\omega_0 t)] = \frac{1}{2j}F(j(\omega - \omega_0)) - \frac{1}{2}F(j(\omega + \omega_0))$$

这两个关系式也称为调制定理。

例 4.7.2 求图 4.7.2(a)所示的高频脉冲信号 $f(t)$ 的频谱。

解：图 4.7.2(a)所示高频脉冲信号，$f(t)$ 可以表述为门函数 $g_\tau(t)$ 与 $\cos(\omega_0 t)$ 相乘，即

$$f(t) = g_\tau(t)\cos(\omega_0 t)$$

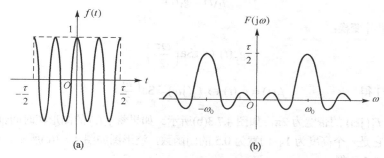

图 4.7.2 例 4.7.2 图

因为

$$g_\tau(t) \leftrightarrow \tau \mathrm{Sa}\left(\frac{\omega\tau}{2}\right)$$

根据调制定理

$$\mathcal{F}[f(t)] = \frac{\tau}{2}\left[\mathrm{Sa}\left(\frac{\tau}{2}(\omega + \omega_0)\right) + \mathrm{Sa}\left(\frac{\tau}{2}(\omega - \omega_0)\right)\right]$$

$f(t)$ 的频谱如图 4.7.2(b) 所示，该频谱是将门信号的频谱分别向左右各移 ω_0，图 4.7.2(a) 中余弦信号的周期为 $\tau/4$，所以 $\omega_0 = 2\pi/T = 8\pi/\tau$。

4. 尺度变换

若 $f(t) \leftrightarrow F(j\omega)$，且 a 为实常数($a \neq 0$)，则

$$f(at) \leftrightarrow \frac{1}{|a|}F\left(j\left(\frac{\omega}{a}\right)\right) \tag{4-7-6}$$

此性质可证明如下。将信号 $f(at)$ 代入式（4-7-2）得

$$\mathcal{F}[f(at)] = \int_{-\infty}^{\infty} f(at)e^{-j\omega t}\mathrm{d}t$$

令 $x = at$，则 $t = x/a$，$\mathrm{d}x = a\mathrm{d}t$，因而可得：

当 $a > 0$ 时，

$$\mathcal{F}[f(at)] = \int_{-\infty}^{\infty} f(x)e^{-j\frac{\omega}{a}x} \cdot \frac{1}{a}\mathrm{d}x = \frac{1}{a}\int_{-\infty}^{\infty} f(x)e^{-j\left(\frac{\omega}{a}\right)x}\mathrm{d}x = \frac{1}{a}F\left(j\left(\frac{\omega}{a}\right)\right)$$

当 $a < 0$ 时，

$$\mathcal{F}[f(at)] = \int_{\infty}^{-\infty} f(x)\mathrm{e}^{-\mathrm{j}\frac{\omega}{a}x} \cdot \frac{1}{a}\mathrm{d}x = \frac{1}{-a}\int_{-\infty}^{\infty} f(x)\mathrm{e}^{-\mathrm{j}\left(\frac{\omega}{a}\right)x}\mathrm{d}x = \frac{1}{-a}F\left(\mathrm{j}\left(\frac{\omega}{a}\right)\right)$$

综合上述两种情况得到

$$f(at) \leftrightarrow \frac{1}{|a|}F\left(\mathrm{j}\left(\frac{\omega}{a}\right)\right)$$

此性质表明，将信号 $f(t)$ 在时间轴上压缩至 $1/a$，则其对应的频谱在 ω 轴上要扩展 a 倍，同时频谱的幅度也减小到原来的 $\frac{1}{|a|}$。

现在以图 4.7.3 中的 $f_1(t)$ 和 $f_2(t)$ 为例，讨论信号的尺度变换。

图 4.7.3(a)所示的信号 $f_1(t)$ 是一个宽度 τ 为 1、高度为 1 的门函数，即

$$f_1(t) = g_1(t)$$

利用门函数的傅里叶变换：

$$g_\tau(t) \leftrightarrow \tau\mathrm{Sa}\left(\frac{\omega\tau}{2}\right)$$

令变换式两边 $\tau = 1$ 得 $\qquad f_1(t) = g_1(t) \leftrightarrow F_1(\mathrm{j}\omega) = \mathrm{Sa}\left(\frac{\omega}{2}\right)$

$f_1(t)$ 的频谱 $F_1(\mathrm{j}\omega)$ 的带宽为 2π，如图 4.7.3(b)所示。如果将 $f_1(t)$ 的图形在时间轴上压缩至 $1/2$，信号变为 $f_2(t)$，它是一个高度为 1、门宽为 0.5 的门函数，波形图如图 4.7.3(c)所示。令门函数傅里叶变换公式中的 $\tau = 0.5$，得

$$f_2(t) = g_{0.5}(t) = g_1(2t) \longleftrightarrow F_2(\mathrm{j}\omega) = 0.5\mathrm{Sa}\left(\frac{\omega}{4}\right)$$

$f_2(t)$ 的频谱函数 $F_2(\mathrm{j}\omega)$ 的频谱图如图 4.7.3(d)所示，显然频谱幅度变为原来的一半，而带宽变为 $f_1(t)$ 带宽的两倍。

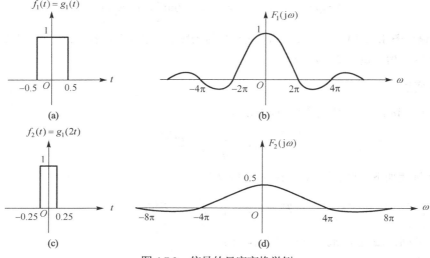

图 4.7.3　信号的尺度变换举例

尺度变换性质表明，信号的持续时间与其频带宽度成反比。在通信系统中，为了快速传输信号，对信号进行时域压缩，将以扩展频带为代价，故在实际应用中要权衡考虑。

在尺度变换性质中，当 $a = -1$ 时，有

$$f(-t) \leftrightarrow F(-j\omega) \tag{4-7-7}$$

例 4.7.3　若 $f(t) \leftrightarrow F(j\omega)$，试求 $f(at-b)$ 的频谱函数。

解：求解方法有两种，我们首先采用时移性再用尺度变换的方法。

因为 $f(t) \leftrightarrow F(j\omega)$，根据时移性质 $f(t-b) \leftrightarrow F(j\omega)e^{-j\omega b}$

再由尺度变换得

$$f(at-b) \leftrightarrow \frac{1}{|a|}F\left(j\frac{\omega}{a}\right)e^{-j\frac{\omega}{a}b}$$

另一种方法是把使用傅里叶变换性质的过程反过来。

因为 $f(t) \leftrightarrow F(j\omega)$，根据尺度变换 $f(at) \leftrightarrow \frac{1}{|a|}F\left(j\frac{\omega}{a}\right)$

再用时移性质

$$f(at-b) \leftrightarrow \frac{1}{|a|}F\left(j\frac{\omega}{a}\right)e^{-j\frac{\omega}{a}b}$$

5. 对称性

若 $f(t) \leftrightarrow F(j\omega)$，则

$$F(jt) \longleftrightarrow 2\pi f(-\omega) \tag{4-7-8}$$

我们把这个特性称为对称性。

对称性的证明过程如下：

根据傅里叶反变换的关系式（4-6-2），即

$$f(t) = \frac{1}{2\pi}\int_{-\infty}^{\infty} F(j\omega)e^{j\omega t}d\omega$$

令 $x = -t$，上式可写为

$$f(-x) = \frac{1}{2\pi}\int_{-\infty}^{\infty} F(j\omega)e^{-j\omega x}d\omega$$

将上式中的 x 换为 ω，ω 换为 t，可得

$$f(-\omega) = \frac{1}{2\pi}\int_{-\infty}^{\infty} F(jt)e^{-j\omega t}dt$$

于是有

$$2\pi f(-\omega) = \int_{-\infty}^{\infty} F(jt)e^{-j\omega t}dt = \mathcal{F}[F(jt)]$$

此式表明时间函数 $F(jt)$ 的频谱函数为 $2\pi f(-\omega)$，即式（4-7-8）成立。

利用对称性质，可以很方便地求某些信号的频谱，例如时域冲激信号 $\delta(t) \leftrightarrow 1$，根据对称性有 $1 \leftrightarrow 2\pi\delta(-\omega) = 2\pi\delta(\omega)$。

例 4.7.4　求取样函数 $\mathrm{Sa}(t)$ 的频谱函数。

解：直接用傅里叶变换的定义式不容易求取样信号的频谱函数，用对称性则非常方便。

因为

$$g_\tau(t) \leftrightarrow \tau\mathrm{Sa}\left(\frac{\omega\tau}{2}\right)$$

令门宽 $\tau = 2$ ，则

$$g_2(t) \leftrightarrow 2\mathrm{Sa}(\omega)$$

利用对称性：

$$2\mathrm{Sa}(t) \leftrightarrow 2\pi g_2(-\omega)$$

考虑到门函数为偶函数，于是得

$$\mathrm{Sa}(t) \leftrightarrow \pi g_2(\omega)$$

所以函数 $\mathrm{Sa}(t)$ 的频谱函数为门函数 $\pi g_2(\omega)$ ，频谱图如图 4.7.4 所示。

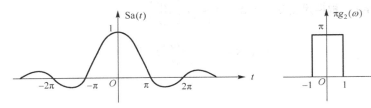

图 4.7.4　例 4.7.4 的图

例 4.7.5　求函数 t 和 $1/t$ 的频谱函数。

解： 由式（4-6-8）知

$$\delta'(t) \leftrightarrow \mathrm{j}\omega$$

根据对称性：

$$\mathrm{j}t \leftrightarrow 2\pi\delta'(-\omega) = -2\pi\delta'(\omega)$$

于是求得 t 的频谱函数：

$$t \leftrightarrow 2\pi\mathrm{j}\delta'(\omega)$$

再根据符号函数的傅里叶变换

$$\mathrm{sgn}(t) \leftrightarrow \frac{2}{\mathrm{j}\omega}$$

由对称性

$$\frac{2}{\mathrm{j}t} \leftrightarrow 2\pi\mathrm{sgn}(-\omega)$$

考虑到符号函数是奇函数， $1/t$ 的频谱函数为

$$\frac{1}{t} \leftrightarrow -\pi\mathrm{j}\,\mathrm{sgn}(\omega)$$

6．时域卷积

若 $f_1(t) \leftrightarrow F_1(\mathrm{j}\omega)$ ， $f_2(t) \leftrightarrow F_2(\mathrm{j}\omega)$ ，则

$$f_1(t) * f_2(t) \leftrightarrow F_1(\mathrm{j}\omega)F_2(\mathrm{j}\omega) \tag{4-7-9}$$

此式表明，在时域中两个函数的卷积积分对应于频域中两个函数频谱的乘积。

时域卷积定理证明如下：

根据卷积积分的定义：

$$f_1(t) * f_2(t) = \int_{-\infty}^{\infty} f_1(\tau) f_2(t-\tau) \mathrm{d}\tau$$

其傅里叶变换为

$$\mathcal{F}[f_1(t) * f_2(t)] = \int_{-\infty}^{\infty} \int_{-\infty}^{\infty} f_1(\tau) f_2(t-\tau) \mathrm{d}\tau \cdot \mathrm{e}^{-\mathrm{j}\omega t} \mathrm{d}t$$

$$= \int_{-\infty}^{\infty} f_1(\tau) \int_{-\infty}^{\infty} f_2(t-\tau) \mathrm{e}^{-\mathrm{j}\omega t} \mathrm{d}t \mathrm{d}\tau$$

由时移特性知道

$$\int_{-\infty}^{\infty} f_2(t-\tau) \mathrm{e}^{-\mathrm{j}\omega t} \mathrm{d}t = F_2(\mathrm{j}\omega) \mathrm{e}^{-\mathrm{j}\omega\tau}$$

所以

$$\mathcal{F}[f_1(t) * f_2(t)] = \int_{-\infty}^{\infty} f_1(\tau) F_2(\mathrm{j}\omega) \mathrm{e}^{\mathrm{j}\omega\tau} \mathrm{d}\tau = F_2(\mathrm{j}\omega) \int_{-\infty}^{\infty} f_1(\tau) \mathrm{e}^{\mathrm{j}\omega\tau} \mathrm{d}\tau$$

$$= F_1(\mathrm{j}\omega) F_2(\mathrm{j}\omega)$$

在信号与系统分析中卷积性质占有重要地位，它将系统分析中的时域方法与频域方法紧密联系在一起。在时域分析中，求某线性系统的零状态响应时，若已知外加信号 $f(t)$ 及系统的单位冲激响应 $h(t)$，则有

$$y_{\mathrm{zs}}(t) = h(t) * f(t)$$

在频域分析中，若知道 $F(\mathrm{j}\omega) = \mathcal{F}[f(t)]$，$H(\mathrm{j}\omega) = \mathcal{F}[h(t)]$，则据卷积性质可知

$$Y_{\mathrm{zs}}(\mathrm{j}\omega) = H(\mathrm{j}\omega) F(\mathrm{j}\omega)$$

将此式进行傅里叶反变换就可得系统的零状态响应 $y_{\mathrm{zs}}(t)$。由此可知卷积性质的重要作用。

7. 频域卷积

若 $f_1(t) \leftrightarrow F_1(\mathrm{j}\omega)$，$f_2(t) \leftrightarrow F_2(\mathrm{j}\omega)$，则

$$f_1(t) f_2(t) \leftrightarrow \frac{1}{2\pi} F_1(\mathrm{j}\omega) * F_2(\mathrm{j}\omega) \tag{4-7-10}$$

此式表明，在时域中两个函数的乘积对应于频域中两个函数频谱的卷积乘以系数 $\frac{1}{2\pi}$。

8. 时域微分特性

若 $f(t) \leftrightarrow F(\mathrm{j}\omega)$，则

$$f'(t) \leftrightarrow \mathrm{j}\omega F(\mathrm{j}\omega) \tag{4-7-11}$$

此性质证明如下：

根据第 2 章卷积的微分特性可知：

$$f'(t) = [f(t) * \delta(t)]' = f(t) * \delta'(t)$$

其中，$\delta'(t)$ 为冲激偶函数，根据式（4-6-8）有 $\delta'(t) \leftrightarrow \mathrm{j}\omega$

根据时域卷积定理：

$$\mathcal{F}[f'(t)] = \mathcal{F}[f(t) * \delta'(t)] = \mathrm{j}\omega F(\mathrm{j}\omega)$$

此性质表明，在时域中对信号 $f(t)$ 求导数，对应于频域中用 $j\omega$ 乘 $f(t)$ 的频谱函数。如应用此性质对微分方程两端求傅里叶变换，即可将微分方程变换成代数方程。从理论上讲，这就为微分方程的求解找到了一种新的方法。

此性质还可推广到 $f(t)$ 的 n 阶导数，即

$$f^{(n)}(t) \leftrightarrow (j\omega)^n F(j\omega) \tag{4-7-12}$$

9. 时域的积分特性

若 $f(t) \leftrightarrow F(j\omega)$，则

$$\int_{-\infty}^{t} f(\tau)d\tau \leftrightarrow \pi F(0)\delta(\omega) + \frac{F(j\omega)}{j\omega} \tag{4-7-13}$$

如果 $F(0)=0$，则有

$$\int_{-\infty}^{t} f(\tau)d\tau \leftrightarrow \frac{F(j\omega)}{j\omega} \tag{4-7-14}$$

此性质证明如下：

根据第 2 章卷积可知：

$$\int_{-\infty}^{t} f(\tau)d\tau = f(t) * \varepsilon(t)$$

根据时域卷积定理：

$$\mathcal{F}\left[\int_{-\infty}^{t} f(\tau)d\tau\right] = \mathcal{F}[f(t) * \varepsilon(t)] = F(j\omega)\left(\pi\delta(\omega) + \frac{1}{j\omega}\right) = \pi\delta(\omega)F(j\omega) + \frac{F(j\omega)}{j\omega}$$

$$= \pi F(0)\delta(\omega) + \frac{F(j\omega)}{j\omega}$$

因此得证式（4-7-13）。

时域积分性质多用于 $F(0)=0$ 的情况，而 $F(0)=0$ 表明 $f(t)$ 的频谱函数中直流分量的频谱密度为零。

由于 $F(j\omega) = \int_{-\infty}^{\infty} f(t)e^{-j\omega t}dt$，显然 $F(0) = \int_{-\infty}^{\infty} f(t)dt$。也就是说，$F(0)=0$ 等效于 $\int_{-\infty}^{\infty} f(t)dt = 0$。

由此可见，若 $f(t)$ 波形在 t 轴上、下两部分包围的面积相等，则 $F(0)=0$，从而有

$$\int_{-\infty}^{t} f(\tau)d\tau \leftrightarrow \frac{F(j\omega)}{j\omega}$$

例 4.7.6 求三角脉冲的频谱函数。三角脉冲的波形图如图 4.7.5(a)所示。

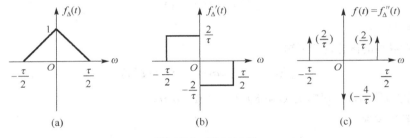

图 4.7.5　例 4.7.6 图

解： 三角脉冲函数 $f_\triangle(t)$ 的一阶导数和二阶导数的波形图如图4.7.5(b)和(c)所示，如果令 $f(t) = f''_\triangle(t)$，则 $f_\triangle(t)$ 是 $f(t)$ 的二重积分，即

$$f_\triangle(t) = \int_{-\infty}^{t} \int_{-\infty}^{x} f(\tau) d\tau dx$$

而 $f(t)$ 函数由 3 个冲激函数组成，它可以写为

$$f(t) = \frac{2}{\tau}\delta\left(t + \frac{\tau}{2}\right) - \frac{4}{\tau}\delta(t) + \frac{2}{\tau}\delta\left(t - \frac{\tau}{2}\right)$$

利用 $\delta(t) \leftrightarrow 1$ 以及傅里叶变换的时移特性有

$$F(j\omega) = \frac{2}{\tau}e^{j\frac{\omega\tau}{2}} - \frac{4}{\tau} + \frac{2}{\tau}e^{-j\frac{\omega\tau}{2}} = \frac{4}{\tau}\left[\cos\left(\frac{\omega\tau}{2}\right) - 1\right]$$

$$= -\frac{8\sin^2\left(\frac{\omega\tau}{4}\right)}{\tau}$$

由图4.7.5(b)、(c)不难看出： $\int_{-\infty}^{\infty} f(t)dt = 0$，$\int_{-\infty}^{\infty} f'_\triangle(t)dt = 0$，所以

$$F_\triangle(j\omega) = \frac{F(j\omega)}{(j\omega)^2} = \frac{8\sin^2\left(\frac{\omega\tau}{4}\right)}{\omega^2\tau} = \frac{\tau}{2}Sa^2\left(\frac{\omega\tau}{4}\right)$$

例 4.7.7　求 $f(t)$ 的频谱函数。其中，

$$f(t) = \int_{-\infty}^{t} g_\tau(x)dx$$

解： $f(t)$ 是门函数 $f_1(t) = g_\tau(t)$ 的积分，因为

$$f_1(t) = g_\tau(t) \leftrightarrow F_1(j\omega) = \tau Sa\left(\frac{\omega\tau}{2}\right)$$

因为 $F_1(0) = \tau$，根据时域积分性质有

$$F(j\omega) = \pi F_1(0)\delta(\omega) + \frac{F_1(j\omega)}{j\omega} = \pi\tau\delta(\omega) + \frac{\tau}{j\omega}Sa\left(\frac{\omega\tau}{2}\right)$$

需要注意的是，有些信号 $f(t)$ 的导数为 $f'(t)$，但 $f'(t)$ 的积分却不是 $f(t)$，即 $f(t) \neq \int_{-\infty}^{t} f'(\tau)d\tau$。如图 4.7.6 所示 $f_3(t)$ 函数波形，其一阶导数、二阶导数的波形显然与图 4.7.5(b)和(c)的波形一样，但图 4.7.5(b)和(c)的波形的积分绝不是 $f_3(t)$ 的波形。对图 4.7.6 的信号可分解为直流分量 a 与图 4.7.5(a)所示波形相加，利用线性性质即可求得其频谱。

与时域微分、积分性质对应，还有频域微分、积分性质。这些性质的分析及证明与时域性质相似，这里不再详细讨论。

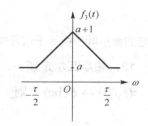

图 4.7.6　求导后与例 4.7.6 中 $f'_\triangle(t)$ 相同的信号举例

10. 频域微分特性

若 $f(t) \leftrightarrow F(j\omega)$，则

$$(-jt)^n f(t) \leftrightarrow F^{(n)}(j\omega) \tag{4-7-15}$$

例 4.7.8 求单位斜变信号 $t\varepsilon(t)$ 的频谱函数。

解：单位阶跃信号的傅里叶变换为

$$\varepsilon(t) \leftrightarrow \pi\delta(\omega) + \frac{1}{j\omega}$$

由频域的微分特性：

$$(-jt)\varepsilon(t) \leftrightarrow \left[\pi\delta(\omega) + \frac{1}{j\omega}\right]' = \pi\delta'(\omega) - \frac{1}{j\omega^2}$$

两边同乘以 j 得

$$t\varepsilon(t) \leftrightarrow j\pi\delta'(\omega) - \frac{1}{\omega^2}$$

11. 频域积分特性

若 $f(t) \leftrightarrow F(j\omega)$，则

$$\pi f(0)\delta(t) + \frac{f(t)}{-jt} \leftrightarrow F^{(-1)}(j\omega) \tag{4-7-16}$$

式中，$f(0) = \frac{1}{2\pi}\int_{-\infty}^{\infty} F(j\omega)d\omega$，如果 $f(0) = 0$，则有

$$\frac{f(t)}{-jt} \leftrightarrow F^{(-1)}(j\omega) \tag{4-7-17}$$

12. 相关定理

若 $f_1(t) \leftrightarrow F_1(j\omega)$，$f_2(t) \leftrightarrow F_2(j\omega)$，则

$$\mathcal{F}[R_{12}(\tau)] = F_1(j\omega)F_2(j\omega)^* \tag{4-7-18}$$

$$\mathcal{F}[R_{21}(\tau)] = F_1(j\omega)^* F_2(j\omega) \tag{4-7-19}$$

式（4-7-18）和式（4-7-19）表明，两个信号相关函数的傅里叶变换等于其中一个信号的傅里叶变换与另外一个信号傅里叶变换的共轭之乘积，这就是相关定理。对于自相关函数，如果 $f_1(t) = f_2(t) = f(t)$，$\mathcal{F}[f(t)] = F(j\omega)$，则

$$\mathcal{F}[R(\tau)] = |F(j\omega)|^2 \tag{4-7-20}$$

即它的傅里叶变换等于信号幅度谱的平方。

13. 帕斯瓦尔定理

若 $f(t) \leftrightarrow F(j\omega)$，则

$$\int_{-\infty}^{\infty} f^2(t)dt = \frac{1}{2\pi}\int_{-\infty}^{\infty} |F(j\omega)|^2 d\omega \tag{4-7-21}$$

在周期信号的傅里叶级数的讨论中，我们曾经得到周期信号的帕斯瓦尔定理，即

$$\frac{1}{T}\int_{-\frac{T}{2}}^{\frac{T}{2}} f^2(t)dt = \sum_{n=-\infty}^{\infty} |F_n|^2$$

此式表明，周期信号的功率等于该信号在完备正交函数集中各分量功率之和。一般来说，非周期

信号不是功率信号，其平均功率等于 0，但其能量为有限值，因而属于能量有限型信号。非周期信号的总能量 E 为

$$E = \int_{-\infty}^{\infty} f^2(t) \mathrm{d}t$$

非周期信号的帕斯瓦尔定理表明，对非周期信号，在时域中求得的能量与频域中求得的能量相等。由于 $|F(\mathrm{j}\omega)|^2$ 是 ω 的偶函数，所以帕斯瓦尔表达式（4-7-21）还可以写成

$$E = \int_{-\infty}^{\infty} f^2(t)\,\mathrm{d}t = \frac{1}{\pi} \int_0^{\infty} |F(\mathrm{j}\omega)|^2 \mathrm{d}\omega \qquad (4\text{-}7\text{-}22)$$

非周期信号是由无限多个振幅无穷小的各种频率分量组成的，各频率分量的能量也是无穷小量。为了了解信号能量在各个频率分量上的分布，与频谱密度函数相似，引入一个能量密度频谱函数，简称为能量谱。能量谱 $G(\omega)$ 为各频率点上单位频带中的信号能量，所以信号在整个频率范围的全部能量为

$$E = \int_0^{\infty} G(\omega)\,\mathrm{d}\omega$$

把此式与式（4-7-22）对照，显然有

$$G(\omega) = \frac{1}{\pi} |F(\mathrm{j}\omega)|^2 \qquad (4\text{-}7\text{-}23)$$

根据此式可以画出信号的能量频谱。

4.8　周期信号的傅里叶变换

由周期信号的傅里叶级数及非周期信号的博里叶变换的讨论，得到了周期信号的频谱为离散的振幅谱，而非周期信号的频谱是连续的密度谱的结论。在频域分析中，如果对周期信号用傅里叶级数，对非周期信号用傅里叶变换，显然会给频域分析带来很多不便。那么能否统一起来呢？这就需要讨论周期信号是否存在傅里叶变换。一般来说，周期信号不满足傅里叶变换存在的"绝对可积"这个充分条件，因而直接用傅里叶变换的定义式是无法求解的，然而引入奇异函数之后，有些不满足绝对可积条件的信号也可求其傅里叶变换。例如，前面讨论的直流信号 1、阶跃函数 $\varepsilon(t)$ 等。因此，引入奇异函数之后，周期信号有可能存在傅里叶变换。而且，由于周期信号的傅里叶级数为离散的幅度谱，而傅里叶变换为密度谱，可以预见，周期信号的傅里叶变换应该由一系列的冲激函数组成。我们先来研究一下最简单的周期信号——正弦和余弦函数的傅里叶变换。

4.8.1　正、余弦函数的傅里叶变换

由于

$$1 \leftrightarrow 2\pi\delta(\omega)$$

根据傅里叶变换的频移特性：

$$\mathrm{e}^{\mathrm{j}\omega_0 t} \leftrightarrow 2\pi\delta(\omega - \omega_0)$$

$$\mathrm{e}^{-\mathrm{j}\omega_0 t} \leftrightarrow 2\pi\delta(\omega + \omega_0)$$

再根据欧拉公式以及傅里叶变换的线性性：

$$\cos(\omega_0 t) = \frac{1}{2}(e^{-j\omega_0 t} + e^{j\omega_0 t}) \leftrightarrow \pi[\delta(\omega + \omega_0) + \delta(\omega - \omega_0)] \qquad (4\text{-}8\text{-}1)$$

$$\sin(\omega_0 t) = \frac{1}{2j}(e^{j\omega_0 t} - e^{-j\omega_0 t}) \leftrightarrow j\pi[\delta(\omega + \omega_0) - \delta(\omega - \omega_0)] \qquad (4\text{-}8\text{-}2)$$

正、余弦函数的频谱图如图 4.8.1 所示。

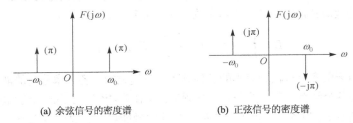

(a) 余弦信号的密度谱　　　　　　(b) 正弦信号的密度谱

图 4.8.1　正、余弦信号的密度频谱图

4.8.2　一般周期性信号的傅里叶变换

设 $f(t)$ 为周期信号，其周期为 T，依据周期信号的傅里叶级数分解，可将其表示为指数形式的傅里叶级数，即

$$f(t) = \sum_{n=-\infty}^{\infty} F_n e^{jn\Omega t}, \qquad n = 0, \pm 1, \pm 2, \cdots$$

式中，Ω 为基波角频率（$\Omega = 2\pi/T$），F_n 为傅里叶系数（一般为复数）：

$$F_n = \frac{1}{T} \int_{-\frac{T}{2}}^{\frac{T}{2}} f(t) e^{-jn\Omega t} dt$$

对周期信号 $f(t)$ 求傅里叶变换，从而有

$$\mathcal{F}[f(t)] = \mathcal{F}\left[\sum_{n=-\infty}^{\infty} F_n e^{jn\Omega t}\right] = \sum_{n=-\infty}^{\infty} F_n \mathcal{F}[e^{jn\Omega t}]$$

据傅里叶变换的频移性质，可知

$$e^{jn\Omega t} \leftrightarrow 2\pi\delta(\omega - n\Omega)$$

所以得到

$$\mathcal{F}[f(t)] = 2\pi \sum_{n=-\infty}^{\infty} F_n \delta(\omega - n\Omega), \qquad n = 0, \pm 1, \pm 2, \cdots \qquad (4\text{-}8\text{-}3)$$

上式表明，周期信号的频谱函数由无限多个冲激函数组成，各冲激函数位于周期信号 $f(t)$ 的各次谐波频率 $n\Omega$ 处，且冲激强度为 F_n 的 2π 倍。

从上面的分析还可看出，引入冲激函数之后，对周期信号也能进行傅里叶变换，从而对周期信号和非周期信号可以统一处理，这给信号与系统的频域分析带来很大方便。

例 4.8.1　周期矩形脉冲 $f_T(t)$ 的波形如图 4.8.2(a)所示，其周期为 T，脉冲宽度为 τ，高度为 1，求频谱函数。

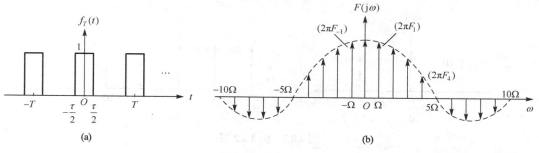

图 4.8.2　例 4.8.1 图

解： 周期矩形脉冲的傅里叶系数为

$$F_n = \frac{\tau}{T} \mathrm{Sa}\left(\frac{n\Omega\tau}{2}\right)$$

将它代入式（4-8-3），得

$$
\begin{aligned}
\mathcal{F}[f_T(t)] &= 2\pi \sum_{n=-\infty}^{\infty} \frac{\tau}{T} \mathrm{Sa}\left(\frac{n\Omega\tau}{2}\right)\delta(\omega - n\Omega) \\
&= \frac{2\pi\tau}{T} \sum_{n=-\infty}^{\infty} \mathrm{Sa}\left(\frac{n\Omega\tau}{2}\right)\delta(\omega - n\Omega) \\
&= \sum_{n=-\infty}^{\infty} \frac{2\sin\left(\dfrac{n\Omega\tau}{2}\right)}{n}\delta(\omega - n\Omega)
\end{aligned}
$$

式中，$\Omega = 2\pi/T$ 是基波的角频率，由上式可以看出，周期矩形脉冲信号 $f_T(t)$ 的傅里叶变换由位于 $\omega = 0, \pm\Omega, \pm2\Omega, \pm3\Omega, \cdots$ 处的冲激函数所组成，其在频率 $\omega = \pm n\Omega$ 处冲激函数的冲激强度为 $2\pi F_n$，图 4.8.2(b) 绘出了 $T = 5\tau$ 时周期矩形脉冲信号 $f_T(t)$ 的频谱图。由图可见，周期信号的频谱密度函数也是离散的。

需要注意的是，虽然从频谱上来看，这里的 $F(\mathrm{j}\omega)$ 与本章 4.5.2 节图 4.5.4 中的 F_n 极为相似，但是二者含义不同。当对周期信号进行傅里叶变换时，得到的是密度谱；而将周期函数展开为傅里叶级数时，得到的是傅里叶系数，它代表复指数分量的振幅和相位。

例 4.8.2　求周期为 T 的冲激函数序列 $\delta_T(t)$ 频谱函数。

$$\delta_T(t) = \sum_{n=-\infty}^{\infty} \delta(t - nT)$$

式中，n 为整数。

解： 首先求周期信号 $\delta_T(t)$ 的傅里叶系数：

$$F_n = \frac{1}{T}\int_{-\frac{T}{2}}^{\frac{T}{2}} f(t)\mathrm{e}^{-\mathrm{j}n\Omega t}\mathrm{d}t = \frac{1}{T}\int_{-\frac{T}{2}}^{\frac{T}{2}} \delta_T(t)\mathrm{e}^{-\mathrm{j}n\Omega t}\mathrm{d}t$$

由图 4.8.3(a) 可以看出 $\delta_T(t)$ 在 $(-0.5T,\ 0.5T)$ 只有一个冲激函数 $\delta(t)$，考虑到冲激函数的筛选性质，上式可写为

$$F_n = \frac{1}{T}\int_{-\frac{T}{2}}^{\frac{T}{2}} \delta(t)\mathrm{e}^{-\mathrm{j}n\Omega t}\mathrm{d}t = \frac{1}{T}\int_{-\frac{T}{2}}^{\frac{T}{2}} \delta(t)\mathrm{d}t = \frac{1}{T}$$

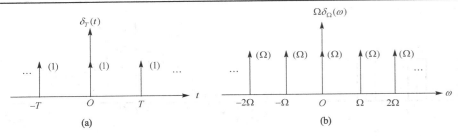

图 4.8.3　例 4.8.2 图

将此式代入式（4-8-3）得

$$\mathcal{F}[f(t)] = \frac{2\pi}{T} \sum_{n=-\infty}^{\infty} \delta(\omega - n\Omega), \qquad n = 0, \pm 1, \pm 2, \cdots$$

令

$$\delta_\Omega(\omega) = \sum_{n=-\infty}^{\infty} \delta(\omega - n\Omega)$$

此函数是频域内以 Ω 为周期的冲激函数序列。这样，时域 $\delta_T(t)$ 的傅里叶变换为

$$\delta_T(t) \longleftrightarrow \Omega\delta_\Omega(\omega)$$

即频谱为冲激强度都是 Ω、周期为 Ω 的冲激序列，如图 4.8.3(b) 所示。

周期信号的频谱密度函数除了用式（4-8-3）求解外，还可以用卷积定理来求。

设周期信号 $f_T(t)$，其周期为 T，截取 $f_T(t)$ 位于 $t \in (-T/2, T/2)$ 这一个周期信号为 $f_0(t)$，假设 $f_0(t)$ 的频谱函数为 $F_0(\mathrm{j}\omega)$，因为

$$f_T(t) = f_0(t) * \delta_T(t)$$

根据时域卷积定理：

$$\begin{aligned} \mathcal{F}[f_T(t)] = \mathcal{F}[f_0(t) * \delta_T(t)] &= F_0(\mathrm{j}\omega)\Omega\delta_\Omega(\omega) \\ &= F_0(\mathrm{j}\omega)\Omega \sum_{n=-\infty}^{\infty} \delta(\omega - n\Omega) \\ &= \Omega \sum_{n=-\infty}^{\infty} F_0(\mathrm{j}n\Omega)\delta(\omega - n\Omega) \end{aligned} \tag{4-8-4}$$

所以，只要先计算周期信号截取的一个周期信号的傅里叶变换，代入式（4-8-4）就可以求得周期信号的频谱密度函数。

下面我们用这个方法重新计算一下例 4.8.1 和例 4.8.2。

先看例 4.8.1 的图 4.8.2(a)，周期矩形脉冲信号在 $t \in (-T/2, T/2)$ 区间是一个门函数 $f_0(t) = g_\tau(t)$，它的傅里叶变换 $F_0(\mathrm{j}\omega) = \tau\mathrm{Sa}\left(\dfrac{\omega\tau}{2}\right)$。根据式（4-8-4），周期为 T 的周期矩形脉冲信号为

$$F(\mathrm{j}\omega) = \Omega \sum_{n=-\infty}^{\infty} \tau\mathrm{Sa}\left(\frac{n\Omega\tau}{2}\right)\delta(\omega - n\Omega) = \frac{2\pi\tau}{T} \sum_{n=-\infty}^{\infty} \mathrm{Sa}\left(\frac{n\Omega\tau}{2}\right)\delta(\omega - n\Omega)$$

结果与例 4.8.1 中计算出来的完全一样。

再看例 4.8.2，从图 4.8.3 可以看出 $\delta_T(t)$ 在 $t \in (-T/2, T/2)$ 区间只有一个冲激函数，而冲激函数的傅里叶变换为 1，根据式（4-8-4），周期为 T 的冲激函数序列的傅里叶变换为

$$F(j\omega) = \Omega \sum_{n=-\infty}^{\infty} 1\delta(\omega - n\Omega) = \Omega\delta_{\Omega}(\omega)$$

结果也同原例题中解得的一样。

4.8.3　傅里叶系数和傅里叶变换

式（4-8-3）和式（4-8-4）都是 $f(t)$ 这个周期性函数的傅里叶变换表达式，对比二式可以得到周期信号 $f(t)$ 的傅里叶系数与周期信号单脉冲频谱 $F_0(j\omega)$ 的关系：

$$F_n = \frac{1}{T}F_0(jn\Omega) = \frac{1}{T}F_0(j\omega)|_{\omega=n\Omega}$$

上式表明周期信号的傅里叶系数 F_n 等于 $F_0(j\omega)$ 在频率为 $n\Omega$ 处的值乘以 $1/T$。

4.9　LTI 系统的频域分析

第 2 章介绍了系统的时间域分析方法，它是以单位冲激函数 $\delta(t)$ 和单位阶跃信号 $\varepsilon(t)$ 作为基本信号，基于系统的线性和时不变性导出的一种分析方法。本节我们将以复指数信号 $e^{j\omega t}$ 作为基本信号，同样地基于系统的线性叠加性质导出另一种分析方法，即频率域分析方法。

从系统的时域分析我们知道，对一个线性时不变系统，外加激励信号 $f(t)$，该系统的零状态响应为 $y_{zs}(t)$，其等于激励 $f(t)$ 与系统单位冲激响应 $h(t)$ 的卷积，即

$$y_{zs}(t) = f(t) * h(t)$$

用时域法求系统响应时，要遇到如何求卷积积分这样一个数学问题。利用傅里叶变换的时域卷积性质，若对上式两端求傅里叶变换，显然有

$$Y_{zs}(j\omega) = F(j\omega)H(j\omega) \tag{4-9-1}$$

式中，$H(j\omega)$ 为该系统单位冲激响应 $h(t)$ 的傅里叶变换。对 $Y_{zs}(j\omega)$ 进行傅里叶反变换就得到系统在 $f(t)$ 作用下的零状态响应，即

$$y_{zs}(t) = \mathcal{F}^{-1}[Y_{zs}(j\omega)] = \mathcal{F}^{-1}[F(j\omega)H(j\omega)] \tag{4-9-2}$$

应用式（4-9-2）求解系统零状态响应 $y_{zs}(t)$ 的方法实质上就是所谓的频率域分析法。频域分析法将时域法中的卷积运算变换成频域的相乘关系，这给系统零状态响应的求解带来很大方便。当然，因频域分析方法只能求系统的零状态响应，这使得它的应用有一定的局限性。

4.9.1　系统的系统函数与系统的零状态响应

设 LTI 系统的冲激响应为 $h(t)$，若激励是角频率 ω 的复指数函数 $e^{j\omega t}, t \in (-\infty, \infty)$，系统的零状态响应为

$$y_{zs1}(t) = h(t) * e^{j\omega t} = \int_{-\infty}^{\infty} h(\tau)e^{j\omega(t-\tau)}d\tau = e^{j\omega t}\int_{-\infty}^{\infty} h(\tau)e^{-j\omega\tau}d\tau$$

上式积分中 $\int_{-\infty}^{\infty} h(\tau)e^{-j\omega\tau}d\tau$ 正好是冲激响应 $h(t)$ 的傅里叶变换，记为 $H(j\omega)$，即

$$H(j\omega) = \int_{-\infty}^{\infty} h(\tau)e^{-j\omega\tau}d\tau$$

通常称之为系统函数。于是 LTI 系统在 $e^{j\omega t}$ 激励作用下的零状态响应为

$$y_{zs1}(t) = e^{j\omega t}H(j\omega)$$

上式表明：一个线性时不变系统，对复指数 $e^{j\omega t}$ 的零状态响应是基本信号 $e^{j\omega t}$ 本身乘以一个与时间 t 无关的系数 $H(j\omega)$，而 $H(j\omega)$ 为该系统单位冲激响应 $h(t)$ 的傅里叶变换。

由于傅里叶变换可以把任意信号 $f(t)$ 表示为无穷多个复指数信号 $e^{j\omega t}$ 的线性组合，因而应用线性叠加性质不难得到任意信号 $f(t)$ 激励下系统的零状态响应。

推导过程如下，下式中单向箭头左边代表作用于系统的激励，右边代表该激励作用于系统产生的零状态响应：

$$e^{j\omega t} \xrightarrow{\text{LTI}} e^{j\omega t}H(j\omega)$$

根据 LTI 系统的线性性（齐性）：

$$\frac{F(j\omega)}{2\pi}e^{j\omega t}d\omega \xrightarrow{\text{LTI}} \frac{F(j\omega)}{2\pi}e^{j\omega t}H(j\omega)d\omega$$

再根据 LTI 系统的线性性（叠加性）：

$$\int_{-\infty}^{\infty}\frac{F(j\omega)}{2\pi}e^{j\omega t}d\omega \xrightarrow{\text{LTI}} \int_{-\infty}^{\infty}\frac{F(j\omega)}{2\pi}H(j\omega)e^{j\omega t}d\omega$$

左边是函数的 $F(j\omega)$ 的傅里叶反变换，结果是 $f(t)$；右边是 $H(j\omega)F(j\omega)$ 的反变换，即

$$f(t) \xrightarrow{\text{LTI}} \mathcal{F}^{-1}[F(j\omega)H(j\omega)]$$

因此，LTI 系统在激励 $f(t)$ 作用下的零状态响应为

$$y_{zs}(t) = \mathcal{F}^{-1}[Y_{zs}(j\omega)] = \mathcal{F}^{-1}[F(j\omega)H(j\omega)]$$

其中，

$$H(j\omega) = \frac{Y_{zs}(j\omega)}{F(j\omega)} \tag{4-9-3}$$

$H(j\omega)$ 为系统的系统函数，它等于系统零状态响应函数的傅里叶变换除以激励函数的傅里叶变换。它与系统冲激响应之间是傅里叶变换的象函数和原函数的关系，即

$$h(t) \leftrightarrow H(j\omega) \tag{4-9-4}$$

$H(j\omega) = |H(j\omega)|e^{j\varphi(\omega)}$ 这个函数代表了系统的频率特性。这里

$$|H(j\omega)| = \frac{|Y_{zs}(j\omega)|}{|F(j\omega)|}, \qquad \varphi(\omega) = \varphi_Y(\omega) - \varphi_F(\omega) \tag{4-9-5}$$

通常把 $|H(j\omega)|$ 与频率的变化关系称为系统的幅频特性，该特性反映系统对各个频率分量幅度增益的大小；把 $\varphi(\omega)$ 与频率的变化关系称为相频特性或相移特性，这个特性反映的是信号通过系统时系统对各个频率分量相位增减的角度数。

综上所述，利用频域方法分析 LTI 系统的零状态响应可按照以下几个步骤进行：

第一步，求输入信号 $f(t)$ 的傅里叶变换 $F(j\omega)$；

第二步，求系统函数 $H(j\omega)$；

第三步，根据式（4-9-3）求零状态响应傅里叶变换象函数 $Y_{zs}(j\omega)$；

第四步，对 $Y_{zs}(j\omega)$ 进行傅里叶反变换得系统的零状态响应 $y_{zs}(t)$。

这些步骤用图来表示即如图 4.9.1 所示。

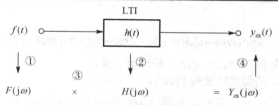

图 4.9.1　LTI 系统频域分析步骤图示

例 4.9.1　某一阶系统的方程为 $y'(t)+2y(t)=f(t)$，求 $f(t)=e^{-t}\varepsilon(t)$ 时系统的零状态响应。

解：在频域分析中，响应一般都是零状态响应，通常省略 $y_{zs}(t)$ 的下标，直接写成 $y(t)$。

第一步，计算激励的傅里叶变换：

$$f(t)=e^{-t}\varepsilon(t)\longleftrightarrow F(j\omega)=\frac{1}{j\omega+1}$$

第二步，求系统函数。

对系统方程两边进行傅里叶变换，这里要用到傅里叶变换的时域微分特性：

$$(j\omega)Y(j\omega)+2Y(j\omega)=F(j\omega)$$

根据系统函数的定义式（4-9-3）：

$$H(j\omega)=\frac{Y(j\omega)}{F(j\omega)}=\frac{1}{j\omega+2}$$

第三步，求零状态响应 $y(t)$ 的傅里叶变换 $Y(j\omega)$：

$$Y(j\omega)=F(j\omega)H(j\omega)=\frac{1}{(j\omega+1)(j\omega+2)}=\frac{1}{j\omega+1}-\frac{1}{j\omega+2}$$

第四步，求 $Y(j\omega)$ 的反变换，得系统的零状态响应 $y(t)$：

$$y(t)=\mathcal{F}^{-1}[Y(j\omega)]=\mathcal{F}^{-1}\left[\frac{1}{j\omega+1}\right]-\mathcal{F}^{-1}\left[\frac{1}{j\omega+2}\right]$$
$$=[e^{-t}-e^{-2t}]\varepsilon(t)$$

例 4.9.2　某 LTI 系统的频响的幅频特性 $|H(j\omega)|$ 和相频特性 $\varphi(\omega)$ 曲线如图 4.9.2(b) 所示，若系统的激励为 $f(t)=2+4\cos(5t)+4\cos(10t)$，求系统的零状态响应。

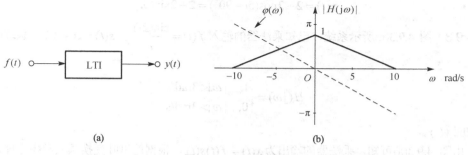

图 4.9.2　例 4.9.2 图

解：第一步，计算输入信号 $f(t)$ 的傅里叶变换。

根据周期信号傅里叶变换式（4-8-1）：

$$\cos(\omega_0 t)\leftrightarrow \pi[\delta(\omega+\omega_0)+\delta(\omega-\omega_0)]$$

得

$$F(j\omega) = 4\pi\delta(\omega) + 4\pi[\delta(\omega+5) + \delta(\omega-5)] + 4\pi[\delta(\omega+10) + \delta(\omega-10)]$$

本题中系统函数是已知的，所以不要求，跳过第二步。

第三步，计算输出响应的傅里叶变换 $Y(j\omega)$。

$$Y(j\omega) = H(j\omega)F(j\omega) = |H(j\omega)| \cdot |F(j\omega)| e^{j(\varphi_H + \varphi_F)} \tag{4-9-6}$$

将函数 $F(j\omega)$ 与图 4.9.2(a)所示的 $H(j\omega)$ 按照式（4-9-6）相乘，即模相乘辐角相加，得输出响应的傅里叶变换 $Y(j\omega)$，即

$$Y(j\omega) = H(j\omega)\{4\pi\delta(\omega) + 4\pi[\delta(\omega+5) + \delta(\omega-5)] + 4\pi[\delta(\omega+10) + \delta(\omega-10)]\}$$

由冲激函数的筛选性质得

$$Y(j\omega) = 4\pi[H(0)\delta(\omega) + H(-5)\delta(\omega+5) + H(5)\delta(\omega-5) + H(-10)\delta(\omega+10) + H(10)\delta(\omega-10)]$$

式中，$H(0) = 1$，$H(-5) = 0.5e^{j90°}$，$H(5) = 0.5e^{-j90°}$，$H(-10) = 0$，$H(10) = 0$，所以

$$Y(j\omega) = 4\pi\delta(\omega) + 2\pi e^{j90°}\delta(\omega+5) + 2\pi e^{-j90°}\delta(\omega-5)$$

第四步，对 $Y(j\omega)$ 求傅里叶反变换得时域响应 $y(t)$，即

$$\begin{aligned}
y(t) &= \mathcal{F}^{-1}[Y(j\omega)] \\
&= 2 + e^{j90°}e^{-j5t} + e^{-j90°}e^{j5t} \\
&= 2 + e^{-j(5t-90°)} + e^{j(5t-90°)} \\
&= 2 + 2\cos(5t - 90°) \\
&= 2 + 2\sin(5t)
\end{aligned}$$

当然，这个题目也可通过分析输入信号各频率分量通过系统时幅度和相位的变化来得出输出信号的成分和大小。先看 $f(t)$ 的直流分量，它的大小为 2，由于系统函数当 $\omega=0$ 时的值为 1，所以输出直流分量的大小不变化。再来看频率为 10 rad/s 的余弦分量，由于系统函数在 $\omega=10$ rad/s 处的值为 0，所以系统输出中不包含这个频率的分量。最后，我们一起来看一下 $\omega=5$ rad/s 的余弦分量通过系统的情况，从系统的频率特性图 4.9.2(b)可知，当 $\omega=5$ rad/s 时，$|H(5)|=0.5$，所以输入信号通过系统时幅度变为原来的一半，即 $4\times0.5=2$，又 $\varphi(5) = -90°$，所以该信号的输出将有 $-90°$ 的相移，综上所述就可以得到系统输出信号为

$$y(t) = 2 + 2\cos(5t - 90°) = 2 + 2\sin(5t)$$

例 4.9.3 图 4.9.3(a)所示系统，已知乘法器的输入 $f(t) = \dfrac{\sin(2t)}{t}$，$s(t) = \cos(3t)$，系统的频率响应为

$$H(j\omega) = \begin{cases} 1, & |\omega| < 3\,\text{rad/s} \\ 0, & |\omega| > 3\,\text{rad/s} \end{cases}$$

求输出响应 $y(t)$。

解： 由图 4.9.3(a)可知，乘法器的输出为 $x(t) = f(t)s(t)$，根据傅里叶变换频域卷积定理，其频谱函数为

$$X(j\omega) = \frac{1}{2\pi}F(j\omega) * S(j\omega)$$

式中，$f(t) \leftrightarrow F(j\omega)$，$s(t) \leftrightarrow S(j\omega)$。

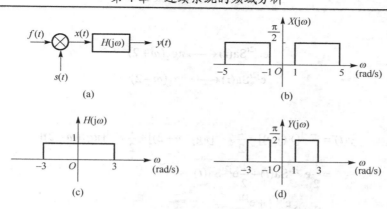

图 4.9.3　例 4.9.3 图

由于门函数和其频谱函数的关系是

$$g_\tau(t) \leftrightarrow \tau \mathrm{Sa}\left(\frac{\omega\tau}{2}\right)$$

令 $\tau = 4$，再根据对称性并考虑到门函数是偶函数，得

$$4\mathrm{Sa}\left(\frac{4t}{2}\right) \leftrightarrow 2\pi g_4(\omega)$$

即

$$2\mathrm{Sa}(2t) \leftrightarrow \pi g_4(\omega)$$

或

$$f(t) = \frac{\sin(2t)}{t} \leftrightarrow F(\mathrm{j}\omega) = \pi g_4(\omega)$$

由余弦函数的傅里叶变换得

$$\cos(3t) \leftrightarrow \pi[\delta(\omega+3) + \delta(\omega-3)]$$

所以系统输入信号 $x(t)$ 的频谱为

$$X(\mathrm{j}\omega) = \frac{1}{2\pi}\pi g_4(\omega) * \pi[\delta(\omega+3) + \delta(\omega-3)]$$

$$= \frac{\pi}{2}[g_4(\omega+3) + g_4(\omega-3)]$$

频谱图如图 4.9.3(b)所示。系统的频率响应图如图 4.9.3(c)所示，其表达式可写为

$$H(\mathrm{j}\omega) = g_6(\omega)$$

系统输出信号 $y(t)$ 的频谱为

$$Y(\mathrm{j}\omega) = X(\mathrm{j}\omega)H(\mathrm{j}\omega) = \frac{\pi}{2}[g_4(\omega+3) + g_4(\omega-3)] \times g_6(t)$$

$$= \frac{\pi}{2}[g_2(\omega+2) + g_2(\omega-2)]$$

输出信号 $y(t)$ 的频谱图如图 4.9.3(d)所示。

因为 $\tau \mathrm{Sa}\left(\frac{\tau t}{2}\right) \leftrightarrow 2\pi g_\tau(\omega)$，令 $\tau = 2$，得 $\mathrm{Sa}(t) \leftrightarrow \pi g_2(\omega)$。

由频移特性：

$$e^{-j2t}Sa(t) \longleftrightarrow \pi g_2(\omega+2)$$

$$e^{j2t}Sa(t) \longleftrightarrow \pi g_2(\omega-2)$$

所以，

$$y(t) = \mathcal{F}^{-1}[Y(j\omega)] = \frac{1}{2}\mathcal{F}^{-1}[\pi g_2(\omega+2)] + \frac{1}{2}\mathcal{F}^{-1}[\pi g_2(\omega-2)]$$

$$= \frac{1}{2}e^{-j2t}Sa(t) + \frac{1}{2}e^{j2t}Sa(t)$$

$$= Sa(t)\frac{e^{-j2t}+e^{j2t}}{2}$$

$$= Sa(t)\cos(2t)$$

当用傅里叶变换进行电路分析时，我们就要研究一下 3 个基本元件的频域特性，以及电路 3 个基本定律的频域特性。

设元件的电压和电流取关联参考方向，电压 $u(t)$ 的傅里叶变换为 $U(j\omega)$，电流 $i(t)$ 的傅里叶变换为 $I(j\omega)$，则 R、L、C 3 个元件伏安特性表达式进行傅里叶变换分别为

$$u(t) = Ri(t) \leftrightarrow U(j\omega) = RI(j\omega) \tag{4-9-7}$$

$$u(t) = Li'(t) \leftrightarrow U(j\omega) = j\omega L\,I(j\omega) \tag{4-9-8}$$

$$i(t) = Cu(t) \leftrightarrow I(j\omega) = j\omega C\,U(j\omega) \tag{4-9-9}$$

定义频域中元件两端电压的象函数 $U(j\omega)$ 与电流的象函数 $I(j\omega)$ 之比为该元件的阻抗，即

$$Z = \frac{U(j\omega)}{I(j\omega)} \tag{4-9-10}$$

阻抗的单位为欧姆（Ω）。电阻值为 R 的电阻的阻抗为 R，电感量为 L 的电感元件的阻抗为 $j\omega L$，容量为 C 的电容元件的阻抗为 $\frac{1}{j\omega C}$。有了阻抗概念之后，在频域中 3 个元件的伏安特性就可以统一写成

$$U(j\omega) = Z \cdot I(j\omega) \qquad \text{（关联参考方向）} \tag{4-9-11}$$

$$U(j\omega) = -Z \cdot I(j\omega) \qquad \text{（非关联参考方向）} \tag{4-9-12}$$

此式又称为欧姆定律的频域形式。接下来再研究一下基尔霍夫定律的频域形式，根据傅里叶变换的线性性，有

$$\text{KCL} \qquad \Sigma i(t) = 0 \leftrightarrow \Sigma I(j\omega) = 0 \tag{4-9-13}$$

$$\text{KVL} \qquad \Sigma u(t) = 0 \leftrightarrow \Sigma U(j\omega) = 0 \tag{4-9-14}$$

通过上述研究，得到电路在频域中满足的基本定律与直流电阻电路中时域定律形式完全一致，因此在用傅里叶变换分析电路时，可以先把电路变换到频域，然后用类似直流电路的方法求响应的傅里叶变换象函数，再对象函数作傅里叶反变换求响应。这里把电路变换到频域指的是所有元件参数用阻抗表示，所有电流和电压用傅里叶变换的象函数表示。

例4.9.4 图 4.9.4(a)所示为一阶 RC 电路，其中 $R=10\Omega$，$C=0.1$F，若电压源电压为单位阶跃函数，即 $u_S = \varepsilon(t)$V，求电容电压 $u_C(t)$ 的零状态响应。

解： 将电路转变为频域模型，其中电阻的阻抗 $Z_R = R = 10\Omega$，电容元件阻抗为 $Z_C = 1/(j\omega C)\Omega$，激励 $U_S(j\omega) = \mathcal{F}^{-1}[\varepsilon(t)] = \pi\delta(\omega) + \dfrac{1}{j\omega}$，电路频域模型如图 4.9.4(b) 所示。

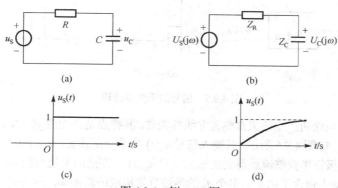

图 4.9.4 例 4.9.4 图

求 RC 网络的系统函数 $H(j\omega)$：

$$H(j\omega) = \frac{U_C(j\omega)}{U_S(j\omega)} = \frac{Z_C}{Z_R + Z_C} = \frac{1/(j\omega C)}{R + 1/(j\omega C)} = \frac{1}{j\omega + 1}$$

求系统响应的象函数：

$$U_C(j\omega) = H(j\omega)U_S(j\omega)$$
$$= \frac{1}{j\omega + 1}\left(\pi\delta(\omega) + \frac{1}{j\omega}\right) = \pi\delta(\omega) + \frac{1}{j\omega} \times \frac{1}{j\omega + 1}$$
$$= \pi\delta(\omega) + \frac{1}{j\omega} - \frac{1}{j\omega + 1}$$

对 $U_C(j\omega)$ 进行傅里叶反变换得电压 $u_C(t)$ 的表达式：

$$u_C(t) = \mathcal{F}^{-1}\left[\pi\delta(\omega) + \frac{1}{j\omega}\right] - \mathcal{F}^{-1}\left[\frac{1}{j\omega + 1}\right]$$
$$= (1 - e^{-t})\varepsilon(t)\text{V}$$

需要说明的是，求解一个象函数的傅里叶反变换并非总是像上面这个例题中这样容易，所以求解电路暂态响应的问题采用频域的方法不是最好的方法。后面一章介绍的用拉普拉斯变换在分析暂态电路和系统各种响应的问题上具有独到之处。

4.9.2 信号的无失真传输条件

在例 4.9.4 中，系统输入信号为阶跃函数，如图 4.9.4(c) 所示，但从电容元件输出的电压波形却不是阶跃信号，如图 4.9.4(d) 所示。我们通常把系统的输出响应与所加激励波形不相似称为信号在传输过程中产生了失真。

1. 失真的概念

如果信号通过系统传输时，其输出波形发生畸变，失去了原信号波形的样子，就称为失真。反之，若信号通过系统只引起时间延迟及幅度增减，而形状不变，则称为不失真，如图 4.9.5 所示。

失真通常分为两大类：一类为线性失真，另一类为非线性失真。

信号通过线性系统所产生的失真称为线性失真。其特点是在响应 $y(t)$ 中不会产生新频率分量。也就是说，组成响应 $y(t)$ 的各频率分量在激励信号 $f(t)$ 中都含有，只不过各频率分量的幅度、相位不同而已。上面提到的例 4.9.4 中信号的传输失真就属于线性失真，对 $y(t)$ 和 $f(t)$ 分别求傅里叶变换可知 $y(t)$ 的频谱中没有 $f(t)$ 频谱中不存在的频率分量。

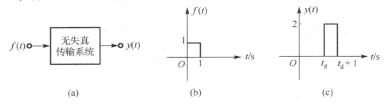

图 4.9.5　信号的无失真传输

信号通过非线性电路所产生的失真称为非线性失真。其特点是在响应 $y(t)$ 中产生了信号 $f(t)$ 中所没有的新的频率成分。如图 4.9.6 所示，其输入信号 $u_S(t)$ 为单一正弦波，$u_S(t)$ 中只含有 f_0 的频率分量。而经过非线性元件二极管半波整流后得到的输出信号 $u_O(t)$，在波形上就与输入信号 $u_S(t)$ 存在较大的差别，且在 $u_O(t)$ 频谱中包含了由无穷多个 f_0 的谐波分量构成的新频率，这种失真就是非线性失真。

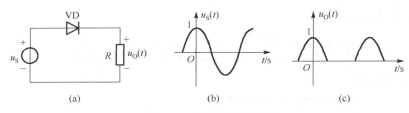

图 4.9.6　非线性失真举例

在实际应用中，有时需要有意识地利用系统的失真得到我们想要的波形，但在更多的场合下我们希望信号无失真地传输。接下来就来讨论系统满足什么条件时能实现信号的无失真传输。

2．无失真传输条件

从图 4.9.5 可以得到，要求信号 $f(t)$ 无失真地传输，在时域要求系统的输出响应 $y(t)$ 与系统的输入信号 $f(t)$ 之间应满足

$$y(t) = k\, f(t-t_d) \tag{4-9-15}$$

式中，幅度增量 k 及延迟时间 t_d 均为常数。这样，输出 $y(t)$ 在幅度上比 $f(t)$ 增大了 k 倍（当 $0<k<1$ 时，幅度实际上是压缩了），在时间上滞后了 t_d 秒，而波形的样子没有畸变，因而称为不失真。式（4-9-15）为系统不失真传输在时域中的条件。对式（4-9-15）两端求傅里叶变换，有

$$Y(j\omega) = k\, F(j\omega)e^{-j\omega t_d}$$

由于系统函数

$$H(j\omega) = \frac{Y(j\omega)}{F(j\omega)} = |H(j\omega)|\, e^{j\varphi(\omega)}$$

因而不难得到系统不失真传输在频域的条件为

$$H(j\omega) = ke^{-j\omega t_d} \tag{4-9-16}$$

可得系统无失真传输在频域中的幅频、相频条件为

$$\left.\begin{array}{l} |H(j\omega)| = k \\ \varphi(\omega) = -\omega t_d \end{array}\right\} \tag{4-9-17}$$

式（4-9-17）表明：欲使信号通过线性系统不失真传输，应使系统函数的模值为一常数，而相位特性为过原点的直线，如图 4.9.7 所示。

　　上述条件是信号无限带宽时的理想条件，当传输的信号为有限带宽时，只要在信号占有的频带范围内，系统的幅频、相频特性满足上述条件即可。比如，音频信号带宽为 20kHz，如果某音频放大器的幅频特性在这个频率范围内是一个常数 k，且相移特性是过原点的直线，那么对于音频信号来说，该放大器是不失真传输系统。如果用该放大器去放大视频信号会怎样呢？由于视频信号带宽远大于音频，放大器在 20kHz 以外的幅频特性不是常数 k，所以对于视频信号来说，该放大器就是一个失真的信号传输系统。

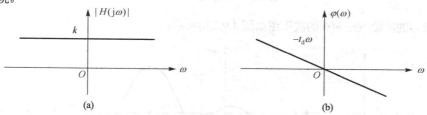

图 4.9.7　系统不失真传输幅频、相频条件

4.9.3　理想低通滤波器

　　如果一个系统对不同频率成分的分量，有的让其通过，有的予以抑制，则该系统称为滤波器。所谓理想滤波器，是指不允许通过的频率成分一点也不让它通过，百分之百地被抑制掉；而允许通过的频率成分让其顺利通过，百分之百地让其通过。因此，具有图 4.9.8 所示幅频、相频特性的滤波器就称为理想低通滤波器。该滤波器对低于 ω_c 的频率成分不失真地全部通过，而对高于 ω_c 的频率成分完全抑制掉。我们称 ω_c 为低通滤波器的截止角频率。

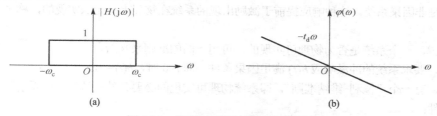

图 4.9.8　理想低通滤波器频响特性图

　　能使信号通过的频率范围称为通带，阻止信号通过的频率范围称为阻带。可见理想低通滤波器的通带为 $0 \sim \omega_c$。

　　由图 4.9.8 可知，理想低通滤波器的系统函数为

$$H(j\omega) = \begin{cases} 1e^{-j\omega t_d}, & |\omega| < \omega_c \\ 0, & |\omega| > \omega_c \end{cases} \tag{4-9-18}$$

ω_c 为截止角频率，t_d 为延迟时间。

　　由于系统函数 $H(j\omega)$ 为系统冲激响应 $h(t)$ 的傅里叶变换，因而，理想低通滤波器的冲激响应为

$$h(t) = \mathcal{F}^{-1}[H(j\omega)] = \mathcal{F}^{-1}[g_{2\omega_c}(\omega)e^{-j\omega t_d}]$$

因为

$$\tau \text{Sa}\left(\frac{\tau t}{2}\right) \leftrightarrow 2\pi g_\tau(-\omega)$$

令 $\tau = 2\omega_c$，并考虑到门函数为偶函数，得

$$2\omega_c \text{Sa}(\omega_c t) \leftrightarrow 2\pi g_{2\omega_c}(\omega)$$

$$\frac{\omega_c}{\pi} \text{Sa}(\omega_c t) \leftrightarrow g_{2\omega_c}(\omega)$$

由傅里叶变换的时移特性：

$$\frac{\omega_c}{\pi}\mathrm{Sa}[\omega_c(t-t_d)] \leftrightarrow g_{2\omega_c}(\omega)e^{-j\omega t_d}$$

所以，低通滤波器的冲激响应为

$$h(t) = \frac{\omega_c}{\pi}\mathrm{Sa}[\omega_c(t-t_d)] \tag{4-9-19}$$

理想低通滤波器的冲激响应 $h(t)$ 的波形图如图 4.9.9(b)所示。

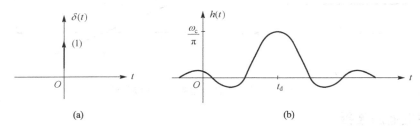

图 4.9.9 冲激函数以及低通滤波器的冲激响应

由图 4.9.9(b)可以看到，理想低通滤波器的冲激响应 $h(t)$ 与激励信号 $\delta(t)$（见图 4.9.9(a)）对照，波形产生失真。这正是由于滤波器将 $\delta(t)$ 中 $\omega > \omega_c$ 的频率成分全部抑制后所产生的结果，这种失真为线性失真。对于无限带宽的冲激函数来说，理想低通滤波器不是无失真传输系统。另外，从图 4.9.9(b)还可看到冲激响应 $h(t)$ 的波形在 $t < 0$ 时就出现了，而输入激励在 $t = 0$ 时刻才作用于系统，因此理想低通滤波器是非因果系统。这种响应提前于激励出现的系统在物理上是无法实现的，称之为物理不可实现系统。

一般来说，一个系统是否为物理可实现的，可用下面的准则来判断。

在时域，要求系统的冲激响应 $h(t)$ 满足因果条件，即 $t<0$ 时，$h(t) = 0$。

在频域，有一个"佩利-维纳准则"，即系统物理可实现的必要条件是该系统的系统函数的模满足以下两个条件：

$$\begin{cases} \displaystyle\int_{-\infty}^{\infty} |H(j\omega)|\,d\omega < \infty \\ \displaystyle\int_{-\infty}^{\infty} \frac{|\ln|H(j\omega)||}{1+\omega^2}\,d\omega < \infty \end{cases}$$

由上式可知，$|H(j\omega)|$ 曲线与频率轴包围的面积有限，$|H(j\omega)|$ 可以在某些离散点上为零，但不能在某一有限频带内为零，这是因为在 $|H(j\omega)| = 0$ 的频带内，$|\ln|H(j\omega)|| \to \infty$。理想滤波器在一定的频带内 $|H(j\omega)| = 0$，所有理想滤波器都是物理不可实现的。

虽然理想低通滤波器不可实现，但是传输特性接近于理想滤波器的电路却不难构成。图 4.9.10(a)用电感和电容构成了一个二阶低通滤波器，它的系统函数为

$$H(j\omega) = \frac{U_R(j\omega)}{U_S(j\omega)} = \frac{\dfrac{1}{j\omega C + 1/R}}{j\omega L + \dfrac{1}{j\omega C + 1/R}} = \frac{1}{1 - \omega^2 LC + j\omega L/R}$$

滤波器的幅频特性为

$$|H(j\omega)| = \frac{1}{\sqrt{(1-\omega^2 LC)^2 + (\omega L/R)^2}}$$

相频特性为

$$\varphi(\omega) = -\arctan\left(\frac{\omega L / R}{1 - \omega^2 LC}\right)$$

为了便于定性分析滤波器频率特性，我们用一个特殊的情况，即取图 4.9.10(a) 所示二阶低通滤波器中 $R = \sqrt{\dfrac{L}{2C}}$，则幅频特性表达式可简化为

$$|H(\mathrm{j}\omega)| = \frac{1}{\sqrt{1 + (\omega^2 LC)^2}} \tag{4-9-20}$$

图 4.9.10(b)定性地画出了这种滤波器的幅频特性，显然该曲线和理想低通滤波器相似。实际上，滤波器电路阶数越高，其幅频、相频特性就越逼近理想特性。LC 二阶滤波器的幅频特性满足佩里-维纳准则，所以是物理可实现系统。

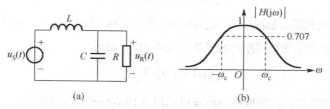

图 4.9.10　二阶滤波器及其幅频特性

最后介绍一下实际低通滤波器的带宽计算方法。

定义系统幅频曲线最大值点的 $1/\sqrt{2}$ 对应的频率为截止频率。从二阶滤波器的幅频特性式（4-9-20）可以看出，当 $\omega = 0$ 时，$|H(\mathrm{j}\omega)|$ 的值达到最大 1。设截止角频率为 ω_c，则

$$\frac{1}{\sqrt{1 + (\omega_\mathrm{c}^2 LC)^2}} = \frac{1}{\sqrt{2}}$$

解得

$$\omega_\mathrm{c} = \frac{1}{\sqrt{LC}}$$

4.10　取样定理

由于连续信号的存储、加工、处理受诸多因素的限制，一般质量不高。而数字信号仅用 0、1 来表示，它的加工处理比连续信号有着无可比拟的优越性，因而得到广泛应用。要得到数字信号，首先要对表示信息的连续信号进行采样，从而得到一系列离散时刻的样值信号，然后对此离散时刻的样值信号进行量化、编码，就可得到数字信号。采样是连续信号数字化的第一步。现在的问题是：从连续信号 $f(t)$ 中经取样得到离散时刻的样值信号 $f_\mathrm{s}(t)$ 后，$f_\mathrm{s}(t)$ 中是否包含了 $f(t)$ 的全部信息，即从离散时刻的样值信号 $f_\mathrm{s}(t)$ 能否恢复原来的连续信号？取样定理正是说明这样一个重要问题的定理，它在通信理论中占有相当重要的地位。

4.10.1　信号的取样

信号 $f(t)$ 取样的工作原理可用图 4.10.1 表述。取样器相当于一个定时开关，它每隔 T_s 秒闭合一次，每次闭合时间为 τ 秒，从而得到样值信号 $f_\mathrm{s}(t)$。

由图 4.10.1 可知，样值信号 $f_\mathrm{s}(t)$ 是一个脉冲序列，其脉冲高度为此时刻 $f(t)$ 的值。这样每隔 T_s

取样一次的取样方式称为均匀取样，T_s 称为取样周期，$f_s = 1/T_s$ 称为取样频率，$\omega_s = 2\pi f_s$ 称为取样角频率。

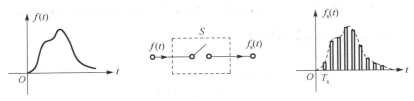

图 4.10.1 信号的取样

图 4.10.1 所示的取样原理从理论上分析可表述为 $f(t)$ 与取样脉冲序列 $p_{T_s}(t)$ 的乘积，即

$$f_s(t) = f(t) \cdot p_{T_s}(t) \tag{4-10-1}$$

式中，$p_{T_s}(t)$ 是周期为 T_s 的矩形脉冲序列。把这样的取样方式称为脉冲取样，取样原理如图4.10.2(a)所示。

当然，如果取样脉冲用的是周期冲激函数序列 $\delta_{T_s}(t)$，这时

$$f_s(t) = f(t) \cdot \delta_{T_s}(t) \tag{4-10-2}$$

称这种取样方式为冲激取样。冲激取样的原理可用图 4.10.2(b)来形象地描述。我们可以看到取样后的信号由冲激强度随原信号 $f(t)$ 对应时刻的值变化的冲激序列组成。

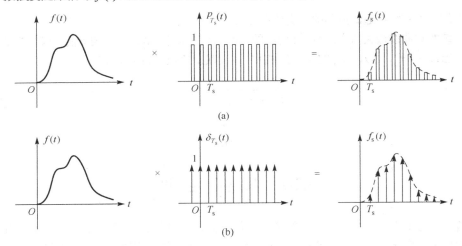

图 4.10.2 信号 $f(t)$ 的脉冲取样和冲激取样

4.10.2 时域取样定理

连续时间信号 $f(t)$ 的时域取样定理可表述为：在频率 f_m 上没有频谱分量的带限信号，由它在均匀间隔上取样的样点值唯一地决定，只要其取样间隔 T_s 小于或等于 $\dfrac{1}{2f_m}$。

由取样定理可知，要求被取样的信号 $f(t)$ 为带限信号，即频带有限信号。其最高频率为 f_m，最高角频率 $\omega_m = 2\pi f_m$，即当 $|\omega| > \omega_m$ 时，$F(\mathrm{j}\omega) = 0$。

取样定理表明，对 $f(t)$ 每隔 T_s（$T_s \leqslant \dfrac{1}{2f_m}$）取样一次，或者说以取样脉冲频率大于或等于 $2f_m$ 进行取样，而得到的一系列样点值组成的函数 $f_s(t)$，它包含了 $f(t)$ 每一时刻的信息。这里特别强调，取

样速率必须大于等于 $f(t)$ 的频谱中最高频率 f_m 的两倍，否则被取样信号就不能从取样信号 $f_s(t)$ 中还原出来。

下面对取样定理进行证明。

设信号 $f(t)$ 为带限信号，其最高频率分量为 f_m，最高角频率为 $\omega_m = 2\pi f_m$，即当 $|\omega| > \omega_m$ 时，$F(j\omega) = 0$。带限信号 $f(t)$ 的波形及频谱如图 4.10.3(a)所示。

我们用周期冲激函数 $\delta_{T_s}(t)$ 作为取样周期脉冲序列进行取样。据式（4-10-2）的取样原理即可得样值信号 $f_s(t)$：

$$f_s(t) = f(t) \cdot \delta_{T_s}(t) = f(t) \cdot \sum_{n=-\infty}^{\infty} \delta(t - nT_s)$$

$$= \sum_{n=-\infty}^{\infty} f(nT_s)\delta(t - nT_s)$$

$f_s(t)$ 为每隔 T_s 秒均匀取样而得到的样值函数，它是一个冲激函数序列，各冲激函数的冲激强度为该时刻 $f(t)$ 的值。

现在需要证明，样值函数 $f_s(t)$ 包含了 $f(t)$ 的全部信息。

由例 4.8.2 的结果已经得到，周期冲激函数 $\delta_{T_s}(t)$ 的频谱函数为 $\Omega\delta_\Omega(\omega)$，即

$$\delta_{T_s}(t) \leftrightarrow \Omega\delta_\Omega(\omega)$$

式中，$\Omega = 2\pi / T_s$，$\delta_{T_s}(t)$ 的函数波形图及其频谱图如图 4.10.3(b)所示。

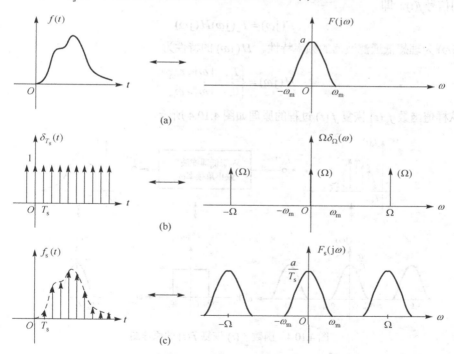

图 4.10.3　信号的冲激取样及其频谱

由于 $f_s(t) = f(t)\delta_{T_s}(t)$，根据傅里叶变换的频域卷积性质，有

$$\mathcal{F}[f_s(t)] = \frac{1}{2\pi} F(j\omega) * \Omega \delta_\Omega(\omega)$$

$$= \frac{1}{T_s} F(j\omega) * \sum_{n=-\infty}^{\infty} \delta(\omega - n\Omega) \qquad (4\text{-}10\text{-}3)$$

$$= \frac{1}{T_s} \sum_{n=-\infty}^{\infty} F(j(\omega - n\Omega))$$

取样函数 $f_s(t)$ 及其频谱如图 4.10.3(c)所示。由取样函数 $f_s(t)$ 的频谱可知，$F_s(j\omega)$ 中周期性重复出现完整的 $f(t)$ 的频谱 $F(j\omega)$。由于相邻两个 $f(t)$ 的频谱之间的频率间隔为 Ω，而每个 $f(t)$ 的带宽为 ω_m，只有当 $\Omega \geq 2\omega_m$ 时，才不会出现两相邻频谱出现混叠现象，才能保证能从 $f_s(t)$ 频谱中取出完整的 $f(t)$ 频谱。这个取样频率

$$\Omega \geq 2\omega_m \quad \text{或} \quad f \geq 2f_m \qquad (4\text{-}10\text{-}4)$$

称为奈奎斯特频率，这个取样周期

$$T_s \leq \frac{1}{2f_m} \qquad (4\text{-}10\text{-}5)$$

称为奈奎斯特间隔。

下面我们就讨论 $f(t)$ 的恢复问题。

由图 4.10.3(c)所示取样函数 $f_s(t)$ 及其频谱 $F_s(j\omega)$ 图形可知，取样函数 $f_s(t)$ 经过一个截止频率为 ω_m 的理想低通滤波器，就可从 $F_s(j\omega)$ 中取出 $f(t)$ 的完整频谱函数 $F(j\omega)$，从时域来说，这样就恢复了连续时间信号 $f(t)$，即

$$F(j\omega) = F_s(j\omega)H(j\omega) \qquad (4\text{-}10\text{-}6)$$

式中，$H(j\omega)$ 为理想低通滤波器的频率特性。$H(j\omega)$ 的特性为

$$H(j\omega) = \begin{cases} T_s, & |\omega| < \omega_m \\ 0, & |\omega| > \omega_m \end{cases}$$

上述从样值函数 $f_s(t)$ 恢复 $f(t)$ 过程的原理如图 4.10.4 所示。

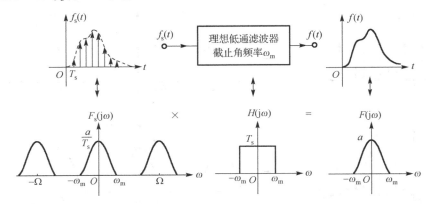

图 4.10.4　函数 $f_s(t)$ 恢复 $f(t)$ 的原理图

以上是用频域分析的方法讨论 $f(t)$ 的恢复。下面在时域对 $f(t)$ 的恢复再作进一步讨论。

对式（4-10-6）两边进行傅里叶变换反变换，用时域卷积性质，得

$$f(t) = f_s(t) * h(t) \qquad (4\text{-}10\text{-}7)$$

其中取样信号

$$f_s(t) = \sum_{n=-\infty}^{\infty} f(nT_s)\delta(t-nT_s)$$

$h(t)$ 为理想低通滤波器的单位冲激响应,可由 $H(j\omega)$ 的傅里叶反变换而得到,即

$$h(t) = \mathcal{F}^{-1}[H(j\omega)]$$

低通滤波器是门高为 T_s、门宽为 $2\omega_m$ 的门函数,即

$$H(j\omega) = T_s\, g_{2\omega_m}(\omega)$$

应用傅里叶变换对称性,不难求得

$$h(t) = \frac{T_s\omega_m}{\pi}\mathrm{Sa}(\omega_m t)$$

代入式(4-10-7)得

$$\begin{aligned}
f(t) &= f_s(t) * \frac{T_s\omega_m}{\pi}\mathrm{Sa}(\omega_m t) \\
&= \sum_{n=-\infty}^{\infty} f(nT_s)\delta(t-nT_s) * \frac{T_s\omega_m}{\pi}\mathrm{Sa}(\omega_m t) \\
&= \sum_{n=-\infty}^{\infty} \frac{T_s\omega_m f(nT_s)}{\pi}\mathrm{Sa}(\omega_m(t-nT_s))
\end{aligned}$$

取 $T_s = \dfrac{1}{2f_m} = \dfrac{\pi}{\omega_m}$,上式可写为

$$f(t) = \sum_{n=-\infty}^{\infty} f(nT_s)\mathrm{Sa}(\omega_m(t-nT_s)) \tag{4-10-8}$$

上式表明,连续时间信号 $f(t)$ 可以由无数多个位于取样点的 Sa 函数组成,其各个 Sa 函数的幅值为该点的取样值 $f(nT_s)$。因此,只要知道各取样点的样值 $f(nT_s)$ 就可唯一地确定出 $f(t)$,如图 4.10.5 所示。

冲激取样在理论上是可行的,但实际上是无法实现的。因为冲激函数序列 $\delta_{T_s}(t)$ 无法得到。现实中可以方便地得到的是周期脉冲信号,让它与被取样信号 $f(t)$ 相乘实现如图 4.10.2(a)所示的矩形脉冲取样。读者一定会问,用周期矩形脉冲取样时取样定理还成立吗?接下来就讨论这个问题。

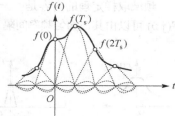

图 4.10.5 由取样信号恢复原信号

由式(4-10-1):

$$f_s(t) = f(t)\cdot p_{T_s}(t)$$

引用例 4.8.1 的结论:

$$\mathcal{F}^{-1}[p_{T_s}(t)] = \frac{2\pi\tau}{T_s}\sum_{n=-\infty}^{\infty}\mathrm{Sa}\left(\frac{n\Omega\tau}{2}\right)\delta(\omega-n\Omega)$$

所以取样信号的频谱为

$$\begin{aligned}
\mathcal{F}^{-1}[f_s(t)] &= \frac{1}{2\pi}F(j\omega) * \frac{2\pi\tau}{T_s}\sum_{n=-\infty}^{\infty}\mathrm{Sa}\left(\frac{n\Omega\tau}{2}\right)\delta(\omega-n\Omega) \\
&= \frac{\tau}{T_s}\sum_{n=-\infty}^{\infty}\mathrm{Sa}\left(\frac{n\Omega\tau}{2}\right)F(\omega-n\Omega)
\end{aligned} \tag{4-10-9}$$

取样信号 $f_s(t)$ 及其频谱如图 4.10.6 所示，从图中可以看出：只要取样角频率 $\Omega \geqslant 2\omega_m$，取样信号 $f_s(t)$ 的频谱中就包含被取样信号 $f(t)$ 的完整频谱 $F(j\omega)$，且不会出现频谱混叠现象。通过一个截止频率为 ω_m 的低通滤波器就可以取出 $f(t)$ 的完整频谱 $F(j\omega)$，从而实现信号 $f(t)$ 的还原。由此可见，实际电路中采用周期脉冲取样时可以得到与冲激取样同样的效果，因而这种情况下取样定理依然成立。

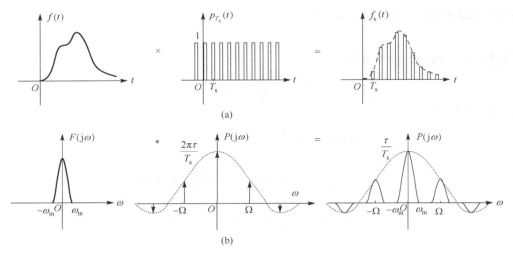

(a)

(b)

图 4.10.6　周期矩形脉冲取样

4.10.3　频域取样定理

与时域取样对应的还有频域取样。所谓频域取样是对信号 $f(t)$ 的频谱函数 $F(j\omega)$ 在频率 ω 轴上每隔 ω_s 取得一个样值，从而得到频域样值函数 $F_s(jn\omega_s)$ 的过程。在频域取样中也有取样定理叫频域取样定理。根据时域与频域的对称性，可以由时域取样定理直接推导出频域取样定理。

频域取样定理的内容是：一个在时间区间 $(-t_m, t_m)$ 以外为零的时间有限信号 $f(t)$，其频谱函数 $F(j\omega)$ 可以由其在均匀频率间隔 $\omega_s = 2\pi f_s$ 上的样点值 $F_s(jn\omega_s)$ 唯一地确定，只要其频率 f_s 间隔小于或等于 $\dfrac{1}{2t_m}$。

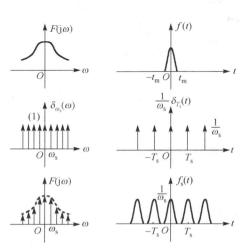

图 4.10.7　频域的取样

此定理的证明类似于时域取样定理，这里不再推导。下面从物理概念上对此作一简单说明。在频域对 $F(j\omega)$ 进行取样，相当于用 $F(j\omega)$ 乘冲激函数序列 $\delta_{\omega_s}(\omega)$，$\delta_{\omega_s}(\omega)$ 所对应的时间信号也为一个冲激函数序列 $\delta_{T_s}(t)$。根据傅里叶变换的卷积性质可知，频域样值函数 $F_s(jn\omega_s)$ 对应的时间信号 $f_s(t)$ 为 $f(t)$ 在时域函数的周期性重复，其周期为 T_s。只要取样间隔 f_s 不大于 $\dfrac{1}{2t_m}$，则在时域中波形不会发生混叠，我们用矩形脉冲作选通信号就可无失真地恢复出原信号 $f(t)$。频率域取样的原理示于图 4.10.7 中。有关频域取样的进一步研究可参阅有关参考书籍。

习 题 四

4.1 求下列周期信号的周期 T 并计算基波角频率 Ω。

（1） e^{j100t}

（2） $\sin\left(\dfrac{\pi}{2}t\right)$

（3） $\cos(2t)+\sin(4t)$

（4） $\cos(2\pi t)+\cos(3\pi t)+\cos(5\pi t)$

（5） $\cos\left(\dfrac{\pi}{2}t\right)+\sin\left(\dfrac{\pi}{4}t\right)$

（6） $\cos\left(\dfrac{\pi}{2}t\right)+\cos\left(\dfrac{\pi}{3}t\right)+\cos\left(\dfrac{\pi}{5}t\right)$

4.2 求题 4.2 图所示函数复指数形式的傅里叶级数。

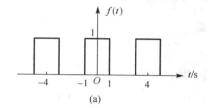 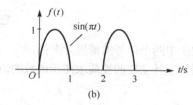

题 4.2 图

4.3 求题图中函数的傅里叶级数。

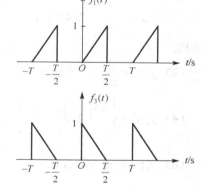 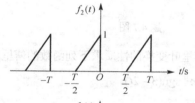
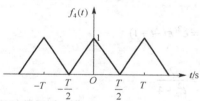

题 4.3 图

4.4 利用函数的对称性，判断题 4.4 图中 4 个周期性信号所含的频率分量。

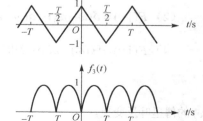 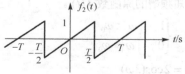
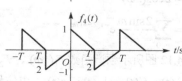

题 4.4 图

4.5　已知周期性电压为

$$u(t) = 2 + 3\sin\left(\frac{\pi}{6}t\right) - 4\cos\left(\frac{\pi}{6}t\right) + 2\cos\left(\frac{\pi}{3}t - 60°\right) + \sin\left(\frac{2\pi}{3}t + 45°\right)\text{V}$$

试分别绘出单边、双边振幅频谱和相位频谱，并计算电压的有效值和功率。

4.6　题 4.6 图所示周期方波电压作为电压源的电压作用于电路，求电流 $i(t)$ 的表达式（忽略七次及以上谐波）。

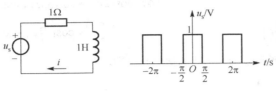

题 4.6 图

4.7　求题图中两个信号的傅里叶变换。

4.8　利用傅里叶变换的性质求图示函数的傅里叶变换。

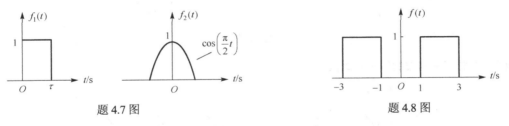

题 4.7 图　　　　　　　　　　　　　题 4.8 图

4.9　利用傅里叶变换的性质求下列函数的傅里叶变换。

（1）$f_1(t) = e^{jt}\,\text{sgn}(3 - 2t)$

（2）$f_2(t) = \dfrac{\text{d}}{\text{d}t}[e^{-2(t-1)}\varepsilon(t)]$

（3）$f_3(t) = e^{2t}\varepsilon(-t + 1)$

（4）$f_4(t) = \begin{cases} \cos\left(\dfrac{\pi}{2}t\right), & |t| < 1 \\ 0, & |t| > 1 \end{cases}$

（5）$f_5(t) = \dfrac{2}{t^2 + 4}$

（6）$f_6(t) = g_{2\pi}(t)\cos(5t)$

4.10　若已知 $f(t) \leftrightarrow F(j\omega)$，求下列函数的频谱。

（1）$tf(2t)$　　　　　　（2）$(t-2)f(t)$　　　　　　（3）$tf'(t)$

（4）$f(1-t)$　　　　　　（5）$(1-t)f(1-t)$　　　　　（6）$f(2t-5)$

4.11　求已知频谱的原函数 $f(t)$。

（1）$F(j\omega) = \begin{cases} 1, & |\omega| < \omega_0 \\ 0, & |\omega| > \omega_0 \end{cases}$

（2）$F(j\omega) = \delta(\omega + \omega_0) - \delta(\omega - \omega_0)$

（3）$F(j\omega) = 2\cos(3\omega)$

（4）$F(j\omega) = [\varepsilon(\omega) - \varepsilon(\omega - 2)]e^{-j\omega}$

（5）$F(j\omega) = \displaystyle\sum_{n=0}^{2} \frac{2\sin\omega}{\omega}e^{-j(2n+1)\omega}$

4.12　求题 4.12 图所示频谱函数 $F_1(j\omega)$、$F_2(j\omega)$ 的傅里叶反变换。

4.13　已知 $f(t) * f'(t) = (1-t)e^{-t}\varepsilon(t)$，求信号 $f(t)$。

4.14　求题 4.14 图所示周期性信号的频谱密度函数。

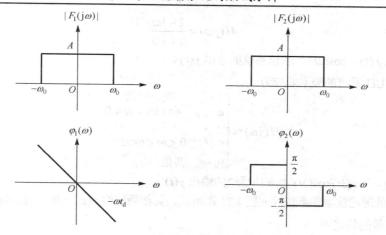

题 4.12 图

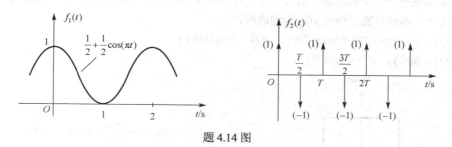

题 4.14 图

4.15　一个周期为 T 的周期信号 $f(t)$，已知其指数形式的傅里叶系数为 F_n，求下列周期信号的傅里叶系数。

（1）$f_1(t) = f(t - t_0)$　　（2）$f_2(t) = f(-t)$　　（3）$f_3(t) = f'(t)$　　（4）$f_4(t) = f(at)$，$a > 0$

4.16　求下列方程所描述的系统的系统函数 $H(j\omega)$。

（1）$y''(t) + 3y'(t) + 2y(t) = f'(t)$

（2）$y''(t) + 5y'(t) + 6y(t) = f'(t) + 4f(t)$

4.17　在题 4.17 图所示电路中，输出电压 $u_2(t)$ 对输入电流 $i_s(t)$ 的频率响应 $H(j\omega) = \dfrac{U_2(j\omega)}{I_s(j\omega)}$，为了实现无失真传输，试确定电阻 R_1 和 R_2 的值。

4.18　分压电路如题 4.18 图所示，求系统的频率响应 $H(j\omega) = \dfrac{U_2(j\omega)}{U_1(j\omega)}$，如果要实现无失真传输，电路元件参数间必须满足什么关系？

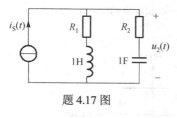

题 4.17 图

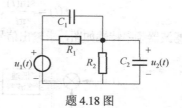

题 4.18 图

4.19　某 LTI 系统的频率响应为

$$H(\mathrm{j}\omega) = \frac{2 - \mathrm{j}\omega}{2 + \mathrm{j}\omega}$$

若系统输入 $f(t) = \cos(2t)$ ，求该系统的输出 $y(t)$ 。

4.20　一个 LTI 系统的频率响应为

$$H(\mathrm{j}\omega) = \begin{cases} \mathrm{e}^{\mathrm{j}\frac{\pi}{2}}, & -6\mathrm{rad/s} < \omega < 0 \\ \mathrm{e}^{-\mathrm{j}\frac{\pi}{2}}, & 0 < \omega < 6\mathrm{rad/s} \\ 0, & \text{其他} \end{cases}$$

若输入 $f(t) = 3\mathrm{Sa}(3t)\cos(5t)$ ，求该系统的输出 $y(t)$ 。

4.21　理想低通滤波器频率特性如题 4.21 图所示，其相频特性 $\varphi(\omega) = 0$ ，试求输入分别为下述两种信号时输出信号的频谱图。

（1）$f(t) = \mathrm{Sa}(\pi t)$　　　　　　（2）$f(t) = g_2(t)$

4.22　调幅系统是一个乘法器，输出 $y(t) = f(t)s(t)$ ，其中 $f(t)$ 为被调制信号，$s(t)$ 为载波，试绘出当 $f(t)$、$s(t)$ 为下面函数时输出信号 $y(t)$ 的频谱图。

（1）$f(t) = 5 + 2\cos(10t) + 3\cos(20t)$ ，$s(t) = \cos(200t)$ ；

（2）$f(t) = \mathrm{Sa}(t)$ ，$s(t) = \cos(3t)$ 。

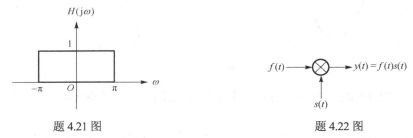

題 4.21 图　　　　　　　　　　　　題 4.22 图

4.23　題 4.23 图中给出了带通滤波器的频响，若输入 $f(t) = \mathrm{Sa}(2\pi t)$ ，$s(t) = \cos(1000t)$ ，求输出信号 $y(t)$ 。

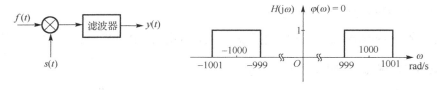

題 4.23 图

4.24　題 4.24 图所示系统由乘法器和低通滤波器组成，若输入信号为

$$f(t) = \frac{\sin(t)}{\pi t}\cos(1000t) , \quad s(t) = \cos(1000t)$$

低通滤波器频率特性如图，求输出信号 $y(t)$ 。

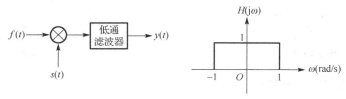

題 4.24 图

4.25　有限频带信号 $f(t)$ 的最高频率为 100Hz，若对下列信号进行时域取样，求最小取样频率 f_s。

（1）$f(3t)$　　　（2）$f^2(t)$　　　（3）$f(t) * f(2t)$　　　（4）$f(t) + f^2(t)$

4.26　有限频带信号 $f(t) = 5 + 2\cos(2\pi f_1 t) + \cos(4\pi f_1 t)$，其中 $f_1 = 1\text{kHz}$，用 $f_s = 5\text{kHz}$ 的冲激函数序列进行取样。

（1）画出 $f(t)$ 及取样信号 $f_s(t)$ 在频率区间（−10kHz，10kHz）的频谱图；

（2）若由 $f_s(t)$ 恢复原信号 $f(t)$，理想低通滤波器的截止频率应如何选择？

第5章　连续系统的 s 域分析

第4章研究了连续系统的频域分析，在那里以虚指数 $e^{j\omega t}$（ω 为实角频率）为基本信号，任意信号可分解为众多不同频率的虚指数分量，而 LTI 系统响应是输入信号各分量所引起响应的积分（傅里叶逆变换）。这种分析方法在信号分析和处理等领域占有重要地位。不过这种方法也有局限性，譬如，虽然大多数实际信号都存在傅里叶变换，但也有些重要信号不存在傅里叶变换，如按指数增长的信号，对于给定初始状态的线性系统也难以用这种方法分析。

本章引入复频率 $s = \sigma + j\omega$（σ, ω 均为实数），以复指数函数 e^{st} 为基本信号，任意信号可分解为众多不同复频率的复指数分量，而 LTI 系统的零状态响应是输入信号各分量引起响应的积分（拉普拉斯变换），而且若考虑到系统的初始状态，则系统的零输入响应也可同时求得，从而得到系统的全响应。这里用于系统分析的独立变量是复频率 s，称为 s 域分析或复频域分析。

5.1　拉普拉斯变换

5.1.1　从傅里叶变换到拉普拉斯变换

用频域法分析问题时，需要求得信号 $f(t)$ 的傅里叶变换，即频谱函数

$$F(j\omega) = \int_{-\infty}^{\infty} f(t) e^{-j\omega t} dt \tag{5-1-1}$$

但有些函数，例如单位阶跃函数 $\varepsilon(t)$，虽然存在傅里叶变换，却很难用式（5-1-1）求得；而另一些函数，例如指数增长函数 $e^{\sigma t}\varepsilon(t)$，$\sigma > 0$，不存在傅里叶变换。一些函数不便于用傅里叶变换的原因是当 $t \to \infty$ 时信号的幅度不衰减，甚至增长。

为了克服上述困难，可以用衰减因子 $e^{-\sigma t}$（σ 为实常数）乘信号 $f(t)$，根据不同信号的特性，适当选取 σ 的值，使乘积信号 $f(t)e^{-\sigma t}$ 当 $t \to \pm\infty$ 时信号幅度趋近于 0，从而使积分

$$\int_{-\infty}^{\infty} f(t) e^{-\sigma t} e^{-j\omega t} dt = \int_{-\infty}^{\infty} f(t) e^{-(\sigma + j\omega)t} dt$$

收敛。上式积分结果是 $(\sigma + j\omega)$ 的函数，令其为 $F_b(\sigma + j\omega)$，即

$$F_b(\sigma + j\omega) = \int_{-\infty}^{\infty} f(t) e^{-(\sigma + j\omega)t} dt \tag{5-1-2}$$

相应的傅里叶逆变换为

$$f(t) e^{-\sigma t} = \frac{1}{2\pi} \int_{-\infty}^{\infty} F_b(\sigma + j\omega) e^{j\omega t} d\omega$$

上式两端同乘以 $e^{\sigma t}$，得

$$f(t) = \frac{1}{2\pi} \int_{-\infty}^{\infty} F_b(\sigma + j\omega) e^{(\sigma + j\omega)t} d\omega \tag{5-1-3}$$

令 $s = \sigma + j\omega$，其中 σ 为常数，则 $d\omega = \dfrac{ds}{j}$，代入式（5-1-2）和式（5-1-3），得

$$F_b(s) = \int_{-\infty}^{\infty} f(t) e^{-st} dt \qquad (5\text{-}1\text{-}4)$$

$$f(t) = \frac{1}{2\pi j} \int_{\sigma-j\infty}^{\sigma+j\infty} F_b(s) e^{st} ds \qquad (5\text{-}1\text{-}5)$$

以上两式称为双边拉普拉斯变换对或复傅里叶变换对。其中复变函数 $F_b(s)$ 称为 $f(t)$ 的双边拉普拉斯变换（或象函数），时间函数 $f(t)$ 称为 $F_b(s)$ 的双边拉普拉斯逆变换（或原函数）。

5.1.2 收敛域

如前所述，选择适当的 σ 值才可能使式（5-1-4）的积分收敛，信号 $f(t)$ 的双边拉普拉斯变换 $F_b(s)$ 存在。能使式（5-1-4）的积分收敛，复变量 s 在复平面上的取值区域称为象函数的收敛域。为简便起见，分别研究因果信号（在 $t < 0$ 区间 $f(t) = 0$）和反因果信号（在 $t > 0$ 区间 $f(t) = 0$）两种情况。

例 5.1.1 设因果信号

$$f_1(t) = e^{\alpha t} \varepsilon(t) = \begin{cases} 0, & t < 0 \\ e^{\alpha t}, & t > 0 \end{cases} \quad (\alpha \text{为实数})$$

求其拉普拉斯变换及收敛域。

解： 将 $f_1(t)$ 代入式（5-1-4），有

$$F_{b1}(s) = \int_0^{\infty} e^{\alpha t} e^{-st} dt = \frac{e^{-(s-\alpha)t}}{-(s-\alpha)}\bigg|_0^{\infty} = \frac{1}{s-\alpha}\left[1 - \lim_{t\to\infty} e^{-(\sigma-\alpha)t} \cdot e^{-j\omega t}\right] = \begin{cases} \dfrac{1}{s-\alpha}, & \text{Re}[s] = \sigma > \alpha \\ \text{不定}, & \sigma = \alpha \\ \text{无界}, & \sigma < \alpha \end{cases}$$

可见，对于因果信号，仅当 $\text{Re}[s] = \sigma > \alpha$ 时，其拉普拉斯变换存在。收敛域如图 5.1.1(a)所示。

例 5.1.2 设反因果信号

$$f_2(t) = e^{\beta t} \varepsilon(-t) = \begin{cases} e^{\beta t}, & t < 0 \\ 0, & t > 0 \end{cases} \quad (\beta \text{为实数})$$

求其拉普拉斯变换及收敛域。

解： 将 $f_2(t)$ 代入式（5-1-4），有

$$F_{b2}(s) = \int_{-\infty}^{0} e^{\beta t} e^{-st} dt = \frac{e^{-(s-\beta)t}}{-(s-\beta)}\bigg|_{-\infty}^{0} = \begin{cases} -\dfrac{1}{s-\beta}, & \text{Re}[s] = \sigma < \beta \\ \text{不定}, & \sigma = \beta \\ \text{无界}, & \sigma > \beta \end{cases} \qquad (5\text{-}1\text{-}6)$$

可见，对反因果信号，仅当 $\text{Re}[s] = \sigma < \beta$ 时其积分收敛，收敛域如图 5.1.1(b)所示。

如果有双边函数

$$f(t) = f_1(t) + f_2(t) = \begin{cases} e^{\beta t}, & t < 0 \\ e^{\alpha t}, & t > 0 \end{cases}$$

其双边拉普拉斯变换为

$$F_b(s) = F_{b1}(s) + F_{b2}(s)$$

由以上讨论可知双边函数的象函数收敛域为 $\alpha < \text{Re}[s] < \beta$ 的带状区域，如图 5.1.1（c）所示，就是说，当 $\alpha < \beta$ 时，$f(t)$ 的象函数在该区域内存在，当 $\alpha > \beta$ 时，$F_{b1}(s)$、$F_{b2}(s)$ 没有共同收敛域，因而 $F_b(s)$ 不存在，双边拉普拉斯变换便于分析双边信号，但其收敛域条件较为苛刻，这也限制了它的应用。

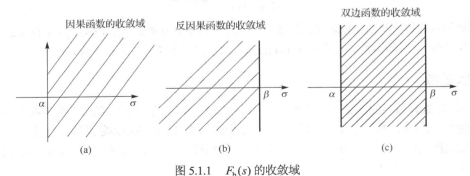

图 5.1.1　$F_b(s)$ 的收敛域

通常遇到的信号都有初始时刻，可设其初始时刻为坐标原点。这样，在 $t < 0$ 时有 $f(t) = 0$，则 $f(t)$ 拉普拉斯变换可写为

$$F(s) = \int_0^\infty f(t)\mathrm{e}^{-st}\mathrm{d}t \tag{5-1-7}$$

称为单边拉普拉斯变换。单边拉普拉斯变换运算简单，用途广泛，它也是研究双边拉普拉斯变换的基础。单边拉普拉斯变换简称为拉普拉斯变换，本书主要讨论单边拉普拉斯变换。

5.1.3 （单边）拉普拉斯变换

因果信号 $f(t)$，其拉氏变换象函数可写为

$$F(s) \overset{\text{def}}{=} \int_{0_-}^\infty f(t)\mathrm{e}^{-st}\mathrm{d}t \tag{5-1-8}$$

其逆变换可写为

$$f(t) \overset{\text{def}}{=} \begin{cases} 0, & t < 0 \\ \dfrac{1}{2\pi\mathrm{j}} \displaystyle\int_{\sigma-\mathrm{j}\infty}^{\sigma+\mathrm{j}\infty} F(s)\,\mathrm{e}^{st}\mathrm{d}s, & t > 0 \end{cases} \tag{5-1-9}$$

其变换与逆变换的关系也简记作：

$$f(t) \leftrightarrow F(s) \tag{5-1-10}$$

式（5-1-8）中积分下限取为 0_- 是考虑到 $f(t)$ 中可能包含 $\delta(t), \delta'(t), \cdots$ 奇异函数。

为使象函数 $F(s)$ 存在，积分式（5-1-8）必须收敛，对此有如下定理：

如因果函数 $f(t)$ 满足：（1）在有限区间 $a < t < b$ 内（$0 \leqslant a < b < \infty$）可积，（2）对于某个 σ_0 有

$$\lim_{t\to\infty} |f(t)|\mathrm{e}^{-\sigma t} = 0, \quad \sigma > \sigma_0 \tag{5-1-11}$$

则对于 $\text{Re}[s] = \sigma > \sigma_0$，拉普拉斯积分式（5-1-8）绝对且一致收敛。

现对定理作以下两点说明：

条件（1）表明 $f(t)$ 可以包含有限个第一类间断点，只要求它在有限区间可积；条件（2）表明 $f(t)$ 可以是随 t 增大而增大的，只要它比某些指数函数增长得慢即可。如果函数 $f(t)$ 满足式（5-1-11），就称其为 σ_0 指数阶的。

定理表明，满足条件（1）和（2）的因果函数 $f(t)$ 存在拉普拉斯变换，其收敛域为 σ_0（σ_0 称为收敛坐标）以右，即 $\mathrm{Re}[s] > \sigma_0$ 的半平面，而且积分是一致收敛，因而多重积分可改变积分顺序，微分、积分也可交换次序。

例 5.1.3 求矩形脉冲信号

$$f(t) = g_\tau\left(t - \frac{\tau}{2}\right) = \begin{cases} 1, & 0 < t < \tau \\ 0, & \text{其他} \end{cases}$$

的象函数。

解： 上述信号可积且 $f(\infty) = 0$，无论 $\sigma(\sigma > -\infty)$ 取何值，均有

$$\lim_{t \to \infty} f(t)\mathrm{e}^{-\sigma t} = 0$$

从而积分式（5-1-8）收敛，其收敛域为 $\mathrm{Re}[s] > -\infty$，则有

$$F(s) = \int_{0_-}^{\infty} f(t)\mathrm{e}^{-st}\mathrm{d}t = \int_0^\tau \mathrm{e}^{-st}\mathrm{d}t = \frac{1 - \mathrm{e}^{-s\tau}}{s}$$

即矩形脉冲的象函数为

$$g_\tau\left(t - \frac{\tau}{2}\right) \leftrightarrow \frac{1 - \mathrm{e}^{-s\tau}}{s}, \qquad \mathrm{Re}[s] > -\infty \tag{5-1-12}$$

由此不难推论：仅在有限区间 $0 \leq a < t < b < \infty$ 不等于零，而在此区间外为零的可积信号，其象函数在全 s 平面收敛。

5.1.4 常用信号的拉普拉斯变换

1. $f(t) = \delta(t)$

由式（5-1-8）得

$$F(s) = \int_{0_-}^{\infty} \delta(t)\mathrm{e}^{-st}\mathrm{d}t = 1, \qquad \mathrm{Re}[s] > -\infty \tag{5-1-13}$$

2. $f(t) = \delta^{(n)}(t)$

由式（5-1-8）得

$$F(s) = \int_{0_-}^{\infty} \delta^{(n)}(t)\mathrm{e}^{-st}\mathrm{d}t = (-1)^n \frac{\mathrm{d}^n}{\mathrm{d}t^n}\left(\mathrm{e}^{-st}\right)\Big|_{t=0} = s^n, \qquad \mathrm{Re}[s] > -\infty \tag{5-1-14}$$

3. $f(t) = \varepsilon(t)$

由式（5-1-8）得

$$F(s) = \int_{0_-}^{\infty} \varepsilon(t)\mathrm{e}^{-st}\mathrm{d}t = -\frac{1}{s}\mathrm{e}^{-st}\Big|_{0_-}^{\infty} = \frac{1}{s}, \qquad \mathrm{Re}[s] > 0 \tag{5-1-15}$$

4. $f(t) = \mathrm{e}^{-\alpha t}\varepsilon(t), \alpha > 0$

由式（5-1-8）得

$$F(s) = \int_{0_-}^{\infty} \mathrm{e}^{-\alpha t}\varepsilon(t)\mathrm{e}^{-st}\mathrm{d}t = \frac{1}{s+\alpha}\mathrm{e}^{-(s+\alpha)t}\Big|_{0_-}^{\infty} = \frac{1}{s+\alpha}, \qquad \mathrm{Re}[s] > -\alpha \tag{5-1-16}$$

5. $f(t) = \mathrm{e}^{\alpha t}\varepsilon(t), \alpha > 0$

由式（5-1-8）得

$$F(s) = \int_{0_-}^{\infty} \mathrm{e}^{\alpha t}\, \mathrm{e}^{-st}\mathrm{d}t = \frac{1}{s-\alpha}\mathrm{e}^{-(s-\alpha)t}\bigg|_{0_-}^{\infty} = \frac{1}{s-\alpha}\,, \qquad \mathrm{Re}[s] > \alpha \qquad (5\text{-}1\text{-}17)$$

5.2　拉普拉斯变换的性质

拉普拉斯变换的性质反映了信号的时域特性与 s 域特性的关系，熟悉它们对于掌握复频域分析方法是十分重要的。

5.2.1　线性

若

$$f_1(t) \leftrightarrow F_1(s), \qquad \mathrm{Re}[s] > \sigma_1$$
$$f_2(t) \leftrightarrow F_2(s), \qquad \mathrm{Re}[s] > \sigma_2$$

且有常数 a_1, a_2，则

$$a_1 f_1(t) + a_2 f_2(t) \leftrightarrow a_1 F_1(s) + a_2 F_2(s), \qquad \mathrm{Re}[s] > \max(\sigma_1, \sigma_2) \qquad (5\text{-}2\text{-}1)$$

这由拉普拉斯变换定义式（5-1-8）容易证明，这里从略。式（5-2-1）中收敛域 $\mathrm{Re}[s] > \max(\sigma_1, \sigma_2)$ 是两个函数收敛域相重叠的部分。实际上，如果是两个函数之差，其收敛域可能扩大。

例 5.2.1　求单边正弦函数 $\sin(\beta t)\varepsilon(t)$ 和单边余弦函数 $\cos(\beta t)\varepsilon(t)$ 的象函数。

解：　由于

$$\sin(\beta t) = \frac{1}{2\mathrm{j}}(\mathrm{e}^{\mathrm{j}\beta t} - \mathrm{e}^{-\mathrm{j}\beta t})$$

根据线性性质并利用式（5-1-16）和式（5-1-17）得

$$\sin(\beta t)\varepsilon(t) = \frac{1}{2\mathrm{j}}(\mathrm{e}^{\mathrm{j}\beta t} - \mathrm{e}^{-\mathrm{j}\beta t})\varepsilon(t) \leftrightarrow \frac{1}{2\mathrm{j}}\left(\frac{1}{s-\mathrm{j}\beta} - \frac{1}{s+\mathrm{j}\beta}\right) = \frac{\beta}{s^2+\beta^2}\,, \qquad \mathrm{Re}[s] > 0 \qquad (5\text{-}2\text{-}2)$$

同理可得

$$\cos(\beta t)\varepsilon(t) = \frac{1}{2\mathrm{j}}(\mathrm{e}^{\mathrm{j}\beta t} + \mathrm{e}^{-\mathrm{j}\beta t})\varepsilon(t) \leftrightarrow \frac{s}{s^2+\beta^2}\,, \qquad \mathrm{Re}[s] > 0 \qquad (5\text{-}2\text{-}3)$$

5.2.2　尺度变换

若

$$f(t) \leftrightarrow F(s), \qquad \mathrm{Re}[s] > \sigma_0$$

且有实常数 $a > 0$，则有

$$f(at) \leftrightarrow \frac{1}{a}F\left(\frac{s}{a}\right), \qquad \mathrm{Re}[s] > a\sigma_0 \qquad (5\text{-}2\text{-}4)$$

这可证明如下：

$f(at)$ 的拉普拉斯变换为

$$f(at) \leftrightarrow \int_{0_-}^{\infty} f(at)\mathrm{e}^{-st}\mathrm{d}t \overset{\text{令}x=at}{=} \int_{0_-}^{\infty} f(x)\mathrm{e}^{-\frac{s}{a}x}\frac{\mathrm{d}x}{a} = \frac{1}{a}F\left(\frac{s}{a}\right)$$

由上式可见，若 $F(s)$ 的收敛域为 $\mathrm{Re}[s] > \sigma_0$，则 $F\left(\dfrac{s}{a}\right)$ 的收敛域为 $\mathrm{Re}\left[\dfrac{s}{a}\right] > \sigma_0$，即 $\mathrm{Re}[s] > a\sigma_0$。

5.2.3　时移（延时）特性

若

$$f(t) \leftrightarrow F(s), \qquad \mathrm{Re}[s] > \sigma_0$$

且有正实常数 t_0，则有

$$f(t-t_0)\varepsilon(t-t_0) \leftrightarrow \mathrm{e}^{-st_0}F(s), \qquad \mathrm{Re}[s] > \sigma_0 \tag{5-2-5}$$

这可证明如下：

$$f(t-t_0)\varepsilon(t-t_0) \leftrightarrow \int_{0_-}^{\infty} f(t-t_0)\varepsilon(t-t_0)\mathrm{e}^{-st}\mathrm{d}t = \int_{t_0}^{\infty} f(t-t_0)\mathrm{e}^{-st}\mathrm{d}t$$

$$\overset{\diamond x=t-t_0}{=} \int_{0}^{\infty} f(x)\mathrm{e}^{-sx}\,\mathrm{e}^{-st_0}\,\mathrm{d}x = \mathrm{e}^{-st_0}\int_{0}^{\infty} f(x)\mathrm{e}^{-sx}\mathrm{d}x = \mathrm{e}^{-st_0}F(s)$$

由上式可见，只要 $F(s)$ 存在，则 $\mathrm{e}^{-st_0}F(s)$ 也存在，即 $\mathrm{Re}[s] > \sigma_0$。

如果函数 $f(t)\varepsilon(t)$ 既延时又变换时间的尺度，则有

若

$$f(t)\varepsilon(t) \leftrightarrow F(s), \qquad \mathrm{Re}[s] > \sigma_0$$

且有实常数 $a > 0$，$b \geqslant 0$，则

$$f(at-b)\varepsilon(at-b) \leftrightarrow \frac{1}{a}\mathrm{e}^{-\frac{b}{a}s}F\left(\frac{s}{a}\right), \qquad \mathrm{Re}[s] > \sigma_0 a \tag{5-2-6}$$

例 5.2.2　求矩形脉冲信号

$$f(t) = g_\tau\left(t - \frac{\tau}{2}\right) = \begin{cases} 1, & 0 < t < \tau \\ 0, & \text{其他} \end{cases}$$

的象函数。

解：由于

$$f(t) = g_\tau\left(t - \frac{\tau}{2}\right) = \varepsilon(t) - \varepsilon(t-\tau)$$

根据拉氏变换的线性和时移特性，可得

$$g_\tau\left(t - \frac{\tau}{2}\right) = \varepsilon(t) - \varepsilon(t-\tau) \leftrightarrow \frac{1 - \mathrm{e}^{-s\tau}}{s}$$

其收敛域为 $\mathrm{Re}[s] > -\infty$。

5.2.4　复频移（s 域平移）特性

若

$$f(t) \leftrightarrow F(s), \qquad \mathrm{Re}[s] > \sigma_0$$

且有复常数 $s_a = \sigma_a + \mathrm{j}\omega_a$，则

$$f(t)\mathrm{e}^{s_a t} \leftrightarrow F(s - s_a), \qquad \mathrm{Re}[s] > \sigma_0 + \sigma_a \tag{5-2-7}$$

证明从略。

例 5.2.3 已知因果函数 $f(t)$ 的象函数为

$$F(s) = \frac{s}{s^2+1}$$

求 $e^{-t}f(3t-2)$ 的象函数。

解： 由于

$$f(t) \leftrightarrow \frac{s}{s^2+1}$$

由平移特性有

$$f(t-2) \leftrightarrow \frac{s}{s^2+1}e^{-2s}$$

由尺度变换有

$$f(3t-2) \leftrightarrow \frac{1}{3}\frac{\dfrac{s}{3}}{\left(\dfrac{s}{3}\right)^2+1}e^{-\frac{2s}{3}} = \frac{s}{s^2+9}e^{-\frac{2}{3}s}$$

再由复频移特性，得

$$e^{-t}f(3t-2) \leftrightarrow \frac{s+1}{(s+1)^2+9}e^{-\frac{2}{3}(s+1)}$$

5.2.5　时域微分特性（定理）

微分定理
若

$$f(t) \leftrightarrow F(s), \qquad \text{Re}[s] > \sigma_0$$

则有

$$\left.\begin{aligned}
&f^{(1)}(t) \leftrightarrow sF(s) - f(0_-)\\
&f^{(2)}(t) \leftrightarrow s^2F(s) - sf(0_-) - f^{(1)}(0_-)\\
&\quad\vdots\\
&f^{(n)}(t) \leftrightarrow s^nF(s) - \sum_{m=0}^{n-1}s^{n-1-m}f^{(m)}(0_-)
\end{aligned}\right\} \tag{5-2-8}$$

上列各象函数的收敛域至少是 $\text{Re}[s] > \sigma_0$

证明从略。

如果 $f(t)$ 是因果函数，那么 $f(t)$ 及其各阶导数的值 $f^{(n)}(0_-) = 0$，$n = 0,1,2,\cdots$，这时微分特性具有更简洁的形式：

$$f^{(n)}(t) \leftrightarrow s^nF(s), \qquad \text{Re}[s] > \sigma_0 \tag{5-2-9}$$

例 5.2.4 若已知 $f(t) = \cos t\varepsilon(t)$ 的象函数 $F(s) = \dfrac{s}{s^2+1}$，求 $\sin t\varepsilon(t)$ 的象函数。

解： 根据导数的运算规则，并考虑到冲激函数的取样性质，有

$$f^{(1)}(t) = \frac{\mathrm{d}f(t)}{\mathrm{d}t} = \cos t \frac{\mathrm{d}\varepsilon(t)}{\mathrm{d}t} + \frac{\mathrm{d}\cos t}{\mathrm{d}t}\varepsilon(t) = \cos t\delta(t) - \sin t\varepsilon(t) = \delta(t) - \sin t\varepsilon(t)$$

即

$$\sin t\varepsilon(t) = \delta(t) - f^{(1)}(t)$$

对上式取拉氏变换，利用微分特性并考虑到 $f(0_-) = \cos t\varepsilon(t)\big|_{t=0_-} = 0$，得

$$\sin t\varepsilon(t) = \delta(t) - f^{(1)}(t) \leftrightarrow 1 - \left[s \cdot \frac{s}{s^2+1} - 0 \right] = \frac{1}{s^2+1}$$

5.2.6　时域积分特性（定理）

积分定理

若

$$f(t) \leftrightarrow F(s), \qquad \mathrm{Re}[s] > \sigma_0$$

则有

$$\left(\int_{0_-}^{t} \right)^n f(x)\mathrm{d}x \leftrightarrow \frac{1}{s^n}F(s) \tag{5-2-10}$$

$$\left.\begin{aligned} f^{(-1)}(t) &= \int_{-\infty}^{t} f(x)\mathrm{d}x \leftrightarrow \frac{1}{s}F(s) + \frac{1}{s}f^{(-1)}(0_-) \\ &\vdots \\ f^{(-n)}(t) &= \left(\int_{-\infty}^{t} \right)^n f(x)\mathrm{d}x \leftrightarrow \frac{1}{s^n}F(s) + \sum_{m=1}^{n}\frac{1}{s^{n-m+1}}f^{(-m)}(0_-) \end{aligned}\right\} \tag{5-2-11}$$

其收敛域至少是 $\mathrm{Re}[s] > \sigma_0$ 与 $\mathrm{Re}[s] > 0$ 相重叠的部分。

证明从略。

顺便指出，若 $f(t)$ 为因果函数，显然 $f(t)$ 及其积分在 $t = 0_-$ 时为零，即 $f^{(-n)}(0_-) = 0$，$n = 0,1,2,\cdots$。这时其积分的象函数为式（5-2-10）。

例 5.2.5　求图 5.2.1 中三角形脉冲

$$f_\Delta\left(t - \frac{\tau}{2}\right) = \begin{cases} \dfrac{2}{\tau}t, & 0 < t < \dfrac{\tau}{2} \\ 2 - \dfrac{2}{\tau}t, & \dfrac{\tau}{2} < t < \tau \\ 0, & t < 0, t > \tau \end{cases}$$

的象函数。

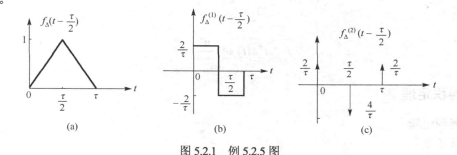

图 5.2.1　例 5.2.5 图

解： 三角形脉冲及其一阶、二阶导数如图 5.2.5(a)、(b)、(c)所示。

令 $f(t) = f_\Delta^{(2)}\left(t - \dfrac{\tau}{2}\right)$，则

$$f^{(-1)}(t) = f_\Delta^{(1)}\left(t - \frac{\tau}{2}\right)$$

$$f^{(-2)}(t) = f_\Delta\left(t - \frac{\tau}{2}\right)$$

由时移特性可得 $f(t)$ 的象函数：

$$F(s) = \frac{2}{\tau} - \frac{4}{\tau}\mathrm{e}^{-\frac{\tau}{2}s} + \frac{2}{\tau}\mathrm{e}^{-\tau s} = \frac{2}{\tau}(1 - \mathrm{e}^{-\frac{\tau}{2}s})^2$$

又 $f^{(-1)}(0_-) = f^{(-2)}(0_-) = 0$，由积分特性得

$$f_\Delta\left(t - \frac{\tau}{2}\right) \leftrightarrow \frac{1}{s^2}F(s) = \frac{2}{\tau}\frac{(1 - \mathrm{e}^{-\frac{\tau}{2}s})^2}{s^2}$$

例 5.2.6 已知 $\varepsilon(t) \leftrightarrow \dfrac{1}{s}$，利用阶跃函数的积分求 $t^n\varepsilon(t)$ 的象函数。

解： 由于

$$\int_0^t \varepsilon(x)\mathrm{d}x = t\varepsilon(t)$$

$$\left(\int_0^t\right)^2 \varepsilon(x)\mathrm{d}x = \int_0^t x\varepsilon(x)\mathrm{d}x = \frac{1}{2}t^2\varepsilon(t)$$

$$\left(\int_0^t\right)^3 \varepsilon(x)\mathrm{d}x = \int_0^t \frac{1}{2}x^2\varepsilon(x)\,\mathrm{d}x = \frac{1}{3\times 2}t^3\varepsilon(t)$$

$$\vdots$$

可以推得

$$\left(\int_0^t\right)^n \varepsilon(x)\mathrm{d}x = \frac{1}{n!}t^n\varepsilon(t)$$

利用积分特性，考虑到 $\varepsilon(t) \leftrightarrow \dfrac{1}{s}$ 得

$$\left(\int_0^t\right)^n \varepsilon(x)\mathrm{d}x = \frac{1}{n!}t^n\varepsilon(t) \leftrightarrow \frac{1}{s^{n+1}}$$

即

$$t^n\varepsilon(t) \leftrightarrow \frac{n!}{s^{n+1}}$$

5.2.7 卷积定理

时域卷积定理

若因果函数

$$f_1(t) \leftrightarrow F_1(s), \qquad \text{Re}[s] > \sigma_1$$

$$f_2(t) \leftrightarrow F_2(s), \qquad \text{Re}[s] > \sigma_2$$

则

$$f_1(t) * f_2(t) \leftrightarrow F_1(s)F_1(s) \qquad (5\text{-}2\text{-}12)$$

其收敛域至少是 $F_1(s)$ 收敛域与 $F_2(s)$ 收敛域相重叠的部分。

证明从略。

复频域（s 域）卷积定理使用较少，这里不再介绍。

例 5.2.7　已知某 LTI 系统的冲激响应 $h(t) = \text{e}^{-t}\varepsilon(t)$，求输入 $f(t) = \varepsilon(t)$ 时的零状态响应 $y_{zs}(t)$。

解：由于 LTI 系统的零状态响应为

$$y_{zs}(t) = h(t) * f(t)$$

根据卷积定理有

$$Y_{zs}(s) = H(s)F(s)$$

又

$$h(t) \leftrightarrow H(s) = \frac{1}{s+1}, \qquad f(t) \leftrightarrow F(s) = \frac{1}{s}$$

故

$$Y_{zs}(s) = H(s)F(s) = \frac{1}{s} \cdot \frac{1}{s+1} = \frac{1}{s} - \frac{1}{s+1}$$

对上式取拉普拉斯逆变换，得

$$y_{zs}(t) = \varepsilon(t) - \text{e}^{-t}\varepsilon(t) = (1 - \text{e}^{-t})\varepsilon(t)$$

5.2.8　s 域微分和积分

若

$$f(t) \leftrightarrow F(s), \qquad \text{Re}[s] > \sigma_0$$

则

$$\left.\begin{aligned} (-t)f(t) &\leftrightarrow \frac{\text{d}F(s)}{\text{d}s} \\ (-t)^n f(t) &\leftrightarrow \frac{\text{d}^n F(s)}{\text{d}s^n}, \qquad \text{Re}[s] > \sigma_0 \end{aligned}\right\} \qquad (5\text{-}2\text{-}13)$$

$$\frac{f(t)}{t} \leftrightarrow \int_s^\infty F(\eta)\,\text{d}\eta, \qquad \text{Re}[s] > \sigma_0 \qquad (5\text{-}2\text{-}14)$$

证明从略。

例 5.2.8　求函数 $t^2 \text{e}^{-\alpha t}\varepsilon(t)$ 的象函数。

解：令 $f_1(t) = \text{e}^{-\alpha t}\varepsilon(t)$，则 $F_1(s) = \dfrac{1}{s+\alpha}$。由 s 域微分性质，得

$$t^2 \text{e}^{-\alpha t}\varepsilon(t) = (-t)^2 f_1(t) \leftrightarrow \frac{\text{d}^2 F_1(s)}{\text{d}s^2} = \frac{2}{(s+\alpha)^3}$$

即

$$t^2 e^{-\alpha t} \varepsilon(t) \leftrightarrow \frac{2}{(s+\alpha)^3}$$

例 5.2.9 求函数 $\frac{\sin t}{t} \varepsilon(t)$ 的象函数。

解：由于

$$\sin t \varepsilon(t) \leftrightarrow \frac{1}{s^2+1}$$

由 s 域积分性质可得

$$\frac{\sin t}{t} \varepsilon(t) \leftrightarrow \int_s^\infty \frac{1}{\eta^2+1} d\eta = \arctan \eta \Big|_s^\infty = \frac{\pi}{2} - \arctan s = \arctan\left(\frac{1}{s}\right)$$

5.2.9 初值定理和终值定理

1. 初值定理

设函数 $f(t)$ 不包含 $\delta(t)$ 及其各阶导数，且

$$f(t) \leftrightarrow F(s), \qquad \text{Re}[s] > \sigma_0$$

则有

$$\left.\begin{aligned}
f(0_+) &= \lim_{t \to 0_+} f(t) = \lim_{s \to \infty} sF(s) \\
f'(0_+) &= \lim_{s \to \infty} s\left[sF(s) - f(0_+) \right] \\
f''(0_+) &= \lim_{s \to \infty} s\left[s^2 F(z) - sf(0_+) - f'(0_+) \right]
\end{aligned}\right\} \tag{5-2-15}$$

2. 终值定理

若函数 $f(t)$ 当 $t \to \infty$ 时的极限存在，即 $f(\infty) = \lim_{t \to \infty} f(t)$，且

$$f(t) \leftrightarrow F(s), \qquad \text{Re}[s] > \sigma_0, \sigma_0 < 0$$

则有

$$f(\infty) = \lim_{s \to 0} sF(s)$$

需要注意的是，终值定理是取 $s \to 0$ 的极限，因而 $s = 0$ 的点应在 $sF(s)$ 的收敛域内，否则不能应用终值定理。

下面举例说明。

例 5.2.10 如果函数 $f(t)$ 的象函数为

$$F(s) = \frac{1}{s+\alpha}, \qquad \text{Re}[s] > -\alpha$$

求原函数 $f(t)$ 的初值和终值。

解：由初值定理，得

$$f(0_+) = \lim_{s \to \infty} sF(s) = \lim_{s \to \infty} \frac{s}{s+\alpha} = 1$$

由终值定理，得

$$f(\infty) = \lim_{s \to 0} sF(s) = \lim_{s \to 0} \frac{s}{s+\alpha} = \begin{cases} 0, & \alpha > 0 \\ 1, & \alpha = 0 \\ 0, & \alpha < 0 \end{cases}$$

对于 $\alpha \geq 0$，$sF(s) = \dfrac{s}{s+\alpha}$ 的收敛域分别为 $\mathrm{Re}[s] > -\alpha(\alpha > 0)$ 和 $\mathrm{Re}[s] > -\infty(\alpha = 0)$，显然 $s = 0$ 在收敛域内，因而结果正确；而对 $\alpha < 0$，$sF(s)$ 的收敛域为 $\mathrm{Re}[s] > -\alpha = |\alpha|$，$s = 0$ 不在收敛域内，因而结果不正确。

最后，将拉普拉斯变换的性质归纳为表 5-1 作为小结，以便查阅。

表 5-1　单边拉普拉斯变换的性质

名　　称	时域　　　　$f(t) \leftrightarrow F_b(s)$　　　　s 域	
定义	$f(t) = \dfrac{1}{2\pi j} \displaystyle\int_{\sigma-j\infty}^{\sigma+j\infty} F(s)e^{st}\mathrm{d}s$	$F(s) = \displaystyle\int_{-\infty}^{\infty} f(t)e^{-st}\mathrm{d}t,\quad \sigma > \sigma_0$
线性	$a_1 f_1(t) + a_2 f_2(t)$	$a_1 F_1(s) + a_2 F_2(s),\qquad \mathrm{Re}[s] > \max(\sigma_1, \sigma_2)$
尺度变换	$f(at)$	$\dfrac{1}{a} F\left(\dfrac{s}{a}\right),\qquad \mathrm{Re}[s] > a\sigma_0$
时移	$f(t-t_0)\varepsilon(t-t_0)$	$e^{-st_0} F(s),\qquad \mathrm{Re}[s] > \sigma_0$
复频移	$f(t)e^{s_a t}$	$F(s-s_a),\qquad \mathrm{Re}[s] > \sigma_0 + \sigma_a$
时域微分	$f^{(n)}(t)$	$s^n F(s) - \displaystyle\sum_{m=0}^{n-1} s^{n-1-m} f^{(m)}(0_-)$
时域积分	$\left(\displaystyle\int_{0_-}^{t}\right)^n f(x)\mathrm{d}x$	$\dfrac{1}{s^n} F(s),\ \sigma > \max(\sigma_0, 0)$
	$f^{(-n)}(t)$	$\dfrac{1}{s^n} F(s) + \displaystyle\sum_{m=1}^{n} \dfrac{1}{s^{n-m+1}} f^{(-m)}(0_-)$
时域卷积	$f_1(t) * f_2(t)$	$F_1(s)F_2(s),\qquad \sigma > \max(\sigma_1, \sigma_2)$
s 域微分	$(-t)^n f(t)$	$\dfrac{\mathrm{d}^n F(s)}{\mathrm{d}s^n},\qquad \sigma > \sigma_0$

5.3　拉普拉斯逆变换

对于单边拉普拉斯变换，由式（5-1-9）知，象函数 $F(s)$ 的拉普拉斯逆变换为

$$f(t) \overset{\text{def}}{=} \begin{cases} 0, & t < 0 \\ \dfrac{1}{2\pi j} \displaystyle\int_{\sigma-j\infty}^{\sigma+j\infty} F(s)e^{st}\mathrm{d}s, & t > 0 \end{cases} \tag{5-3-1}$$

上述积分应在收敛域内进行，若选常数 $\sigma > \sigma_0$，则积分路线是横坐标为 σ，平行于纵坐标的直线。若 $F(s)$ 是 s 的有理分式，可将 $F(s)$ 展开为部分分式，然后求得其原函数。若直接利用拉普拉斯逆变换表（见附录 E）将更为简便。

如果象函数 $F(s)$ 是 s 的有理分式，它可以写为

$$F(s) = \frac{b_m s^m + b_{m-1} s^{m-1} + \cdots + b_1 s + b_0}{s^n + a_{n-1} s^{n-1} + \cdots + a_1 s + a_0} \tag{5-3-2}$$

式中，各系数 a_i，$i = 0, 1, 2, \cdots, n$，b_j，$j = 0, 1, 2, \cdots, m$ 均为实数，为简便且不失一般性，设 $a_n = 1$。若 $m \geq n$，可用多项式除法将象函数 $F(s)$ 分解为有理多项式 $P(s)$ 与有理真分式之和，即

$$F(s) = P(s) + \frac{B(s)}{A(s)} \tag{5-3-3}$$

式中，$B(s)$ 的幂次小于 $A(s)$ 的幂次。例如

$$F(s) = \frac{s^4 + 8s^3 + 25s^2 + 31s + 15}{s^3 + 6s^2 + 11s + 6} = s + 2 + \frac{2s^2 + 3s + 3}{s^3 + 6s^2 + 11s + 6}$$

由于 $\delta(t) \leftrightarrow 1, \delta'(t) \leftrightarrow s, \cdots$，故上面多项式 $P(s)$ 的拉普拉斯逆变换由冲激函数及其各阶导数组成，容易求得。下面主要讨论象函数为有理真分式的情形。

5.3.1 查表法

例 5.3.1 已知 $F(s) = \dfrac{2s+5}{s^2+3s+2}$，求 $F(s)$ 的原函数 $f(t)$。

解： $F(s)$ 可以表示为

$$F(s) = \frac{2s+5}{s^2+3s+2} = \frac{2s+5}{(s+1)(s+2)}$$

由附录 E 查得变换对为

$$f(t) = 3\mathrm{e}^{-t} - \mathrm{e}^{-2t}, \qquad t \geq 0$$

或写为

$$f(t) = (3\mathrm{e}^{-t} - \mathrm{e}^{-2t})\varepsilon(t)$$

例 5.3.2 已知 $F(s) = \dfrac{3s+3}{s^2+2s+10}$，求 $F(s)$ 的原函数 $f(t)$。

解： $F(s)$ 可以表示为

$$F(s) = \frac{3s+3}{s^2+2s+10} = \frac{3(s+1)}{(s+1)^2 + 3^2}$$

由附录 E 查得变换对为

$$f(t) = 3\mathrm{e}^{-t}\cos(3t)\varepsilon(t)$$

5.3.2 部分分式展开法

若 $F(s)$ 是 s 的有理真分式（式中 $m < n$），则可表示为

$$F(s) = \frac{B(s)}{A(s)} = \frac{b_m s^m + b_{m-1}s^{m-1} + \cdots + b_1 s + b_0}{s^n + a_{n-1}s^{n-1} + \cdots + a_1 s + a_0} \tag{5-3-4}$$

式中，分母多项式 $A(s)$ 称为 $F(s)$ 的特征多项式，方程 $A(s) = 0$ 称为特征方程，其根称为特征根，也称为 $F(s)$ 的固有频率。

为将 $F(s)$ 展开为部分分式，要先求出特征方程的 n 个特征根 s_i，$i = 1, 2, \cdots, n$，s_i 称为 $F(s)$ 的极点。特征根可能是实根，也可能是复根；可能是单根，也可能是重根。因此有 3 种情况：① $F(s)$ 有单极点（特征根为单根）；② $F(s)$ 有共轭单极点（特征根为共轭单根）；③ $F(s)$ 有重极点（特征根重根）。

1. $F(s)$ 仅有单极点（特征根为单根）

如果方程 $A(s) = 0$ 的根都是单根，其 n 个特征根 s_i，$i = 1, 2, \cdots, n$ 都互不相等，那么 $F(s)$ 可展开为

如下的部分分式：

$$F(s) = \frac{B(s)}{A(s)} = \frac{K_1}{s-s_1} + \frac{K_2}{s-s_2} + \cdots + \frac{K_i}{s-s_i} + \cdots + \frac{K_n}{s-s_n} = \sum_{i=1}^{n} \frac{K_i}{s-s_i} \tag{5-3-5}$$

选定系数 K_i 可用如下方法求得：

将式（5-3-5）等号两端同乘以 $(s-s_i)$，得

$$(s-s_i)F(s) = \frac{(s-s_i)B(s)}{A(s)} = \frac{(s-s_i)K_1}{s-s_1} + \frac{(s-s_i)K_2}{s-s_2} + \cdots + K_i + \cdots + \frac{(s-s_i)K_n}{s-s_n}$$

当 $s \to s_i$ 时，由于各根均不相等，故等号右端除 K_i 一项外均趋近于零，于是得

$$K_i = (s-s_i)F(s)\big|_{s=s_i} = \lim_{s \to s_i} \frac{(s-s_i)B(s)}{A(s)} \tag{5-3-6}$$

由于 $e^{s_i t} \leftrightarrow \dfrac{1}{s-s_i}$，并利用线性性质，可得式（5-3-5）的原函数为

$$f(t) = \sum_{i=1}^{n} K_i e^{s_i t} \varepsilon(t) \tag{5-3-7}$$

式中，系数 K_i 由式（5-3-6）求得。

例 5.3.3　已知 $F(s) = \dfrac{s+4}{s^3 + 3s^2 + 2s}$，求 $F(s)$ 的原函数 $f(t)$。

解：象函数 $F(s)$ 的分母多项式为

$$A(s) = s^3 + 3s^2 + 2s = s(s+1)(s+2)$$

方程 $A(s) = 0$ 的 3 个单实根 $s_1 = 0, s_2 = -1, s_3 = -2$，用式（5-3-6）可求得各系数：

$$K_1 = sF(s)\big|_{s=0} = \lim_{s \to 0} s \frac{s+4}{s(s+1)(s+2)} = 2$$

$$K_2 = (s+1)F(s)\big|_{s=-1} = \lim_{s \to -1} (s+1) \frac{s+4}{s(s+1)(s+2)} = -3$$

$$K_3 = (s+2)F(s)\big|_{s=-2} = \lim_{s \to -2} (s+2) \frac{s+4}{s(s+1)(s+2)} = 1$$

所以

$$F(s) = \frac{s+4}{s^3 + 3s^2 + 2s} = \frac{2}{s} - \frac{3}{s+1} + \frac{1}{s+2}$$

取其逆变换，得

$$f(t) = (2 - 3e^{-t} + e^{-2t})\varepsilon(t)$$

2. $F(s)$ 有共轭单极点（特征根为共轭单根）

方程 $A(s) = 0$ 若有复数根（或虚根），它们必共轭成对，否则，多项式 $A(s)$ 的系数中必有一部分是复数或虚数，而不可能全为实数。

例 5.3.4　已知 $F(s) = \dfrac{s+2}{s^2 + 2s + 2}$，求 $F(s)$ 的原函数 $f(t)$。

解：象函数 $F(s)$ 的分母多项式为

$$A(s) = s^2 + 2s + 2 = (s + 1 - j)(s + 1 + j)$$

方程 $A(s) = 0$ 有一对共轭复数根 $s_{1,2} = -1 \pm j$，用式（5-3-6）可求得各系数为

$$K_1 = \frac{s + 2}{s + 1 + j}\Big|_{s = -1 + j} = \frac{1 + j}{j2} = \frac{\sqrt{2}}{2} e^{-j\frac{\pi}{4}}$$

$$K_2 = \frac{s + 2}{s + 1 - j}\Big|_{s = -1 - j} = \frac{1 - j}{-j2} = \frac{\sqrt{2}}{2} e^{j\frac{\pi}{4}}$$

系数 K_1、K_2 也互为共轭复数。$F(s)$ 可展开为

$$F(s) = \frac{s + 2}{s^2 + 2s + 2} = \frac{\frac{\sqrt{2}}{2} e^{-j\frac{\pi}{4}}}{s + 1 - j} + \frac{\frac{\sqrt{2}}{2} e^{j\frac{\pi}{4}}}{s + 1 + j}$$

取其逆变换，得

$$
\begin{aligned}
f(t) &= \left[\frac{\sqrt{2}}{2} e^{-j\frac{\pi}{4}} e^{(-1+j)t} + \frac{\sqrt{2}}{2} e^{j\frac{\pi}{4}} e^{(-1-j)t} \right] \varepsilon(t) \\
&= \frac{\sqrt{2}}{2} e^{-t} \left[e^{j\left(t - \frac{\pi}{4}\right)} + e^{-j\left(t - \frac{\pi}{4}\right)} \right] \varepsilon(t) \\
&= \sqrt{2} e^{-t} \cos\left(t - \frac{\pi}{4}\right) \varepsilon(t)
\end{aligned}
$$

3. $F(s)$ 有重极点（特征根重根）

如果方程 $A(s) = 0$ 在 $s = s_1$ 处有 r 重根，即 $s_1 = s_2 = \cdots = s_r$，而其余 $(n - r)$ 个根 $s_{r+1}, \cdots, s_n$ 都不等于 s_1，则象函数 $F(s)$ 的展式可写为

$$
\begin{aligned}
F(s) &= \frac{B(s)}{A(s)} = \frac{K_{11}}{(s - s_1)^r} + \frac{K_{12}}{(s - s_1)^{r-1}} + \cdots + \frac{K_{1r}}{s - s_1} + \frac{B_2(s)}{A_2(s)} \\
&= \sum_{i=1}^{r} \frac{K_{1i}}{(s - s_1)^{r+1-i}} + \frac{B_2(s)}{A_2(s)} \qquad\qquad\qquad (5\text{-}3\text{-}8) \\
&= F_1(s) + F_2(s)
\end{aligned}
$$

式中，$F_2(s) = \dfrac{B_2(s)}{A_2(s)}$ 是除重根以外的项，且当 $s = s_1$ 时 $A_2(s) \neq 0$。各系数 K_{1i}，$i = 1, 2, \cdots, r$ 可这样求得，将式（5-3-8）等号两端同乘以 $(s - s_1)^r$，得

$$(s - s_1)^r F(s) = K_{11} + (s - s_1) K_{12} + \cdots + (s - s_1)^{i-1} K_{1i} + \cdots + (s - s_1)^{r-1} K_{1r} + (s - s_1)^r \frac{B_2(s)}{A_2(s)} \quad (5\text{-}3\text{-}9)$$

令 $s = s_1$，得

$$K_{11} = \left[(s - s_1)^r F(s) \right]\Big|_{s = s_1} \qquad\qquad\qquad (5\text{-}3\text{-}10)$$

将式（5-3-9）对 s 求导数，得

$$\frac{\mathrm{d}}{\mathrm{d}s} \left[(s - s_1)^r F(s) \right] = K_{12} + \cdots + (i-1)(s - s_1)^{i-2} K_{1i} + \cdots + (r-1)(s - s_1)^{r-2} K_{1r} + \frac{\mathrm{d}}{\mathrm{d}s} \left[(s - s_1)^r \frac{B_2(s)}{A_2(s)} \right]$$

令 $s = s_1$，得

$$K_{12} = \frac{\mathrm{d}}{\mathrm{d}s}\Big[(s-s_1)^r F(s)\Big]\Big|_{s=s_1} \tag{5-3-11}$$

依此类推，可得

$$K_{1i} = \frac{1}{(i-1)!}\frac{\mathrm{d}^{i-1}}{\mathrm{d}s^{i-1}}\Big[(s-s_1)^r F(s)\Big]\Big|_{s=s_1} \tag{5-3-12}$$

式中，$i = 1, 2, \cdots, r$。

由于 $t^n \varepsilon(t) \leftrightarrow \dfrac{n!}{s^{n+1}}$，利用复频移特性，可得

$$t^n \mathrm{e}^{s_1 t}\varepsilon(t) \leftrightarrow \frac{n!}{(s-s_1)^{n+1}} \tag{5-3-13}$$

于是，式（5-3-8）中重根部分象函数 $F_1(s)$ 的原函数为

$$f_1(t) = \left[\sum_{i=1}^{r}\frac{K_{1i}}{(r-i)!}t^{r-i}\right]\mathrm{e}^{s_1 t}\varepsilon(t) \tag{5-3-14}$$

例 5.3.5　已知 $F(s) = \dfrac{s+3}{(s+1)^3(s+2)}$，求 $F(s)$ 的原函数 $f(t)$。

解：方程 $A(s) = 0$ 有三重根 $s_1 = s_2 = s_3 = -1$ 和单根 $s_4 = -2$，则象函数 $F(s)$ 的展开式可写为

$$F(s) = \frac{s+3}{(s+1)^3(s+2)} = \frac{K_{11}}{(s+1)^3} + \frac{K_{12}}{(s+1)^2} + \frac{K_{13}}{s+1} + \frac{K_4}{s+2}$$

按式（5-3-12）和式（5-3-6）可分别求得系数 K_{1i}，$i = 1, 2, 3$ 和 K_4。

$$K_{11} = \Big[(s+1)^3 F(s)\Big]\Big|_{s=-1} = 2$$

$$K_{12} = \frac{\mathrm{d}}{\mathrm{d}s}\Big[(s+1)^3 F(s)\Big]\Big|_{s=-1} = -1$$

$$K_{13} = \frac{1}{2!}\frac{\mathrm{d}^2}{\mathrm{d}s^2}\Big[(s+1)^3 F(s)\Big]\Big|_{s=-1} = 1$$

$$K_4 = \Big[(s+2)F(s)\Big]\Big|_{s=-2} = -1$$

所以

$$F(s) = \frac{2}{(s+1)^3} - \frac{1}{(s+1)^2} + \frac{1}{s+1} - \frac{1}{s+2}$$

取其逆变换，得

$$f(t) = \Big[(t^2 - t + 1)\mathrm{e}^{-t} - \mathrm{e}^{-2t}\Big]\varepsilon(t)$$

如果方程 $A(s) = 0$ 有复重根，可以用类似于复单根的方法导出相应的逆变换关系式。如，$A(s) = 0$ 有二重复根 $s_{1,2} = -\alpha \pm \mathrm{j}\beta$，则象函数 $F(s)$ 的展开式可写为

$$F(s) = \frac{K_{11}}{(s+\alpha-\mathrm{j}\beta)^2} + \frac{K_{12}}{(s+\alpha-\mathrm{j}\beta)} + \frac{K_{21}}{(s+\alpha+\mathrm{j}\beta)^2} + \frac{K_{22}}{(s+\alpha+\mathrm{j}\beta)} + \frac{B_2(s)}{A_2(s)}$$

可以证明，$K_{21} = K_{11}^*$，$K_{22} = K_{12}^*$，系数 K_{11}, K_{12} 的求法同上。求得系数后，可用下式求得其逆变换：

$$2|K_{11}|t\mathrm{e}^{-\alpha t}\cos(\beta t+\theta_{11})\varepsilon(t)\leftrightarrow\frac{|K_{11}|\mathrm{e}^{\mathrm{j}\theta_{11}}}{(s+\alpha-\mathrm{j}\beta)^2}+\frac{|K_{11}|\mathrm{e}^{-\mathrm{j}\theta_{11}}}{(s+\alpha+\mathrm{j}\beta)^2} \tag{5-3-15}$$

$$2|K_{12}|\mathrm{e}^{-\alpha t}\cos(\beta t+\theta_{12})\varepsilon(t)\leftrightarrow\frac{|K_{12}|\mathrm{e}^{\mathrm{j}\theta_{12}}}{(s+\alpha-\mathrm{j}\beta)}+\frac{|K_{12}|\mathrm{e}^{-\mathrm{j}\theta_{12}}}{(s+\alpha+\mathrm{j}\beta)} \tag{5-3-16}$$

例 5.3.6 已知 $F(s)=\dfrac{s+1}{\left[(s+2)^2+1\right]^2}$，求 $F(s)$ 的原函数 $f(t)$。

解：方程 $A(s)=0$ 有二重根 $s_{1,2}=-2\pm\mathrm{j}1$，则象函数 $F(s)$ 的展开式可写为

$$F(s)=\frac{K_{11}}{(s+2-\mathrm{j}1)^2}+\frac{K_{12}}{(s+2-\mathrm{j}1)}+\frac{K_{21}}{(s+2+\mathrm{j}1)^2}+\frac{K_{22}}{(s+2+\mathrm{j}1)}$$

按式（5-3-12）可分别求得系数 K_{1i}，$i=1,2$。

$$K_{11}=\left[(s+2-\mathrm{j}1)^2 F(s)\right]\Big|_{s=-2+\mathrm{j}1}=\frac{\sqrt{2}}{4}\mathrm{e}^{-\mathrm{j}\frac{\pi}{4}}$$

$$K_{12}=\frac{\mathrm{d}}{\mathrm{d}s}\left[(s+2-\mathrm{j}1)^2 F(s)\right]\Big|_{s=-2+\mathrm{j}1}=\frac{1}{4}\mathrm{e}^{\mathrm{j}\frac{\pi}{4}}$$

所以

$$F(s)=\frac{\frac{\sqrt{2}}{4}\mathrm{e}^{-\mathrm{j}\frac{\pi}{4}}}{(s+2-\mathrm{j}1)^2}+\frac{\frac{1}{4}\mathrm{e}^{\mathrm{j}\frac{\pi}{4}}}{(s+2-\mathrm{j}1)}+\frac{\frac{\sqrt{2}}{4}\mathrm{e}^{\mathrm{j}\frac{\pi}{4}}}{(s+2+\mathrm{j}1)^2}+\frac{\frac{1}{4}\mathrm{e}^{-\mathrm{j}\frac{\pi}{4}}}{(s+2+\mathrm{j}1)}$$

取其逆变换，得

$$f(t)=\left[\frac{\sqrt{2}}{2}t\mathrm{e}^{-2t}\cos\left(t-\frac{\pi}{4}\right)+\frac{1}{2}\mathrm{e}^{-2t}\cos\left(t+\frac{\pi}{2}\right)\right]\varepsilon(t)$$

5.4   复频域分析

拉普拉斯变换是分析线性连续系统的有力数学工具，它将描述系统的时域微积分方程变换为 s 域的代数方程，便于运算和求解；同时它将系统的初始状态自然地包含于象函数方程中，既可分别求得零输入响应、零状态响应，也可一举求得系统的全响应。本节讨论拉普拉斯变换用于 LTI 系统分析的一些问题。

5.4.1   微分方程的变换解

LTI 连续系统的数学模型是常系数微分方程。在第 2 章中讨论了微分方程的时域解法，求解过程较为烦琐。而这里是用拉普拉斯变换求解微分方程，求解简单明了，方便易行。

设 LTI 系统的激励为 $f(t)$，响应为 $y(t)$，描述系统的 n 阶微分方程的一般形式可写为

$$\sum_{i=0}^{n}a_i y^{(i)}(t)=\sum_{j=0}^{m}b_j f^{(j)}(t) \tag{5-4-1}$$

式中，系数 a_i，$i=0,1,\cdots,n$，b_j，$j=0,1,\cdots,m$ 均为实数，设系统的初始状态为 $y(0_-),y^{(1)}(0_-),\cdots,$ $y^{(n-1)}(0_-)$。

令 $y(t) \leftrightarrow Y(s), f(t) \leftrightarrow F(s)$。根据时域的微分定理，$y(t)$ 及其各阶导数的拉普拉斯变换为

$$y^{(i)}(t) \leftrightarrow s^i Y(s) - \sum_{p=0}^{i-1} s^{i-1-p} y^{(p)}(0_-), \qquad i = 0,1,\cdots,n \tag{5-4-2}$$

如果 $f(t)$ 是在 $t = 0$ 时接入的，则在 $t = 0_-$ 时 $f(t)$ 及其各阶导数均为零，即 $f^{(j)}(0_-) = 0$，$j = 0,1,\cdots,m$。因而 $f(t)$ 及其各阶导数的拉普拉斯变换为

$$f^{(j)}(t) \leftrightarrow s^j F(s) \tag{5-4-3}$$

取式（5-4-1）的拉普拉斯变换并将式（5-4-2）和式（5-4-3）代入，得

$$\sum_{i=0}^{n} a_i \left[s^i Y(s) - \sum_{p=0}^{i-1} s^{i-1-p} y^{(p)}(0_-) \right] = \sum_{j=0}^{m} b_j s^j F(s)$$

即

$$\left[\sum_{i=0}^{n} a_i s^i \right] Y(s) - \sum_{i=0}^{n} a_i \left[\sum_{p=0}^{i-1} s^{i-1-p} y^{(p)}(0_-) \right] = \left[\sum_{j=0}^{m} b_j s^j \right] F(s) \tag{5-4-4}$$

由上式可解得

$$Y(s) = \frac{M(s)}{A(s)} + \frac{B(s)}{A(s)} F(s) \tag{5-4-5}$$

式中，$A(s) = \sum_{i=0}^{n} a_i s^i$ 是方程（5-4-1）的特征多项式；$B(s) = \sum_{j=0}^{m} b_j s^j$，多项式 $A(s)$ 和 $B(s)$ 的系数仅

与微分方程的系数 a_i、b_j 有关；$M(s) = \sum_{i=0}^{n} a_i \left[\sum_{p=0}^{i-1} s^{i-1-p} y^{(p)}(0_-) \right]$，它也是 s 的多项式，其系数与 a_i 和

响应的各初始状态 $y^{(p)}(0_-)$ 有关而与激励无关。

由式（5-4-5）可以看出，其第一项仅与初始状态有关而与输入无关，因而是零输入响应 $y_{zi}(t)$ 的象函数，记为 $Y_{zi}(s)$；其第二项仅与激励有关而与初始状态无关，因而是零状态响应 $y_{zs}(t)$ 的象函数，记为 $Y_{zs}(s)$。于是式（5-4-5）可写为

$$Y(s) = Y_{zi}(s) + Y_{zs}(s) = \frac{M(s)}{A(s)} + \frac{B(s)}{A(s)} F(s) \tag{5-4-6}$$

式中，$Y_{zi}(s) = \dfrac{M(s)}{A(s)}$，$Y_{zs}(s) = \dfrac{B(s)}{A(s)} F(s)$。取上式逆变换，得系统的全响应：

$$y(t) = y_{zi}(t) + y_{zs}(t) \tag{5-4-7}$$

例 5.4.1 描述某 LTI 连续系统的微分方程为

$$y''(t) + 3y'(t) + 2y(t) = 2f'(t) + 6f(t)$$

已知输入 $f(t) = \varepsilon(t)$，初始状态 $y(0_-) = 2, y'(0_-) = 1$。求系统的零输入响应、零状态响应和全响应。

解：对微分方程取拉普拉斯变换得

$$s^2 Y(s) - sy(0_-) - y'(0_-) + 3sY(s) - 3y(0_-) + 2Y(s) = 2sF(s) + 6F(s)$$

即

$$(s^2 + 3s + 2)Y(s) - [sy(0_-) + y'(0_-) + 3y(0_-)] = 2(s+3)F(s)$$

可解得

$$Y(s) = Y_{zi}(s) + Y_{zs}(s) = \frac{sy(0_-) + y'(0_-) + 3y(0_-)}{s^2 + 3s + 2} + \frac{2(s+3)}{s^2 + 3s + 2} F(s) \tag{5-4-8}$$

将 $F(s) = \dfrac{1}{s}$ 和各初始值代入上式，得

$$Y_{zi}(s) = \frac{2s+7}{s^2 + 3s + 2} = \frac{2s+7}{(s+1)(s+2)} = \frac{5}{s+1} - \frac{3}{s+2}$$

$$Y_{zs}(s) = \frac{2(s+3)}{s^2 + 3s + 2} \cdot \frac{1}{s} = \frac{2(s+3)}{s(s+1)(s+2)} = \frac{3}{s} - \frac{4}{s+1} + \frac{1}{s+2}$$

对以上两式取逆变换，得零输入响应和零状态响应分别为

$$y_{zi}(t) = (5e^{-t} - 3e^{-2t})\varepsilon(t)$$

$$y_{zs}(t) = (3 - 4e^{-t} + e^{-2t})\varepsilon(t)$$

系统的全响应为

$$y(t) = y_{zi}(t) + y_{zs}(t) = (3 + e^{-t} - 2e^{-2t})\varepsilon(t)$$

在系统分析中，有时已知 $t = 0_+$ 时刻的初始值，由于激励已经接入，而 $y_{zs}(t)$ 及其各阶导数 $t = 0_+$ 时刻的值常不等于零，这时应设法求得初始状态 $y^{(i)}(0_-) = y_{zi}^{(i)}(0_-)$，$i = 0, 1, \cdots, n-1$。

由于式（5-4-7）对任何 $t \geq 0$ 成立，故有

$$y^{(i)}(0_+) = y_{zi}^{(i)}(0_+) + y_{zs}^{(i)}(0_+)$$

在 0_- 时刻，显然有 $y_{zs}^{(i)}(0_-) = 0$，因而 $y^{(i)}(0_-) = y_{zi}^{(i)}(0_-)$，对于零输入响应，应该有 $y_{zi}^{(i)}(0_-) = y_{zi}^{(i)}(0_+)$，于是

$$y^{(i)}(0_-) = y_{zi}^{(i)}(0_-) = y_{zi}^{(i)}(0_+) = y^{(i)}(0_+) - y_{zs}^{(i)}(0_+)，\qquad i = 0, 1, \cdots, n-1 \tag{5-4-9}$$

例 5.4.2　描述某 LTI 连续系统的微分方程为

$$y''(t) + 3y'(t) + 2y(t) = 2f'(t) + 6f(t)$$

已知输入 $f(t) = \varepsilon(t)$，$y(0_+) = 2, y'(0_+) = 2$，求 $y(0_-)$ 和 $y'(0_-)$。

解： 由于零状态响应与初始状态无关，故本题的零状态响应与例 5.4.1 相同，即有

$$y_{zs}(t) = (3 - 4e^{-t} + e^{-2t})\varepsilon(t)$$

易求得 $y_{zs}(0_+) = 0, y'_{zs}(0_+) = 2$。

由式（5-4-9）可求得

$$y(0_-) = y(0_+) - y_{zs}(0_+) = 2$$

$$y'(0_-) = y'(0_+) - y'_{zs}(0_+) = 0$$

例 5.4.3　描述某 LTI 连续系统的微分方程为

$$y''(t) + 4y'(t) + 4y(t) = f'(t) + 3f(t)$$

已知输入 $f(t) = e^{-t}\varepsilon(t)$，$y(0_+) = 1, y'(0_+) = 3$，求系统的零输入响应 $y_{zi}(t)$ 和零状态响应 $y_{zs}(t)$。

解： 在运用单边拉普拉斯变换对方程取拉普拉斯变换时，不能把本例中已知的"0_+"条件当作"0_-"条件直接代入方程。正确的处理方法有两种：其一，如例 5.4.2 那样，先将"0_+"条件转换为

"0_-"条件，然后再按例 5.4.1 一样的过程求解；其二，首先求零状态响应。对方程取拉普拉斯变换有

$$s^2 Y_{zs}(s) + 4s Y_{zs}(s) + 4Y_{zs}(s) = sF(s) + 3F(s)$$

解得

$$Y_{zs}(s) = \frac{s+3}{s^2+4s+4} F(s)$$

而 $f(t) \leftrightarrow F(s) = \dfrac{1}{s+1}$，代入上式得

$$Y_{zs}(s) = \frac{s+3}{s^2+4s+4} \cdot \frac{1}{s+1} = \frac{s+3}{(s+1)(s+2)^2}$$

部分分式展开上式，有

$$Y_{zs}(s) = \frac{2}{s+1} - \frac{1}{(s+2)^2} - \frac{2}{s+2}$$

所以

$$y_{zs}(t) = (2e^{-t} - (t+2)e^{-2t})\varepsilon(t)$$

易求得 $y_{zs}(0_+) = 0, y'_{zs}(0_+) = 1$。

由式（5-4-9）可求得

$$y_{zi}(0_+) = y(0_+) - y_{zs}(0_+) = 1$$
$$y'_{zi}(0_+) = y'(0_+) - y'_{zs}(0_+) = 2$$

设零输入响应

$$y_{zi}(t) = C_{zi1} e^{-2t} + C_{zi2} t e^{-2t}$$

将 $y_{zi}(0_+)$、$y'_{zi}(0_+)$ 代入上式，得

$$C_{zi1} = 1, C_{zi2} = 4$$

所以

$$y_{zi}(t) = e^{-2t} + 4t e^{-2t}, \qquad t \geqslant 0$$

或写为

$$y_{zi}(t) = (e^{-2t} + 4t e^{-2t})\varepsilon(t)$$

在第 2 章中曾讨论了系统全响应中的自由响应和强迫响应、瞬态响应和稳态响应的概念，这里从 s 域的角度研究这一问题。

例 5.4.4 描述某 LTI 连续系统的微分方程为

$$y''(t) + 5y'(t) + 6y(t) = 2f(t)$$

已知输入 $f(t) = 5\cos t\varepsilon(t)$，初始状态 $y(0_-) = 1, y'(0_-) = -1$，求系统的全响应 $y(t)$。

解：对方程取拉普拉斯变换，可求得全响应 $y(t)$ 的象函数为

$$Y(s) = Y_{zi}(s) + Y_{zs}(s) = \frac{M(s)}{A(s)} + \frac{B(s)}{A(s)} F(s) = \frac{sy(0_-) + y'(0_-) + 5y(0_-)}{s^2+5s+6} + \frac{2}{s^2+5s+6} F(s)$$

将 $F(s) = \dfrac{5s}{s^2+1}$ 和各初始状态代入上式，得

$$Y(s) = Y_{zi}(s) + Y_{zs}(s) = \frac{s+4}{(s+2)(s+3)} + \frac{2}{(s+2)(s+3)} \cdot \frac{5s}{s^2+1}$$

$$= \overbrace{\frac{2}{s+2} + \frac{-1}{s+3}}^{Y_{zi}(s)} + \overbrace{\frac{-4}{s+2} + \frac{3}{s+3} + \frac{\frac{1}{\sqrt{2}}e^{-j\frac{\pi}{2}}}{s-j} + \frac{\frac{1}{\sqrt{2}}e^{j\frac{\pi}{2}}}{s+j}}^{Y_{zs}(s)} \qquad (5\text{-}4\text{-}10)$$

$$= \underbrace{\frac{2}{s+2} + \frac{-1}{s+3} + \frac{-4}{s+2} + \frac{3}{s+3}}_{Y_{自由}(s)} + \underbrace{\frac{\frac{1}{\sqrt{2}}e^{-j\frac{\pi}{2}}}{s-j} + \frac{\frac{1}{\sqrt{2}}e^{j\frac{\pi}{2}}}{s+j}}_{Y_{强迫}(s)}$$

逆变换得

$$y(t) = \left[\overbrace{2e^{-2t} - e^{-3t}}^{y_{zi}(t)} \overbrace{-4e^{-2t} + 3e^{-3t} + \sqrt{2}\cos\left(t - \frac{\pi}{4}\right)}^{y_{zs}(t)} \right]\varepsilon(t)$$

$$= \left[\underbrace{2e^{-2t} - e^{-3t} - 4e^{-2t} + 3e^{-3t}}_{y_{自由}(t)} + \underbrace{\sqrt{2}\cos\left(t - \frac{\pi}{4}\right)}_{y_{强迫}(t)} \right]\varepsilon(t) \qquad (5\text{-}4\text{-}11)$$

由式（5-4-10）可见，$Y(s)$ 的极点由两部分组成，一部分是系统的特征根所形成的极点 -2、-3，另一部分是激励信号象函数 $F(s)$ 的极点 j、$-j$。对照式（5-4-10）可知，系统自由响应 $y_{自由}(t)$ 的象函数 $Y_{自由}(s)$ 的极点等于系统的特征根（固有频率）。可以说，系统自由响应的函数形式由系统的固有频率确定。系统强迫响应 $y_{强迫}(t)$ 的象函数 $Y_{强迫}(s)$ 的极点就是 $F(s)$ 的极点，因而系统强迫响应的函数形式由激励函数确定。

本例中，系统的特征根为负值，自由响应就是瞬态响应；激励象函数的极点实部为零，强迫响应就是稳态响应。

一般而言，若系统的特征根实部都小于零，那么自由响应函数都呈衰减形式，这时自由响应就是瞬态响应。若 $F(s)$ 极点的实部为零，则强迫响应函数都为等幅振荡（或阶跃函数）形式，这时强迫响应就是稳态响应。如果激励信号本身是衰减函数（如 $e^{-\alpha t}$、$e^{-\alpha t}\cos(\beta t)$ 等），当 $t \to \infty$ 时，强迫响应趋近于零，这时强迫响应与自由响应一起组成瞬态响应，而系统的稳态响应等于零。如果系统有实部大于零的特征根，其响应函数随时间 t 的增大而增长，这时不能再分为瞬态响应和稳态响应。

5.4.2 系统函数

如前所述，描述 n 阶 LTI 系统的微分方程一般可写为

$$\sum_{i=0}^{n} a_i y^{(i)}(t) = \sum_{j=0}^{m} b_j f^{(j)}(t)$$

设 $f(t)$ 是 $t = 0$ 时接入的，则其零状态响应的象函数为

$$Y_{zs}(s) = \frac{B(s)}{A(s)} F(s)$$

式中，$F(s)$ 为激励 $f(t)$ 的象函数，$A(s)$、$B(s)$ 分别为

$$A(s) = \sum_{i=0}^{n} a_i s^i$$

$$B(s) = \sum_{j=0}^{m} b_j s^j$$

它们很容易根据微分方程写出。

系统零状态响应的象函数 $Y_{zs}(s)$ 与激励的象函数 $F(s)$ 之比称为系统函数，用 $H(s)$ 表示，即

$$H(s) = \frac{Y_{zs}(s)}{F(s)} = \frac{B(s)}{A(s)} \tag{5-4-12}$$

由描述系统的微分方程容易写出该系统的系统函数 $H(s)$，反之亦然。由式（5-4-12）可见，系统函数 $H(s)$ 只与描述系统的微分方程系数 a_i、b_j 有关，即只与系统的结构、元件参数等有关，而与外界因素（激励、初始状态等）无关。

引入系统函数的概念后，系统零状态响应 $y_{zs}(t)$ 的象函数可写为

$$Y_{zs}(s) = H(s)F(s) \tag{5-4-13}$$

由于系统冲激响应 $h(t)$ 是输入 $f(t) = \delta(t)$ 时系统的零状态响应，由于 $\delta(t) \leftrightarrow 1$，故由式（5-4-13）知，系统冲激响应 $h(t)$ 的拉普拉斯变换为

$$h(t) \leftrightarrow H(s) \tag{5-4-14}$$

即系统冲激响应 $h(t)$ 与系统函数 $H(s)$ 是拉普拉斯变换对。

系统的阶跃响应 $g(t)$ 是输入 $f(t) = \varepsilon(t)$ 时系统的零状态响应，由于 $\varepsilon(t) \leftrightarrow \dfrac{1}{s}$，故有

$$g(t) \leftrightarrow \frac{1}{s}H(s) \tag{5-4-15}$$

一般情况下，若输入 $f(t)$，其象函数为 $F(s)$，则零状态响应的象函数为

$$Y_{zs}(s) = H(s)F(s)$$

取上式的逆变换，并由时域卷积定理，有

$$y_{zs}(t) = h(t) * f(t) \tag{5-4-16}$$

这正是时域分析中所得的重要结论。可见，时域卷积定理将连续系统的时域分析与复频域（s 域）分析紧密地联系起来，使系统分析方法更加丰富，手段更加灵活。

例 5.4.5　描述 LTI 系统的微分方程为

$$y''(t) + 2y'(t) + 2y(t) = f'(t) + 3f(t)$$

求系统的冲激响应 $h(t)$。

解：令零状态响应的象函数为 $Y_{zs}(s)$，对方程两边取拉普拉斯变换，得 $s^2 Y_{zs}(s) + 2sY_{zs}(s) + 2Y_{zs}(s) = sF(s) + 3F(s)$。

于是得系统函数为

$$H(s) = \frac{Y_{zs}(s)}{F(s)} = \frac{s+3}{s^2 + 2s + 2} = \frac{s+3}{(s+1)^2 + 1^2} = \frac{s+1}{(s+1)^2 + 1^2} + \frac{2}{(s+1)^2 + 1^2}$$

由正、余弦函数的变换对和复频移特性可得

$$e^{-t}\cos t\varepsilon(t) \leftrightarrow \frac{s+1}{(s+1)^2+1^2}$$

$$2e^{-t}\sin t\varepsilon(t) \leftrightarrow \frac{2}{(s+1)^2+1^2}$$

所以系统的冲激响应为

$$h(t) = e^{-t}(\cos t + 2\sin t)\varepsilon(t)$$

例 5.4.6 已知当输入 $f(t) = e^{-t}\varepsilon(t)$ 时，某 LTI 系统的零状态响应为

$$y_{zs}(t) = (3e^{-t} + 4e^{-2t} + e^{-3t})\varepsilon(t)$$

求该系统的冲激响应 $h(t)$ 和描述该系统的微分方程。

解： 为求得该系统的冲激响应 $h(t)$ 及系统的微分方程，应首先求得系统函数 $H(s)$，由给定的 $f(t)$ 和 $y_{zs}(t)$ 可得

$$F(s) = \frac{1}{s+1}$$

$$Y_{zs}(s) = \frac{3}{s+1} - \frac{4}{s+2} + \frac{1}{s+3} = \frac{2(s+4)}{(s+1)(s+2)(s+3)}$$

得

$$H(s) = \frac{Y_{zs}(s)}{F(s)} = \frac{2(s+4)}{(s+2)(s+3)} = \frac{4}{s+2} - \frac{2}{s+3}$$

对上式取逆变换，得系统的冲激响应 $h(t)$ 为

$$h(t) = (4e^{-2t} - 2e^{-3t})\varepsilon(t)$$

$H(s)$ 也可写为

$$H(s) = \frac{B(s)}{A(s)} = \frac{2(s+4)}{(s+2)(s+3)} = \frac{2s+8}{s^2+5s+6}$$

故描述该系统的微分方程为

$$y''(t) + 5y'(t) + 6y(t) = 2f'(t) + 8f(t)$$

5.4.3 系统的 s 域框图

系统分析中也常遇到用时域框图描述的系统，这时可根据系统框图中各基本运算部件的运算关系列出描述该系统的微分方程，然后求该方程的解（用时域法或拉普拉斯变换法）。如果根据系统的时域框图画出其相应的 s 域框图，就可以直接按 s 域框图列写出有关象函数的代数方程，然后解出响应的象函数，取其逆变换求该系统的响应，这将使运算简化。

对各种基本运算部件（数乘器，加法器，积分器）的输入、输出取拉普拉斯变换，并利用线性、积分等性质，可得各部件的 s 域模型如表 5-2 所示。

由于含初始状态的框图比较复杂，而且通常最关心的是系统的零状态响应，所以常采用零状态的 s 域框图。这时系统的时域框图与其 s 域框图形式上相同，因而使用简便，当然也给求零输入响应带来不便。

表 5-2　基本运算部件的 s 域模型

名　称	时 域 模 型	s 域 模 型
数乘器（标量乘法器）	$f(t) \rightarrow \boxed{a} \rightarrow af(t)$ 或 $f(t) \xrightarrow{a} af(t)$	$F(s) \rightarrow \boxed{a} \rightarrow aF(s)$ 或 $F(s) \xrightarrow{a} aF(s)$
加法器	$f_1(t), f_2(t) \rightarrow \Sigma \rightarrow f_1(t) \pm f_2(t)$	$F_1(s), F_2(s) \rightarrow \Sigma \rightarrow F_1(s) \pm F_2(s)$
积分器	$f(t) \rightarrow \boxed{\int} \rightarrow \int_{-\infty} f(x)dx$	$F(s) \rightarrow \boxed{\dfrac{1}{s}} \rightarrow \dfrac{F(s)}{s} + \dfrac{f^{(-1)}(0_-)}{s}$
积分器（零状态）	$f(t), g'(t) \rightarrow \boxed{\int} \rightarrow \int_0 f(x)dx,\ g(t)$	$F(s), sG(s) \rightarrow \boxed{\dfrac{1}{s}} \rightarrow \dfrac{F(s)}{s},\ G(s)$

例 5.4.7　如图 5.4.1 所示系统。

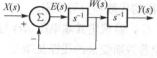

图 5.4.1　例 5.4.7 图

（1）求 $H(s) = \dfrac{Y(s)}{X(s)}$。

（2）求冲激响应 $h(t)$ 与阶跃响应 $g(t)$。

（3）若 $x(t) = \varepsilon(t-1) - \varepsilon(t-2)$，求零状态响应 $y(t)$。

解：（1）由图 5.4.1 可得 $W(s) = SY(s)$，$E(s) = sW(s) = s^2 Y(s)$，则

$$E(s) = X(s) - W(s)$$

所以

$$H(s) = \frac{Y(s)}{X(s)} = \frac{1}{s^2 + s} = \frac{1}{s} - \frac{1}{s+1}$$

（2）由于

$$H(s) = \frac{1}{s^2 + s} = \frac{1}{s} - \frac{1}{s+1} \leftrightarrow h(t) = (1 - \mathrm{e}^{-t})\varepsilon(t)$$

$$G(s) = \frac{1}{s}H(s) = \frac{1}{s}\left(\frac{1}{s} - \frac{1}{s+1}\right) = \frac{1}{s^2} - \frac{1}{s} + \frac{1}{s+1}$$

所以

$$g(t) = t\varepsilon(t) - \varepsilon(t) + \mathrm{e}^{-t}\varepsilon(t) = (t - 1 + \mathrm{e}^{-t})\varepsilon(t)$$

（3）由于阶跃响应为

$$g(t) = (t - 1 + \mathrm{e}^{-t})\varepsilon(t)$$

现输入为

$$x(t) = \varepsilon(t-1) - \varepsilon(t-2)$$

由线性时不变性得

$$y(t) = \left[t - 2 + \mathrm{e}^{-(t-1)}\right]\varepsilon(t-1) - \left[t - 3 + \mathrm{e}^{-(t-2)}\right]\varepsilon(t-2)$$

5.4.4　电路的 s 域模型

研究电路问题的基本依据就是基尔霍夫定律（KCL 和 KVL）和电路元件端电压与流经该元件电流的电压电流关系（VCR）。现讨论它们在 s 域的形式。

KCL 方程 $\sum i(t) = 0$ 描述了在任意时刻流入（或流出）任一节点各电流关系的方程，它是各电流的一次函数，若各电流 $i_j(t)$ 的象函数为 $I_j(s)$，则由线性性质有

$$\sum I(s) = 0 \qquad\qquad (5\text{-}4\text{-}17a)$$

上式表明，对任一节点，流入（或流出）该节点的象电流的代数和恒等于零。

同理，KVL 方程 $\sum u(t) = 0$ 也是回路中各支路电压的一次函数，若各支路电压 $u_j(t)$ 的象函数为 $U_j(s)$，则由线性性质有

$$\sum U(s) = 0 \qquad\qquad (5\text{-}4\text{-}17b)$$

上式表明，对任一回路，各支路象电压的代数和恒等于零。

对于线性时不变二端元件 R、L、C，若规定其端电压 $u(t)$ 与电流 $i(t)$ 为关联参考方向，其相应的象函数分别为 $U(s)$ 和 $I(s)$，那么由拉普拉斯变换的线性及微分、积分性质可得到它们的 s 域模型。

（1）电阻 $R(R = \dfrac{1}{G})$

电阻 R 的时域电压电流关系为 $u(t) = Ri(t)$，取拉普拉斯变换有

$$U(s) = RI(s) \qquad \text{或} \qquad I(s) = GU(s) \qquad\qquad (5\text{-}4\text{-}18)$$

（2）电感 L

对于含有初始值 $i_L(0_-)$ 的电感 L，其时域的电压电流关系为 $u(t) = L\dfrac{\mathrm{d}i_L(t)}{\mathrm{d}t}$，取拉普拉斯变换，根据时域微分定理有

$$U(s) = sLI(s) - Li_L(0_-) \qquad\qquad (5\text{-}4\text{-}19a)$$

这可称为电感 L 的 s 域模型。

由上式可见，电感端电压的象函数等于两项之差。根据 KVL，它是两部分电压相串联，其第一项是 s 域感抗 sL 与象电流 $I(s)$ 的乘积，其第二项相当于某电压源的象函数 $Li_L(0_-)$，可称之为内部象电压源。这样，电感 L 的 s 域模型则由感抗 sL 与内部象电压源 $Li_L(0_-)$ 串联组成，如表 5-3 所示。

如将式（5-4-19a）同除以 sL 并移项，得

$$I(s) = \frac{1}{sL}U(s) + \frac{i_L(0_-)}{s} \qquad\qquad (5\text{-}4\text{-}19b)$$

上式表明，象电流 $I(s)$ 等于两项之和。根据 KCL，它由两部分电流并联组成，其第一项是感纳 $\dfrac{1}{sL}$ 与象电压 $U(s)$ 的乘积，其第二项相当于某电流源的象函数 $\dfrac{i_L(0_-)}{s}$，可称之为内部象电流源。

（3）电容 C

对于含有初始值 $u_c(0_-)$ 的电容 C，用与分析电感 s 域模型类似的方法，可得电容 C 的 s 域模型为

$$U(s) = \frac{1}{sC}I(s) + \frac{u_c(0_-)}{s} \qquad\qquad (5\text{-}4\text{-}20a)$$

$$I(s) = sCU(s) - Cu_c(0_-) \qquad (5\text{-}4\text{-}20\text{b})$$

3 种元件（R、L、C）的时域和 s 域关系都列在表 5-3 中。

表 5-3　电路元件的 s 域模型

		电　阻	电　感	电　容
基本关系		$i(t)$　R + $u(t)$ −	$i(t)$　L + $u(t)$ −	$i(t)$　C + $u(t)$ −
		$u(t) = Ri(t)$　$i(t) = \dfrac{1}{R}u(t)$	$u(t) = L\dfrac{di(t)}{dt}(t)$　$i(t) = \dfrac{1}{L}\int_0^t u(x)dx + i_L(0_-)$	$u(t) = \dfrac{1}{C}\int_0^t i(x)dx + u_c(0_-)$　$i(t) = C\dfrac{du(t)}{dt}$
s 域模型	串联形式	$I(s)$　R + $U(s)$ −	$I(s)$　sL　$Li_L(0_-)$ + $U(s)$ −	$I(s)$　$\frac{1}{sC}$　$\frac{u_c(0_-)}{s}$ + $U(s)$ −
		$U(s) = RI(s)$	$U(s) = sLI(s) - Li_L(0_-)$	$U(s) = \dfrac{1}{sC}I(s) + \dfrac{u_c(0_-)}{s}$
	并联形式	$I(s)$　R + $U(s)$ −	$I(s)$　sL　$\frac{i_L(0_-)}{s}$ + $U(s)$ −	$I(s)$　$\frac{1}{sC}$　$Cu_c(0_-)$ + $U(s)$ −
		$I(s) = \dfrac{1}{R}U(s)$	$I(s) = \dfrac{1}{sL}U(s) + \dfrac{i_L(0_-)}{s}$	$I(s) = sCU(s) - Cu_c(0_-)$

由以上讨论可见，经过拉普拉斯变换，可以将时域中用微分、积分形式描述的元件端电压 $u(t)$ 与电流 $i(t)$ 的关系，变换为 s 域中用代数方程描述的 $U(s)$ 与 $I(s)$ 的关系，而且在 s 域中 KCL、KVL 也成立。这样，在分析电路的各种问题时，将原电路中已知电压源、电流源都变换为相应的象函数；未知电压、电流也用其象函数表示；各电器元件都用其 s 域模型替代（初始状态变换为相应的内部象电源），则可画出原电路的 s 域电路模型。对该 s 域电路而言，用以分析计算正弦稳态电路的各种方法都适用。这样，可按 s 域电路模型解出所需未知响应的象函数，取其逆变换就得到所需的时域响应。需要注意的是，在做电路的 s 域模型时，应画出其所有的内部象电源，并特别注意其参考方向。

例 5.4.8　电路如图 5.4.2(a)所示，已知 $u_s(t) = (1 + e^{-3t})\varepsilon(t)$，$u_c(0_-) = 1v$，求响应电压 $u_c(t)$。

图 5.4.2　例 5.4.8 图

解：电路的 s 域模型如图 5.4.2(b)所示，其中 $U_s(s) = \dfrac{1}{s} + \dfrac{1}{s+3}$。

由 KVL 得

$$I_s(s) = \dfrac{U_s(s) - \dfrac{u_c(0_-)}{s}}{R + \dfrac{1}{sc}}$$

则

$$U_c(s) = \frac{1}{sC} I(s) + \frac{u_c(0_-)}{s} = \frac{U_s(s)}{RsC+1} + \frac{RCu_c(0_-)}{RsC+1}$$

零状态响应的象函数为

$$U_{czs}(s) = \frac{U_s(s)}{RsC+1} = \frac{\dfrac{1}{s} + \dfrac{1}{s+3}}{s+1} = \frac{2s+3}{s(s+1)(s+3)} = \frac{1}{s} - \frac{\dfrac{1}{2}}{s+1} - \frac{\dfrac{1}{2}}{s+3}$$

取逆变换，得

$$u_{czs}(t) = \left(1 - \frac{1}{2} e^{-3t} - \frac{1}{2} e^{-t}\right) \varepsilon(t)$$

零输入响应的象函数为

$$U_{czi}(s) = \frac{RCu_c(0_-)}{RsC+1} = \frac{1}{s+1}$$

取逆变换，得

$$u_{czi}(t) = e^{-t} \varepsilon(t)$$

全响应为

$$u_c(t) = u_{czs}(t) + u_{czi}(t) = \left(1 - \frac{1}{2} e^{-3t} + \frac{1}{2} e^{-t}\right) \varepsilon(t)$$

5.4.5　拉普拉斯变换与傅里叶变换

单边拉普拉斯变换与傅里叶变换的定义分别为

$$F(s) = \int_{0_-}^{\infty} f(t) e^{-st} dt, \qquad \text{Re}[s] > \sigma_0 \qquad\qquad (5\text{-}4\text{-}21)$$

应该注意到，单边拉普拉斯变换中信号 $f(t)$ 是因果信号，即当 $t < 0$ 时，$f(t) = 0$，因而只能研究因果信号的傅里叶变换与其拉普拉斯变换的关系。

设拉普拉斯变换的收敛域为 $\text{Re}[s] > \sigma_0$，依据收敛坐标 σ_0 的值可分以下 3 种情况。

1.　$\sigma_0 > 0$

如果 $f(t)$ 的象函数 $F(s)$ 的收敛坐标 $\sigma_0 > 0$，则其收敛域在虚轴以右，因而在 $s = j\omega$ 处，即在虚轴上，式（5-4-21）不收敛。在这种情况下，函数 $f(t)$ 的傅里叶变换不存在。例如，函数 $f(t) = e^{\alpha t} \varepsilon(t)(\alpha > 0)$，其收敛域为 $\text{Re}[s] > \alpha$。

2.　$\sigma_0 < 0$

如果 $f(t)$ 的象函数 $F(s)$ 的收敛坐标 $\sigma_0 < 0$，则其收敛域在虚轴以左，在这种情况下，式（5-4-21）在虚轴上也收敛，因而在式（5-4-21）中令 $s = j\omega$，就得到相应的傅里叶变换。所以，若收敛坐标 $\sigma_0 < 0$，则因果函数 $f(t)$ 的傅里叶变换为

$$F(j\omega) = F(s)\big|_{s=j\omega} \qquad\qquad (5\text{-}4\text{-}22)$$

例如 $f(t) = e^{-\alpha t} \varepsilon(t)(\alpha > 0)$，其拉普拉斯变换为

$$F(s) = \frac{1}{s+\alpha}, \qquad \text{Re}[s] > -\alpha$$

其傅里叶变换为

$$F(\mathrm{j}\omega) = F(s)\big|_{s=\mathrm{j}\omega} = \frac{1}{\mathrm{j}\omega + \alpha}$$

3. $\sigma_0 = 0$

如果 $f(t)$ 的象函数 $F(s)$ 的收敛坐标 $\sigma_0 = 0$，那么式（5-4-21）在虚轴上不收敛，因而不能直接利用式（5-4-22）求得其傅里叶变换。

如果 $f(t)$ 的象函数 $F(s)$ 的收敛坐标 $\sigma_0 = 0$，那么它必然在虚轴上有极点，即 $F(s)$ 的分母多项式 $A(s) = 0$ 必有虚根。设 $A(s) = 0$ 有 N 个虚根（单根）$\mathrm{j}\omega_1$，$\mathrm{j}\omega_2$，$\cdots$，$\mathrm{j}\omega_N$，将 $F(s)$ 展开成部分分式，并把它分为两部分，其中令极点在左半开平面的部分为 $F_0(s)$。这样，象函数 $F(s)$ 可以写为

$$F(s) = F_0(s) + \sum_{i=1}^{N} \frac{K_i}{s - \mathrm{j}\omega_i} \tag{5-4-23}$$

如令 $f_0(t) \leftrightarrow F_0(s)$，则上式的拉普拉斯逆变换为

$$f(t) = f_0(t) + \sum_{i=1}^{N} K_i \mathrm{e}^{\mathrm{j}\omega_i t} \varepsilon(t) \tag{5-4-24}$$

现在求 $f(t)$ 的傅里叶变换，由于 $F_0(s)$ 的极点均在左半平面，因而它在虚轴上收敛。那么由式（5-4-22）知

$$f_0(t) \leftrightarrow F_0(\mathrm{j}\omega) = F_0(s)\big|_{s=\mathrm{j}\omega}$$

由于 $\mathrm{e}^{\mathrm{j}\omega_i t}$ 的傅里叶变换为 $\pi\delta(\omega - \omega_i) + \dfrac{1}{\mathrm{j}(\omega - \omega_i)}$，所以式（5-4-24）中第二项的傅里叶变换为

$$\sum_{i=1}^{N} K_i \left[\pi\delta(\omega - \omega_i) + \frac{1}{\mathrm{j}(\omega - \omega_i)} \right]$$

于是得式（5-4-24）的傅里叶变换为

$$\begin{aligned}
F(\mathrm{j}\omega) &= F_0(s)\big|_{s=\mathrm{j}\omega} + \sum_{i=1}^{N} K_i \left[\pi\delta(\omega - \omega_i) + \frac{1}{\mathrm{j}(\omega - \omega_i)} \right] \\
&= F_0(s)\big|_{s=\mathrm{j}\omega} + \sum_{i=1}^{N} \frac{K_i}{\mathrm{j}(\omega - \omega_i)} + \sum_{i=1}^{N} \pi K_i \delta(\omega - \omega_i)
\end{aligned}$$

与式（5-4-23）比较可见，上式的前两项之和正是 $F(s)\big|_{s=\mathrm{j}\omega}$。于是得在 $F(s)$ 的收敛坐标 $\sigma_0 = 0$ 的情况下，函数 $f(t)$ 的傅里叶变换为

$$F(\mathrm{j}\omega) = F(s)\big|_{s=\mathrm{j}\omega} + \sum_{i=1}^{N} \pi K_i \delta(\omega - \omega_i) \tag{5-4-25}$$

如果 $F(s)$ 在 $\mathrm{j}\omega$ 轴上有多重极点，可用与上面类似的方法处理。例如，若 $F(s)$ 在 $s = \mathrm{j}\omega_i$ 处有 r 重极点，而其余极点均在左半开平面，$F(s)$ 的部分分式展开为

$$F(s) = F_0(s) + \frac{K_{I1}}{(s - \mathrm{j}\omega_i)^r} + \frac{K_{I2}}{(s - \mathrm{j}\omega_i)^{r-1}} + \cdots + \frac{K_{Ir}}{(s - \mathrm{j}\omega_i)}$$

式中的 $F_0(s)$ 极点均在左半开平面，则与 $F(s)$ 相应的傅里叶变换为

$$F(\mathrm{j}\omega) = F(s)\big|_{s=\mathrm{j}\omega} + \frac{\pi K_{i1}(\mathrm{j})^{r-1}}{(r-1)!}\delta^{(r-1)}(\omega - \omega_i) + \frac{\pi K_{i2}(\mathrm{j})^{r-2}}{(r-2)!}\delta^{(r-2)}(\omega - \omega_i) + \cdots + \pi K_{ir}\delta(\omega - \omega_i) \tag{5-4-26}$$

例 5.4.9 已知 $\cos(\omega_0 t)\varepsilon(t)$ 的象函数为

$$F(s) = \frac{s}{s^2 + \omega_0^2}$$

求其傅里叶变换。

解： 将 $F(s)$ 展开为部分分式得

$$F(s) = \frac{\dfrac{1}{2}}{s^2 + j\omega_0} + \frac{\dfrac{1}{2}}{s^2 - j\omega_0}$$

由式（5-4-25）得 $\cos(\omega_0 t)\varepsilon(t)$ 的傅里叶变换为

$$F(j\omega) = F(s)_{s=j\omega} + \sum_{i=1}^{2} \pi K_i \delta(\omega - \omega_i) = \frac{j\omega}{\omega_0^2 - \omega^2} + \frac{\pi}{2}\left[\delta(\omega + \omega_0) + \delta(\omega - \omega_0)\right]$$

例 5.4.10 已知 $t\varepsilon(t)$ 的象函数为

$$F(s) = \frac{1}{s^2}$$

求其傅里叶变换。

解： 由式（5-4-26）知，其傅里叶变换为

$$F(j\omega) = \frac{1}{s^2}\Big|_{s=j\omega} + j\pi\delta'(\omega) = -\frac{1}{\omega^2} + j\pi\delta'(\omega)$$

习　题　五

5.1 求下列函数的单边拉普拉斯变换，并注明收敛域。

（1）$1 - e^{-t}$ （2）$1 - 2e^{-t} + e^{-2t}$ （3）$3\sin t + 2\cos t$

（4）$\cos(2t + 45^0)$ （5）$e^t + e^{-t}$ （6）$e^{-t}\sin(2t)$

5.2 利用常用函数 $\left[\text{例如}\ \varepsilon(t), e^{-\alpha t}\varepsilon(t), \sin(\beta t)\varepsilon(t), \cos(\beta t)\varepsilon(t)\ \text{等}\right]$ 的象函数及拉普拉斯变换的性质，求下列函数 $f(t)$ 的拉普拉斯变换 $F(s)$ 。

（1）$e^{-t}\varepsilon(t) - e^{-(t-2)}\varepsilon(t-2)$ （2）$e^{-t}\left[\varepsilon(t) - \varepsilon(t-2)\right]$

（3）$\sin(\pi t)\left[\varepsilon(t) - \varepsilon(t-2)\right]$ （4）$\sin(\pi t)\varepsilon(t) - \sin\left[\pi(t-1)\right]\varepsilon(t-1)$

（5）$\delta(4t - 2)$ （6）$\cos(3t - 2)\varepsilon(3t - 2)$

（7）$\sin\left(2t - \dfrac{\pi}{4}\right)\varepsilon(t)$ （8）$\sin\left(2t - \dfrac{\pi}{4}\right)\varepsilon\left(2t - \dfrac{\pi}{4}\right)$

（9）$\displaystyle\int_0^t \sin(\pi x)\,\mathrm{d}x$ （10）$\dfrac{\mathrm{d}^2}{\mathrm{d}t^2}\left[\sin(\pi x)\varepsilon(t)\right]$

（11）$t^2 e^{-2t}\varepsilon(t)$ （12）$t^2\cos(t)\varepsilon(t)$

（13）$te^{-(t-3)}\varepsilon(t-1)$ （14）$te^{-\alpha t}\cos(\beta t)\varepsilon(t)$

5.3 如已知因果函数 $f(t)$ 的象函数 $F(s) = \dfrac{1}{s^2 - s + 1}$ ，求下列函数 $y(t)$ 的象函数 $Y(s)$ 。

（1）$e^{-t}f\left(\dfrac{t}{2}\right)$ （2）$e^{-3t}f(2t - 1)$

（3）$te^{-2t}f(3t)$ （4）$tf(2t - 1)$

5.4 设 $f(t)\varepsilon(t) \leftrightarrow F(s)$，且有实常数 $a > 0, b > 0$，试证：

（1）$f(at-b)\varepsilon(at-b) \leftrightarrow \dfrac{1}{a} \mathrm{e}^{-\frac{b}{a}s} F\left(\dfrac{s}{a}\right)$　　（2）$\dfrac{1}{a} \mathrm{e}^{-\frac{b}{a}t} f\left(\dfrac{t}{a}\right)\varepsilon(t) \leftrightarrow F(as+b)$

5.5 求下列象函数 $F(s)$ 原函数的初值 $f(0_+)$ 和终值 $f(\infty)$。

（1）$F(s) = \dfrac{2s+3}{(s+1)^2}$　　　　　　　（2）$F(s) = \dfrac{3s+1}{s(s+1)}$

5.6 求下列各象函数 $F(s)$ 的拉普拉斯逆变换 $f(t)$。

（1）$F(s) = \dfrac{1}{(s+2)(s+4)}$　　（2）$F(s) = \dfrac{s}{(s+2)(s+4)}$　　（3）$F(s) = \dfrac{s^2+4s+5}{s^2+3s+2}$

（4）$F(s) = \dfrac{(s+1)(s+4)}{s(s+2)(s+3)}$　　（5）$F(s) = \dfrac{2s+4}{s(s^2+4)}$　　（6）$F(s) = \dfrac{s^2+4s}{(s+1)(s^2-4)}$

（7）$F(s) = \dfrac{1}{s(s-1)^2}$　　（8）$F(s) = \dfrac{1}{s^2(s+1)}$　　（9）$F(s) = \dfrac{s+5}{s(s^2+2s+5)}$

5.7 用拉普拉斯变换法解微分方程

$$y'(t) + 2y(t) = f(t)$$

（1）已知 $f(t) = \varepsilon(t)$，$y(0_-) = 1$。

（2）已知 $f(t) = \sin(2t)\varepsilon(t)$，$y(0_-) = 0$。

5.8 用拉普拉斯变换法解微分方程

$$y''(t) + 5y'(t) + 6y(t) = 3f(t)$$

的零输入响应和零状态响应。

（1）已知 $f(t) = \varepsilon(t)$，$y(0_-) = 1, y'(0_-) = 2$。

（2）已知 $f(t) = \mathrm{e}^{-t}\varepsilon(t)$，$y(0_-) = 0, y'(0_-) = 1$。

5.9 描述某 LTI 系统的微分方程为

$$y'(t) + 2y(t) = f'(t) + f(t)$$

求在下列激励下的零状态响应。

（1）$f(t) = \varepsilon(t)$　　　　　　　　（2）$f(t) = \mathrm{e}^{-t}\varepsilon(t)$

（3）$f(t) = \mathrm{e}^{-2t}\varepsilon(t)$　　　　　　（4）$f(t) = t\varepsilon(t)$

5.10 描述某 LTI 系统的微分方程为

$$y''(t) + 3y'(t) + 2y(t) = f'(t) + 4f(t)$$

求在下列条件下的零输入响应和零状态响应。

（1）$f(t) = \varepsilon(t)$，$y(0_-) = 0, y'(0_-) = 1$。

（2）$f(t) = \mathrm{e}^{-2t}\varepsilon(t)$，$y(0_-) = 1, y'(0_-) = 1$。

5.11 求下列方程所描述 LTI 系统的冲激响应 $h(t)$ 和阶跃响应 $g(t)$。

（1）$y''(t) + 4y'(t) + 3y(t) = f'(t) - 3f(t)$。

（2）$y''(t) + y'(t) + y(t) = f'(t) + f(t)$。

5.12 已知系统函数和初始状态如下，求系统的零输入响应 $y_{zi}(t)$。

（1）$H(s) = \dfrac{s+6}{s^2+5s+6}$，$y(0_-) = y'(0_-) = 1$。

（2）$H(s) = \dfrac{s}{s^2+4}$，$y(0_-) = 0, y'(0_-) = 1$。

5.13 已知某 LTI 系统的阶跃响应 $g(t) = (1 - e^{-2t})\varepsilon(t)$，欲使系统的零状态响应为

$$y_{zs}(t) = (1 - e^{-2t} + te^{-2t})\varepsilon(t)$$

求系统的输入信号 $f(t)$。

5.14 某 LTI 系统，当输入信号 $f(t) = e^{-t}\varepsilon(t)$ 时其零状态响应为

$$y_{zs}(t) = (e^{-t} - 2e^{-2t} + 3e^{-3t})\varepsilon(t)$$

求该系统的阶跃响应 $g(t)$。

5.15 写出题 5.15 图所示各 s 域框图所描述系统的系统函数 $H(s)$。

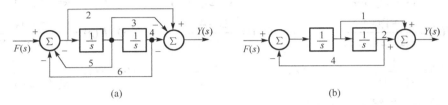

(a)　　　　　　　　　　　(b)

题 5.15 图

5.16 如题 5.16 图所示的复合系统，由 4 个子系统连接组成，若各子系统的系统函数或冲激响应分别为：$H_1(s) = \dfrac{1}{s+1}$，$H_2(s) = \dfrac{1}{s+2}$，$h_3(t) = \varepsilon(t)$，$h_4(t) = e^{-2t}\varepsilon(t)$，求复合系统的冲激响应 $h(t)$。

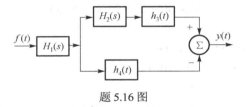

题 5.16 图

5.17 若题 5.16 图所示系统中子系统的系统函数 $H_1(s) = \dfrac{1}{s+1}$，$H_2(s) = \dfrac{2}{s}$，冲激响应 $h_4(t) = e^{-4t}\varepsilon(t)$，且已知复合系统的冲激响应 $h(t) = (2 - e^{-t} - e^{-4t})\varepsilon(t)$，求子系统的冲激响应 $h_3(t)$。

5.18 如题 5.18 图所示的复合系统由两个子系统连接组成，若各子系统的系统函数或冲激响应如下，求复合系统的冲激响应 $h(t)$。

（1）$H_1(s) = \dfrac{1}{s+1}$，$h_2(t) = 2e^{-2t}\varepsilon(t)$。

（2）$H_1(s) = 1$，$h_2(t) = \delta(t - T)$，T 为常数。

5.19 如题 5.19 图所示系统，已知当 $f(t) = \varepsilon(t)$ 时，系统的零状态响应 $y_{zs}(t) = (1 - 5e^{-2t} + 5e^{-3t})\varepsilon(t)$，求系数 a、b、c。

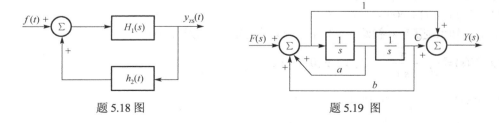

题 5.18 图　　　　　　　　　题 5.19 图

5.20　如题 5.19 图所示系统，已知当 $f(t)=\varepsilon(t)$ 时，系统的全响应 $y(t)=(1-\mathrm{e}^{-t}+2\mathrm{e}^{-2t})\varepsilon(t)$，求系数 a、b、c 和系统的零输入响应 $y_{zi}(t)$。

5.21　某 LTI 系统，在以下各种情况下其初始状态相同，已知当激励 $f_1(t)=\delta(t)$ 时，系统的全响应 $y_1(t)=\delta(t)+\mathrm{e}^{-t}\varepsilon(t)$；当激励 $f_2(t)=\varepsilon(t)$ 时，系统的全响应 $y_2(t)=3\mathrm{e}^{-t}\varepsilon(t)$。

（1）若 $f(t)=\mathrm{e}^{-2t}\varepsilon(t)$，求系统的全响应。

（2）若 $f(t)=t[\varepsilon(t)-\varepsilon(t-1)]$，求系统的全响应。

5.22　如题 5.22 图所示电路，其输入均为单位阶跃函数 $\varepsilon(t)$，求电压 $u(t)$ 的零状态响应。

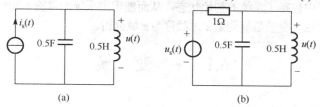

题 5.22 图

5.23　如题 5.23 图所示电路，激励电流源 $i_s(t)=\varepsilon(t)\mathrm{A}$，求下列情况的零状态响应 $u_{czs}(t)$。

（1）$L=0.1\mathrm{H}, C=0.1\mathrm{F}, G=2.5\mathrm{S}$　　　　（2）$L=0.1\mathrm{H}, C=0.1\mathrm{F}, G=2\mathrm{S}$。

（3）$L=0.1\mathrm{H}, C=0.1\mathrm{F}, G=1.2\mathrm{S}$

5.24　如果上题中 $i_L(0_-)=1\mathrm{A}$，$u_C(0_-)=1\mathrm{V}$，求以上 3 种情况的零输入响应 $u_{czi}(t)$。

5.25　如题 5.25 图所示电路，求输入电压源 $f(t)$ 为下列信号时的零状态响应 $y_{zs}(t)$。

（1）$f(t)=\varepsilon(t)\mathrm{V}$　　　　　　　　　（2）$f(t)=(1-\mathrm{e}^{-t})\varepsilon(t)\mathrm{V}$

（3）$f(t)=\sin(2t)\varepsilon(t)\mathrm{V}$　　　　　（4）$f(t)=\dfrac{t}{T}[\varepsilon(t)-\varepsilon(t-T)]\mathrm{V}$

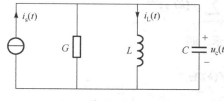
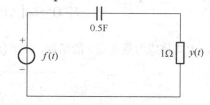

题 5.23 图　　　　　　　　　　　　题 5.25 图

5.26　如题 5.26 图所示电路，已知 $C_1=1\mathrm{F}, C_2=2\mathrm{F}, R=1\Omega$，若 C_1 上的初始电压 $u_{c1}(0_-)=U_0$，C_2 上的初始电压为零。当 $t=0$ 时开关合上，求 $i(t)$ 和 $u_R(t)$。

5.27　如题 5.27 图所示电路，已知 $L_1=3\mathrm{H}, L_2=6\mathrm{H}, R=9\Omega$，若以 $i_s(t)$ 为输入，$u(t)$ 为输出，求其冲激响应 $h(t)$ 和阶跃响应 $g(t)$。

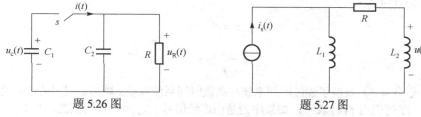

题 5.26 图　　　　　　　　　　　　题 5.27 图

5.28　根据以下函数 $f(t)$ 的象函数 $F(s)$，求 $f(t)$ 的傅里叶变换。

（1）$f(t)=\varepsilon(t)-\varepsilon(t-2)$　　（2）$f(t)=t[\varepsilon(t)-\varepsilon(t-1)]$　　（3）$f(t)=\cos(\beta t)\varepsilon(t)$

第6章 离散系统的 z 域分析

与连续系统类似，线性离散系统也可用变换法进行分析，本章讨论 z 变换分析法。在 LTI 离散系统分析中，z 变换的作用类似于连续系统分析中的拉普拉斯变换，它将描述系统的差分方程变换为代数方程，而且代数方程中包括了系统的初始状态，从而能求得系统的零输入响应和零状态响应以及全响应。这里用于分析的独立变量是复变量 z，故称为 z 域分析。

6.1 z 变 换

6.1.1 从拉普拉斯变换到 z 变换

由第 4 章可知，对连续时间信号进行均匀冲激取样后，可以得到离散时间信号。

设有连续时间信号 $f(t)$，每隔时间 T 取样一次，这相当于连续时间信号 $f(t)$ 乘以冲激序列 $\delta_T(t)$。考虑到冲激函数的取样性质，取样信号 $f_s(t)$ 可写为

$$f_s(t) = f(t)\delta_T(t) = f(t)\sum_{k=-\infty}^{\infty}\delta(t-kT) = \sum_{k=-\infty}^{\infty}f(kT)\delta(t-kT) \tag{6-1-1}$$

取上式的双边拉普拉斯变换，考虑到 $L_b\left[\delta(t-kT)\right] = e^{-kTs}$，可得取样信号 $f_s(t)$ 的双边拉普拉斯变换为

$$F_s(s) = L_b\left[f_s(t)\right] = \sum_{k=-\infty}^{\infty}f(kT)e^{-kTs} \tag{6-1-2a}$$

令 $z = e^{sT}$，上式将成为复变量 z 的函数，用 $F(z)$ 表示，即

$$F(z) = \sum_{k=-\infty}^{\infty}f(kT)z^{-k} \tag{6-1-2b}$$

上式称为序列 $f(kT)$ 的双边 z 变换。

比较式（6-1-2a）和式（6-1-2b）可知，当令 $z = e^{sT}$ 时，序列 $f(kT)$ 的 z 变换就等于取样信号 $f_s(t)$ 的拉普拉斯变换，即

$$F(z)\big|_{z=e^{sT}} = F_s(s) \tag{6-1-3}$$

复变量 z 与 s 的关系是

$$z = e^{sT} \tag{6-1-4}$$

$$s = \frac{1}{T}\ln z \tag{6-1-5}$$

式（6-1-3）～式（6-1-5）反映了连续时间系统与离散时间系统以及 s 域与 z 域间的重要关系。

为了简便，序列仍用 $f(k)$ 表示，如果序列是由连续信号 $f(t)$ 经取样得到的，那么

$$f(k) = f(kT) = f(t)\big|_{t=kT} \tag{6-1-6}$$

式中，T 为取样周期（或间隔），对 T 进行归 1 处理，即令 $T = 1$，显然上式也成立。

6.1.2　z 变换

如果有离散序列 $f(k)$，$k = 0, \pm 1, \pm 2, \cdots$，$z$ 为复变量，则函数

$$F(z) = \sum_{k=-\infty}^{\infty} f(k) z^{-k} \tag{6-1-7}$$

称为序列 $f(k)$ 的双边 z 变换。上式求和是在正、负 k 域（或称序域）进行的。如果求和只在 k 的非负值域进行〔无论在 $k < 0$ 时 $f(k)$ 是否为零〕，即

$$F(z) = \sum_{k=0}^{\infty} f(k) z^{-k} \tag{6-1-8a}$$

称为序列 $f(k)$ 的单边 z 变换。不难看出，上式等于 $f(k)\varepsilon(k)$ 的双边 z 变换，因而 $f(k)$ 的单边 z 变换也可写为

$$F(z) = \sum_{k=-\infty}^{\infty} f(k)\varepsilon(k) z^{-k} \tag{6-1-8b}$$

由以上定义可见，如果 $f(k)$ 是因果序列〔即有 $f(k) = 0, k < 0$〕，则单边、双边 z 变换相等，否则二者不等。今后在不致混淆的情况下，统称它们为 z 变换。

为书写方便，将 $f(k)$ 的 z 变换简记为 $\mathfrak{A}[f(k)]$，象函数 $F(z)$ 的逆 z 变换简记为 $\mathfrak{A}^{-1}[F(z)]$（逆 z 变换将在 6.3 节中讨论）。$f(k)$ 与 $F(z)$ 之间的关系简记为

$$f(k) \leftrightarrow F(z) \tag{6-1-9}$$

6.1.3　收敛域

按式（6-1-7）或式（6-1-8）所定义的 z 变换是 z 的幂级数，显然仅当该幂级数收敛，z 变换存在。能使式（6-1-7）或式（6-1-8）幂级数收敛的复变量 z 在 z 平面上的取值区域，称为 z 变换的收敛域。

由数学幂级数收敛的判定方法可知，当满足

$$\sum_{k=-\infty}^{\infty} \left| f(k) z^{-k} \right| < \infty \tag{6-1-10}$$

时式（6-1-7）或式（6-1-8）一定收敛，反之不收敛。式（6-1-10）是序列 $f(k)$ 的 z 变换存在的充要条件。下面用实例来讨论 z 变换的收敛域问题。

例 6.1.1　求以下有限长序列的 z 变换：（1）$\delta(k)$；（2）$f(k) = \{1, 2, 3, 2, 1\}$。

$$\uparrow k = 0$$

解：

（1）按式（6-1-7）〔或式（6-1-8）〕，单位（样值）序列的 z 变换为

$$F(z) = \sum_{k=-\infty}^{\infty} \delta(k) z^{-k} = \sum_{k=-0}^{\infty} \delta(k) z^{-k} = 1$$

即

$$\delta(k) \leftrightarrow 1 \tag{6-1-11}$$

可见，其单边、双边 z 变换相等。由于其 z 变换是与 z 无关的常数 1，因而在 z 的全平面收敛。

（2）序列 $f(k)$ 的双边 z 变换为

$$F(z) = \sum_{k=-\infty}^{\infty} f(k)z^{-k} = z^2 + 2z + 3 + \frac{2}{z} + \frac{1}{z^2}$$

其单边 z 变换为

$$F(z) = \sum_{k=0}^{\infty} f(k)z^{-k} = 3 + \frac{2}{z} + \frac{1}{z^2}$$

可见，单边与双边 z 变换不同。容易看出，对于双边变换，除 $z=0$ 和 ∞ 外，对任意 z，$F(z)$ 有界，故其收敛域为 $0 < |z| < \infty$；对于单边变换，其收敛域为 $|z| > 0$。

可见，如果序列 $f(k) = 0$ 是有限长的，即当 $k < K_1$ 和 $k > K_2$，K_1 和 K_2 为整常数，且 $K_1 < K_2$ 时 $f(k) = 0$，那么其象函数 $F(z)$ 是 z 的有限次幂 z^{-k}，$K_1 \leqslant k \leqslant K_2$ 的加权和，除 $z=0$ 和 ∞ 外 $F(z)$ 有界，因此，有限长序列 z 变换的收敛域一般为 $0 < |z| < \infty$，有时它在 0 或/和 ∞ 也收敛。

例 6.1.2　求因果序列

$$f_1(k) = a^k \varepsilon(k) = \begin{cases} 0, & k < 0 \\ a^k, & k \geqslant 0 \end{cases}$$

的 z 变换（式中 a 为常数）。

解：将 $f_1(k)$ 代入式（6-1-7），有

$$F_1(z) = \sum_{k=-\infty}^{\infty} a^k \varepsilon(k)z^{-k} = \sum_{k=0}^{\infty} (az^{-1})^k$$

为研究上式的收敛情况，利用等比级数求和公式，上式可写为

$$F_1(z) = \lim_{N \to \infty} \sum_{k=0}^{N} (az^{-1})^k = \lim_{N \to \infty} \frac{1 - (az^{-1})^{N+1}}{1 - az^{-1}}$$

$$= \begin{cases} \dfrac{z}{z-b}, |a^{-1}z| < 1, & \text{即} |z| > |a| \\ \text{不定}, |a^{-1}z| = 1, & \text{即} |z| = |a| \\ \text{无界}, |a^{-1}z| > 1, & \text{即} |z| < |a| \end{cases}$$

可见，对于因果序列，仅当 $|z| > |a|$ 时，其 z 变换存在。这样，序列与其象函数的关系为

$$a^k \varepsilon(k) \leftrightarrow \frac{z}{z-a}, \quad |z| > |a| \tag{6-1-12}$$

在 z 平面上，收敛域 $|z| > |a|$ 是半径为 $|a|$ 的圆外区域，如图 6.1.1(a)所示。显然它也是单边 z 变换的收敛域。

例 6.1.3　求反因果序列

$$f_2(k) = b^k \varepsilon(-k-1) = \begin{cases} b^k, & k < 0 \\ 0, & k \geqslant 0 \end{cases}$$

的 z 变换（式中 b 为常数）。

解： 将 $f_2(k)$ 代入式（6-1-7），有

$$F_2(z) = \sum_{k=-\infty}^{\infty} b^k \varepsilon(-k-1)z^{-k} = \sum_{k=-\infty}^{-1} (bz^{-1})^k$$

令 $m = -k$，代入上式，得

$$F_2(z) = \sum_{m=1}^{\infty} (b^{-1}z)^m = \lim_{N\to\infty} \sum_{m=1}^{N} (b^{-1}z)^m = \lim_{N\to\infty} \frac{b^{-1}z - (b^{-1}z)^{N+1}}{1 - b^{-1}z}$$

$$= \begin{cases} \dfrac{-z}{z-b}, & |b^{-1}z| < 1, \quad 即 |z| < |b| \\ 不定, & |b^{-1}z| = 1, \quad 即 |z| = |b| \\ 无界, & |b^{-1}z| > 1, \quad 即 |z| > |b| \end{cases}$$

可见，对于反因果序列，仅当 $|z| < |b|$ 时，其 z 变换存在，即有

$$b^k \varepsilon(-k-1) \longleftrightarrow \frac{-z}{z-b}, \quad |z| < |b| \tag{6-1-13}$$

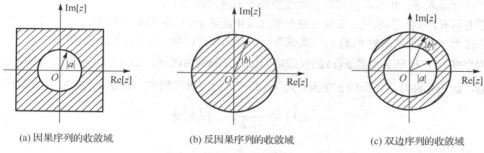

(a) 因果序列的收敛域　　　　(b) 反因果序列的收敛域　　　　(c) 双边序列的收敛域

图 6.1.1　z 变换的收敛域

在 z 平面内，$|z| < |b|$ 是半径为 $|b|$ 的圆内区域，如图 6.1.1(b)所示。

如果有双边序列

$$f(k) = f_2(k) + f_1(k) = b^k \varepsilon(-k-1) + a^k \varepsilon(k)$$

其双边 z 变换为

$$F(z) = F_2(z) + F_1(z) = \frac{-z}{z-b} + \frac{z}{z-a} \tag{6-1-14}$$

其收敛域为 $|a| < |z| < |b|$，它是一个环状区域，如图 6.1.1(c)所示。就是说，在 $|b| > |a|$ 时，式（6-1-14）序列的双边 z 变换在该区域存在；显然，若 $|b| < |a|$，$F_1(z)$ 与 $F_2(z)$ 没有共同的收敛域，因而 $f(k)$ 的双边 z 变换不存在。可见，对于双边序列，其双边 z 变换的收敛条件比单边 z 变换要苛刻。

还要指出，对于双边 z 变换必须标明其收敛域，否则其对应的序列将不是唯一的。

例 6.1.4　某序列的双边 z 变换为

$$F(z) = \frac{-z}{z-5} + \frac{z}{z-2}$$

求原序列 $f(k)$。

解： 当 $|z| > 5$ 时，

$$f(k) = 2^k \varepsilon(k) - 5^k \varepsilon(k) = \left(2^k - 5^k\right)\varepsilon(k)$$

当 $|z| < 2$ 时，

$$f(k) = 5^k \varepsilon(-k-1) - 2^k \varepsilon(-k-1) = (5^k - 2^k)\varepsilon(-k-1)$$

当 $2 < |z| < 5$ 时，

$$f(k) = 5^k \varepsilon(-k-1) + 2^k \varepsilon(k)$$

关于 $F(z)$ 存在，即式（6-1-7）或式（6-1-8）收敛，有以下定理和推论：

如序列 $f(k)$ 在有限区间 $M \leqslant k \leqslant N$（$M, N$ 为整数）内有界，且对于正实数 α 和 β，满足以下指数阶条件：

$$\lim_{k \to -\infty} \left|f(k)\right|\beta^k = 0 \tag{6-1-15a}$$

$$\lim_{k \to \infty} \left|f(k)\right|\alpha^{-k} = 0 \tag{6-1-15b}$$

则在环状区域 $\alpha < |z| < \beta$ 内 $f(k)$ 的双边 z 变换式(6-1-7)绝对且一致收敛，$F(z)$ 存在。因此对式（6-1-7）的级数可以逐项求导、积分，也可以任意改变各项的排列次序等。

对于有限长序列，其双边 z 变换在整个平面（可能除 $z = 0$ 或/和 ∞）收敛。

因果序列 $f(k)$ 的象函数 $F(z)$ 的收敛域为 $|z| > \alpha$ 的圆外区域。$|z| = \alpha$ 称为收敛圆半径。

反因果序列 $f(k)$ 的象函数 $F(z)$ 的收敛域为 $|z| < \beta$ 的圆内区域。$|z| = \beta$ 也称为收敛圆半径。

最后，给出几种常用序列的 z 变换。式（6-1-12）的因果序列中，若令 a 为正实数，则有

$$a^k \varepsilon(k) \leftrightarrow \frac{z}{z-a}, \qquad |z| > |a| \tag{6-1-16a}$$

$$(-a)^k \varepsilon(k) \leftrightarrow \frac{z}{z+a}, \qquad |z| > |a| \tag{6-1-16b}$$

若令 $a = 1$，则得单位阶跃序列的 z 变换为

$$\varepsilon(k) \leftrightarrow \frac{z}{z-1}, \qquad |z| > 1 \tag{6-1-17}$$

若令式（6-1-12）中 $a = \mathrm{e}^{\pm \mathrm{j}\beta}$，则有

$$\mathrm{e}^{\mathrm{j}\beta k} \varepsilon(k) \leftrightarrow \frac{z}{z - \mathrm{e}^{\mathrm{j}\beta}}, \qquad |z| > 1 \tag{6-1-18a}$$

$$\mathrm{e}^{-\mathrm{j}\beta k} \varepsilon(k) \leftrightarrow \frac{z}{z - \mathrm{e}^{-\mathrm{j}\beta}}, \qquad |z| > 1 \tag{6-1-18b}$$

式（6-1-13）的反因果序列中，若令 b 为正实常数，则有

$$b^k \varepsilon(-k-1) \leftrightarrow \frac{-z}{z-b}, \qquad |z| < |b| \tag{6-1-19a}$$

$$(-b)^k \varepsilon(-k-1) \leftrightarrow \frac{-z}{z+b}, \qquad |z| < |b| \tag{6-1-19b}$$

若令 $b = 1$，则得

$$\varepsilon(-k-1) \leftrightarrow \frac{-z}{z-1}, \qquad |z| < 1 \tag{6-1-20}$$

由上讨论可知：

（1）对于因果序列，若 z 变换存在，则单、双边 z 变换象函数相同，收敛域亦相同，均为 $|z| > \rho_{01}$（ρ_{01} 为收敛半径）圆的外部。

（2）对于反因果序列，它的双边 z 变换可能存在，其收敛域为 $|z| < \rho_{02}$（ρ_{02} 亦称为收敛半径），而任何反因果序列的单边 z 变换均为零，无研究意义。

（3）对于双边序列，它的单、双边 z 变换均存在时，它的单、双边 z 变换的象函数不相等，收敛域也不同，双边 z 变换的收敛域为环状收敛域，而单边 z 变换的收敛域为 ρ_{01} 圆的外部。存在双边 z 变换的双边序列也一定存在单边 z 变换，而存在单边 z 变换的双边序列却不一定存在双边 z 变换（譬如序列 a^k，$-\infty < k < \infty$）。

（4）单边 z 变换的收敛域只是双边 z 变换的一种特殊情况，而且单边 z 变换的象函数 $F(z)$ 与时域序列 $f(k)$ 总是一一对应的，所以在以后各节问题的讨论中经常不标注单边 z 变换的收敛域。

6.2　z 变换的性质

本节将讨论 z 变换的一些基本性质和定理，这对于熟悉和掌握 z 变换方法，用以分析离散系统等都是很重要的。下面的一些性质若无特别说明，既适用于单边也适用于双边 z 变换。

6.2.1　线性性质

若
$$f_1(k) \leftrightarrow F_1(z), \quad \alpha_1 < |z| < \beta_1$$
$$f_2(k) \leftrightarrow F_2(z), \quad \alpha_2 < |z| < \beta_2$$

且有任意常数 a_1 和 a_2，则

$$a_1 f_1(k) + a_2 f_2(k) \leftrightarrow a_1 F_1(z) + a_2 F_2(z) \tag{6-2-1}$$

其收敛域至少是 $F_1(z)$ 与 $F_2(z)$ 收敛域的相交部分。

根据 z 变换的定义容易证明以上结论，这里从略。

例 6.2.1　设有阶跃序列 $f_1(k) = \varepsilon(k)$ 和双边指数衰减序列：

$$f_2(k) = (2)^k \varepsilon(-k-1) + \left(\frac{1}{2}\right)^k \varepsilon(k) = \begin{cases} 2^k, & k < 0 \\ \left(\dfrac{1}{2}\right)^k, & k \geq 0 \end{cases}$$

求 $f(k) = f_1(k) - f_2(k)$ 的 z 变换。

解：由式（6-1-17）知

$$f_1(k) = \varepsilon(k) \leftrightarrow \frac{z}{z-1}, \quad |z| > 1$$

其图形及收敛域如图 6.2.1(a)所示。

由式（6-1-16a）和式（6-1-19a）得

$$\left(\frac{1}{2}\right)^k \varepsilon(k) \leftrightarrow \frac{z}{z-\dfrac{1}{2}}, \quad |z| > \frac{1}{2}$$

$$(2)^k \varepsilon(-k-1) \leftrightarrow \frac{-z}{z-2}, \quad |z| < 2$$

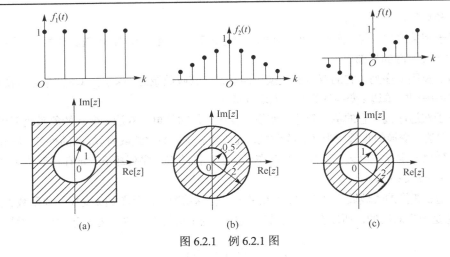

图 6.2.1　例 6.2.1 图

根据线性性质，得

$$f_2(k) = (2)^k \varepsilon(-k-1) + \left(\frac{1}{2}\right)^k \varepsilon(k) \leftrightarrow \frac{z}{z-\frac{1}{2}} + \frac{-z}{z-2}$$

$$= \frac{-\frac{3}{2}z}{\left(z-\frac{1}{2}\right)(z-2)}, \qquad \frac{1}{2} < |z| < 2$$

其收敛域是 $|z| > \frac{1}{2}$ 和 $|z| < 2$ 的公共区域，即 $\frac{1}{2} < |z| < 2$。$f_2(k)$ 的图形及收敛域如图 6.2.1(b)所示。

最后，根据线性性质，$f(k)$ 的 z 变换为

$$F(z) = \mathfrak{A}\left[f_1(k)\right] - \mathfrak{A}\left[f_2(k)\right] = \frac{z}{z-1} - \frac{-\frac{3}{2}z}{\left(z-\frac{1}{2}\right)(z-2)}$$

$$= \frac{z\left(z^2 - z - \frac{1}{2}\right)}{(z-1)\left(z-\frac{1}{2}\right)(z-2)}, \qquad 1 < |z| < 2$$

其收敛域是 $|z| > 1$ 和 $\frac{1}{2} < |z| < 2$ 的公共区域，即 $1 < |z| < 2$。$f(k)$ 的图形及收敛域如图 6.2.1(c)所示。

例 6.2.2　求单边余弦序列 $\cos(\beta k)\varepsilon(k)$ 和正弦序列 $\sin(\beta k)\varepsilon(k)$ 的 z 变换。

解：显然，因果序列的双边与单边 z 变换相同。由于

$$\cos(\beta k) = \frac{1}{2}\left(e^{j\beta k} + e^{-j\beta k}\right), \qquad \sin(\beta k) = \frac{1}{2j}\left(e^{j\beta k} - e^{-j\beta k}\right)$$

根据线性性质得

$$\mathfrak{A}\left[\cos(\beta k)\varepsilon(k)\right] = \mathfrak{A}\left[\frac{1}{2}\left(e^{j\beta k} + e^{-j\beta k}\right)\varepsilon(k)\right] = \frac{1}{2}\mathfrak{A}\left[e^{j\beta k}\varepsilon(k)\right] + \frac{1}{2}\mathfrak{A}\left[e^{-j\beta k}\varepsilon(k)\right]$$

将式（6-1-18）的结果代入上式，得

$$\mathscr{A}\left[\cos(\beta k)\varepsilon(k)\right]=\frac{1}{2}\cdot\frac{z}{z-\mathrm{e}^{\mathrm{j}\beta}}+\frac{1}{2}\cdot\frac{z}{z-\mathrm{e}^{-\mathrm{j}\beta}}=\frac{z^2-z\cos\beta}{z^2-2z\cos\beta+1}$$

即

$$\cos(\beta k)\varepsilon(k)\leftrightarrow\frac{z^2-z\cos\beta}{z^2-2z\cos\beta+1},\quad|z|>1 \tag{6-2-2}$$

其收敛域为两个虚指数序列象函数收敛域的公共区域，$|z|>1$。

同理得

$$\sin(\beta k)\varepsilon(k)\leftrightarrow\frac{z\sin\beta}{z^2-2z\cos\beta+1},\quad|z|>1 \tag{6-2-3}$$

6.2.2　移位（移序）特性

单边与双边 z 变换的移位特性有重要差别，这是因为二者定义中的求和下限不同。例如，图 6.2.2(a) 中双边序列为

$$f(k)=\begin{cases}5-|k|, & -5\leqslant k<5\\ 0, & k<-5,k>5\end{cases}$$

其向右和向左移位序列 $f(k-2)$、$f(k+2)$ 如图 6.2.2(a)所示。对于双边 z 变换，定义式（6-1-7）中求和在 $-\infty\sim\infty$ 的 k 域（或称序域）进行，移位后的序列没有丢失原序列的信息；而对于单边 z 变换，定义式（6-1-8）中求和在 $0\sim\infty$ 的 k 域进行，它舍去了序列中 $k<0$ 的部分，因而其移位后的序列 $f(k-2)\varepsilon(k)$，$f(k+2)\varepsilon(k)$ 较原序列 $f(k)\varepsilon(k)$ 的长度有所增减，如图 6.2.2(b)所示

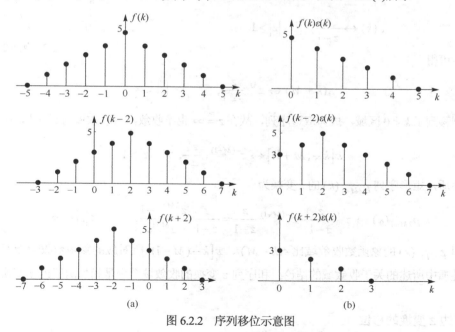

图 6.2.2　序列移位示意图

1. 双边 z 变换的移位

若

$$f(k) \leftrightarrow F(z), \qquad \alpha < |z| < \beta$$

且有整数 $m > 0$，则

$$f(k \pm m) \leftrightarrow z^{\pm m} F(z), \qquad \alpha < |z| < \beta \tag{6-2-4}$$

证明如下：

由双边 z 变换定义式（6-1-7），有

$$\mathfrak{A}\big[f(k+m)\big] = \sum_{k=-\infty}^{\infty} f(k+m) z^{-k} = \sum_{k=-\infty}^{\infty} f(k+m) z^{-(k+m)} \cdot z^{m}$$

令 $n = k + m$，则上式可写为

$$\mathfrak{A}\big[f(k+m)\big] = \sum_{n=-\infty}^{\infty} f(n) z^{-n} \cdot z^{m} = z^{m} F(z)$$

容易看出上式中对 $-m$ 也成立。

例 6.2.3 求图 6.2.3 所示长度为 $2M+1$ 的矩形序列

$$p_{2M+1}(k) = \begin{cases} 1, & -M \leqslant k \leqslant M \\ 0, & k < -M, k > M \end{cases} \tag{6-2-5}$$

的 z 变换。

解： 由图 6.2.3 可见，矩形序列可写为

$$p_{2M+1}(k) = \varepsilon(k+M) - \varepsilon\big[k-(M+1)\big]$$

由于

$$\varepsilon(k) \leftrightarrow \frac{z}{z-1}, \qquad |z| > 1$$

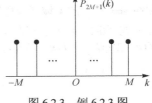

图 6.2.3　例 6.2.3 图

据移位特性可得

$$\varepsilon(k+M) \leftrightarrow z^{M} \frac{z}{z-1}, \qquad 1 < |z| < \infty$$

由于该序列移到了 $k < 0$ 区域，成为双边序列，故在 $z = \infty$ 也不收敛，其收敛域为 $1 < |z| < \infty$，而

$$\varepsilon\big[k-(M+1)\big] \leftrightarrow z^{-(M+1)} \frac{z}{z-1}, \qquad |z| > 1$$

根据线性性质，矩形序列 $p_{2M+1}(k)$ 的 z 变换为

$$p_{2M+1}(k) \leftrightarrow z^{M} \frac{z}{z-1} - z^{-(M+1)} \frac{z}{z-1} = \frac{z}{z-1} \cdot \frac{z^{2M+1}-1}{z^{M+1}}, \qquad 0 < |z| < \infty \tag{6-2-6}$$

注意，这里 $p_{2M+1}(k)$ 的象函数收敛域比 $\varepsilon(k+M)$、$\varepsilon\big[k-(M+1)\big]$ 所对应的象函数收敛域都要大，验证了线性性质中所述的关于收敛域的结论：和序列 z 变换的收敛域至少是相加两序列 z 变换收敛域的相交部分。

2. 单边 z 变换的移位

若

$$f(k) \leftrightarrow F(z), \qquad |z| > \alpha \quad（\alpha \text{ 为正实数}）$$

且有整数 $m > 0$，则

$$
\left.
\begin{array}{l}
f(k-1) \leftrightarrow z^{-1}F(z) + f(-1) \\[4pt]
f(k-2) \leftrightarrow z^{-2}F(z) + f(-2) + f(-1)z^{-1} \\
\vdots \\
f(k-m) \leftrightarrow z^{-m}F(z) + \displaystyle\sum_{k=0}^{m-1} f(k-m)z^{-k}
\end{array}
\right\}
\tag{6-2-7}
$$

而

$$
\left.
\begin{array}{l}
f(k+1) \leftrightarrow zF(z) - f(0)z \\[4pt]
f(k+2) \leftrightarrow z^2F(z) - f(0)z^2 - f(1)z \\
\vdots \\
f(k+m) \leftrightarrow z^mF(z) - \displaystyle\sum_{k=0}^{m-1} f(k)z^{m-k}
\end{array}
\right\}
\tag{6-2-8}
$$

其收敛域为 $|z| > \alpha$。

以上两式可证明如下：

按单边 z 变换定义式（6-1-8）得

$$
\mathfrak{A}\left[f(k-m)\right] = \sum_{k=0}^{\infty} f(k-m)z^{-k} = \sum_{k=0}^{m-1} f(k-m)z^{-k} + \sum_{k=m}^{\infty} f(k-m)z^{-(k-m)} \cdot z^{-m}
$$

上式第二项中令 $n = k - m$，上式可写为

$$
\mathfrak{A}\left[f(k-m)\right] = \sum_{k=0}^{m-1} f(k-m)z^{-k} + z^{-m}\sum_{n=0}^{\infty} f(n)z^{-n} = \sum_{k=0}^{m-1} f(k-m)z^{-k} + z^{-m}F(z)
$$

即式（6-2-7）。对式（6-2-8），有

$$
\mathfrak{A}\left[f(k+m)\right] = \sum_{k=0}^{\infty} f(k+m)z^{-k} = \sum_{k=0}^{\infty} f(k+m)z^{-(k+m)} \cdot z^{m}
$$

令 $n = k + m$，上式可写为

$$
\mathfrak{A}\left[f(k+m)\right] = z^{m}\sum_{n=m}^{\infty} f(n)z^{-n} = z^{m}\left[\sum_{n=0}^{\infty} f(n)z^{-n} - \sum_{n=0}^{m-1} f(n)z^{-n}\right]
$$

$$
= z^{m}F(n) - \sum_{n=0}^{m-1} f(n)z^{m-n}
$$

将上式第二项中的 n 换为 k 就能得到式（6-2-8）。

例 6.2.4　已知 $f(k) = a^k$（a 为实数）的单边 z 变换为

$$
F(z) = \frac{z}{z-a}, \qquad |z| > |a|
\tag{6-2-9}
$$

求 $f_1(k) = a^{k-2}$ 和 $f_2(k) = a^{k+2}$ 的单边 z 变换。

解：由于 $f_1(k) = f(k-2)$，由式（6-2-7）得其单边 z 变换为

$$F_1(z) = z^{-2}F(z) + f(-2) + z^{-1}f(-1) = z^{-2}\frac{z}{z-a} + a^{-2} + a^{-1}z^{-1}$$

$$= \frac{a^{-2}z}{z-a}, \qquad |z| > |a|$$

实际上 $f_1(k) = a^{k-2} = a^{-2}a^k = a^{-2}f(k)$，故 $F_1(z) = a^{-2}F(z) = \frac{a^{-2}z}{z-a}$。

由于 $f_2(k) = f(k+2)$，由式（6-2-8）得其单边 z 变换为

$$F_2(z) = z^2 F(z) - f(0)z^2 - f(1)z = z^2\frac{z}{z-a} - z^2 - az = \frac{a^2 z}{z-a}, \qquad |z| > |a|$$

实际上 $f_2(k) = a^{k+2} = a^2 a^k = a^2 f(k)$，故 $F_2(z) = a^2 F(z) = \frac{a^2 z}{z-a}$。

例 6.2.5 求周期为 N 的有始周期性单位（样值）序列

$$\delta_N(k)\varepsilon(k) = \sum_{m=0}^{\infty}\delta(k-mN) \tag{6-2-10}$$

的 z 变换。

解： 由 $\delta(k) \leftrightarrow 1$，根据移位特性，$\delta(k)$ 的各右移序列的 z 变换为

$$\delta(k-mN) \leftrightarrow z^{-mN}$$

由线性性质，有始周期性单位序列的 z 变换为

$$\mathfrak{A}[\delta_N(k)\varepsilon(k)] = 1 + z^{-N} + z^{-2N} + \cdots = \frac{1}{1-z^{-N}} = \frac{z^N}{z^N-1}$$

即

$$\delta_N(k)\varepsilon(k) \leftrightarrow \frac{z^N}{z^N-1}, \qquad |z| > 1 \tag{6-2-11}$$

不难看出，上式的收敛域为 $|z| > 1$。这里象函数的收敛域比其中任何一个单位序列的收敛域〔各 $\delta(k-mN)$ 的象函数收敛域为 $|z| > 0$〕都要小，这是因为 $\delta_N(k)\varepsilon(k)$ 包含无限多个单位序列，而式（6-2-1）的线性性质关于收敛域的说明只适用于有限个序列相加的情形。

6.2.3　z 域尺度变换（序列乘 a^k）

若

$$f(k) \leftrightarrow F(z), \qquad \alpha < |z| < \beta$$

且有常数 $a \neq 0$，则

$$a^k f(k) \leftrightarrow F\left(\frac{z}{a}\right), \qquad \alpha|a| < |z| < \beta|a| \tag{6-2-12}$$

即序列 $f(k)$ 乘以指数序列 a^k 相应于 z 域的展缩。

这可证明如下：

$$\mathfrak{A}\left[a^k f(k)\right] = \sum_{k=-\infty}^{\infty} a^k f(k) z^{-k} = \sum_{k=-\infty}^{\infty} f(k)\left(\frac{z}{a}\right)^{-k} = F\left(\frac{z}{a}\right)$$

由于 $F(z)$ 的收敛域为 $\alpha < |z| < \beta$，故 $F\left(\dfrac{z}{a}\right)$ 的收敛域为 $\alpha < \left|\dfrac{z}{a}\right| < \beta$，即 $\alpha|a| < |z| < \beta|a|$。

式（6-2-12）中若 a 换为 a^{-1}，得

$$a^{-k} f(k) \leftrightarrow F(az), \qquad \frac{\alpha}{|a|} < |z| < \frac{\beta}{|a|} \qquad (6\text{-}2\text{-}13)$$

式（6-2-12）中若 $a = -1$，得

$$(-1)^k f(k) \leftrightarrow F(-z), \qquad \alpha < |z| < \beta \qquad (6\text{-}2\text{-}14)$$

例 6.2.6　求指数衰减正弦系列 $a^k \sin(k\beta)\varepsilon(k)$ 的 z 变换（式中 $0 < a < 1$）。

解：由式（6-2-3）可得

$$\sin(k\beta)\varepsilon(k) \leftrightarrow \frac{z \sin \beta}{z^2 - 2z \cos \beta + 1}, \qquad |z| > 1$$

由式（6-2-12）可得

$$a^k \sin(k\beta)\varepsilon(k) \leftrightarrow \frac{\dfrac{z}{a}\sin\beta}{\left(\dfrac{z}{a}\right)^2 - 2\left(\dfrac{z}{a}\right)\cos\beta + 1} = \frac{az\sin\beta}{z^2 - 2az\cos\beta + a^2}, \qquad |z| > a \qquad (6\text{-}2\text{-}15)$$

6.2.4　卷积定理

类似于连续系统分析，在离散系统分析中也有 k 域（序域）卷积定理和 z 域卷积定理，其中 k 域卷积定理在系统中占有重要地位，而 z 域卷积定理应用较少，这里从略。

若

$$f_1(k) \leftrightarrow F_1(z), \qquad \alpha_1 < |z| < \beta_1$$

$$f_2(k) \leftrightarrow F_2(z), \qquad \alpha_2 < |z| < \beta_2$$

则

$$f_1(k) * f_2(k) \leftrightarrow F_1(z) \cdot F_2(z) \qquad (6\text{-}2\text{-}16)$$

其收敛域至少是 $F_1(z)$ 与 $F_2(z)$ 收敛域的相交部分。

卷积定理证明如下：

序列 $f_1(k)$ 与 $f_2(k)$ 卷积和的 z 变换为

$$\mathscr{A}\big[f_1(k) * f_2(k)\big] = \sum_{k=-\infty}^{\infty}\left[\sum_{i=-\infty}^{\infty} f_1(i) f_2(k-i)\right] z^{-k}$$

在 $F_1(z)$ 与 $F_2(z)$ 收敛域的相交部分内，两个级数都绝对且一致收敛，从而可以逐项相乘，也可以交换求和次序。上式交换求和次序并利用移位特性，得

$$\mathscr{A}\big[f_1(k) * f_2(k)\big] = \sum_{i=-\infty}^{\infty} f_1(i)\left[\sum_{k=-\infty}^{\infty} f_2(k-i) z^{-k}\right] = \sum_{i=-\infty}^{\infty} f_1(i) z^{-i} F_2(z) = F_1(z) F_2(z)$$

即式（6-2-16）。

例 6.2.7 求单边序列 $(k+1)\varepsilon(k)$ 和 $(k+1)a^k\varepsilon(k)$ 的 z 变换。

解： 由于

$$a^k\varepsilon(k)*b^k\varepsilon(k)=\begin{cases}\dfrac{b^{k+1}-a^{k+1}}{b-a}\varepsilon(k), & a\neq b \\[2mm] (k+1)a^k\varepsilon(k), & a=b\end{cases} \tag{6-2-17}$$

令 $a=b=1$，得

$$\varepsilon(k)*\varepsilon(k)=(k+1)\varepsilon(k)$$

由 $\varepsilon(k)\leftrightarrow\dfrac{z}{z-1}$，$a^k\varepsilon(k)\leftrightarrow\dfrac{z}{z-a}$，并利用卷积定理得

$$(k+1)\varepsilon(k)=\varepsilon(k)*\varepsilon(k)\leftrightarrow\left(\frac{z}{z-1}\right)^2, \qquad |z|>1 \tag{6-2-18}$$

$$(k+1)a^k\varepsilon(k)=a^k\varepsilon(k)*a^k\varepsilon(k)\leftrightarrow\left(\frac{z}{z-a}\right)^2, \qquad |z|>|a| \tag{6-2-19}$$

将式（6-2-18）右移一个单位，则由移位特性得

$$k\varepsilon(k-1)\leftrightarrow\frac{z}{(z-1)^2}$$

由于上式左端当 $k=0$ 时为零，因而也可写作 $k\varepsilon(k)$，即

$$k\varepsilon(k)=k\varepsilon(k-1)\leftrightarrow\frac{z}{(z-1)^2} \tag{6-2-20}$$

例 6.2.8 求图 6.2.4(c)所示双边三角形序列 $f_\Delta(k)$ 的 z 变换。

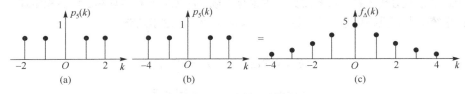

图 6.2.4　例 6.2.8 图

解： 按卷积运算规则不难验证图 6.2.4(c)所示的三角形序列 $f_\Delta(k)$ 等于图 6.2.4(a)、(b)所示的长度为 5 的矩形序列的卷积和，即

$$f_\Delta(k)=p_5(k)*p_5(k)$$

在式（6-2-6）中令 $M=2$，可得

$$p_5(k)\leftrightarrow\frac{z}{z-1}\cdot\frac{z^5-1}{z^3}, \qquad 0<|z|<\infty$$

再利用卷积定理，得 $f_\Delta(k)$ 的双边 z 变换为

$$f_\Delta(k)\Leftrightarrow\left(\frac{z}{z-1}\right)^2\left(\frac{z^5-1}{z^3}\right)^2, \qquad 0<|z|<\infty \tag{6-2-21a}$$

下面验算上述结果。将上式改写为

$$\left(\frac{z}{z-1}\right)^2\left(z^2-z^{-3}\right)^2=\left(\frac{z}{z-1}\right)^2\left(z^4-2z^{-1}+z^{-6}\right)$$

于是 $f_\Delta(k)$ 的 z 变换可写为

$$f_\Delta(k) \leftrightarrow z^4 \left(\frac{z}{z-1}\right)^2 - 2z^{-1}\left(\frac{z}{z-1}\right)^2 + z^{-6}\left(\frac{z}{z-1}\right)^2 \qquad (6\text{-}2\text{-}21\text{b})$$

由式（6-2-18）知

$$(k+1)\varepsilon(k) \leftrightarrow \left(\frac{z}{z-1}\right)^2$$

利用双边 z 变换的移位特性式（6-2-4）可得，式（6-2-21b）的原函数为

$$f_\Delta(k) = (k+5)\varepsilon(k+4) - 2k\varepsilon(k-1) + (k-5)\varepsilon(k-6)$$

读者不难验算序列：

$$f_\Delta(k) = \begin{cases} 5 - |k|, & -5 \leqslant k \leqslant 5 \\ 0, & k < -5, k > 5 \end{cases}$$

6.2.5 z 域微分（序列乘 k）

若

$$f(k) \leftrightarrow F(z), \qquad \alpha < |z| < \beta$$

则

$$kf(k) \leftrightarrow -z\frac{\mathrm{d}}{\mathrm{d}z}F(z)$$

$$k^2 f(k) \leftrightarrow -z\frac{\mathrm{d}}{\mathrm{d}z}\left[-z\frac{\mathrm{d}}{\mathrm{d}z}F(z)\right]$$

$$k^m f(k) \leftrightarrow \left[-z\frac{\mathrm{d}}{\mathrm{d}z}\right]^m F(z), \qquad \alpha < |z| < \beta \qquad (6\text{-}2\text{-}22)$$

式中，$\left[-z\dfrac{\mathrm{d}}{\mathrm{d}z}\right]^m F(z)$ 表示的运算为

$$-z\frac{\mathrm{d}}{\mathrm{d}z}\left(\cdots\left(-z\frac{\mathrm{d}}{\mathrm{d}z}\left(-z\frac{\mathrm{d}}{\mathrm{d}z}F(z)\right)\right)\cdots\right)$$

共进行 m 次求导和乘以 $(-z)$ 的运算。

这可证明如下：

根据 z 变换的定义：

$$F(z) = \sum_{k=-\infty}^{\infty} f(k)z^{-k}$$

上式级数在收敛域内绝对且一致收敛，故可逐项求导，所得级数的收敛域与原级数相同，因而有

$$\frac{\mathrm{d}}{\mathrm{d}z}F(z) = \sum_{k=-\infty}^{\infty} f(k)\frac{\mathrm{d}}{\mathrm{d}z}z^{-k} = -z^{-1}\sum_{k=-\infty}^{\infty} kf(k)z^{-k} = -z^{-1}\mathfrak{A}\left[kf(k)\right]$$

等号两端同乘以 $-z$，得

$$kf(k) \leftrightarrow -z\frac{\mathrm{d}}{\mathrm{d}z}F(z)$$

若再乘以 k，可得

$$\mathfrak{A}\left[k^2 f(k)\right] = \mathfrak{A}\left[k \cdot kf(k)\right] = -z\frac{\mathrm{d}}{\mathrm{d}z}\mathfrak{A}\left[kf(k)\right] = -z\frac{\mathrm{d}}{\mathrm{d}z}\left[-z\frac{\mathrm{d}}{\mathrm{d}z}F(z)\right]$$

重复运用以上方法就得到式（6-2-22）。

例 6.2.9　求序列 $k^2\varepsilon(k)$，$\dfrac{k(k+1)}{2}\varepsilon(k)$，$\dfrac{k(k-1)}{2}\varepsilon(k)$ 的 z 变换。

解：（1）由于 $\varepsilon(k) \leftrightarrow \dfrac{z}{z-1}$，利用 z 域微分性质有

$$\mathfrak{A}\left[k\varepsilon(k)\right] = -z\frac{\mathrm{d}}{\mathrm{d}z}\left(\frac{z}{z-1}\right) = \frac{z}{(z-1)^2}$$

即

$$k\varepsilon(k) \leftrightarrow \frac{z}{(z-1)^2}, \qquad |z| > 1 \tag{6-2-23}$$

同理，

$$\mathfrak{A}\left[k^2\varepsilon(k)\right] = -z\frac{\mathrm{d}}{\mathrm{d}z}\frac{z}{(z-1)^2} = \frac{z(z+1)}{(z-1)^3}$$

即

$$k^2\varepsilon(k) \leftrightarrow= \frac{z(z+1)}{(z-1)^3}, \qquad |z| > 1 \tag{6-2-24}$$

（2）对式（6-2-23）应用左移位特性，有

$$(k+1)\varepsilon(k+1) \leftrightarrow \frac{z^2}{(z-1)^2}$$

上式左端序列中，当 $k = -1$ 时，系数 $(k+1) = 0$，故有 $(k+1)\varepsilon(k+1) \leftrightarrow (k+1)\varepsilon(k)$，于是上式可写为

$$(k+1)\varepsilon(k) \leftrightarrow \frac{z^2}{(z-1)^2}$$

应用 z 域微分性质，可得

$$k(k+1)\varepsilon(k) \leftrightarrow -z\frac{\mathrm{d}}{\mathrm{d}z}\frac{z^2}{(z-1)^2} = \frac{2z^2}{(z-1)^3}$$

最后得

$$\frac{k(k+1)}{2}\varepsilon(k) \leftrightarrow \frac{z^2}{(z-1)^3}, \qquad |z| > 1 \tag{6-2-25}$$

实际上，由于

$$\frac{k(k+1)}{2}\varepsilon(k) = \frac{1}{2}(k^2 + k)\varepsilon(k)$$

根据线性性质，利用式（6-2-23）和式（6-2-24），也可得到相同的结果。

（3）由于 $\dfrac{k(k-1)}{2}\varepsilon(k)=\dfrac{1}{2}(k^2-k)\varepsilon(k)$，根据线性性质，利用式（6-2-23）、式（6-2-24）的结果可得

$$\frac{k(k-1)}{2}\varepsilon(k)\leftrightarrow\frac{1}{2}\left[\frac{z(z+1)}{(z-1)^3}-\frac{z}{(z-1)^2}\right]=\frac{z}{(z-1)^3},\qquad|z|>1 \tag{6-2-26}$$

6.2.6　z 域积分（序列除 k+m）

若

$$f(k)\leftrightarrow F(z),\qquad\alpha<|z|<\beta$$

设有整数 m，且 $k+m>0$，则

$$\frac{f(k)}{k+m}\leftrightarrow z^m\int_z^\infty\frac{F(\eta)}{\eta^{m+1}}\mathrm{d}\eta\qquad\alpha<|z|<\beta \tag{6-2-27}$$

若 $m=0$ 且 $k>0$，则

$$\frac{f(k)}{k}\leftrightarrow\int_z^\infty\frac{F(\eta)}{\eta}\mathrm{d}\eta,\qquad\alpha<|z|<\beta \tag{6-2-28}$$

这可证明如下：

由 z 变换定义：

$$F(z)=\sum_{k=-\infty}^\infty f(k)z^{-k} \tag{6-2-29}$$

上述级数在收敛域内绝对且一致收敛，故可逐项积分。将上式两端除以 z^{m+1}，并从 z 到 ∞ 进行积分（为避免积分变量与下限混淆，积分变量用 η 替代），得

$$\int_z^\infty\frac{F(\eta)}{\eta^{m+1}}\mathrm{d}\eta=\sum_{k=-\infty}^\infty f(k)\int_z^\infty\eta^{-(k+m+1)}\mathrm{d}\eta=\sum_{k=-\infty}^\infty f(k)\left[\frac{\eta^{-(k+m)}}{-(k+m)}\right]_z^\infty$$

由于 $k+m>0$，上式为

$$\int_z^\infty\frac{F(\eta)}{\eta^{m+1}}\mathrm{d}\eta=\sum_{k=-\infty}^\infty\frac{f(k)}{k+m}z^{-k}\cdot z^{-m}=z^{-m}\mathfrak{A}\left[\frac{f(k)}{k+m}\right]$$

等号两端乘以 z^m 即得式（6-2-27）。

例 6.2.10　求序列 $\dfrac{1}{k+1}\varepsilon(k)$ 的 z 变换。

解：由于 $\varepsilon(k)\leftrightarrow\dfrac{z}{z-1}$，故由式（6-2-27），有（本例 $m=1$）

$$\frac{1}{k+1}\varepsilon(k)\leftrightarrow z\int_z^\infty\frac{\eta}{(\eta-1)\eta^2}\mathrm{d}\eta$$

积分

$$\int_z^\infty\frac{\eta}{(\eta-1)\eta^2}\mathrm{d}\eta=\int_z^\infty\left(\frac{1}{\eta-1}-\frac{1}{\eta}\right)\mathrm{d}\eta=\ln\left(\frac{\eta-1}{\eta}\right)\bigg|_z^\infty=\ln\left(\frac{z}{z-1}\right)$$

故得

$$\frac{1}{k+1}\varepsilon(k) \leftrightarrow z\ln\left(\frac{z}{z-1}\right), \qquad |z| > 1$$

6.2.7　k 域反转

若

$$f(k) \leftrightarrow F(z), \qquad \alpha < |z| < \beta$$

则

$$f(-k) \leftrightarrow F(z^{-1}), \qquad \frac{1}{\beta} < |z| < \frac{1}{\alpha} \tag{6-2-30}$$

证明如下：

根据 z 变换的定义，并令 $n = -k$，有

$$\mathfrak{A}\left[f(-k)\right] = \sum_{k=-\infty}^{\infty} f(-k)z^{-k} = \sum_{n=\infty}^{-\infty} f(n)z^{n} = \sum_{n=-\infty}^{\infty} f(n)(z^{-1})^{-n} = F(z^{-1})$$

其收敛域为 $\alpha < \left|\dfrac{1}{z}\right| < \beta$，即 $\dfrac{1}{\beta} < |z| < \dfrac{1}{\alpha}$，得式（6-2-30）。

例 6.2.11　已知

$$a^{k}\varepsilon(k) \leftrightarrow \frac{z}{z-a}, \qquad |z| > |a|$$

求 $a^{-k}\varepsilon(-k-1)$ 的 z 变换。

解：由式（6-2-30）可得

$$a^{-k}\varepsilon(-k) \leftrightarrow \frac{\dfrac{1}{z}}{\dfrac{1}{z}-a} = \frac{1}{1-az}, \qquad |z| < \frac{1}{|a|}$$

左移一个单位（即用 $k+1$ 代替上式的 k），得

$$a^{-k-1}\varepsilon(-k-1) \leftrightarrow \frac{z}{1-az} = \frac{-\dfrac{1}{a}z}{z-\dfrac{1}{a}}$$

利用齐次性，k 域 z 域同乘以 a 得

$$a^{-k}\varepsilon(-k-1) \leftrightarrow \frac{-z}{z-\dfrac{1}{a}}, \qquad |z| < \frac{1}{|a|} \tag{6-2-31a}$$

若令 $b = \dfrac{1}{a}$，上式也可写为

$$b^{k}\varepsilon(-k-1) \leftrightarrow \frac{-z}{z-b}, \qquad |z| < |b| \tag{6-2-31b}$$

以上结果也可由 $f(k-1)$ 反转求得，读者可自行验证。

6.2.8 部分和

若

$$f(k) \leftrightarrow F(z), \qquad \alpha < |z| < \beta$$

则

$$g(k) = \sum_{i=-\infty}^{k} f(i) \leftrightarrow \frac{z}{z-1} F(z), \qquad \max(\alpha, 1) < |z| < \beta \qquad (6\text{-}2\text{-}32)$$

上式可证明如下:

由于

$$f(k) * \varepsilon(k) = \sum_{i=-\infty}^{\infty} f(i)\varepsilon(k-i) = \sum_{i=-\infty}^{k} f(i)$$

即序列 $f(k)$ 的部分和等于 $f(k)$ 与 $\varepsilon(k)$ 的卷积和。根据卷积定理,取上式的 z 变换就得到式 (6-2-32)。

例 6.2.12 求序列 $\sum_{i=0}^{k} a^i$ (a 为实数) 的 z 变换。

解: 由于 $\sum_{i=0}^{k} a^i = \sum_{i=-\infty}^{k} a^i \varepsilon(i)$,而

$$a^k \varepsilon(k) \leftrightarrow \frac{z}{z-a}, \qquad |z| > |a|$$

故由式 (6-2-32) 得

$$\sum_{i=0}^{k} a^i \leftrightarrow \frac{z}{z-1} \cdot \frac{z}{z-a}, \qquad |z| > \max(|a|, 1)$$

顺便指出:

$$\sum_{i=0}^{k} a^i = 1 + a + a^2 + \cdots + a^k = \frac{1-a^{k+1}}{1-a}, \qquad k \geq 0$$

故有

$$\sum_{i=0}^{k} a^i = \frac{1}{1-a}(1 - a^{k+1})\varepsilon(k) \leftrightarrow \frac{z^2}{(z-1)(z-a)}, \qquad |z| > \max(|a|, 1) \qquad (6\text{-}2\text{-}33)$$

6.2.9 初值定理和终值定理

初值定理适用于右边序列(或称有始序列),即适用于 $k < M$,M 为整数时 $f(k) = 0$ 的序列。它可以由象函数直接求得序列的初值 $f(M), f(M+1), \cdots$,而不必求得原序列。

1. 初值定理

如果序列在 $k < M$ 时 $f(k) = 0$,它与象函数的关系为

$$f(k) \leftrightarrow F(z), \qquad \alpha < |z| < \beta$$

则序列的初值为

$$f(M) = \lim_{z \to \infty} z^M F(z)$$

$$f(M+1) = \lim_{z \to \infty} \left[z^{M+1} F(z) - z f(M) \right]$$

$$f(M+2) = \lim_{z \to \infty} \left[z^{M+2} F(z) - z^2 f(M) - z f(M+1) \right]$$

(6-2-34)

如果 $M = 0$，即 $f(k)$ 为因果序列，这时序列的初值为

$$f(0) = \lim_{z \to \infty} F(z)$$

$$f(1) = \lim_{z \to \infty} \left[z F(z) - z f(0) \right]$$

$$f(2) = \lim_{z \to \infty} \left[z^2 F(z) - z^2 f(0) - z f(1) \right]$$

(6-2-35)

式（6-2-34）证明如下：

若在 $k < M$ 时序列 $f(k) = 0$，序列 $f(k)$ 的双边 z 变换可写为

$$F(z) = \sum_{k=-\infty}^{\infty} f(k) z^{-k} = \sum_{k=M}^{\infty} f(k) z^{-k}$$

$$= f(M) z^{-M} + f(M+1) z^{-(M+1)} + f(M+2) z^{-(M+2)} + \cdots$$

上式等号两端乘以 z^M，有

$$z^M F(z) = f(M) + f(M+1) z^{-1} + f(M+2) z^{-2} + \cdots$$

(6-2-36)

取上式 $z \to \infty$ 的极限，则上式等号右端除第一项外都趋近于零，就得到式（6-2-34）的第一式。

将式（6-2-36）中的 $f(M)$ 移到等号左端后，等号两端同乘以 z，得

$$z^{M+1} F(z) - z f(M) = f(M+1) + f(M+2) z^{-1} + \cdots$$

取上式 $z \to \infty$ 的极限，就得到式（6-2-34）的第二式。重复运用以上方法可求得 $f(M+2)$、$f(M+3)$、$\cdots$。

2. 终值定理

终值定理适用于右边序列，可以由象函数直接求得序列的终值，而不必求得原序列。

如果序列在 $k < M$ 时 $f(k) = 0$，设

$$f(k) \leftrightarrow F(z), \qquad \alpha < |z| < \beta$$

且 $0 \leqslant \alpha < 1$，则序列的终值为

$$f(\infty) = \lim_{k \to \infty} f(k) = \lim_{z \to 1} \frac{z-1}{z} F(z)$$

(6-2-37a)

上式中取 $z \to 1$ 的极限，因此终值定理要求 $z = 1$ 在收敛域内（$0 \leqslant \alpha < 1$），这时 $\lim_{k \to \infty} f(k)$ 存在。

终值定理证明如下：

$f(k)$ 的差分 $[f(k) - f(k-1)]$ 的 z 变换为

$$\mathfrak{A}\left[f(k) - f(k-1) \right] = F(z) - z^{-1} F(z) = \sum_{k=M}^{\infty} \left[f(k) - f(k-1) \right] z^{-k}$$

即

$$(1 - z^{-1}) F(z) = \lim_{N \to \infty} \sum_{k=M}^{N} \left[f(k) - f(k-1) \right] z^{-k}$$

取上式 $z \to 1$ 的极限（显然 $z = 1$ 应在收敛域内），并交换求极限的次序，得

$$\lim_{z \to 1}(1 - z^{-1})F(z) = \lim_{z \to 1}\lim_{N \to \infty}\sum_{k=M}^{N}[f(k) - f(k-1)]z^{-k}$$

$$= \lim_{N \to \infty}\lim_{z \to 1}\sum_{k=M}^{N}[f(k) - f(k-1)]z^{-k}$$

$$= \lim_{N \to \infty}\sum_{k=M}^{N}[f(k) - f(k-1)]$$

$$= \lim_{N \to \infty}f(N)$$

即式（6-2-37a）

例 6.2.13 某因果序列 $f(k)$ 的 z 变换为（设 a 为实数）

$$F(z) = \frac{z}{z-a}, \qquad |z| > |a|$$

求 $f(0)$、$f(1)$、$f(2)$ 和 $f(\infty)$。

解：

（1）初值：由式（6-2-35）可得

$$f(0) = \lim_{z \to \infty}\frac{z}{z-a} = 1$$

$$f(1) = \lim_{z \to \infty}\left[z \cdot \frac{z}{z-a} - z\right] = a$$

$$f(2) = \lim_{z \to \infty}\left[z^2 \cdot \frac{z}{z-a} - z^2 - az\right] = a^2$$

上述象函数的原序列为 $a^k\varepsilon(k)$，可见以上结果对任意实数 a 均正确。

（2）终值：由式（6-2-37a）不难求得

$$\lim_{z \to 1}\frac{z-1}{z} \cdot \frac{z}{z-a} = \begin{vmatrix} 0, & |a| < 1 \\ 1, & a = 1 \\ 0, & a = -1 \\ 0, & |a| > 1 \end{vmatrix} \tag{6-2-38}$$

对于 $|a| < 1$，$z = 1$ 在 $F(z)$ 的收敛域内，终值定理成立，因而有

$$f(\infty) = \lim_{z \to 1}\frac{z-1}{z} \cdot \frac{z}{z-a} = 0$$

不难验证，原序列 $f(k) = a^k\varepsilon(k)$，当 $|a| < 1$ 时以上结果正确。

对 $|a| = 1$，当 $a = 1$ 时，原序列 $f(k) = \varepsilon(k)$，式（6-2-38）的结果正确。但当 $a = -1$ 时，原序列 $f(k) = (-1)^k\varepsilon(k)$，这时 $\lim_{k \to \infty}(-1)^k\varepsilon(k)$ 不收敛，因而终值定理不成立。

对于 $|a| > 1$，$z = 1$ 不在 $F(z)$ 的收敛域内，终值定理也不成立。

例 6.2.14 已知因果序列 $f(k) = a^k\varepsilon(k)$，$|a| < 1$，求序列的无限和 $\sum_{i=0}^{\infty}f(i)$。

解： 设 $g(k) = \sum\limits_{i=0}^{\infty} f(i)$，由式（6-2-32）知，其象函数为

$$G(z) = \frac{z}{z-1} F(z)$$

本题所求的无限和可看作 $g(k)$ 取 $k \to \infty$ 的极限，即

$$\sum_{i=0}^{\infty} f(i) = \lim_{k \to \infty} g(k)$$

由于 $|a| < 1$，应用终值定理，得

$$\sum_{i=0}^{\infty} f(i) = \lim_{k \to \infty} g(k) = \lim_{z \to 1} \frac{z-1}{z} \cdot G(z) = \lim_{z \to 1} \frac{z-1}{z} \cdot \frac{z}{z-1} F(z) = F(1)$$

由于 $F(z) = \dfrac{z}{z-a}$，最后得

$$\sum_{i=0}^{\infty} f(i) = \sum_{i=0}^{\infty} a^i = F(1) = \frac{1}{1-a}$$

最后，将 z 变换的性质列于表 6-1 中，以便查阅。

表 6-1　z 变换的性质

名　称		k 域　　　$f(k) \leftrightarrow F(z)$　　　z 域	
定义		$f(k) = \dfrac{1}{2\pi \mathrm{j}} \oint F(z) z^{k-1} \mathrm{d}z$	$F(z) = \sum\limits_{k=-\infty}^{\infty} f(k) z^{-k}, \quad \alpha < |z| < \beta^*$
线性		$a_1 f_1(k) + a_2 f_2(k)$	$a_1 F_1(z) + a_2 F_2(z)$ $\max(\alpha_1, \alpha_2) < |z| < \min(\beta_1, \beta_2)$
移位	双边变换	$f(k \pm m)$	$z^{\pm m} F(z), \quad \alpha < |z| < \beta$
	单边变换	$f(k-m), \quad m > 0$	$z^{-m} F(z) + \sum\limits_{k=0}^{m-1} f(k-m) z^{-k}, \quad |z| > \alpha$
		$f(k+m), \quad m > 0$	$z^{m} F(z) - \sum\limits_{k=0}^{m-1} f(k) z^{m-k}, \quad |z| > \alpha$
z 域尺度变换		$a^k f(k), \quad a \neq 0$	$F\left(\dfrac{z}{a}\right), \quad \alpha|a| < |z| < \beta|a|$
k 域卷积		$f_1(k) * f_2(k)$	$F_1(z) F_2(z)$ $\max(\alpha_1, \alpha_2) < |z| < \min(\beta_1, \beta_2)$
z 域微分		$k^m f(k), \quad m > 0$	$\left[-z \dfrac{\mathrm{d}}{\mathrm{d}z}\right]^m F(z), \quad \alpha < |z| < \beta$
z 域积分		$\dfrac{f(k)}{k+m}, \quad k+m > 0$	$z^m \int\limits_z^{\infty} \dfrac{F(\eta)}{\eta^{m+1}} \mathrm{d}\eta, \quad \alpha < |z| < \beta$
k 域反转		$f(-k)$	$F(z^{-1}), \quad \dfrac{1}{\beta} < |z| < \dfrac{1}{\alpha}$
部分和		$\sum\limits_{i=-\infty}^{k} f(i)$	$\dfrac{z}{z-1} F(z), \quad \max(\alpha, 1) < |z| < \beta$
初值定理	因果序列	$f(0) = \lim\limits_{z \to \infty} F(z)$ $f(m) = \lim\limits_{z \to \infty} z^m \left[F(z) - \sum\limits_{k=0}^{m-1} f(k) z^{-k} \right], \quad |z| > \alpha$	
终值定理		$f(\infty) = \lim\limits_{z \to 1} \dfrac{z-1}{z} F(z), \quad \lim\limits_{k \to \infty} f(k)$ 收敛，$|z| > \alpha (0 < \alpha < 1)$	

* α、β 为正实常数，分别称为收敛域的内、外半径。

6.3　逆 z 变 换

本节研究 $F(z)$ 的逆 z 变换，即由象函数 $F(z)$ 求原序列 $f(k)$ 的问题。求逆 z 变换的方法有：幂级数展开法、部分分式展开法和反演积分（留数法）等，本节重点讨论最常用的部分分式法。

一般而言，双边序列 $f(k)$ 可分为因果序列 $f_1(k)$ 和反因果序列 $f_2(k)$ 两部分，即

$$f(k) = f_2(k) + f_1(k) = f(k)\varepsilon(-k-1) + f(k)\varepsilon(k) \tag{6-3-1a}$$

式中，因果序列和反因果序列分别为

$$f_1(k) = f(k)\varepsilon(k) \tag{6-3-1b}$$

$$f_2(k) = f(k)\varepsilon(-k-1) \tag{6-3-1c}$$

相应地，其 z 变换也分为两部分：

$$F(z) = F_2(z) + F_1(z), \qquad \alpha < |z| < \beta \tag{6-3-2a}$$

其中，

$$F_1(z) = \mathfrak{A}\left[f(k)\varepsilon(k)\right] = \sum_{k=0}^{\infty} f(k)z^{-k}, \qquad |z| > \alpha \tag{6-3-2b}$$

$$F_2(z) = \mathfrak{A}\left[f(k)\varepsilon(-k-1)\right] = \sum_{k=-\infty}^{-1} f(k)z^{-k}, \qquad |z| < \beta \tag{6-3-2c}$$

当已知象函数 $F(z)$ 时，根据给定的收敛域不难由 $F(z)$ 求得 $F_1(z)$ 和 $F_2(z)$，并分别求得它们所对应的原序列 $f_1(k)$ 和 $f_2(k)$，然后按线性性质，将二者相加就得到 $F(z)$ 所对应的原序列 $f(k)$，因此本节主要研究因果序列象函数 $F_1(z)$ 的逆 z 变换，它显然也是单边逆 z 变换。

6.3.1　幂级数展开法

根据 z 变换的定义，因果序列和反因果序列的象函数（如式（6-3-2b）和式（6-3-2c））分别是 z^{-1} 和 z 的幂级数。因此，根据给定的收敛域可将 $F_1(z)$ 和 $F_2(z)$ 展开为幂级数，它的系数就是相应的序列值。

例 6.3.1　已知象函数

$$F(z) = \frac{z^2}{(z+1)(z-2)} = \frac{z^2}{z^2 - z - 2}$$

其收敛域如下，分别求其相对应的原序列 $f(k)$。

（1）$|z| > 2$；　　　　　　　（2）$|z| < 1$；　　　　　　　（3）$1 < |z| < 2$。

解：

（1）由于 $F(z)$ 的收敛域为 $|z| > 2$，即半径为 2 的圆外域，故 $f(k)$ 为因果序列。用长除法将 $F(z)$（其分子、分母按 z 的降幂排列）展开为 z^{-1} 的幂级数如下：

$$
\begin{array}{r}
1 + z^{-1} + 3z^{-2} + 5z^{-3} + \cdots \\
z^2 - z - 2 \overline{\smash{\big)}\ z^2} \\
\underline{z^2 - z - 2} \\
z + 2 \\
\underline{z - 1 - 2z^{-1}} \\
3 + 2z^{-1} \\
\vdots
\end{array}
$$

即

$$F(z) = \frac{z^2}{z^2 - z - 2} = 1 + z^{-1} + 3z^{-2} + 5z^{-3} + \cdots$$

与式（6-3-2b）相比较可得原序列为

$$f(k) = \{1, 1, 3, 5, \cdots\}$$
$$\uparrow k = 0$$

（2）由于 $F(z)$ 收敛域为 $|z| < 1$，故 $f(k)$ 为反因果序列。用长除法将 $F(z)$（其分子、分母按 z 的升幂排序）展开为 z 的幂级数如下：

$$
\begin{array}{r}
-\dfrac{1}{2}z^2 + \dfrac{1}{4}z^3 - \dfrac{3}{8}z^4 + \dfrac{5}{16}z^5 + \cdots \\[4pt]
-2 - z + z^2 \overline{\smash{\big)}\, z^2 } \\[4pt]
z^2 + \dfrac{1}{2}z^3 - \dfrac{1}{2}z^4 \\[4pt]
\overline{-\dfrac{1}{2}z^3 + \dfrac{1}{2}z^4 } \\[4pt]
-\dfrac{1}{2}z^3 - \dfrac{1}{4}z^4 + \dfrac{1}{4}z^5 \\[4pt]
\overline{\dfrac{3}{4}z^4 - \dfrac{1}{4}z^5 } \\[4pt]
\vdots
\end{array}
$$

即

$$F(z) = \frac{z^2}{z^2 - z - 2} = -\frac{1}{2}z^2 + \frac{1}{4}z^3 - \frac{3}{8}z^4 + \frac{5}{16}z^5 + \cdots$$

与式（6-3-2c）相比较可得原序列：

$$f(k) = \left\{ \cdots, \frac{5}{16}, -\frac{3}{8}, \frac{1}{4}, -\frac{1}{2}, 0 \right\}$$
$$\uparrow k = -1$$

（3）$F(z)$ 的收敛域为 $1 < |z| < 2$ 的环形区域，其原序列 $f(k)$ 为双边序列。将 $F(z)$ 展开为部分分式，有

$$F(z) = \frac{z^2}{(z+1)(z-2)} = \frac{\frac{1}{3}z}{z+1} + \frac{\frac{2}{3}z}{z-2}, \qquad 1 < |z| < 2$$

根据给定的收敛域不难看出，上式第一项属于因果序列的象函数 $F_1(z)$，第二项属于反因果序列的象函数 $F_2(z)$，即

$$F_1(z) = \frac{\frac{1}{3}z}{z+1}, \qquad |z| > 1$$

$$F_2(z) = \frac{\frac{2}{3}z}{z-2}, \qquad |z| < 2$$

将它们分别展开为 z^{-1} 及 z 的幂级数，有

$$F_1(z) = \frac{\dfrac{1}{3}z}{z+1} = \frac{1}{3} - \frac{1}{3}z^{-1} + \frac{1}{3}z^{-2} - \frac{1}{3}z^{-3} + \cdots$$

$$F_2(z) = \frac{\dfrac{2}{3}z}{z-2} = \cdots - \frac{1}{12}z^3 - \frac{1}{6}z^2 - \frac{1}{3}z$$

于是得原序列为

$$f(k) = \left\{ \cdots, -\frac{1}{12}, -\frac{1}{6}, -\frac{1}{3}, \frac{1}{3}, -\frac{1}{3}, \frac{1}{3}, -\frac{1}{3}, \cdots \right\}$$
$$\uparrow k = 0$$

用以上方法求 $F(z)$ 的逆 z 变换，其原序列常常难以写成闭合形式。

顺便提出，除用长除法将 $F(z)$ 展开为幂级数外，有时可利用已知的幂级数展开式（如 e^x、a^x 等幂级数展开式，它们可从数学手册中查到）求逆 z 变换。

例 6.3.2　某因果序列的象函数为

$$F(z) = e^{\frac{a}{z}}, \qquad |z| > 0$$

求其原序列 $f(k)$。

解：指数函数 e^x 可展开为幂级数：

$$e^x = 1 + x + \frac{1}{2!}x^2 + \cdots + \frac{1}{k!}x^k + \cdots = \sum_{k=0}^{\infty} \frac{x^k}{k!}, \qquad |x| < \infty$$

令 $x = \dfrac{a}{z}$，则 $F(z)$ 可展开为

$$F(z) = e^{\frac{a}{z}} = \sum_{k=0}^{\infty} \frac{\left(\dfrac{a}{z}\right)^k}{k!} = \sum_{k=0}^{\infty} \frac{a^k}{k!} z^{-k}, \qquad |z| > 0$$

根据 z 变换的定义可得

$$f(k) = \frac{a^k}{k!}, \qquad k \geqslant 0 \tag{6-3-3}$$

6.3.2　部分分式展开法

在离散系统分析中，经常遇到的象函数是 z 的有理分式，它可以写为

$$F(z) = \frac{B(z)}{A(z)} = \frac{b_m z^m + b_{m-1}z^{m-1} + \cdots + b_1 z + b_0}{z^n + a_{n-1}z^{n-1} + \cdots + a_1 z + a_0} \tag{6-3-4}$$

式中，$m \leqslant n$，$A(z)$、$B(z)$ 分别为 $F(z)$ 的分母和分子多项式。

根据代数学，只有真分式（即 $m < n$）才能展开为部分分式。因此，当 $m = n$ 时还不能将 $F(z)$ 直接展开。通常可以先将 $\dfrac{F(z)}{z}$ 展开，然后再乘以 z；或者先从 $F(z)$ 分出常数项，再将余下的真分式展开为部分分式。将 $\dfrac{F(z)}{z}$ 展开为部分分式的方法与第 5 章中的 $F(s)$ 展开方法相同。

如果象函数 $F(z)$ 有如式（6-3-4）的形式，则

$$\frac{F(z)}{z} = \frac{B(z)}{zA(z)} = \frac{B(z)}{z(z^n + a_{n-1}z^{n-1} + \cdots + a_1 z + a_0)} \qquad （6-3-5）$$

式中，$B(z)$ 的最高次幂 $m < n+1$。

$F(z)$ 的分母多项式为 $A(z)$，$A(z) = 0$ 有 n 个根 z_1，z_2，$\cdots$，z_n，它们称为 $F(z)$ 的极点。按 $F(z)$ 极点的类型，$\dfrac{F(z)}{z}$ 的展开式有以下几种情况。

1．有单极点

如 $F(z)$ 的极点 z_1、z_2、$\cdots$、z_n 都互不相同，且不等于 0，则 $\dfrac{F(z)}{z}$ 可展开为

$$\frac{F(z)}{z} = \frac{K_0}{z} + \frac{K_1}{z-z_1} + \cdots + \frac{K_n}{z-z_n} = \sum_{i=0}^{n} \frac{K_i}{z-z_i} \qquad （6-3-6）$$

式中 $z_0 = 0$，各系数

$$K_i = (z - z_i)\frac{F(z)}{z}\bigg|_{z=z_i} \qquad （6-3-7）$$

将求得的各系数 K_i 代入式（6-3-6）后，等号两端同乘以 z，得

$$F(z) = K_0 + \sum_{i=1}^{n} \frac{K_i z}{z-z_i} \qquad （6-3-8）$$

根据给定的收敛域，将上式划分为 $F_1(z)$，$|z| > \alpha$ 和 $F_2(z)$，$|z| < \beta$ 两部分，根据已知的变换对，如

$$\delta(k) \leftrightarrow 1 \qquad （6-3-9）$$

$$a^k \varepsilon(k) \leftrightarrow \frac{z}{z-a}, \qquad |z| > a \qquad （6-3-10a）$$

$$-a^k \varepsilon(-k-1) \leftrightarrow \frac{z}{z-a}, \qquad |z| < a \qquad （6-3-10b）$$

等，就可求得式（6-3-8）的原函数。

表 6-2 给出了一些常用变换对。

例 6.3.3　已知象函数

$$F(z) = \frac{z^2}{(z+1)(z-2)}$$

其收敛域分别为：

（1）$|z| > 2$；　　　　（2）$|z| < 1$；　　　　（3）$1 < |z| < 2$。

分别求其原序列。

解：为将 $F(z)$ 展开为部分分式，先求 $F(z)$ 的极点，即 $F(z)$ 的分母多项式 $A(z) = 0$ 的根。由 $F(z)$ 可见，其极点为 $z_1 = -1, z_2 = 2$。于是 $\dfrac{F(z)}{z}$ 可展开为部分分式：

$$\frac{F(z)}{z} = \frac{z^2}{z(z+1)(z-2)} = \frac{z}{(z+1)(z-2)} = \frac{K_1}{z+1} + \frac{K_2}{z-2}$$

表6-2 z 变换简表

序号	反因果序列 $f(k), k \leqslant -1$	收敛域 $\vert z \vert < \beta$	象函数 $F(z)$	收敛域 $\vert z \vert > \alpha$	因果序列 $f(k), k \geqslant 0$
1	/	/	1	全平面	$\delta(k)$
2	/	/	$z^{-m}, m > 0$	$\vert z \vert > 0$	$\delta(k-m)$
3	$\delta(k+m)$	$\vert z \vert < \infty$	$z^m, m > 0$	/	/
4	$-\varepsilon(-k-1)$	$\vert z \vert < 1$	$\dfrac{z}{z-1}$	$\vert z \vert > 1$	$\varepsilon(k)$
5	$-a^k\varepsilon(-k-1)$	$\vert z \vert < \vert a \vert$	$\dfrac{z}{z-a}$	$\vert z \vert > \vert a \vert$	$a^k\varepsilon(k)$
6	$-ka^{k-1}\varepsilon(-k-1)$	$\vert z \vert < \vert a \vert$	$\dfrac{z}{(z-a)^2}$	$\vert z \vert > \vert a \vert$	$ka^{k-1}\varepsilon(k)$
7	$-\dfrac{1}{2}k(k-1)a^{k-2}\varepsilon(-k-1)$	$\vert z \vert < \vert a \vert$	$\dfrac{z}{(z-a)^3}$	$\vert z \vert > \vert a \vert$	$\dfrac{1}{2}k(k-1)a^{k-2}\varepsilon(k)$
8	$\dfrac{-k(k-1)\cdots(k-m+1)}{m!}a^{k-m}$ $\varepsilon(-k-1)$	$\vert z \vert < \vert a \vert$	$\dfrac{z}{(z-a)^{m+1}}\quad m \geqslant 1$	$\vert z \vert > \vert a \vert$	$\dfrac{k(k-1)\cdots(k-m+1)}{m!}a^{k-m}\varepsilon(k)$
9	$-a^k\sin(\beta k)\varepsilon(-k-1)$	$\vert z \vert < \vert a \vert$	$\dfrac{az\sin\beta}{z^2 - 2az\cos\beta + a^2}$	$\vert z \vert > \vert a \vert$	$a^k\sin(\beta k)\varepsilon(k)$
10	$-a^k\cos(\beta k)\varepsilon(-k-1)$	$\vert z \vert < \vert a \vert$	$\dfrac{z[z-a\cos\beta]}{z^2 - 2az\cos\beta + a^2}$	$\vert z \vert > \vert a \vert$	$a^k\cos(\beta k)\varepsilon(k)$

注：a 是实（或复）常数。

由式（6-3-7）可得

$$K_1 = (z+1)\frac{F(z)}{z}\Big|_{z=-1} = \frac{1}{3}$$

$$K_2 = (z-2)\frac{F(z)}{z}\Big|_{z=2} = \frac{2}{3}$$

于是得

$$\frac{F(z)}{z} = \frac{\frac{1}{3}}{z+1} + \frac{\frac{2}{3}}{z-2}$$

即

$$F(z) = \frac{\frac{1}{3}z}{z+1} + \frac{\frac{2}{3}z}{z-2} \tag{6-3-11}$$

（1）收敛域为 $\vert z \vert > 2$，故 $f(k)$ 为因果序列。由式（6-3-10a）得

$$f(k) = \left[\frac{1}{3}(-1)^k + \frac{2}{3}(2)^k\right]\varepsilon(k)$$

（2）收敛域为 $\vert z \vert < 1$，故 $f(k)$ 为反因果序列。由式（6-3-10b）得

$$f(k) = \left[-\frac{1}{3}(-1)^k - \frac{2}{3}(2)^k\right]\varepsilon(-k-1)$$

（3）收敛域为 $1 < \vert z \vert < 2$，由展开式（6-3-11）不难看出，其第一项属于因果序列（$\vert z \vert > 1$），第二项属于反因果序列（$\vert z \vert < 2$）。由式（6-3-10）可分别求得其逆变换，最后得

$$f(k) = -\frac{2}{3}(2)^k \varepsilon(-k-1) + \frac{1}{3}(-1)^k \varepsilon(k)$$

由上例可见，用部分分式法能得到原序列的闭合形式的解。

例 6.3.4　求象函数

$$F(z) = \frac{z\left(z^3 - 4z^2 + \frac{9}{2}z + \frac{1}{2}\right)}{\left(z - \frac{1}{2}\right)(z-1)(z-2)(z-3)}, \qquad 1 < |z| < 2$$

的逆 z 变换。

解：由上式可见 $F(z)$ 的极点 $\frac{1}{2}$、1、2、3，将 $\frac{F(z)}{z}$ 展开为部分分式为

$$\frac{F(z)}{z} = \frac{K_1}{z-\frac{1}{2}} + \frac{K_2}{z-1} + \frac{K_3}{z-2} + \frac{K_4}{z-3}$$

按式（6-3-7）可求得 $K_1 = -1$，$K_2 = 2$，$K_3 = -1$，$K_4 = 1$，故得 $F(z)$ 的展开式为

$$F(z) = \frac{-z}{z-\frac{1}{2}} + \frac{2z}{z-1} + \frac{-z}{z-2} + \frac{z}{z-3}, \qquad 1 < |z| < 2$$

根据给定的收敛域可知，上式前两项的收敛域满足 $|z| > 1$，故属于因果序列的象函数 $F_1(z)$，第三、四项的收敛域满足 $|z| < 2$，故属于反因果序列的象函数 $F_2(z)$，即

$$F_1(z) = \frac{-z}{z-\frac{1}{2}} + \frac{2z}{z-1}, \qquad |z| > 1$$

$$F_2(z) = \frac{-z}{z-2} + \frac{z}{z-3}, \qquad |z| < 2$$

由表 6-2 可得其原序列分别为

$$f_1(k) = \left[2 - \left(\frac{1}{2}\right)^k\right]\varepsilon(k)$$

$$f_2(k) = \left[2^k - 3^k\right]\varepsilon(-k-1)$$

最后得

$$f(k) = f_2(k) + f_1(k) = (2^k - 3^k)\varepsilon(-k-1) + \left[2 - \left(\frac{1}{2}\right)^k\right]\varepsilon(k)$$

2．$F(z)$ 有共轭单极点

如果 $F(z)$ 有一对共轭单极点 $z_{1,2} = c \pm \mathrm{j}d$，则可将 $\frac{F(z)}{z}$ 展开为

$$\frac{F(z)}{z} = \frac{F_a(z)}{z} + \frac{F_b(z)}{z} = \frac{K_1}{z-z_1} + \frac{K_2}{z-z_2} + \frac{F_b(z)}{z} \tag{6-3-12}$$

式中，$\dfrac{F_b(z)}{z}$ 是 $\dfrac{F(z)}{z}$ 除共轭极点所形成分式外的其余部分，而

$$\frac{F_a(z)}{z} = \frac{K_1}{z - c - \mathrm{j}d} + \frac{K_2}{z - c + \mathrm{j}d} \qquad (6\text{-}3\text{-}13)$$

可以证明，若 $A(z)$ 是实系数多项式，则 $K_2 = K_1^*$。

将 $F(z)$ 的极点 z_1, z_2 写为指数形式，即令

$$z_{1,2} = c \pm \mathrm{j}d = \alpha \mathrm{e}^{\pm \mathrm{j}\beta} \qquad (6\text{-}3\text{-}14)$$

式中

$$\alpha = \sqrt{c^2 + d^2}$$

$$\beta = \arctan\left(\frac{d}{c}\right)$$

令 $K_1 = |K_1|\mathrm{e}^{\mathrm{j}\theta}$，则 $K_2 = |K_1|\mathrm{e}^{-\mathrm{j}\theta}$，式（6-3-13）可改写为

$$\frac{F_a(z)}{z} = \frac{|K_1|\mathrm{e}^{\mathrm{j}\theta}}{z - \alpha\mathrm{e}^{\mathrm{j}\beta}} + \frac{|K_1|\mathrm{e}^{-\mathrm{j}\theta}}{z - \alpha\mathrm{e}^{-\mathrm{j}\beta}}$$

等号两端同乘以 z，得

$$F_a(z) = \frac{|K_1|\mathrm{e}^{\mathrm{j}\theta}z}{z - \alpha\mathrm{e}^{\mathrm{j}\beta}} + \frac{|K_1|\mathrm{e}^{-\mathrm{j}\theta}z}{z - \alpha\mathrm{e}^{-\mathrm{j}\beta}} \qquad (6\text{-}3\text{-}15)$$

取上式的逆变换，得

若 $|z| > \alpha$，

$$f_a(k) = 2|K_1|\alpha^k \cos(\beta k + \theta)\varepsilon(k) \qquad (6\text{-}3\text{-}16)$$

若 $|z| < \alpha$，

$$f_a(k) = -2|K_1|\alpha^k \cos(\beta k + \theta)\varepsilon(-k-1) \qquad (6\text{-}3\text{-}17)$$

例 6.3.5 求象函数

$$F(z) = \frac{z^3 + 6}{(z+1)(z^2+4)}, \qquad |z| > 2$$

的逆 z 变换。

解： $F(z)$ 的极点为 $z_1 = -1$，$z_{2,3} = \pm\mathrm{j}2 = 2\mathrm{e}^{\pm\mathrm{j}\frac{\pi}{2}}$，$\dfrac{F(z)}{z}$ 可展开为

$$\frac{F(z)}{z} = \frac{z^3 + 6}{z(z+1)(z^2+4)} = \frac{K_0}{z} + \frac{K_1}{z+1} + \frac{K_2}{z-\mathrm{j}2} + \frac{K_2^*}{z+\mathrm{j}2}$$

按式（6-3-7）可求得

$$K_0 = z\frac{F(z)}{z}\Big|_{z=0} = 1.5$$

$$K_1 = (z+1)\frac{F(z)}{z}\Big|_{z=-1} = -1$$

$$K_2 = (z-\mathrm{j}2)\frac{F(z)}{z}\Big|_{z=\mathrm{j}2} = \frac{1+\mathrm{j}2}{4} = \frac{\sqrt{5}}{4}\mathrm{e}^{\mathrm{j}63.4°}$$

于是得

$$F(z) = 1.5 - \frac{z}{z+1} + \frac{\frac{\sqrt{5}}{4}e^{j63.4°}z}{z - 2e^{j\frac{\pi}{2}}} + \frac{\frac{\sqrt{5}}{4}e^{-j63.4°}z}{z - 2e^{-j\frac{\pi}{2}}}$$

取上式的逆变换，得

$$f(k) = \left[1.5\delta(k) - (-1)^k + \frac{\sqrt{5}}{2}2^k \cos\left(\frac{k\pi}{2} + 63.4°\right) \right]\varepsilon(k)$$

$$= \left[1.5\delta(k) - (-1)^k + \sqrt{5}\,2^{k-1} \cos\left(\frac{k\pi}{2} + 63.4°\right) \right]\varepsilon(k)$$

3. $F(z)$ 有重极点

如果 $F(z)$ 在 $z = z_1 = a$ 处有 r 重极点，则 $\dfrac{F(z)}{z}$ 可展开为

$$\frac{F(z)}{z} = \frac{F_a(z)}{z} + \frac{F_b(z)}{z} = \frac{K_{11}}{(z-a)^r} + \frac{K_{12}}{(z-a)^{r-1}} + \cdots + \frac{K_{1r}}{z-a} + \frac{F_b(z)}{z} \tag{6-3-18}$$

式中，$\dfrac{F_b(z)}{z}$ 是 $\dfrac{F(z)}{z}$ 除重极点 $z = a$ 以外的项，在 $z = a$ 处 $F_b(z) \neq \infty$。各系数 K_{1i} 可用下式求得：

$$K_{1i} = \frac{1}{(i-1)!}\frac{\mathrm{d}^{i-1}}{\mathrm{d}z^{i-1}}\left[(z-a)^r\frac{F(z)}{z}\right]_{z=a} \tag{6-3-19}$$

将求得的系数 K_{1i} 代入式（6-3-18）后，等号两端同乘以 z，得

$$F(z) = \frac{K_{11}z}{(z-a)^r} + \frac{K_{12}z}{(z-a)^{r-1}} + \cdots + \frac{K_{1r}z}{z-a} + F_b(z) \tag{6-3-20}$$

根据给定的收敛域，由表 6-2 可求得上式的逆 z 变换。

如 $F(z)$ 有共轭二重极点 $z_{1,2} = c \pm jd = \alpha e^{\pm j\beta}$，利用式（6-3-19）求得系数 K_{11}、K_{12} 后，可根据给定的收敛域按下式求得其逆变换：

若 $|z| > \alpha$，则

$$\mathfrak{A}^{-1}\left[\frac{z|K_{11}|e^{j\theta_{11}}}{(z-z_1)^2} + \frac{z|K_{11}|e^{-j\theta_{11}}}{(z-z_2)^2}\right] = 2|K_{11}|k\alpha^{k-1}\cos\left[\beta(k-1) + \theta_{11}\right]\varepsilon(k) \tag{6-3-21}$$

$$\mathfrak{A}^{-1}\left[\frac{z|K_{12}|e^{j\theta_{12}}}{z-z_1} + \frac{z|K_{12}|e^{-j\theta_{12}}}{z-z_2}\right] = 2|K_{12}|\alpha^k\cos\left(\beta k + \theta_{12}\right)\varepsilon(k) \tag{6-3-22}$$

若 $|z| < \alpha$，则

$$\mathfrak{A}^{-1}\left[\frac{z|K_{11}|e^{j\theta_{11}}}{(z-z_1)^2} + \frac{z|K_{11}|e^{-j\theta_{11}}}{(z-z_2)^2}\right] = -2|K_{11}|k\alpha^{k-1}\cos\left[\beta(k-1) + \theta_{11}\right]\varepsilon(-k-1) \tag{6-3-23}$$

$$\mathfrak{A}^{-1}\left[\frac{z|K_{12}|e^{j\theta_{12}}}{z-z_1} + \frac{z|K_{12}|e^{-j\theta_{12}}}{z-z_2}\right] = -2|K_{12}|\alpha^k\cos\left(\beta k + \theta_{12}\right)\varepsilon(-k-1) \tag{6-3-24}$$

例 6.3.6　求象函数

$$F(z) = \frac{z^3 + z^2}{(z-1)^3}, \qquad |z| > 1$$

的逆变换。

解： 将 $\dfrac{F(z)}{z}$ 展开为

$$\frac{F(z)}{z} = \frac{z^2 + z}{(z-1)^3} = \frac{K_{11}}{(z-1)^3} + \frac{K_{12}}{(z-1)^2} + \frac{K_{13}}{z-1}$$

根据式（6-3-19）可求得

$$K_{11} = (z-1)^3 \frac{F(z)}{z}\Big|_{z=1} = 2$$

$$K_{12} = \frac{\mathrm{d}}{\mathrm{d}z}\left[(z-1)^3 \frac{F(z)}{z}\right]\Big|_{z=1} = 3$$

$$K_{13} = \frac{1}{2}\frac{\mathrm{d}^2}{\mathrm{d}z^2}\left[(z-1)^3 \frac{F(z)}{z}\right]\Big|_{z=1} = 1$$

所以，

$$\frac{F(z)}{z} = \frac{2}{(z-1)^3} + \frac{3}{(z-1)^2} + \frac{1}{z-1}$$

即

$$F(z) = \frac{2z}{(z-1)^3} + \frac{3z}{(z-1)^2} + \frac{z}{z-1}$$

由于收敛域 $|z| > 1$，由表 6-2 可得 $F(z)$ 的逆变换为

$$f(k) = \left[\frac{2}{2!}k(k-1) + 3k + 1\right]\varepsilon(k) = (k+1)^2 \varepsilon(k)$$

例 6.3.7　求象函数

$$F(z) = \frac{z^4}{(z^2 + 4)^2}, \qquad |z| > 2$$

的逆变换。

解： $F(z)$ 有一对共轭二重极点 $z_{1,2} = \pm\mathrm{j}2 = 2\mathrm{e}^{\pm\mathrm{j}\frac{\pi}{2}}$，将 $\dfrac{F(z)}{z}$ 展开为

$$\frac{F(z)}{z} = \frac{z^3}{(z-\mathrm{j}2)^2(z+\mathrm{j}2)^2} = \frac{K_{11}}{(z-\mathrm{j}2)^2} + \frac{K_{11}^*}{(z+\mathrm{j}2)^2} + \frac{K_{12}}{(z-\mathrm{j}2)} + \frac{K_{12}^*}{(z+\mathrm{j}2)}$$

根据式（6-3-19）可求得

$$K_{11} = (z-\mathrm{j}2)^2 \frac{F(z)}{z}\Big|_{z=\mathrm{j}2} = \mathrm{j}\frac{1}{2} = \frac{1}{2}\mathrm{e}^{\mathrm{j}\frac{\pi}{2}}$$

$$K_{12} = \frac{\mathrm{d}}{\mathrm{d}z}(z-\mathrm{j}2)^2 \frac{F(z)}{z}\Big|_{z=\mathrm{j}2} = \frac{1}{2}$$

所以，

$$F(z) = \frac{\frac{1}{2}e^{j\frac{\pi}{2}}z}{(z-j2)^2} + \frac{\frac{1}{2}e^{-j\frac{\pi}{2}}z}{(z+j2)^2} + \frac{\frac{1}{2}z}{(z-j2)} + \frac{\frac{1}{2}z}{(z+j2)}$$

由式（6-3-21）和式（6-3-22）可得

$$f(k) = k(2)^{k-1}\cos\left[(k-1)\frac{\pi}{2} + \frac{\pi}{2}\right]\varepsilon(k) + 2^k\cos\left(\frac{k\pi}{2}\right)\varepsilon(k)$$

$$= \left(\frac{1}{2}k+1\right)2^k\cos\left(\frac{k\pi}{2}\right)\varepsilon(k)$$

6.4   z 域 分 析

与连续系统相对应，z 变换是分析线性离散系统的又一有力的数学工具。z 变换将描述系统的时域差分方程变换为 z 域的代数方程，便于运算和求解；同时，单边 z 变换将系统的初始状态自然地包含于象函数方程中，既可分别求得零输入响应、零状态响应，也可一举求得系统的全响应，本节讨论将 z 变换用于进行 LTI 离散系统分析。

6.4.1   差分方程的 z 域解

设 LTI 系统的激励为 $f(k)$，响应为 $y(k)$，描述 n 阶系统的后向差分方程的一般形式可写为

$$\sum_{i=0}^{n} a_{n-i}y(k-i) = \sum_{j=0}^{m} b_{m-j}f(k-j) \tag{6-4-1}$$

式中，a_{n-i}，$i = 0,1,\cdots,n$ 及 b_{m-j}，$j = 0,1,\cdots,m$ 均为实数，设 $f(k)$ 是在 $k=0$ 时接入的，系统的初始状态为 $y(-1)$，$y(-2)$，$\cdots$，$y(-n)$。

令 $\mathfrak{A}[y(k)] = Y(z)$，$\mathfrak{A}[f(k)] = F(z)$。根据单边 z 变换的移位特性式（6-2-7），$y(k)$ 右移 i 个单位的 z 变换为

$$\mathfrak{A}\big[y(k-i)\big] = z^{-i}Y(z) + \sum_{k=0}^{i-1} y(k-i)z^{-k} \tag{6-4-2}$$

如果 $f(k)$ 是在 $k=0$ 时接入的（或 $f(k)$ 为因果序列），那么在 $k<0$ 时 $f(k)=0$，即 $f(-1) = f(-2) = \cdots = f(-m) = 0$，因而 $f(k-i)$ 的 z 变换为

$$\mathfrak{A}\big[f(k-i)\big] = z^{-j}F(z) \tag{6-4-3}$$

对式（6-4-1）取 z 变换，并将式（6-4-2）、式（6-4-3）代入，得

$$\sum_{i=0}^{n} a_{n-i}\left[z^{-i}Y(z) + \sum_{k=0}^{i-1} y(k-i)z^{-k}\right] = \sum_{j=0}^{m} b_{m-j}\left[z^{-j}F(z)\right]$$

即

$$\left(\sum_{i=0}^{n} a_{n-i}z^{-i}\right)Y(z) + \sum_{i=0}^{n} a_{n-i}\left[\sum_{k=0}^{i-1} y(k-i)z^{-k}\right] = \left(\sum_{j=0}^{m} b_{m-j}z^{-j}\right)F(z)$$

由上式可解得

$$Y(z) = \frac{M(z)}{A(z)} + \frac{B(z)}{A(z)}F(z) \qquad (6\text{-}4\text{-}4)$$

式中，$M(z) = -\sum_{i=0}^{n} a_{n-i}\left[\sum_{k=0}^{i-1} y(k-i)z^{-k}\right]$，$A(z) = \sum_{i=0}^{n} a_{n-i}z^{-i}$，$B(z) = \sum_{j=0}^{n} b_{m-j}z^{-j}$。$A(z)$ 和 $B(z)$ 是 z^{-1} 的多项式（在求解时，常同乘以 z^n，变成 z 的正幂次多项式），它们的系数分别是差分方程的系数 a_{n-i} 和 b_{m-j}。$M(z)$ 也是 z^{-1} 的多项式，其系数仅与 a_{n-i} 和响应的各初始状态 $y(-1)$、$y(-2)$、$\cdots$、$y(-n)$ 有关而与激励无关。

由式（6-4-4）可以看出，其第一项仅与初始状态有关而与输入无关，因而是零输入响应 $y_{zi}(k)$ 的象函数，令其为 $Y_{zi}(z)$；其第二项仅与输入有关而与初始状态无关，因而是零状态响应 $y_{zs}(k)$ 的象函数，令其为 $Y_{zs}(z)$。于是式（6-4-4）可以写为

$$Y(z) = Y_{zi}(z) + Y_{zs}(z) = \frac{M(z)}{A(z)} + \frac{B(z)}{A(z)}F(z) \qquad (6\text{-}4\text{-}5)$$

式中，$Y_{zi}(z) = \dfrac{M(z)}{A(z)}$，$Y_{zs}(z) = \dfrac{B(z)}{A(z)}F(z)$。取上式的逆变换，得系统的全响应为

$$y(k) = y_{zi}(k) + y_{zs}(k) \qquad (6\text{-}4\text{-}6)$$

式中，

$$y_{zi}(k) = \mathfrak{Z}^{-1}\left[Y_{zi}(z)\right] = \mathfrak{Z}^{-1}\left[\frac{M(z)}{A(z)}\right]$$

$$y_{zs}(k) = \mathfrak{Z}^{-1}\left[Y_{zs}(z)\right] = \mathfrak{Z}^{-1}\left[\frac{B(z)}{A(z)}F(z)\right]$$

例 6.4.1 若描述 LTI 系统的差分方程为

$$y(k) - y(k-1) - 2y(k-2) = f(k) + 2f(k-2)$$

已知 $y(-1) = 2$，$y(-2) = -\dfrac{1}{2}$，$f(k) = \varepsilon(k)$。求系统的零输入响应、零状态响应和全响应。

解：令 $y(k) \leftrightarrow Y(z)$，$f(k) \leftrightarrow F(z)$。对以上差分方程取 z 变换，得

$$Y(z) - \left[z^{-1}Y(z) + y(-1)\right] - 2\left[z^{-2}Y(z) + y(-2) + y(-1)z^{-1}\right] = F(z) + 2z^{-2}F(z)$$

即

$$(1 - z^{-1} - 2z^{-2})Y(z) - (1 + 2z^{-1})y(-1) - 2y(-2) = F(z) + 2z^{-2}F(z)$$

可见，经过 z 变换后，差分方程变换为代数方程。由上式可解得

$$\begin{aligned}
Y(z) &= \frac{[y(-1) + 2y(-2)] + 2y(-1)z^{-1}}{1 - z^{-1} - 2z^{-2}} + \frac{1 + 2z^{-2}}{1 - z^{-1} - 2z^{-2}}F(z) \\
&= \frac{[y(-1) + 2y(-2)]z^2 + 2y(-1)z}{z^2 - z - 2} + \frac{z^2 + 2}{z^2 - z - 2}F(z)
\end{aligned} \qquad (6\text{-}4\text{-}7)$$

上式第一项是零输入响应的象函数 $Y_{zi}(z)$，第二项是零状态响应的象函数 $Y_{zs}(z)$。将初始状态及 $F(z) = \mathfrak{Z}[\varepsilon(k)] = \dfrac{z}{z-1}$ 代入，得

$$Y(z) = \frac{z^2 + 4z}{z^2 - z - 2} + \frac{z^2 + 2}{z^2 - z - 2} \cdot \frac{z}{z - 1}$$

$$= \frac{z^2 + 4z}{(z-2)(z+1)} + \frac{z^3 + 2z}{(z-2)(z+1)(z-1)}$$

$$= Y_{zi}(z) + Y_{zs}(z) \qquad\qquad (6\text{-}4\text{-}8)$$

式中，

$$Y_{zi}(z) = \frac{z^2 + 4z}{(z-2)(z+1)}$$

$$Y_{zs}(z) = \frac{z^3 + 2z}{(z-2)(z+1)(z-1)}$$

将 $\dfrac{Y_{zi}(z)}{z}$ 和 $\dfrac{Y_{zs}(z)}{z}$ 展开为部分分式，得

$$\frac{Y_{zi}(z)}{z} = \frac{2}{z-2} + \frac{-1}{z+1}$$

$$\frac{Y_{zs}(z)}{z} = \frac{2}{z-2} + \frac{\dfrac{1}{2}}{z+1} + \frac{-\dfrac{3}{2}}{z-1}$$

于是得

$$Y_{zi}(z) = \frac{2z}{z-2} - \frac{z}{z+1}$$

$$Y_{zs}(z) = \frac{2z}{z-2} + \frac{1}{2}\frac{z}{z+1} - \frac{3}{2}\frac{z}{z-1}$$

取上式的逆变换，得零输入、零状态响应分别为

$$y_{zi}(k) = \left[2(2)^k - (-1)^k \right]\varepsilon(k)$$

$$y_{zs}(k) = \left[2(2)^k + \frac{1}{2}(-1)^k - \frac{3}{2} \right]\varepsilon(k)$$

系统的全响应为

$$y(k) = y_{zi}(k) + y_{zs}(k) = \left[4(2)^k - \frac{1}{2}(-1)^k - \frac{3}{2} \right]\varepsilon(k)$$

在系统分析中，有时已知初始值 $y(0), y(1), \cdots$，由于在 $k \geq 0$ 时激励已经接入，而 $y_{zs}(k)$ 及其各移位项可能不等于零，因而不易分辨零输入响应和零状态响应的初始值，也不便于用单边 z 变换的右移位特性求解零输入响应。下例说明由初始值 $y(0), y(1), \cdots$ 求 $y(-1), y(-2), \cdots$ 的方法。

例 6.4.2 描述某 LTI 系统的差分方程为

$$y(k) - y(k-1) - 2y(k-2) = f(k) + 2f(k-2) \qquad\qquad (6\text{-}4\text{-}9)$$

已知 $y(0) = 2$，$y(1) = 7$，激励 $f(k) = \varepsilon(k)$，求 $y(-1)$ 和 $y(-2)$。

解：初始状态 $y(-1)$、$y(-2)$ 可根据差分方程递推求得。为此将式（6-4-9）的差分方程改写为

$$y(k-2) = \frac{1}{2}\left[y(k) - y(k-1) - f(k) - 2f(k-2) \right]$$

令 $k = 1$，并将 $y(0)$、$y(1)$ 和 $f(1)$、$f(-1)$ 等代入上式，得

$$y(-1) = \frac{1}{2}\left[y(1) - y(0) - f(1) - 2f(-1)\right] = 2$$

令 $k = 0$，并代入有关值，其中 $f(-2) = 0$，得

$$y(-2) = \frac{1}{2}\left[y(0) - y(-1) - f(0) - 2f(-2)\right] = -\frac{1}{2}$$

如果需要求出系统的响应，本例类型的问题也可以这样求解：按零状态响应的定义，它与初始状态无关，即有 $y_{zs}(-1) = y_{zs}(-2) = 0$。因此可先应用 z 变换求出系统的零状态响应 $y_{zs}(k)$，并进而求得 $y_{zs}(0)$ 和 $y_{zs}(1)$。利用全响应

$$y(k) = y_{zi}(k) + y_{zs}(k)$$

将 $k = 0$、1 代入后可求得

$$y_{zi}(0) = y(0) - y_{zs}(0)$$

$$y_{zi}(1) = y(1) - y_{zs}(1)$$

按给定的差分方程和求得的 $y_{zi}(0)$ 和 $y_{zi}(1)$，采用时域求解方法解得零输入响应 $y_{zi}(k)$。或者利用 $y(-1) = y_{zi}(-1)$，$y(-2) = y_{zi}(-2)$ 关系来定零输入响应中的两个待定系数 C_{zi1}、C_{zi2}，求得 $y_{zi}(k)$。

例 6.4.3　描述某 LTI 系统的差分方程为

$$y(k) + 4y(k-1) + 3y(k-2) = 4f(k) + 2f(k-1)$$

已知 $y(0) = 9$，$y(1) = -33$，激励 $f(k) = (-2)^k \varepsilon(k)$。求零输入响应 $y_{zi}(k)$、零状态响应 $y_{zs}(k)$ 及全响应 $y(k)$。

解：设零状态，对方程取 z 变换，有

$$Y_{zs}(z) + 4z^{-1}Y_{zs}(z) + 3z^{-2}Y_{zs}(z) = 4F(z) + 2z^{-1}F(z)$$

则

$$Y_{zs}(z) = \frac{4 + 2z^{-1}}{1 + 4z^{-1} + 3z^{-2}}F(z) = \frac{4z^2 + 2z}{z^2 + 4z + 3}F(z)$$

将 $F(z) = \mathfrak{A}\left[f(k)\right] = \mathfrak{A}\left[(-2)^k\varepsilon(k)\right] = \dfrac{z}{z+2}$ 代入上式，得

$$Y_{zs}(z) = \frac{4z^2 + 2z}{(z+1)(z+3)} \cdot \frac{z}{z+2}$$

而

$$\frac{Y_{zs}(z)}{z} = \frac{4z^2 + 2z}{(z+1)(z+2)(z+3)} = \frac{1}{z+1} - \frac{12}{z+2} + \frac{15}{z+3}$$

则

$$Y_{zs}(z) = \frac{z}{z+1} - \frac{12z}{z+2} + \frac{15z}{z+3}$$

所以，

$$y_{zs}(k) = \left[(-1)^k - 12(-2)^k + 15(-3)^k\right]\varepsilon(k) \tag{6-4-10}$$

令 $k = 0,1$，代入式（6-4-10），得

$$y_{zs}(0) = 4 , \quad y_{zs}(1) = -22$$

故得

$$\left. \begin{array}{l} y_{zi}(0) = y(0) - y_{zs}(0) = 9 - 4 = 5 \\ y_{zi}(1) = y(1) - y_{zs}(1) = -33 - (-22) = -11 \end{array} \right\} \qquad (6\text{-}4\text{-}11)$$

考虑本例方程的特征根 $\lambda_1 = -1$、$\lambda_2 = -3$，设零输入响应为

$$y_{zi}(k) = C_{zi1}(-1)^k + C_{zi2}(-3)^k \qquad (6\text{-}4\text{-}12)$$

将式（6-4-11）条件代入式（6-4-12），解得

$$C_{zi1} = 2 、 \quad C_{zi2} = 3$$

所以，

$$y_{zi}(k) = \left[2(-1)^k + 3(-3)^k \right] \varepsilon(k) \qquad (6\text{-}4\text{-}13)$$

将式（6-4-10）、式（6-4-13）相加，得全响应为

$$\begin{aligned} y(k) &= y_{zi}(k) + y_{zs}(k) \\ &= \left[2(-1)^k + 3(-3)^k \right]\varepsilon(k) + \left[(-1)^k - 12(-2)^k + 15(-3)^k \right]\varepsilon(k) \qquad (6\text{-}4\text{-}14) \\ &= \left[3(-1)^k - 12(-2)^k + 18(-3)^k \right]\varepsilon(k) \end{aligned}$$

本例还可由方程、已知的 $f(k)$ 及 $y(0)$、$y(1)$ 条件，递推出 $y(-1)$、$y(-2)$，再按例 6.4.1 的过程求解。在时域法求解 $y_{zi}(k)$ 时，亦可应用

$$y(-1) = y_{zi}(-1)$$
$$y(-2) = y_{zi}(-2)$$

条件确定 C_{zi1}、C_{zi2}。

第 3 章曾讨论了系统全响应中的自由响应和强迫响应、瞬时响应与稳态响应的概念，这里从 z 域的角度讨论这一问题。

例 6.4.4 描述 LTI 系统的差分方程为

$$6y(k) - 5y(k-1) + y(k-2) = f(k)$$

已知 $y(-1) = 6$，$y(-2) = 20$，$f(k) = 10\cos\left(\dfrac{k\pi}{2}\right)\varepsilon(k)$，求其全响应。

解：对方程进行 z 变换，不难求得全响应 $y(k)$ 的象函数为

$$Y(z) = \frac{[5y(-1) - y(-2)] - y(-1)z^{-1}}{6 - 5z^{-1} + z^{-2}} + \frac{1}{6 - 5z^{-1} + z^{-2}} F(z)$$

分子、分母同乘以 z^2，并将初始状态和 $F(z) = \dfrac{10z^2}{z^2 + 1}$ 代入，得

$$\begin{aligned} Y(z) = Y_{zi}(z) + Y_{zs}(z) &= \frac{-10z^2 + 6z}{6z^2 - 5z + 1} + \frac{z^2}{6z^2 - 5z + 1} \cdot \frac{10z^2}{z^2 + 1} \\ &= \frac{-10z^2 + 6z}{6\left(z - \dfrac{1}{2}\right)\left(z - \dfrac{1}{3}\right)} + \frac{z^4}{6\left(z - \dfrac{1}{2}\right)\left(z - \dfrac{1}{3}\right)\left(z^2 + 1\right)} \end{aligned}$$

将上式展开为部分分式，得

$$Y(z)=\underbrace{\frac{z}{z-\frac{1}{2}}-\frac{8}{3}\cdot\frac{z}{z-\frac{1}{3}}}_{Y_{zi}(z)}+\underbrace{\frac{z}{z-\frac{1}{2}}-\frac{1}{3}\cdot\frac{z}{z-\frac{1}{3}}+\frac{z^2+z}{z^2+1}}_{Y_{zs}(z)} \qquad (6\text{-}4\text{-}15a)$$

$$\underbrace{\phantom{\frac{z}{z-\frac{1}{2}}-\frac{8}{3}\cdot\frac{z}{z-\frac{1}{3}}+\frac{z}{z-\frac{1}{2}}-\frac{1}{3}\cdot\frac{z}{z-\frac{1}{3}}}}_{Y_{自由}(z)} \underbrace{\phantom{\frac{z^2+z}{z^2+1}}}_{Y_{强迫}(z)}$$

取逆变换，得

$$y(k)=\underbrace{\overbrace{\left(\frac{1}{2}\right)^k-\frac{8}{3}\left(\frac{1}{3}\right)^k}^{y_{zi}(k)}+\overbrace{\left(\frac{1}{2}\right)^k-\frac{1}{3}\left(\frac{1}{3}\right)^k+\sqrt{2}\cos\left(\frac{k\pi}{2}-\frac{\pi}{4}\right)}^{y_{zs}(k)}}_{}, \qquad k\geqslant 0 \qquad (6\text{-}4\text{-}15b)$$

$$\underbrace{\phantom{\left(\frac{1}{2}\right)^k-\frac{8}{3}\left(\frac{1}{3}\right)^k+\left(\frac{1}{2}\right)^k-\frac{1}{3}\left(\frac{1}{3}\right)^k}}_{y_{自由}(k)} \underbrace{\phantom{\sqrt{2}\cos\left(\frac{k\pi}{2}-\frac{\pi}{4}\right)}}_{y_{强迫}(k)}$$

由以上两式可见，自由响应 $y_{自由}(k)$ 的象函数 $Y_{自由}(z)$ 是 $Y(z)$ 中由特征方程 $A(z)=0$ 的根所形成的分式组成，而强迫响应 $y_{强迫}(k)$ 的象函数 $Y_{强迫}(z)$ 是 $Y(z)$ 中由 $F(z)$ 的极点所形成的分式组成。本例中自由响应就等于瞬态响应，强迫响应就等于稳态响应。如果自由响应中有随 k 增大而增长的项（如 a^k，$a>1$），系统的响应仍可分为自由、强迫响应，但不便再分为瞬态、稳态响应。

6.4.2　系统函数

如前所述，描述 n 阶 LTI 系统的后向差分方程为

$$\sum_{i=0}^{n}a_{n-i}y(k-i)=\sum_{j=0}^{m}b_{m-j}f(k-i) \qquad (6\text{-}4\text{-}16)$$

设 $f(k)$ 是 $k=0$ 时接入的，则其零状态响应的象函数为

$$Y_{zs}(z)=\frac{B(z)}{A(z)}F(z) \qquad (6\text{-}4\text{-}17)$$

式中，$F(z)$ 为激励 $f(k)$ 的象函数，$A(z)$、$B(z)$ 分别为

$$\left.\begin{array}{l}A(z)=\displaystyle\sum_{i=0}^{n}a_{n-i}z^{-i}=a_n+a_{n-1}z^{-1}+\cdots+a_0z^{-n} \\[3mm] B(z)=\displaystyle\sum_{j=0}^{m}b_{m-j}z^{-j}=b_m+b_{m-1}z^{-1}+\cdots+b_0z^{-m}\end{array}\right\} \qquad (6\text{-}4\text{-}18)$$

它们很容易由差分方程写出。其中，$A(z)$ 称为方程式（6-4-16）的特征多项式，$A(z)=0$ 的根称为特征根。

系统零状态响应的象函数 $Y_{zs}(z)$ 与激励象函数 $F(z)$ 之比称为系统函数，用 $H(z)$ 表示，即

$$H(z)=\frac{Y_{zs}(z)}{F(z)}=\frac{B(z)}{A(z)} \qquad (6\text{-}4\text{-}19)$$

由描述系统的差分方程容易写出该系统的系统函数 $H(z)$，反之亦然。由式（6-4-19）以及式（6-4-18）可见，系统函数 $H(z)$ 只与描述系统的差分方程系数 a_{n-i}、b_{m-j} 有关，即只与系统的结构、参数等有关，它比较完满地描述了系统特性。

引入系统函数的概念后，零状态响应的象函数可写为

$$Y_{zs}(z)=H(z)F(z) \qquad (6\text{-}4\text{-}20)$$

单位序列（样值）响应 $h(k)$ 是输入为 $\delta(k)$ 时系统的零状态响应，由于 $\delta(k) \leftrightarrow 1$，故由式（6-4-20）知，单位序列响应 $h(k)$ 与系统函数 $H(z)$ 的关系是

$$h(k) \leftrightarrow H(z) \tag{6-4-21}$$

即系统的单位序列响应 $h(k)$ 与系统函数 $H(z)$ 是一对 z 变换对。

若输入为 $f(k)$，其象函数为 $F(z)$，则零状态响应 $y_{zs}(k)$ 的象函数为式（6-4-20）。取其逆 z 变换，并由 k 域卷积定理，有

$$y_{zs}(k) = \mathfrak{Z}^{-1}\left[Y_{zs}(z)\right] = \mathfrak{Z}^{-1}\left[H(z)F(z)\right] = h(k) * f(k) \tag{6-4-22}$$

这正是时域分析中的重要结论。可见 k 域卷积定理将离散系统的时域分析与 z 域分析紧密相连，使系统分析方法更加丰富，手段更加灵活。

例 6.4.5　描述某 LTI 系统的方程为

$$y(k) - \frac{1}{6}y(k-1) - \frac{1}{6}y(k-2) = f(k) + 2f(k-1)$$

求系统的单位序列响应 $h(k)$。

解： 显然，零状态响应也满足上述差分方程。设初始状态均为零，对方程取 z 变换，得

$$Y_{zs}(z) - \frac{1}{6}z^{-1}Y_{zs}(z) - \frac{1}{6}z^{-2}Y_{zs}(z) = F(z) + 2z^{-1}F(z)$$

由上式得

$$H(z) = \frac{Y_{zs}(z)}{F(z)} = \frac{1 + 2z^{-1}}{1 - \frac{1}{6}z^{-1} - \frac{1}{6}z^{-2}} = \frac{z^2 + 2z}{z^2 - \frac{1}{6}z - \frac{1}{6}}$$

将上式展开为部分分式，得

$$H(z) = \frac{z^2 + 2z}{\left(z - \frac{1}{2}\right)\left(z + \frac{1}{3}\right)} = \frac{3z}{z - \frac{1}{2}} + \frac{-2z}{z + \frac{1}{3}}$$

取逆变换，得单位序列响应为

$$h(k) = \left[3\left(\frac{1}{2}\right)^k - 2\left(-\frac{1}{3}\right)^k\right]\varepsilon(k)$$

例 6.4.6　某 LTI 离散系统，已知当输入 $f(k) = \left(-\frac{1}{2}\right)^k \varepsilon(k)$ 时，其零状态响应为

$$y_{zs}(k) = \left[\frac{3}{2}\left(\frac{1}{2}\right)^k + 4\left(-\frac{1}{3}\right)^k - \frac{9}{2}\left(-\frac{1}{2}\right)^k\right]\varepsilon(k)$$

求系统的单位序列响应 $h(k)$ 和描述系统的差分方程。

解： 零状态响应 $y_{zs}(k)$ 的象函数为

$$Y_{zs}(z) = \frac{3}{2} \cdot \frac{z}{z - \frac{1}{2}} + 4 \cdot \frac{z}{z + \frac{1}{3}} - \frac{9}{2} \cdot \frac{z}{z + \frac{1}{2}}$$

$$= \frac{z^3 + 2z^2}{\left(z - \frac{1}{2}\right)\left(z + \frac{1}{3}\right)\left(z + \frac{1}{2}\right)}$$

输入 $f(k)$ 的象函数为

$$F(z) = \frac{z}{z + \frac{1}{2}}$$

故得系统函数为

$$H(z) = \frac{Y_{\text{zs}}(z)}{F(z)} = \frac{z^3 + 2z^2}{\left(z - \frac{1}{2}\right)\left(z + \frac{1}{3}\right)\left(z + \frac{1}{2}\right)} \cdot \frac{z + \frac{1}{2}}{z} = \frac{z^2 + 2z}{z^2 - \frac{1}{6}z - \frac{1}{6}} \qquad (6\text{-}4\text{-}23)$$

将上式展开为部分分式，求逆变换，得

$$h(k) = \left[3\left(\frac{1}{2}\right)^k - 2\left(-\frac{1}{3}\right)^k\right]\varepsilon(k)$$

将系统函数 $H(z)$，即式（6-4-23）的分子分母同乘以 z^{-2}，得

$$\frac{Y_{\text{zs}}(z)}{F(z)} = \frac{1 + 2z^{-1}}{1 - \frac{1}{6}z^{-1} - \frac{1}{6}z^{-2}}$$

即

$$Y_{\text{zs}}(z) - \frac{1}{6}z^{-1}Y_{\text{zs}}(z) - \frac{1}{6}z^{-2}Y_{\text{zs}}(z) = F(z) + 2z^{-1}F(z)$$

取逆变换，得后向差分方程为

$$y(k) - \frac{1}{6}y(k-1) - \frac{1}{6}y(k-2) = f(k) + 2f(k-1)$$

6.4.3　系统的 z 域框图

　　系统分析中常遇到用 k 域框图描述的系统，这时可根据系统框图中各基本运算部件的运算关系列出描述该系统的差分方程，然后求出该方程的解（用时域法或 z 变换法）。如果根据系统的 k 域框图画出其相应的 z 域框图，就可直接按 z 域框图列写有关的象函数代数方程，然后解出响应的象函数，取其逆变换求得系统的 k 域响应，这将使运算简化。

　　对各种基本运算部件［数乘器（标量乘法器）、加法器、延迟单元］的输入、输出取 z 变换，并利用线性、移位等特性，可得各种部件的 z 域模型如表 6-3 所示。

表 6-3　基本运算部件的 z 域模型

名　　称	k 域 模 型	z 域 模 型
数乘器 （标量乘法器）	$f(k) \longrightarrow \boxed{a} \longrightarrow af(k)$ 或 $f(k) \xrightarrow{\quad a \quad} af(k)$	$F(z) \longrightarrow \boxed{a} \longrightarrow aF(z)$ 或 $F(z) \xrightarrow{\quad a \quad} aF(z)$
加法器	$f_1(k) \xrightarrow{+} \boxed{\Sigma} \longrightarrow f_1(k) \pm f_2(k)$ $f_2(k) \xrightarrow{\pm}$	$F_1(z) \xrightarrow{+} \boxed{\Sigma} \longrightarrow F_1(z) \pm F_2(z)$ $F_2(z) \xrightarrow{\pm}$
延迟单元	$f(k) \longrightarrow \boxed{D} \longrightarrow f(k-1)$	$f(z) \longrightarrow \boxed{z^{-1}} \xrightarrow{+} \boxed{\Sigma} \longrightarrow z^{-1}F(z) + f(-1)$ （上方 $+f(-1)$ 输入）
延迟单元 （零状态）	$f(k) \longrightarrow \boxed{D} \longrightarrow f(k-1)$	$f(z) \longrightarrow \boxed{z^{-1}} \longrightarrow z^{-1}F(z)$

由于含初始状态的框图比较复杂，而通常最关心的是系统零状态响应的 z 域框图，这时系统的 k 域框图与其 z 域框图形式上相同，因而使用简便，当然也给求零输入响应带来不便。

例 6.4.7　某 LTI 系统的 k 域框图如图 6.4.1(a)所示。已知输入 $f(k) = \varepsilon(k)$。

（1）求系统的单位序列响应 $h(k)$ 和零状态响应 $y_{zs}(k)$；

（2）若 $y(-1) = 0$，$y(-2) = \dfrac{1}{2}$，求零输入响应 $y_{zi}(k)$。

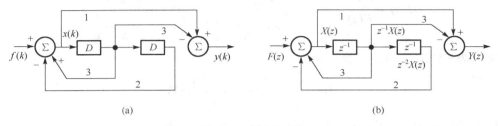

图 6.4.1　例 6.4.7 图

解：（1）按表 6-3 中各部件的 z 域模型可画出该系统在零状态下的 z 域框图如图 6.4.1(b)所示。

在图 6.4.1（b）中，设左端延迟单元（z^{-1}）的输入端信号为 $X(z)$，相应的各延迟单元的输出信号为 $z^{-1}X(z)$、$z^{-2}X(z)$。由左端加法器输出端可列出象函数方程为

$$X(z) = 3z^{-1}X(z) - 2z^{-2}X(z) + F(z)$$

即

$$(1 - 3z^{-1} + 2z^{-2})X(z) = F(z)$$

由右端加法器输出端可列出方程：

$$Y_{zs}(z) = X(z) - 3z^{-1}X(z) = (1 - 3z^{-1})X(z)$$

从以上二式消去中间变量 $X(z)$，得

$$Y_{zs}(z) = \frac{1 - 3z^{-1}}{1 - 3z^{-1} + 2z^{-2}}F(z) = H(z)F(z)$$

式中，系统函数为

$$H(z) = \frac{1 - 3z^{-1}}{1 - 3z^{-1} + 2z^{-2}} = \frac{z^2 - 3z}{z^2 - 3z + 2} = \frac{2z}{z - 1} + \frac{-z}{z - 2}$$

取逆变换，得系统的单位序列响应为

$$h(k) = \left[2 - (2)^k \right] \varepsilon(k)$$

当激励 $f(k) = \varepsilon(k)$ 时，零状态响应的象函数 $\left[\text{考虑到 } \varepsilon(k) \leftrightarrow \dfrac{z}{z-1} \right]$ 为

$$Y_{zs}(z) = H(z)F(z) = \frac{z^2 - 3z}{(z-1)(z-2)} \cdot \frac{z}{z-1} = \frac{z^2(z-3)}{(z-1)^2(z-2)}$$

将上式展开为部分分式，有

$$Y_{zs}(z) = \frac{2z}{(z-1)^2} + \frac{3z}{z-1} + \frac{-2z}{z-2}$$

取上式的逆变换，得零状态响应为

$$y_{zs}(k) = \left[2k + 3 - 2(2)^k \right] \varepsilon(k)$$

（2）由于

$$H(z) = \frac{1 - 3z^{-1}}{1 - 3z^{-1} + 2z^{-2}}$$

知零输入响应 $y_{zi}(k)$ 满足方程

$$y_{zi}(k) - 3y_{zi}(k-1) + 2y_{zi}(k-2) = 0$$

对上式取 z 变换，得

$$Y_{zi}(z) - 3\left[z^{-1}Y_{zi}(z) + y_{zi}(-1) \right] + 2\left[z^{-2}Y_{zi}(z) + y_{zi}(-2) + y_{zi}(-1)z^{-1} \right] = 0$$

由上式可解得

$$Y_{zi}(z) = \frac{\left[3y_{zi}(-1) - 2y_{zi}(-2) \right] - 2y_{zi}(-1)z^{-1}}{1 - 3z^{-1} + 2z^{-2}}$$

因为对于零状态响应有 $y_{zs}(-1) = y_{zs}(-2) = 0$ ，故 $y_{zi}(-1) = y(-1) = 0$ ， $y_{zi}(-2) = y(-2) = \dfrac{1}{2}$ ，将它们代入上式，得

$$Y_{zi}(z) = \frac{-1}{1 - 3z^{-1} + 2z^{-2}} = \frac{-z^2}{z^2 - 3z + 2} = \frac{z}{z-1} + \frac{-2z}{z-2}$$

故得

$$y_{zi}(k) = \left[1 - 2(2)^k \right] \varepsilon(k)$$

例 6.4.8　某 LTI 离散系统的系统函数为

$$H(z) = \frac{z^2 - 3z}{z^2 - 3z + 2}$$

已知当激励 $f(k) = (-1)^k \varepsilon(k)$ 时，其全响应为

$$y(k) = \left[2 + \frac{4}{3}(2)^k + \frac{2}{3}(-1)^k \right] \varepsilon(k)$$

（1）求零输入响应 $y_{zi}(k)$ ；（2）求初始状态 $y(-1)$ 、 $y(-2)$ 。

解：

（1）由于全响应 $y(k) = y_{zi}(k) + y_{zs}(k)$ ，先求出零状态响应 $y_{zs}(k)$ 。

输入 $f(k)$ 的象函数 $F(z) = \dfrac{z}{z+1}$ ，故

$$Y_{zs}(z) = H(z)F(z) = \frac{z^2 - 3z}{(z-1)(z-2)} \cdot \frac{z}{z+1}$$

$$= \frac{z}{z-1} - \frac{2}{3} \cdot \frac{z}{z-2} + \frac{2}{3} \cdot \frac{z}{z+1}$$

取上式的逆变换，得零状态响应为

$$y_{zs}(k) = \left[1 - \frac{2}{3}(2)^k + \frac{2}{3}(-1)^k \right] \varepsilon(k)$$

于是得零输入响应为

$$y_{zi}(k) = y(k) - y_{zs}(k)$$

$$= \left[2 + \frac{4}{3}(2)^k + \frac{2}{3}(-1)^k\right]\varepsilon(k) - \left[1 - \frac{2}{3}(2)^k + \frac{2}{3}(-1)^k\right]\varepsilon(k) \qquad (6\text{-}4\text{-}24)$$

$$= \left[1 + 2(2)^k\right]\varepsilon(k)$$

（2）由式（6-4-24）可求得零输入响应的初始值 $y_{zi}(0) = 3$、$y_{zi}(1) = 5$。

由给定的系统函数可知零输入响应满足的差分方程为

$$y_{zi}(k) - 3y_{zi}(k-1) + 2y_{zi}(k-2) = 0$$

将它改写为

$$y_{zi}(k-2) = \frac{1}{2}\left[-y_{zi}(k) + 3y_{zi}(k-1)\right]$$

分别令 $k = 1$ 和 $k = 0$，考虑到 $y_{zs}(-1) = y_{zs}(-2) = 0$，可得

$$y(-1) = y_{zi}(-1) = \frac{1}{2}\left[-y_{zi}(1) + 3y_{zi}(0)\right] = 2$$

$$y(-2) = y_{zi}(-2) = \frac{1}{2}\left[-y_{zi}(0) + 3y_{zi}(-1)\right] = \frac{3}{2}$$

6.4.4　s 域与 z 域的关系

在 6.1 节中曾指出，复变量 s 与 z 的关系是

$$\left.\begin{array}{l} z = \mathrm{e}^{sT} \\ s = \dfrac{1}{T}\ln z \end{array}\right\} \qquad (6\text{-}4\text{-}25)$$

式中，T 为取样周期。

如果将 s 表示为直角坐标形式：

$$s = \sigma + \mathrm{j}\omega$$

将 z 表示为极坐标形式：

$$z = \rho\mathrm{e}^{\mathrm{j}\theta}$$

将它们代入式（6-4-25），得

$$\rho = \mathrm{e}^{\sigma T} \qquad (6\text{-}4\text{-}26\mathrm{a})$$

$$\theta = \omega T \qquad (6\text{-}4\text{-}26\mathrm{b})$$

由上式可以看出：s 平面的左半平面（$\sigma < 0$）映射到 z 平面的单位圆内部（$|z| = \rho < 1$）；s 平面的右半平面（$\sigma > 0$）映射到 z 平面的单位圆外部（$|z| = \rho > 1$）；s 平面 $\mathrm{j}\omega$ 轴（$\sigma = 0$）映射到 z 平面中的单位圆（$|z| = \rho = 1$）。其映射关系如图 6.4.2 所示。

还可看出，s 平面上的实轴（$\omega = 0$）映射为 z 平面的正实轴（$\theta = 0$），而原点（$\sigma = 0, \omega = 0$）映射为 z 平面上 $z = 1$ 的点（$\rho = 1, \theta = 0$）。s 平面上任一点 s_0 映射到 z 平面上的点为 $z = \mathrm{e}^{s_0 T}$。

另外，由式（6-4-26b）可知，当 ω 由 $-\dfrac{\pi}{T}$ 增长到 $\dfrac{\pi}{T}$ 时，z 平面上幅角由 $-\pi$ 增长到 π。也就是说，

在 z 平面上，θ 每变化 2π 相应于 s 平面上 ω 变化 $\dfrac{2\pi}{T}$。因此，从 z 平面到 s 平面的映射是多值的。

在 z 平面上的一点 $z=\rho\mathrm{e}^{\mathrm{j}\theta}$ 映射到 s 平面将是无穷多点，即

$$s=\frac{1}{T}\ln z=\frac{1}{T}\ln\rho+\mathrm{j}\frac{\theta+2m\pi}{T},\qquad m=0,\pm1,\pm2,\cdots$$

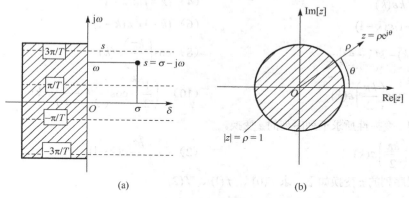

图 6.4.2　s 平面与 z 平面的映射

习　题　六

6.1　求下列序列的双边 z 变换，并注明收敛域。

（1）$f(k)=\begin{cases}\left(\dfrac{1}{2}\right)^{k}, & k<0\\[2mm] 0, & k\geqslant 0\end{cases}$
　　　（2）$f(k)=\begin{cases}2^{k}, & k<0\\[2mm]\left(\dfrac{1}{3}\right)^{k}, & k\geqslant 0\end{cases}$

（2）$f(k)=\left(\dfrac{1}{2}\right)^{|k|},\quad k=0,\pm1,\cdots$
　　　（4）$f(k)=\begin{cases}0, & k<-4\\[2mm]\left(\dfrac{1}{2}\right)^{k}, & k\geqslant -4\end{cases}$

6.2　求下列序列的 z 变换，并注明收敛域。

（1）$f(k)=\left(\dfrac{1}{3}\right)^{k}\varepsilon(k)$
　　　（2）$f(k)=\left(-\dfrac{1}{3}\right)^{-k}\varepsilon(k)$

（3）$f(k)=\left[\left(\dfrac{1}{2}\right)^{k}+\left(\dfrac{1}{3}\right)^{-k}\right]\varepsilon(k)$
　　　（4）$f(k)=\cos\left(\dfrac{k\pi}{4}\right)\varepsilon(k)$

（5）$f(k)=\sin\left(\dfrac{k\pi}{2}+\dfrac{\pi}{4}\right)\varepsilon(k)$

6.3　根据下列象函数及所标注的收敛域，求其所对应的原序列。

（1）$F(z)=1,\qquad$ 全 z 平面
　　　（2）$F(z)=z^{3},\quad |z|<\infty$

（3）$F(z)=z^{-1},\quad |z|>0$
　　　（4）$F(z)=2z+1-z^{-2},\quad 0<|z|<\infty$

（5）$F(z)=\dfrac{1}{1-az^{-1}},\quad |z|>|a|$
　　　（6）$F(z)=\dfrac{1}{1-az^{-1}},\quad |z|<|a|$

6.4　已知 $\delta(k) \leftrightarrow 1$，$a^k \varepsilon(k) \leftrightarrow \dfrac{z}{z-a}$，$k\varepsilon(k) \leftrightarrow \dfrac{z}{(z-1)^2}$，试利用 z 变换的性质求下列序列的

z 变换，并注明收敛域。

（1）$\dfrac{1}{2}\left[1+(-1)^k\right]\varepsilon(k)$　　　　　　　　（2）$\varepsilon(k)-2\varepsilon(k-4)+\varepsilon(k-8)$

（3）$(-1)^k k\varepsilon(k)$　　　　　　　　　　　　（4）$(k-1)\varepsilon(k-1)$

（5）$k(k-1)\varepsilon(k-1)$　　　　　　　　　　（6）$(k-1)^2 \varepsilon(k-1)$

（7）$k\left[\varepsilon(k)-\varepsilon(k-4)\right]$　　　　　　　　（8）$\cos\left(\dfrac{k\pi}{2}\right)\varepsilon(k)$

（9）$\left(\dfrac{1}{2}\right)^k \cos\left(\dfrac{k\pi}{2}\right)\varepsilon(k)$　　　　　　（10）$\left(\dfrac{1}{2}\right)^k \cos\left(\dfrac{\pi}{2}k+\dfrac{\pi}{4}\right)\varepsilon(k)$

6.5　利用 z 变换性质求下列序列的 z 变换。

（1）$k\sin\left(\dfrac{k\pi}{2}\right)\varepsilon(k)$　　　　　　　　　（2）$\dfrac{a^k-b^k}{k}\varepsilon(k-1)$

6.6　因果序列的 z 变换如下，求 $f(0)$、$f(1)$、$f(2)$。

（1）$F(z)=\dfrac{z^2}{(z-2)(z-1)}$　　　　　　（2）$F(z)=\dfrac{z^2+z+1}{(z-1)\left(z+\dfrac{1}{2}\right)}$

6.7　若因果序列的 z 变换 $F(z)$ 如下，能否应用终值定理？如果能，求出 $\lim\limits_{k\to\infty} f(k)$。

（1）$F(z)=\dfrac{z^2+1}{\left(z-\dfrac{1}{2}\right)\left(z+\dfrac{1}{3}\right)}$　　　　　（2）$F(z)=\dfrac{z^2+z+1}{(z-1)\left(z+\dfrac{1}{2}\right)}$

6.8　求下列象函数的逆 z 变换。

（1）$F(z)=\dfrac{3z+1}{z+\dfrac{1}{2}}$，　$|z|>0.5$　　　　（2）$F(z)=\dfrac{az-1}{z-a}$，　$|z|>|a|$

（3）$F(z)=\dfrac{z^2}{z^2+3z+2}$，　$|z|>2$　　　　（4）$F(z)=\dfrac{z^2}{(z-0.5)(z-0.25)}$，　$|z|>0.5$

6.9　求下列象函数的双边逆 z 变换。

（1）$F(z)=\dfrac{z^3}{\left(z-\dfrac{1}{2}\right)^2(z-1)}$，　$|z|<\dfrac{1}{2}$　　　（2）$F(z)=\dfrac{z^3}{\left(z-\dfrac{1}{2}\right)^2(z-1)}$，　$\dfrac{1}{2}<|z|<1$

6.10　若因果序列 $f(k)\leftrightarrow F(z)$，试求下列序列的 z 变换。

（1）$\displaystyle\sum_{i=0}^{k} a^i f(i)$　　　　　　　　　　（2）$a^k \displaystyle\sum_{i=0}^{k} f(i)$

6.11　利用卷积定理求下述序列 $f(k)$ 与 $h(k)$ 的卷积 $y(k)=f(k)*h(k)$。

（1）$f(k)=a^k\varepsilon(k)$，$h(k)=\delta(k-2)$　　　（2）$f(k)=a^k\varepsilon(k)$，$h(k)=\varepsilon(k-1)$

6.12　用 z 变换法解下列齐次差分方程。

（1）$y(k)-0.9y(k-1)=0$，$y(-1)=1$

（2）$y(k)-y(k-1)-2y(k-2)=0$，$y(0)=0$，$y(1)=3$

6.13　用 z 变换法解下列非齐次差分方程的全解。

（1）$y(k) - 0.9y(k-1) = 0.1\varepsilon(k)$，$y(-1) = 2$

（2）$y(k) + 3y(k-1) + 2y(k-2) = \varepsilon(k)$，$y(-1) = 0$，$y(-2) = 0.5$

6.14　描述某 LTI 离散系统的差分方程为

$$y(k) - y(k-1) - 2y(k-2) = f(k)$$

已知 $y(-1) = -1$，$y(-2) = \dfrac{1}{4}$，$f(k) = \varepsilon(k)$，求该系统的零输入响应 $y_{zi}(k)$、零状态响应 $y_{zs}(k)$ 及全响应 $y(k)$。

6.15　题 6.15 图为两个 LTI 离散系统框图，求各系统的单位序列响应 $h(k)$ 和阶跃响应 $g(k)$。

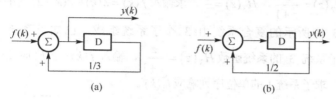

题 6.15 图

6.16　求题 6.16 图所示系统在下列激励作用下的零状态响应。

（1）$f(k) = \delta(k)$　　　　　　　　　　（2）$f(k) = k\varepsilon(k)$

（3）$f(k) = \sin\left(\dfrac{k\pi}{3}\right)\varepsilon(k)$　　　　（4）$f(k) = \left(\sqrt{2}\right)^k \sin\left(\dfrac{k\pi}{2}\right)\varepsilon(k)$

6.17　如题 6.17 图所示系统。

（1）求系统函数 $H(z)$。

（2）求单位序列响应 $h(k)$。

（3）列写该系统的差分方程。

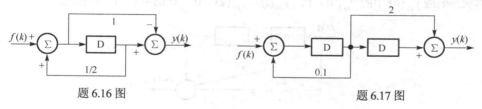

题 6.16 图　　　　　　　　　　　　题 6.17 图

6.18　已知某 LTI 因果系统在输入 $f(k) = \left(\dfrac{1}{2}\right)^k \varepsilon(k)$ 时的零状态响应为

$$y_{zs}(k) = \left[3\left(\frac{1}{2}\right)^k + 2\left(\frac{1}{3}\right)^k\right]\varepsilon(k)$$

求该系统的系统函数 $H(z)$，并画出它的模拟框图。

6.19　当输入 $f(k) = \varepsilon(k)$ 时，某 LTI 离散系统的零状态响应为

$$y_{zs}(k) = \left[2 - (0.5)^k + (-1.5)^k\right]\varepsilon(k)$$

求其系统函数和描述该系统的差分方程。

6.20　当输入 $f(k) = \varepsilon(k)$ 时，某 LTI 离散系统的零状态响应为

$$y_{zs}(k) = 2\left[1-(0.5)^k\right]\varepsilon(k)$$

求输入 $f(k) = \left(\dfrac{1}{2}\right)^k \varepsilon(k)$ 时的零状态响应。

6.21　已知某一阶 LTI 系统，当初始状态 $y(-1)=1$，输入 $f_1(k)=\varepsilon(k)$ 时，其全响应 $y_1(k)=2\varepsilon(k)$；当初始状态 $y(-1)=-1$，输入 $f_2(k)=0.5k\varepsilon(k)$ 时，其全响应 $y_2(k)=(k-1)\varepsilon(k)$。求输入 $f(k) = \left(\dfrac{1}{2}\right)^k \varepsilon(k)$ 时的零状态响应。

6.22　如题 6.22 图所示的复合系统由 3 个子系统组成，若已知各子系统的单位序列响应或系统函数分别为 $h_1(k)=\varepsilon(k)$，$H_2(z)=\dfrac{z}{z+1}$，$H_3(z)=\dfrac{1}{z}$，求输入 $f(k)=\varepsilon(k)-\varepsilon(k-2)$ 时的零状态响应 $y_{zs}(k)$。

6.23　如题 6.23 图所示的复合系统由 3 个子系统组成，已知子系统 2 的单位序列响应 $h_2(k)=(-1)^k\varepsilon(k)$，子系统 3 的系统函数 $H_3(z)=\dfrac{z}{z+1}$，输入 $f(k)=\varepsilon(k)$ 时复合系统的零状态响应 $y_{zs}(k)=3(k+1)\varepsilon(k)$。求子系统 1 的单位序列响应 $h_1(k)$。

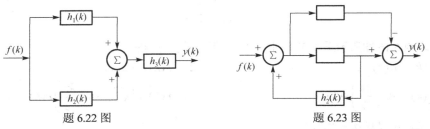

题 6.22 图　　　　　　　　　题 6.23 图

6.24　题 6.24 图所示为用横向滤波器实现的时域均衡器框图，要求当输入

$$f(k) = \frac{1}{4}\delta(k) + \delta(k-1) + \frac{1}{2}\delta(k-2)$$

时，其零状态响应 $y_{zs}(k)$ 中的 $y_{zs}(0)=1$，$y_{zs}(1)=y_{zs}(2)=0$，试确定 a、b、c 的值。

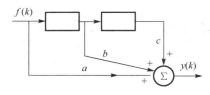

题 6.24 图

6.25　设某 LTI 系统的阶跃响应为 $g(k)$，已知当输入为因果序列 $f(k)$ 时，其零状态响应为

$$y_{zs}(k) = \sum_{i=0}^{k} g(i)$$

求输入 $f(k)$。

6.26　因果序列 $f(k)$ 满足方程

$$f(k) = k\varepsilon(k) + \sum_{i=0}^{k} f(i)$$

求序列 $f(k)$。

第 7 章 系 统 函 数

前面我们介绍了 LTI 系统时域分析和变换域分析的原理与方法，并引出了系统函数的概念。对于集总参数 LTI 系统而言，系统函数是 s 或 z 的有理分式，它既与描述系统的方程、框图有直接联系，也与连续系统的冲激响应、离散系统的单位序列响应以及频域响应有着密切的关系。通过系统函数的研究，不仅可以分析系统在给定激励下的响应的形式，而且能得到系统的结构和参数，实现系统的模拟。本章将在研究系统函数在复平面的零、极点分布与时域特性、频域特性关系的基础上，讨论系统的稳定性，介绍信号流图，并讨论系统模拟问题。

7.1 系统函数与系统特性

7.1.1 系统函数的零点与极点

集总参数 LTI 系统的系统函数是复变量 s 或 z 的有理分式，它是 s 或 z 的有理多项式 $B(\cdot)$ 与 $A(\cdot)$ 之比，即

$$H(\cdot) = \frac{B(\cdot)}{A(\cdot)} \tag{7-1-1}$$

对于连续系统

$$H(s) = \frac{B(s)}{A(s)} = \frac{b_m s^m + \cdots + b_1 s + b_0}{s^n + \cdots + a_1 s + a_0} \tag{7-1-2}$$

对于离散系统

$$H(z) = \frac{B(z)}{A(z)} = \frac{b_m z^m + \cdots + b_1 z + b_0}{z^n + \cdots + a_1 z + a_0} \tag{7-1-3}$$

式中，系数都是实常数。

$B(\cdot)$ 和 $A(\cdot)$ 都是 s 或 z 的有理多项式。定义 $A(\cdot) = 0$ 的根 p_1，p_2，$\cdots$，p_n 为系统函数 $H(\cdot)$ 的极点；称 $B(\cdot) = 0$ 方程的根 γ_1，γ_2，$\cdots$，γ_m 为系统函数 $H(\cdot)$ 的零点。将 $B(\cdot)$、$A(\cdot)$ 分解因式，系统函数表达式（7-1-2）和式（7-1-3）也可写为

$$H(s) = \frac{B(s)}{A(s)} = \frac{b_m \prod\limits_{j=1}^{m} (s - \gamma_j)}{\prod\limits_{i=1}^{n} (s - p_i)} \tag{7-1-4}$$

$$H(z) = \frac{B(z)}{A(z)} = \frac{b_m \prod\limits_{j=1}^{m} (z - \gamma_j)}{\prod\limits_{i=1}^{n} (z - p_i)} \tag{7-1-5}$$

因为 $A(\cdot) = 0$ ， $B(\cdot) = 0$ 都是实系数方程，如果极点或零点的值是复数，则必成对出现，即为共轭极点或零点。

例 7.1.1 某 LTI 系统的系统函数为

$$H(s) = \frac{s^2 + 5s + 6}{s^5 - 3s^4 - 5s^3 + 5s^2 + 24s + 18}$$

求系统函数的零点和极点，并在 s 平面坐标系中标出零点和极点的位置。

解：系统函数的分母多项式为

$$A(s) = s^5 - 3s^4 - 5s^3 + 5s^2 + 24s + 18 = (s+1)(s^2 + 2s + 2)(s-3)^2$$

令 $A(p) = 0$ ，即 $(p+1)(p^2 + 2p + 2)(p-3)^2 = 0$ ，可以求出系统函数的极点分别为

$$p_1 = -1, \quad p_2 = p_3* = -1 + \mathrm{j}, \quad p_4 = p_5 = 3$$

令 $B(\gamma) = 0$ ，即 $(\gamma + 2)(\gamma + 3) = 0$ ，可以求出系统函数的零点分别为

$$\gamma_1 = -2, \quad \gamma_2 = -3$$

在复平面坐标中，常用"○"代表零点、"×"代表极点。系统函数零点极点在 s 平面中的位置如图 7.1.1 所示。

本例中，极点的 3 种情况都出现了： p_1 为单极点， p_2 、 p_3 为一对共轭极点， p_4 、 p_5 为二重极点。

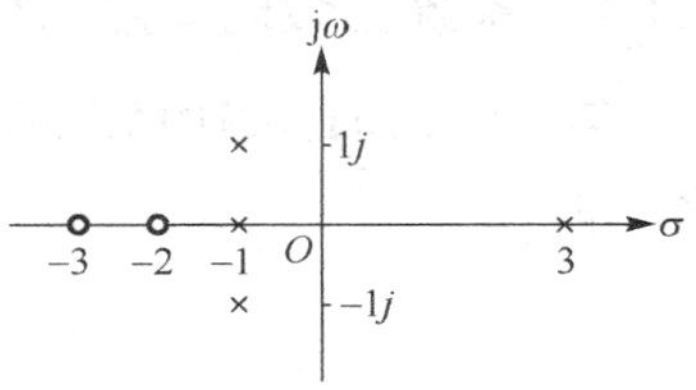

图 7.1.1　例 7.1.1 图

7.1.2　系统函数与时域响应关系

由前面两章可知，连续系统的系统函数的拉普拉斯反变换就是该系统的冲激响应；离散系统的系统函数的 z 反变换就是系统的单位样值响应。响应的类型取决于系统函数的极点，也就是 $A(\cdot) = 0$ 的根。

1．连续系统

连续系统的系统函数 $H(s)$ 的极点，按其在 s 平面上的位置可分为：左半开平面（不含虚轴的左半平面）、虚轴和右半开平面 3 类。

（1）极点在左半开平面。

这又分两种情况，一是极点位于在实轴的负半轴上，即极点为负实数；二是极点位于二、三象限，且关于实轴对称，即共轭复极点（其实部为负）。

若系统函数有负实单极点 $p = -\alpha$ ， $\alpha > 0$ ，则 $H(s)$ 分母包含 $(s + \alpha)$ 因子，其时域冲激响应的一般形式为： $A\mathrm{e}^{-\alpha t}\varepsilon(t)$ 。

若系统函数有一对共轭极点 $p_1 = p_2* = -\alpha + \mathrm{j}\beta$ ， $\alpha > 0$ ，则 $H(s)$ 的分母中包含有 $(s + \alpha)^2 + \beta^2$ 因子，其时域冲激响应包含： $A\mathrm{e}^{-\alpha t}\cos(\beta t + \theta)\varepsilon(t)$ 分量。

从时域响应中可以看出，当系统函数的极点在复平面的左半开时，其时域冲激响应都是收敛的，即当时间 t 趋于无穷大时它们的值均趋于零。

（2）极点在虚轴上。

这也有两种情况，一是极点位于复平面的原点，即 $p = 0$ ；二是极点为一对共轭的纯虚数，即 $p_1 = p_2* = \mathrm{j}\beta(\beta > 0)$ 。

若 $H(s)$ 有极点在原点，即其分母包含 s 因子，拉普拉斯反变换之后，在其时域响应中必定包含 $\varepsilon(t)$ 响应分量。

若极点在虚轴上，则 $H(s)$ 的分母中包含 $(s^2 + \beta^2)$ 因子，它所对应的时域响应形式为 $A\cos(\beta t)\varepsilon(t)$，是幅度不随时间变化的等幅振荡。

如果 $H(s)$ 在虚轴上有 r 重极点，相应于 $A(s)$ 的因子为 s^r 或 $(s^2 + \beta^2)^r$，其所对应的响应函数为 $A_j t^j \varepsilon(t)$ 或 $A_j t^j \cos(\beta t + \theta_j)\varepsilon(t)$，$j = 0,1,2,\cdots,r-1$，显然响应都随 t 的增长而增长。

从上述研究可以看出，当系统函数有极点出现在复平面的虚轴上时，其时域响应出现不收敛的分量。

（3）极点在右半开平面。

极点在 s 平面右半开时又有两种可能，一是位于实轴正方向上，为单极点 $p=a$，$a>0$，第二种情况是极点在第一、四象限，这时是共轭极点，$p_1 = p_2{}^* = \alpha + \mathrm{j}\beta\,(\alpha > 0)$。

当极点在实轴正半轴上时，$A(s)$ 中有因子 $(s-a)$，它所对应的响应函数为 $\mathrm{e}^{at}\varepsilon(t)$。

当极点位于第一、四象限时，相应于 $A(s)$ 中有因子 $(s-a)^2 + \beta^2$，它所对应的响应函数为 $A\mathrm{e}^{at}\cos(\beta t + \theta)\varepsilon(t)$。

它们都随 t 的增长而增长。若有重极点，其所对应的响应也随 r 的增长而增长。

极点在 s 平面的位置与响应形式的关系如图 7.1.2 所示。

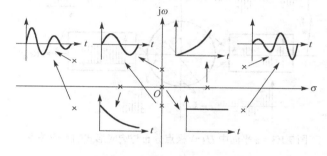

图 7.1.2　s 平面中 $H(s)$ 极点与所对应的时域响应形式

由上述讨论可以得出如下结论：

LTI 连续系统的冲激响应的函数形式由 $H(s)$ 的极点确定。极点全部在左半开平面的系统，其冲激响应随时间 t 的增长而衰减，当 $t \to \infty$ 时响应的值趋近于 0，所以这样的系统是稳定的系统。$H(s)$ 在虚轴上的一阶极点对应的响应函数的幅度不随时间变化。$H(s)$ 在虚轴上的二阶及二阶以上的极点或右半开平面上的极点，其所对应的响应函数都随 t 的增长而增大，当 t 趋于无限时，它们都趋于无穷大，这样的系统是不稳定的。

2. 离散系统

离散系统的系统函数 $H(z)$ 的极点，按其在 z 平面的位置可分为：单位圆内、单位圆上和单位圆外 3 类。

（1）极点在单位圆内。

在单位圆 $|z|=1$ 内的极点有实极点和共轭复极点两种。若系统函数有一个实极点 $p = \alpha$，$|\alpha| < 1$，则 $A(z)$ 有因子 $(z-\alpha)$，其所对应的响应序列为 $A\alpha^k\varepsilon(k)$；如果有一对共轭极点 $p_1 = p_2{}^* = \alpha\mathrm{e}^{\mathrm{j}\beta}$，$|z| < 1$，则 $A(z)$ 中有因子 $(z^2 - 2az\cos\beta + \alpha^2)$，其所对应的序列形式为 $A\alpha^k\cos(\beta k + \varphi)$。由于 $|\alpha| < 1$，所以响应均按指数衰减，当 $k \to \infty$ 时响应趋于 0。在单位圆内的二阶及二阶以上极点，其所对应的响应当 $k \to \infty$ 时也趋近于零。

（2）极点在单位圆上。

$H(z)$ 在单位圆上的极点有一阶实极点 $p=1$（或 -1）和共轭极点 $p_1 = p_2^* = e^{j\beta}$。当极点为一阶实极点时，相应于 $A(z)$ 中的因子 $(z-1)$、$(z+1)$，它们对应的序列分别为 $\varepsilon(k)$、$(-1)^k \varepsilon(k)$。当极点为一阶共轭极点时，相应于 $A(z)$ 中的因子 $(z^2 - z\cos\beta + 1)$，它对应的序列为 $A\cos(\beta k + \varphi)\varepsilon(k)$。其幅度不随 k 的变化而变化。

$H(z)$ 在单位圆上存在 r 阶极点时，其所对应的响应序列形式分别变为 $A_j k^j \varepsilon(k)$、$(-1)^k \varepsilon(k)$ 和 $A\cos(\beta k + \varphi)\varepsilon(k)$，$j = 0,1,2,\cdots,r-1$，显然响应都随 k 的增大而增大。

（3）极点在单位圆外。

$H(z)$ 在单位圆外有单极点 $p = \alpha$，$|\alpha| > 1$ 或共轭极点 $p_1 = p_2^* = \alpha e^{j\beta}$，$|\alpha| > 1$，它们所对应的响应分别为 $A\alpha^k \varepsilon(k)$ 或 $A\alpha^k \cos(\beta k + \varphi)$，由于 $|\alpha| > 1$，所以它们都随 k 的增大而增大。

若有重极点，其所对应的响应也随 k 的增加而增大。

图 7.1.3 画出了 $H(z)$ 的一阶极点与其所对应的响应序列。

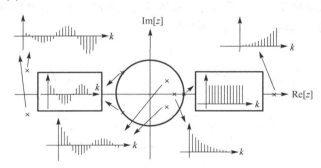

图 7.1.3 z 平面中 $H(z)$ 极点分布与响应形式的对应关系

由以上讨论可得如下结论：

LTI 离散系统的单位序列（样值）响应等的序列形式由 $H(z)$ 的极点所确定。对于因果系统，$H(z)$ 在单位圆内的极点所对应的响应序列都是衰减的，当 k 趋于无限时，响应趋近于零。极点全部在单位圆内的系统是稳定系统。$H(z)$ 在单位圆上有一阶极点，其对应的响应序列的幅度不随 k 变化。$H(z)$ 在单位圆上存在二阶以及二阶以上极点或在单位圆外的极点，其所对应的序列都随 k 的增长而增大，当 k 趋于无限时，它们都趋近于无限大。这样的系统是不稳定的。

7.1.3   系统函数与频域响应

系统函数 $H(\cdot)$ 的零点、极点与系统的频域响应有着直接的关系。

1. 连续系统

对于连续因果系统，如果其系统函数 $H(s)$ 的极点均在左半开平面，那么它在虚轴上（$s = j\omega$）也收敛，从而系统的频率响应函数为

$$H(j\omega) = H(s)\Big|_{s=j\omega} = \frac{b_m \prod\limits_{j=1}^{m}(j\omega - \gamma_j)}{\prod\limits_{i=1}^{n}(j\omega - p_i)}$$

在 s 平面上，任意复数（常数或变量）都可用有向线段表示。例如，某极点 p_i 可看作是自原点指

向该极点 p_i 的矢量，如图 7.1.4(a)所示。该复数的模$|\,p_i\,|$是矢量的长度，其辐角是自实轴逆时针方向至该矢量的夹角。变量 $j\omega$ 也可看作矢量。这样，复数矢量 $j\omega - p_i$ 是矢量 $j\omega$ 与矢量 p_i 的差。当 ω 变化时，差矢量也将随之变化。

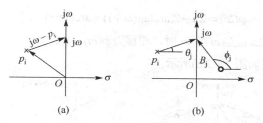

图 7.1.4　零点、极点矢量图

对于任意极点 p_i、零点 γ_j，令

$$j\omega - p_i = A_i e^{j\theta_i}$$

$$j\omega - \gamma_j = B_j e^{j\phi_i}$$

作出这两个矢量的矢量图如图 7.1.4(b)所示。

于是频响函数可写为

$$H(j\omega) = \frac{b_m B_1 B_2 \cdots B_m e^{j(\phi_1 + \phi_2 + \cdots + \phi_m)}}{A_1 A_2 \cdots A_n e^{j(\theta_1 + \theta_2 + \cdots + \theta_m)}} \tag{7-1-6}$$

式中，幅频响应为

$$H(j\omega) = \frac{b_m B_1 B_2 \cdots B_m}{A_1 A_2 \cdots A_n} \tag{7-1-7}$$

相频响应为

$$\varphi(\omega) = (\phi_1 + \phi_2 + \cdots + \phi_m) - (\theta_1 + \theta_2 + \cdots + \theta_m) \tag{7-1-8}$$

当角频率 ω 从 0（或$-\infty$）变动时，各矢量的模和辐角都将随之变化，根据式（7-1-7）和式（7-1-8）就能得到其幅频特性曲线和相频特性曲线。

例 7.1.2　二阶系统函数为

$$H(s) = \frac{s^2 - 2s + 2}{s^2 + 2s + 2}$$

画出其幅频、相频特性曲线。

解：令 $A(s)=0$，即 $s^2 + 2s + 2 = 0$，解得 $H(s)$ 的极点为

$$p_1 = p_2{}^* = -1 + j$$

令 $B(s) = 0$，即 $s^2 - 2s + 2 = 0$，解得 $H(s)$ 的零点为

$$\gamma_1 = \gamma_2{}^* = 1 + j$$

极点和零点的分布如图 7.1.5(a)所示。

系统频响函数为

$$H(j\omega) = \frac{(j\omega - \gamma_1)(j\omega - \gamma_2)}{(j\omega - p_1)(j\omega - p_2)} = \frac{[-1 + j(\omega - 1)][-1 + j(\omega + 1)]}{[1 + j(\omega - 1)][1 + j(\omega + 1)]}$$

因为 $H(s)$ 分子的模与分母的模完全相等，所以系统的幅频特性为

$$| H(\mathrm{j}\omega) |= 1$$

其相频特性为

$$\varphi(\omega) = 2\pi - 2[\arctan(\omega+1) + \arctan(\omega-1)]$$

当 $\omega = 0$ 时，相移为 $\varphi(\omega) = 2\pi$；当 $\omega \to \infty$ 时，相移为 $\varphi(\omega) = 0$。

系统的幅频和相频特性如图 7.1.5(b)所示。

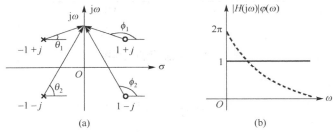

图 7.1.5 $H(s)$ 零、极点分布以及频响曲线图

本例中提到的是一种特殊的系统，幅频特性是常数 1。这种系统对任何频率分量都是全部通过，所以我们称这种函数为全通系统。一般来说，系统函数的极点在 s 平面的左半开，零点在右半开，且极点与零点关于虚轴镜像对称的系统都是全通系统。

2. 离散系统

对于因果离散系统，如果系统函数 $H(z)$ 的极点均在单位圆内，那么它在单位圆上($|z| = 1$)也收敛，从而得系统的频率响应函数为

$$H(\mathrm{e}^{\mathrm{j}\theta}) = H(z)\Big|_{z=\mathrm{e}^{\mathrm{j}\theta}} = \frac{b_m \displaystyle\prod_{j=1}^{m}(\mathrm{e}^{\mathrm{j}\theta} - \gamma_j)}{\displaystyle\prod_{i=1}^{n}(\mathrm{e}^{\mathrm{j}\theta} - p_i)}$$

式中，$\theta = \omega T_\mathrm{s}$，$\omega$ 为角频率，T_s 为取样周期。

在 z 平面上，复数可用矢量表示，令

$$\mathrm{e}^{\mathrm{j}\theta} - p_i = A_i \mathrm{e}^{\mathrm{j}\theta_i}$$

$$\mathrm{e}^{\mathrm{j}\theta} - \gamma_j = B_j \mathrm{e}^{\mathrm{j}\phi_i}$$

于是频率响应函数可以写为

$$H(\mathrm{e}^{\mathrm{j}\theta}) = \frac{b_m B_1 B_2 \cdots B_m \mathrm{e}^{\mathrm{j}(\phi_1+\phi_2+\cdots+\phi_m)}}{A_1 A_2 \cdots A_n \mathrm{e}^{\mathrm{j}(\theta_1+\theta_2+\cdots+\theta_m)}} \tag{7-1-9}$$

式中，幅频响应为

$$| H(\mathrm{e}^{\mathrm{j}\theta}) |= \frac{b_m B_1 B_2 \cdots B_m}{A_1 A_2 \cdots A_n} \tag{7-1-10}$$

相频响应为

$$\varphi(\theta) = (\phi_1 + \phi_2 + \cdots + \phi_m) - (\theta_1 + \theta_2 + \cdots + \theta_m) \tag{7-1-11}$$

当 ω 从 0 变化到 $2\pi / T_s$ 时，即复变量 z 从 $z = 1$ 沿单位圆逆时针方向旋转一周时，各矢量的模和辐角也随之变化，根据式（7-1-10）和式（7-1-11）就能得到幅频和相频响应曲线。

例 7.1.3 某离散因果系统的系统函数为

$$H(z) = \frac{2(z+1)}{3z-1}$$

求其频率响应。

解： 由 $H(z)$ 的表示式可知，其极点 $P = 1/3$，故单位圆在收敛域内，系统的频率响应为

$$H(\mathrm{e}^{\mathrm{j}\theta}) = H(z)\big|_z = \frac{2(\mathrm{e}^{\mathrm{j}\theta}+1)}{3\mathrm{e}^{\mathrm{j}\theta}-1} = \frac{2\mathrm{e}^{\mathrm{j}\frac{\theta}{2}}(\mathrm{e}^{\mathrm{j}\frac{\theta}{2}}+\mathrm{e}^{-\mathrm{j}\frac{\theta}{2}})}{\mathrm{e}^{\mathrm{j}\frac{\theta}{2}}(3\mathrm{e}^{\mathrm{j}\frac{\theta}{2}}-\mathrm{e}^{-\mathrm{j}\frac{\theta}{2}})}$$

$$= \frac{4\cos\left(\dfrac{\theta}{2}\right)}{2\cos\left(\dfrac{\theta}{2}\right)+\mathrm{j}4\sin\left(\dfrac{\theta}{2}\right)} = \frac{2}{1+2\mathrm{j}\tan\left(\dfrac{\theta}{2}\right)}$$

其幅频特性为

$$|H(\mathrm{e}^{\mathrm{j}\theta})| = \frac{2}{\sqrt{1+4\tan^2\left(\dfrac{\theta}{2}\right)}}$$

相频特性为

$$\varphi(\theta) = -\arctan\left[2\tan\left(\dfrac{\theta}{2}\right)\right]$$

图 7.1.6(a) 画出了 $H(z)$ 的零极点分布和矢量 $A_1\mathrm{e}^{\mathrm{j}\theta_1}$、$B_1\mathrm{e}^{\mathrm{j}\theta_1}$，图 7.1.6(b) 画出了该系统的幅频和相频特性。由于离散系统的幅频、相频特性都以 $2\pi / T_s$ 为周期重复变化，图中只画出了 $0 \leqslant \omega \leqslant 2\pi / T_s$ 的部分。

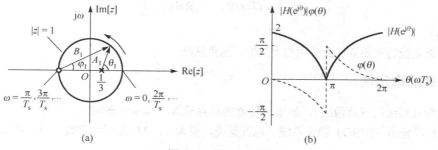

图 7.1.6 例 7.1.3 图

7.2 系统的因果性与稳定性

7.2.1 系统的因果性

因果系统（连续的或离散的）指的是，系统的零状态响应 $y_{\mathrm{zs}}(\cdot)$ 不出现于激励 $f(\cdot)$ 之前的系统。也就是说，对于 $t = 0$（或 $k = 0$）接入的任意激励 $f(\cdot)$，即对任意的

$$f(\cdot) = 0, \quad t(\text{或}k) < 0 \tag{7-2-1}$$

如果系统的零状态响应都有

$$y_{zs}(\cdot) = 0, \quad t(\vec{\mathfrak{u}}k) < 0 \tag{7-2-2}$$

就称该系统为因果系统，否则称为非因果系统。

连续因果系统的充分必要条件是：冲激响应

$$h(t) = 0, \quad t < 0 \tag{7-2-3}$$

或者，系统函数 $H(s)$ 的收敛域为

$$\text{Re}[s] > \sigma_0 \tag{7-2-4}$$

即 $H(s)$ 的极点都在收敛轴 $\text{Re}[s] = \sigma_0$ 的左边。

离散因果系统的充分必要条件是：单位序列响应为

$$h(k) = 0, \quad k < 0$$

或者，$H(z)$ 的极点都在收敛圆 $|z| = \rho_0$ 内部。

现在证明连续因果系统的充要条件。

设系统的输入 $f(t) = \delta(t)$，显然在 $t < 0$ 时 $f(t) = 0$，这时的零状态响应为 $h(t)$，所以若系统是因果的，则必有 $h(t) = 0$，$t < 0$。因此，式（7-2-3）是必要的。但式（7-2-3）的条件能否保证对所有满足式（7-2-1）的激励 $f(t)$，都能满足式（7-2-2），即其充分性还有待证明。

对任意激励 $f(t)$，系统的零状态响应 $y_{zs}(t)$ 等于 $h(t)$ 与 $f(t)$ 的卷积，考虑到 $t < 0$ 时 $f(t) = 0$，有

$$y_{zs}(t) = \int_{-\infty}^{t} h(\tau) * f(t - \tau) \mathrm{d}\tau$$

如果 $h(t)$ 满足式（7-2-3），即有 $\tau < 0$，$h(\tau) = 0$，那么当 $t < 0$ 时，上式为零，当 $t > 0$ 时，上式为

$$y_{zs}(t) = \int_{0}^{t} h(\tau) * f(t - \tau) \mathrm{d}\tau$$

即 $t < 0$ 时，$y_{zs}(t) = 0$。因而式（7-2-3）的条件也是充分的。

根据拉普拉斯变换的定义，如果 $h(t)$ 满足式（7-2-3），则

$$H(s) = L[h(t)], \qquad \text{Re}[s] > \sigma_0$$

即式（7-2-4）。

离散因果系统的充要条件的证明与上类似，这里从略。

7.2.2　系统的稳定性

一个系统（连续的或离散的），如果对任意的有界输入，其零状态响应也是有界的，则称该系统是有界输入有界输出（BIBO）稳定系统。也就是说，设 M_f、M_y 为正实常数，如果系统对于所有的激励有

$$|f(\cdot)| \leqslant M_f \tag{7-2-5}$$

其零状态响应为

$$|y(\cdot)| \leqslant M_y \tag{7-2-6}$$

则称该系统是稳定的。

连续系统是稳定系统的充分必要条件是

$$\int_{-\infty}^{\infty} |h(t)| \mathrm{d}t \leqslant M \tag{7-2-7}$$

式中，M 为正常数。即若系统的冲激响应是绝对可积的，则该系统是稳定的。

离散系统是稳定系统的充分必要条件是

$$\sum_{k=-\infty}^{\infty} |h(k)| \leqslant M \tag{7-2-8}$$

式中，M 为正常数。即若系统的冲激序列响应是绝对可和的，则该系统是稳定的。

关于充要条件的证明请参阅相关参考书目。

如果系统是因果的，显然稳定性的充要条件可简化为：连续因果系统

$$\int_0^\infty |h(t)| \, \mathrm{d}t \leqslant M \tag{7-2-9}$$

离散因果系统

$$\sum_{k=0}^{\infty} |h(k)| \leqslant M \tag{7-2-10}$$

对于既是稳定的又是因果的连续系统，其系统函数 $H(s)$ 的极点必定都在 s 平面的左半开。反之，若系统函数 $H(s)$ 的极点均在左半开，则该系统必是稳定的因果系统。

对于既是稳定的又是因果的离散系统，其系统函数 $H(z)$ 极点都在 z 平面的单位圆内。反之，若系统函数 $H(z)$ 的极点均在单位圆内，则该系统必是稳定的因果系统。

顺便指出，按以上结论，在 s 平面虚轴 $\mathrm{j}\omega$ 的一阶极点也将使系统不稳定。但在研究电网络时发现，无源的 LC 网络，其网络函数（系统函数）在 $\mathrm{j}\omega$ 轴上有一阶极点，而把无源网络看作是稳定系统分析较为方便。因此，有时也把在虚轴上包含一阶极点的网络也归入稳定网络类。这类系统可称为边界稳定系统。

需要特别指出，用系统函数 $H(s)$ 或 $H(z)$ 的零、极点判断系统的稳定性时，对有些系统失效。研究表明，如果系统既是可观测的又是可控制的，那么用描述输出与输入关系的系统函数研究系统的稳定性是有效的。关于可观测性、可控制性的概念和相关系统的例子，请参阅相关参考教材[1]。

例 7.2.1　某因果系统 s 域模型框图如图 7.2.1 所示，试分别判断系统在以下 3 种情况下是否稳定。

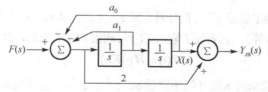

图 7.2.1　例 7.2.1 图

（1）　$a_0 = 2, a_1 = 3$；　　　（2）　$a_0 = -2, a_1 = -3$；　　　（3）　$a_0 = 2, a_1 = -3$。

解：本系统 s 域模型由左右两个加法器、左右两个除法器以及数乘器构成。设右除法器输出端的信号为 $X(s)$，则左除法器的输出为 $sX(s)$，左加法器的输出为 $s^2 X(s)$。

左加法器方程为

$$s^2 X(s) = F(s) - a_0 X(s) - a_1 s X(s) \tag{7-2-11}$$

右加法器方程为

$$Y_{zs}(s) = X(s) + 2s^2 X(s) \tag{7-2-12}$$

联立式（7-2-11）、式（7-2-12）消去 $X(s)$ 可解得系统的系统函数为

$$H(s) = \frac{1 + 2s^2}{s^2 + a_1 s + a_0}$$

（1）当 $a_0 = 2, a_1 = 3$ 时， $A(s) = s^2 + 3s + 2$ ，令 $A(p) = 0$

$H(s)$ 的极点为 $p_1 = -1$ ， $p_2 = -2$

极点均在左半开平面，此时系统是稳定的。

（2）当 $a_0 = -2, a_1 = -3$ 时， $A(s) = s^2 - 3s - 2$ ，令 $A(p) = 0$

$H(s)$ 的极点为

$$p_1 = \frac{3 + \sqrt{17}}{2} ， \qquad p_2 = \frac{3 - \sqrt{17}}{2}$$

极点不全在左半开平面，此时系统是不稳定的。

（3）当 $a_0 = 2, a_1 = -3$ 时， $A(s) = s^2 + 3s - 2$ ，令 $A(p) = 0$

$H(s)$ 的极点为

$$p_1 = \frac{-3 + \sqrt{17}}{2} ， \qquad p_2 = \frac{-3 - \sqrt{17}}{2}$$

极点不全在左半开平面，此时系统也是不稳定的。

7.3 信 号 流 图

信号流图是用有向线图描述线性方程组变量间因果关系的一种图，与前面介绍的系统框图相比，用信号流图来描述系统更为简便。不仅如此，通过梅森公式可将系统函数与系统的信号流图直接联系起来，这不仅有利于系统的分析，也便于系统的模拟。

无论是连续系统还是离散系统，如果撇开二者的物理实质，仅从图的角度而言，它们分析的方法相同，因此这里一并讨论。

7.3.1 信号流图

在变换域中，方框图除了表示 s^{-1} （积分器）或 z^{-1} （迟延单元）的意义外，还可表示一般的系统函数（传递函数、转移函数等）。它表征了输入 $F(\cdot)$ 与输出 $Y(\cdot)$ 的关系，即

$$Y(\cdot) = H(\cdot)F(\cdot) \tag{7-3-1}$$

这里，系统函数 $H(\cdot)$ 可能简单的函数（例如常数 a、s^{-1}、z^{-1}），也可能是很复杂的函数。LTI 系统 s（或 z）域基本部件的有向图如图 7.3.1 所示。

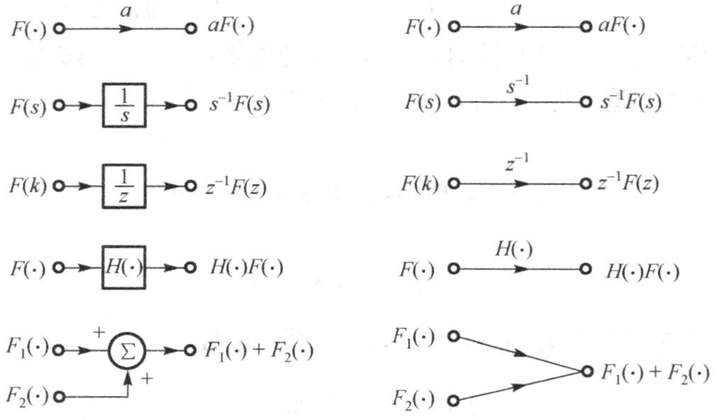

图 7.3.1 系统框图中的基本部件及其对应的信号流图符号

若将系统框图中的部件都用图 7.3.1 中对应的有向图替代，就得到该系统的信号流图。流图中每个点 "○" 对应系统中的一个信号，这些点叫节点。点之间的线段代表构成框图的基本部件，在流图中称支路。线段上的箭头代表信号的流向，线段旁边的参数即 $H(\cdot)$ 称为信号在该支路上的增益。所以每一条支路相当于标量乘法器，其输出信号总是等于输入信号乘以支路增益。图 7.3.2(b) 绘出了图 7.3.2(a) 所示框图系统的信号流图，图中 x_1，x_2，x_3，x_4，x_5 代表节点，也代表 5 个节点的信号。

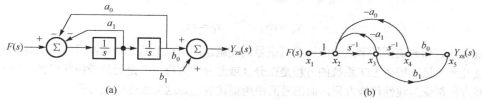

图 7.3.2　框图的信号流图举例

为了更好地研究信号流图，下面再介绍几个名词术语。

1. 源点和汇点

我们通常把仅有信号输出的节点称为源点（或激励节点），如图 7.3.2(b) 中节点 x_1 就是源点。而把仅有信号输入的节点称为汇点或阱点（或响应节点），图 7.3.3(b) 中的节点 x_5 就是汇点。

2. 通路

按照箭头方向，从任一节点出发沿着支路连续经过各相连的不同支路和节点而到达另一节点的路径称为通路。如果通路与任一节点相遇不多于一次，则称为开通路，如图 7.3.2(b) 中 $x_1 \xrightarrow{1} x_2 \xrightarrow{s^{-1}} x_3 \xrightarrow{s^{-1}} x_4 \xrightarrow{b_0} x_5$，$x_4 \xrightarrow{-a_0} x_2 \xrightarrow{s^{-1}} x_3$ 等都是开通路。如果通路的终点就是通路的起点（与其余节点相遇不多于一次），则称为闭通路或回路（或环）。图 7.3.2(b) 中的回路有两个，它们是：$x_2 \xrightarrow{s^{-1}} x_3 \xrightarrow{-a_1} x_2$，$x_2 \xrightarrow{s^{-1}} x_3 \xrightarrow{s^{-1}} x_4 \xrightarrow{-a_0} x_2$。回路与其他回路没有公共节点，称这样的回路为不接触回路。本例中两个回路有公共节点 x_2、x_3，所以是接触回路，而在图 7.3.3 所示的流图中，回路 $x_2 \xrightarrow{s^{-1}} x_3 \xrightarrow{-a} x_2$ 和 $x_4 \xrightarrow{b} x_5 \xrightarrow{-b} x_4$ 是相互不接触回路。只有一个节点和一条支路的回路称为自回路（或自环），如图 7.3.3 所示流图中回路 $x_3 \xrightarrow{} x_3$。通路（开通路或回路）中各支路增益的乘积称为通路增益（或回路增益）。

3. 正向通路及其增益

从源点到汇点的开通路称为前向通路，如图 7.3.2(b) 中的 $x_1 \xrightarrow{1} x_2 \xrightarrow{s^{-1}} x_3 \xrightarrow{s^{-1}} x_4 \xrightarrow{b_0} x_5$ 以及 $x_1 \xrightarrow{1} x_2 \xrightarrow{s^{-1}} x_3 \xrightarrow{s^{-1}} x_4 \xrightarrow{b_0} x_5$ 都是前向通路。前向通路中各支路增益的乘积称为前向通路增益。对于图 7.3.2(b) 中的前向通路 $x_1 \xrightarrow{1} x_2 \xrightarrow{s^{-1}} x_3 \xrightarrow{s^{-1}} x_4 \xrightarrow{b_0} x_5$，其增益为 $1 \times s^{-1} \times s^{-1} \times b_0 = b_0 s^{-2}$。

在运用信号流图时，应遵循它的基本性质，即：

（1）信号只能沿支路箭头方向传输，支路的输出是该支路输入与支路增益的乘积。

（2）当节点有多个输入时，该节点将所有输入支路的信号相加，并将和信号传输给所有与该节点相连的输出支路。

例如，图 7.3.4 中，

$$x_4 = ax_1 + bx_2 + cx_3$$

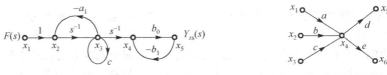

图 7.3.3　信号流图基本机构　　　　　　　图 7.3.4　信号流图举例

且有

$$x_5 = dx_4 , \qquad x_6 = ex_4$$

如前所述，信号流图的节点对应该节点信号的变量，因而以上两条基本性质实质上表征了信号流图的线性性质。虽然描述 LTI 系统的方程是微分（或差分）方程，但是经拉普拉斯变换（或 z 变换）后，这些方程都变为线性代数方程，而信号流图所描述的正是这类线性代数方程。

7.3.2　流图的简化

信号流图所描述的是代数方程或方程组，因而信号流图能按代数规则进行化简。流图化简的基本规则如下：

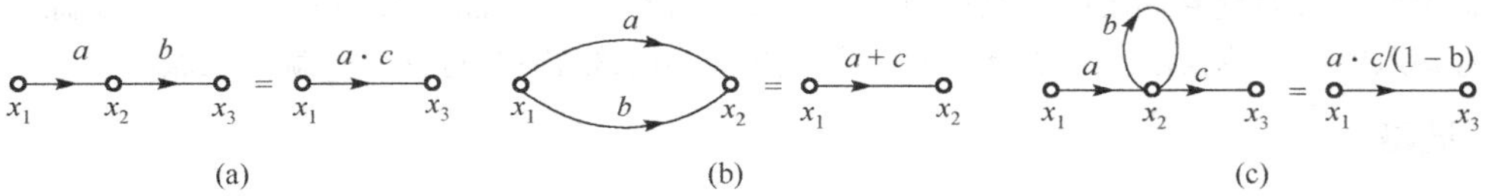

（图 7.3.5 流图化简规则示意）

图 7.3.5　流图的简化规则

（1）两条增益分别为 a 和 b 的支路相级联，可以合并为一条增益为 $a \cdot b$ 的支路，同时消去中间的节点，如图 7.3.5(a)所示。

证明：$x_3 = b x_2 = b(a \cdot x_1) = a \cdot b x_1$

（2）两条增益分别为 a 和 b 的支路相并联，可以合并为一条增益为 $(a+b)$ 的支路，如图 7.3.5(b)所示。

证明：$x_2 = a \cdot x_1 + b \cdot x_1 = (a+b)x_1$

但要说明一下的是，这里的"并联"和电路中元件之间或二端口网络之间并联的含义并不一样。两个电路或系统真正意义上的并联指的是，输入端口与输入端口并联、输出端口与输出端口并联。流图 7.3.5(b)中输入端口是并联的，而输出端口不是并联的，而是用加法器把两路信号相叠加。因此，流图中说的并联是形式上的，不是系统本质上的。严格地讲不能叫并联，而应该叫多路合并连接。

（3）一条 3 个节点（x_1、x_2、x_3）的通路，如果 $x_1 x_2$ 支路增益为 a，$x_2 x_3$ 支路增益为 c，且在 x_2 处有增益为 b 的自环，如图 7.3.5(c)所示，则该通路可化简成增益为 $a \cdot c/(1-b)$ 的一条支路，同时消去节点 x_2。这是由于

$$x_2 = ax_1 + bx_2$$

$$x_3 = c \cdot x_2$$

消去 x_2 得

$$x_3 = \frac{ac}{1-b}x_1 \qquad\qquad (7\text{-}3\text{-}2)$$

从上述基本规则不难看出，通过规则（1）将级联支路合并从而减少节点；通过规则（2）将并联支路合并从而减少支路；通过规则（3）消除自环。对一个复杂的信号流图反复运用以上步骤，可将它简化为只有个源点和一个汇点的信号流图，从而可以方便地求得系统函数。

例 7.3.1　求图 7.3.6(a)所示信号流图的系统函数。

解：根据级联支路合并规则，将图 7.3.6(a)中 $x_2 \xrightarrow{s^{-1}} x_3 \xrightarrow{s^{-1}} x_4 \xrightarrow{b} x_5 \xrightarrow{-6} x_2$ 、 $x_2 \xrightarrow{s^{-1}} x_3 \xrightarrow{s^{-1}} x_4 \xrightarrow{-5} x_2$ 、

$x_2 \xrightarrow{s^{-1}} x_3 \xrightarrow{-4} x_2$ 化简为自环，如图 7.3.6(b)所示。将节点 x_2 的 3 个并联支路合并，再将 $x_3 \xrightarrow{s^{-1}} x_4 \xrightarrow{s^{-1}} x_5 \xrightarrow{-1} x_6$
级联支路合并，简化得图 7.3.6(c)。利用自环消除以及并联支路合并规则，得图 7.3.6(d)。最后再利用
级联合并法则，得最简流图，如图 7.3.6(e)。于是得到系统函数为

$$H(s) = \frac{1s^{-1}(2-s^{-2})}{1-(-4s^{-1}-5s^{-2}-6s^{-3})} = \frac{2s^2-1}{s^3+4s^2+5s+6}$$

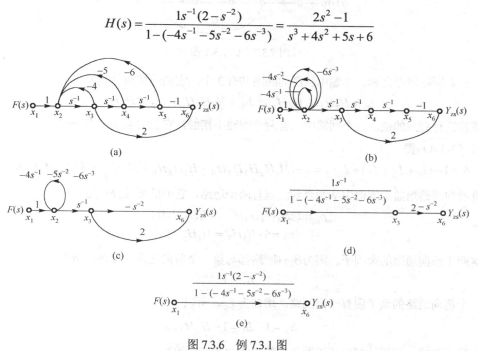

图 7.3.6　例 7.3.1 图

7.3.3　梅森公式

利用信号流图直接求得系统函数的公式叫梅森公式。
梅森公式为

$$H(\cdot) = \frac{1}{\Delta}\sum_i P_i \Delta_i \tag{7-3-3}$$

式中，

$$\Delta = 1 - \sum_j L_j + \sum_{m,n} L_m L_n - \sum_{p,q,r} L_p L_q L_r + \cdots \tag{7-3-4}$$

Δ 称为信号流图的特征行列式，其中：
$\displaystyle\sum_j L_j$ 是所有不同回路的增益之和，$\displaystyle\sum_{m,n} L_m L_n$ 是所有两两不接触回路的增益乘积之和，

$\displaystyle\sum_{p,q,r} L_p L_q L_r + \cdots$ 是所有三个都互相不接触回路的增益乘积之和。

式（7-3-3）中，i 表示由源点到第 i 条前向通路的标号。P_i 是由源点到汇点的第 i 条前向通路增益。Δ_i 称为第 i 条前向通路特征行列式的余因子，它是与第 i 条前向通路不相接触的子图的特征行列

式，计算方法是对子图用公式（7-3-4）。显然，当所有回路都与第 i 条前向通路接触时，若去掉该前向通路（支路和节点），剩余的子图不再有回路，因而 $\Delta_i = 1$。

例 7.3.2 用梅森公式求图 7.3.7 中流图的系统函数。

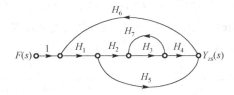

图 7.3.7 例 7.3.2 图

解： 计算回路增益之和。本题中流图的回路共有 3 个，它们的增益分别为

$$L_1 = H_1 H_2 H_3 H_4 H_6，\quad L_2 = H_1 H_5 H_6，\quad L_3 = H_3 H_7$$

计算特征行列式的值。三个回路中，有两个回路不接触，它们的增益是 L_2 和 L_3。

由式（7-3-4）得

$$\Delta = 1 - (L_1 + L_2 + L_3) + L_2 L_3 = 1 - (H_1 H_2 H_3 H_4 H_6 + H_1 H_5 H_6 + H_3 H_7) + H_1 H_5 H_6 H_3 H_7$$

计算前向通路增益。本例中从源点到汇点有两个通路，它们的增益分别是

$$p_1 = 1 \cdot H_1 H_2 H_3 H_4 = H_1 H_2 H_3 H_4$$
$$p_2 = 1 \cdot H_1 H_5 = H_1 H_5$$

求这两个前向通路的余因子。因为所有回路都与第一个前向通路相接触，所以

$$\Delta_1 = 1$$

第二个前向通路的余子图有一个回路，增益为 L_3，所以

$$\Delta_2 = 1 - L_3 = 1 - H_3 H_7$$

代入梅森公式，即可计算出该流图代表的系统的系统函数为

$$H = \frac{1}{\Delta} \sum_i P_i \Delta_i = \frac{1}{\Delta}(P_1 \Delta_1 + P_2 \Delta_2)$$

$$H = \frac{H_1 H_2 H_3 H_4 + H_1 H_5(1 - H_3 H_7)}{1 - (H_1 H_2 H_3 H_4 H_6 + H_1 H_5 H_6 + H_3 H_7) + H_1 H_5 H_6 H_3 H_7}$$

例 3.3.3 用梅森公式重求例 7.3.1 流图的系统函数。

解： 图 7.3.6(a)共有 3 个回路，它们的回路增益分别为

$$L_1 = -4s^{-1}，\quad L_2 = -5s^{-1} \cdot s^{-1} = -5s^{-2}，\quad L_3 = -6s^{-1} \cdot s^{-1} \cdot s^{-1} = -6s^{-3}$$

它们没有互不接触的回路，所以特征多项式为

$$\Delta = 1 - (L_1 + L_2 + L_3) = 1 + 4s^{-1} + 5s^{-2} + 6s^{-3}$$

它有两条向前通路，其增益分别为

$$P_1 = 1 \cdot s^{-1} \cdot 2 = 2s^{-1}，\quad P_2 = 1 \cdot s^{-1} \cdot s^{-1} \cdot s^{-1} \cdot (-1) = -s^{-3}$$

由于各回路都与这两个前向通路接触，则其特征多项式的余因子分别为

$$\Delta_1 = 1，\quad \Delta_2 = 1$$

由梅森公式，系统函数为

$$H(s) = \frac{1}{\Delta}\sum_i P_i\Delta_i = \frac{2s^{-1}-s^{-3}}{1+4s^{-1}+5s^{-2}+6s^{-3}} = \frac{2s^2-1}{s^3+4s^2+5s+6}$$

7.4　系统结构的实现

为了对信号（连续的或离散的）进行某种处理，就必须构造出合适的实际结构（硬件实现结构或软件运算结构）。对于同样的系统函数 $H(s)$ 或 $H(z)$ 往往有多种不同的实现方案，常用的有直接形式、级联形式和并联形式 3 种。由于连续系统和离散系统的实现方法相同，这里也一并讨论。

7.4.1　直接实现

这里就以一个二阶连续系统为例加以说明。设二阶系统的系统函数为

$$H(s) = \frac{b_2 s^2 + b_1 s + b_0}{s^2 + a_1 s + a_0}$$

将分子、分母同乘以 s^{-2}，上式可写为

$$H(s) = \frac{b_2 + b_1 s^{-1} + b_0 s^{-2}}{1 + a_1 s^{-1} + a_0 s^{-2}} = \frac{1}{1-(-a_1 s^{-1} - a_0 s^{-2})}(b_2 + b_1 s^{-1} + b_0 s^{-2})$$

根据梅森公式，上式的分母可看作是特征行列式 Δ，分母括号内表示有两个互相接触的回路，其增益分别为 $-a_1 s^{-1}$ 和 $-a_0 s^{-2}$；分子由 3 项组成，它分别代表 3 条前向通路，其增益分别为 b_2、$b_1 s^{-1}$ 和 $b_0 s^{-2}$，且不与各前向通路相接触的子图的特征行列式 Δ_i 均等于 1，也就是说，信号流图中的两个回路都与各前向通路相接触。根据上述情况绘制流图，就可得到图 7.4.1(a) 和 (c) 的两种信号流图，其相应的 s 域框图如图 7.4.1(b) 和 (d) 所示。

由图可见，如将图 7.4.1(a) 中所有支路的信号传输方向反转，并把源点与汇点对调，就得到图 7.4.1(c)，信号流图的这种变换可称之为转置。信号流图转置以后，其转移函数即系统函数保持不变。

以上的分析方法可以推广到 n 阶系统的情形，且对离散系统函数 $H(z)$ 也适用，这里不再赘述。

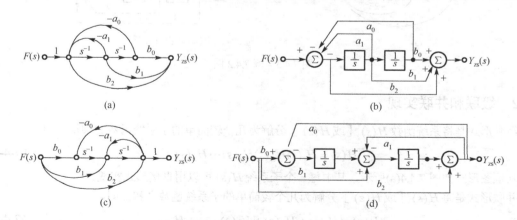

图 7.4.1　系统的信号流图及其框图

例 7.4.1 某连续系统的系统函数为

$$H(s) = \frac{3s+2}{s^3+2s^2+5s+3}$$

试给出系统的信号流图。

解： 系统函数写为

$$H(s) = \frac{3s^{-2}+2s^{-3}}{1+2s^{-1}+5s^{-2}+3s^{-3}} = \frac{1}{1-(-2s^{-1}-5s^{-2}-3s^{-3})}(3s^{-2}+2s^{-3})$$

根据梅森公式，可画出信号流图如图 7.4.2(a)所示，将图 7.4.2(a)转置得另一种直接形式的信号流图，如图 7.4.2(b)所示。

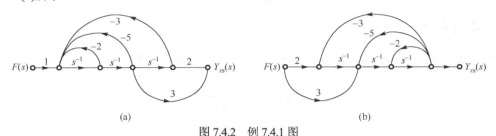

图 7.4.2　例 7.4.1 图

例 7.4.2 描述某离散系统的差分方程为

$$y(k)-2y(k-1)+y(k-2) = f(k)-2f(k-1)$$

求系统流图和框图。

解： 对方程两边进行 z 变换，并计算系统函数得

$$H(z) = \frac{1-2z^{-1}}{1-2z^{-1}+z^{-2}} = \frac{1}{1-(2z^{-1}-z^{-2})}(1-2z^{-1})$$

根据梅森公式，可得其直接形式的一种信号流图，如图 7.4.3(a)所示。图 7.4.3(b)为相应的模拟框图。

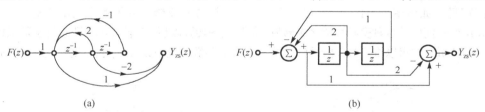

图 7.4.3　例 7.4.2 图

7.4.2　级联和并联实现

级联形式是将系统函数 $H(s)$［或 $H(z)$］分解为几个较简单的子系统函数的乘积，即

$$H(s) = H_1(s)H_2(s)H_3(s)\cdots H_n(s) \tag{7-4-1}$$

其框图形式如图 7.4.4(a)所示，其中每一个子系统 $H(s)$ 可以用直接形式实现。

并联形式是将 $H(s)$［或 $H(z)$］分解为几个较简单的子系统函数之和，即

$$H(s) = H_1(s) + H_2(s) + H_3(s) + \cdots + H_n(s) \tag{7-4-2}$$

其框图形式如图 7.4.4(b)所示。其中各子系统 $H_i(s)$ 可用直接形式实现。

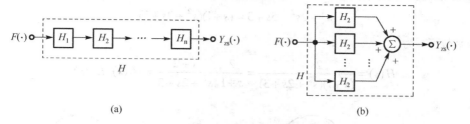

图 7.4.4 级联和并联形式

子系统通常选用一阶和二阶函数，分别称为一阶节、二阶节。就拿连续系统来说，一阶节、二阶节函数形式分别为

$$H_1(s) = \frac{b_1 + b_0 s^{-1}}{1 + a_0 s^{-1}} \tag{7-4-3}$$

$$H_2(s) = \frac{b_2 + b_1 s^{-1} + b_0 s^{-2}}{1 + a_1 s^{-1} + a_0 s^{-2}} \tag{7-4-4}$$

一阶和二阶子系统的信号流图和相应的框图如图 7.4.5 所示。

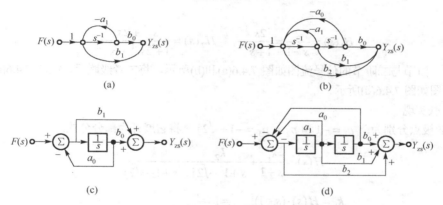

图 7.4.5 一阶、二阶子系统的信号流图和相应的框图

需要指出，无论是级联实现还是并联实现，都需将 $H(s)$ [或 $H(z)$] 的分母多项式（对于级联还有分子多项式）分解为一次因式 $(s+a)$ 与二次因式 $(s^2 + a_1 s + a_0)$ 的乘积，这些因式的系数必须是实数。就是说，$H(s)$ 的实极点可构成一阶节的分母，也可组成二阶节的分母，而一对共轭复极点可构成二阶节的分母。

级联和并联实现调试较为方便，当调节某子系统的参数时，只改变该子系统的零点或极点位置，对其余子系统的极点位置没有影响，而对于直接形式实现，当调节某个参数时，所有的零点、极点位置都将变动。

例 7.4.3 某连续系统的系统函数为

$$H(s) = \frac{2s + 4}{s^3 + 2s^2 + 5s + 3}$$

分别用级联和并联形式模拟该系统。

解：（1）级联实现

首先将 $H(s)$ 的分子、分母多项式分解为一次因式与二次因式的乘积：

$$s^3 + 2s^2 + 5s + 3 = (s+1)(s^2 + 2s + 3)$$

于是系统函数可写为

$$H(s) = \frac{2s+4}{(s+1)(s^2+2s+3)} = \frac{2}{s+1} \cdot \frac{s+2}{s^2+2s+3} = H_1(s) \cdot H_2(s)$$

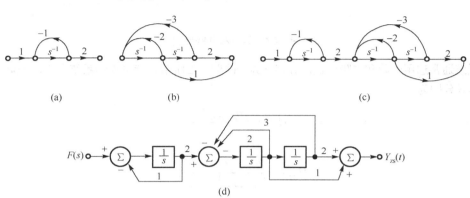

图 7.4.6　级联形式系统流图以及框图

$$H_1(s) = \frac{2}{s+1} = \frac{2s^{-1}}{1+s^{-1}}, \quad H_2(s) = \frac{s^{-1} + 2s^{-2}}{1 + 2s^{-1} + 3s^{-2}}$$

上式中一阶节与二阶节的信号流图如图 7.4.6(a)和(b)所示，将二者级联后，如图 7.4.6(c)所示，其相应的方框图如图 7.4.6(d)所示。

（2）并联实现

$H(s)$ 的极点分别为：$p_1 = -1$ 和 $p_2 = p_3^* = -1 + \sqrt{2}\mathrm{j}$。将它展开为部分分式：

$$H(s) = \frac{k_1}{s+1} + \frac{k_2}{s+1-\sqrt{2}\mathrm{j}} + \frac{k_3}{s+1+\sqrt{2}\mathrm{j}}$$

其中系数为

$$k_1 = H(s) \cdot (s+1)\big|_{s=-1} = 1$$

$$k_2 = H(s) \cdot (s+1-\mathrm{j}\sqrt{2})\big|_{s=-1+\mathrm{j}\sqrt{2}} = -\frac{1}{2}(1+\mathrm{j}\sqrt{2})$$

$$k_3 = k_2^* = -\frac{1}{2}(1-\mathrm{j}\sqrt{2})$$

所以，系统函数 $H(s)$ 可分解为

$$H(s) = \frac{1}{s+1} + \frac{-(1+\mathrm{j}\sqrt{2})/2}{s+1-\sqrt{2}\mathrm{j}} + \frac{-(1-\mathrm{j}\sqrt{2})/2}{s+1+\sqrt{2}\mathrm{j}}$$

把共轭极点的两个分式合并为二次节：

$$H(s) = \frac{1}{s+1} + \frac{-s+1}{s^2+2s+3} = H_1(s) + H_2(s)$$

$$H_1(s) = \frac{1}{s+1} = \frac{s^{-1}}{1+s^{-1}} \quad , \quad H_2(s) = \frac{-s+1}{s^2+2s+3} = \frac{-s^{-1}+s^{-2}}{1+2s^{-1}+3s^{-2}}$$

分别画出 $H(s)$ 信号流图、框图如图 7.4.7 所示。

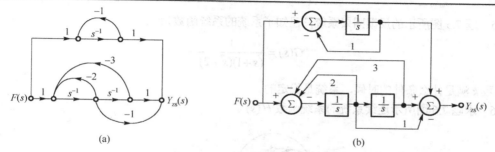

图 7.4.7　级联形式系统流图以及框图

习 题 七

7.1　描述系统的方程如下，试求系统函数及其零点和极点。

（1）　$y''(t) + 5y'(t) + 6y(t) = f(t) - 2f'(t)$

（2）　$y''(t) + 6y'(t) + 25y(t) = f'(t)$

（3）　$y(k) - y(k-1) + 0.5y(k-2) = f(k) - f(k-2)$

（4）　$y(k) - 0.5y(k-1) + 0.125y(k-2) = 0.5f(k) + f(k-1)$

7.2　有两连续系统，它们的零点、极点分别见题 7.2 图(a)和(b)，已知当 $s=0$ 时，它们的系统函数的值都为 1。

（1）　分别求它们的系统函数 $H(s)$；

（2）　粗略绘出它们的幅频响应特性曲线。

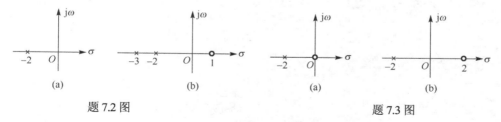

　　　　　　　题 7.2 图　　　　　　　　　　　　　　　　题 7.3 图

7.3　有两连续系统，它们的零点、极点分别见题 7.3 图(a)和(b)，已知当 $s \to \infty$ 时，它们的系统函数的值都为 1。

（1）　分别求它们的系统函数 $H(s)$；

（2）　粗略绘出它们的幅频响应特性曲线。

7.4　连续因果系统如题 7.4 图所示，系统框图中系数为 a_0、a_1，试分别判别系统的稳定性。

（1）　$a_0 = 7$，$a_1 = 6$；　　　　（2）　$a_0 = -7$，$a_1 = -6$；　　　　（3）　$a_0 = -6$，$a_1 = -7$。

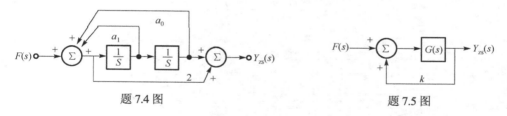

　　　　　　题 7.4 图　　　　　　　　　　　　　　　　题 7.5 图

7.5　题7.5图所示的反馈因果系统，已知子系统的系统函数为

$$G(s) = \frac{1}{(s+1)(s+2)}$$

问当常数k满足什么条件的时候，系统是稳定的。

7.6　求题7.6图所示连续系统的系统函数$H(s)$。

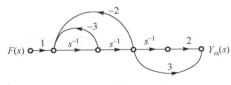

题7.6图

7.7　连续系统的系统函数分别如下，试用直接形式模拟此系统。

（1）$H(s) = \dfrac{s-1}{(s+1)(s+2)(s+3)}$；　　　　（2）$H(s) = \dfrac{s^2+s+2}{(s+1)(s^2+2s+2)}$

7.8　分别用级联和并联的形式模拟习题7.7中的各系统。

7.9　离散系统的系统函数如下，试用直接形式模拟此系统。

（1）$H(z) = \dfrac{z(z+1)}{(z-0.1)(z-0.2)(z+0.3)}$；　　　　（2）$H(z) = \dfrac{z^2}{(z+0.5)^2}$

7.10　分别用级联和并联的形式模拟习题7.9中的各系统。

习 题 答 案

习 题 一

1.3　（1）$f_1(t) = \varepsilon(t) + \varepsilon(t-1) - \varepsilon(t-2) - \varepsilon(t-3)$

　　（2）$f_2(t) = (2t+4)[\varepsilon(t+2) - \varepsilon(t+1)] + (-0.5t+1.5)[\varepsilon(t+1) - \varepsilon(t-3)]$

　　（3）$f_3(t) = 10\sin(\pi t)[\varepsilon(t) - \varepsilon(t-1)]$

　　（4）$f_4(t) = (0.5t+1)[\varepsilon(t+2) - \varepsilon(t)] + \delta(t-1) - 2\delta(t-3)$

1.4　（1）$f_1(k) = \varepsilon(k) - \varepsilon(t-4)$ 　　　　　　（2）$f_2(k) = \varepsilon(k+1)$

　　（3）$f_3(k) = k[\varepsilon(k) - \varepsilon(k-4)]$ 　　　　（4）$f_4(k) = (-1)^k \varepsilon(k)$

1.5　（1）周期信号，2π 　　　　　　　　　（2）非周期信号

　　（3）非周期信号 　　　　　　　　　　　（4）周期信号，12π

　　（5）周期信号，2π 　　　　　　　　　（6）周期信号，2

　　（7）周期信号，7 　　　　　　　　　　　（8）周期信号，24

1.8　（1）$-\mathrm{e}^{-t}\varepsilon(t) + \delta(t)$　　（2）$\delta'(t)$　　（3）$1 - \mathrm{e}^{-\mathrm{j}\alpha_0}$　　（4）$\delta(t) + 2\varepsilon(t)$

　　（5）16 　　　　　　（6）0 　　　　　　（7）0.5 　　　　　（8）2

1.9　$2i''(t) + 7i'(t) + 5i(t) = 2i_s''(t) + i_s'(t) + 2i_s(t)$

　　$2u''(t) + 7u'(t) + 5u(t) = 6i_s(t)$

1.10　（a）$y'(t) + 3y(t) = f'(t) + 2f(t)$ 　　　　（b）$y''(t) + 3y'(t) + 2y(t) = 2f'(t) + f(t)$

1.11　（a）$y(k) - 2y(k-1) + 4y(k-2) = 2f(k-1) - f(k-2)$

　　（b）$y(k) - 2y(k-2) = 2f(k) + 3f(k-1) - 4f(k-2)$

1.12　（1）是 　　　　　（2）否 　　　　　（3）否 　　　　　（4）否

1.13　（1）线性、时不变 　　（2）线性、时变 　　（3）非线性、时不变 　　（4）线性、时变

　　（5）非线性、时不变

1.14　（1）线性时、不变、因果、不稳定 　　　　（2）非线性、时不变、因果、稳定

　　（3）线性、时变、因果、稳定 　　　　　　　（4）线性、非时变、非因果、稳定

　　（5）非线性、时不变、因果、稳定 　　　　　（6）线性、非时变、非因果、稳定

1.15　$3\delta(t) + \varepsilon(t) - 7\mathrm{e}^{-2t}\varepsilon(t)$

1.16　$4 + 7\mathrm{e}^{-t} - 3\mathrm{e}^{-2t}, \quad t \geq 0$

1.17　$y_{zs}(k) = \{\cdots, 0, 1, 2, 3, 2, 1, 0, \cdots\}$

　　　　　　$\uparrow k=2$

　　或 $y_{zs}(k) = \delta(k-2) + 2\delta(k-3) + 3\delta(k-4) + 2\delta(k-5) + \delta(k-6)$

1.18　$\varepsilon(t) - 4\varepsilon(t-1) + 5\varepsilon(t-2) - 5\varepsilon(t-4) + 4\varepsilon(t-5) - \varepsilon(t-6)$

习 题 二

2.1　（1）$2\mathrm{e}^{-2t} - \mathrm{e}^{-3t}, t \geq 0$ 　　　　　　（2）$2\mathrm{e}^{-t}\cos(2t), t \geq 0$

（3）$(2t+1)\mathrm{e}^{-t}, t\geqslant 0$　　　　　　　　　　（4）$2\cos t, t\geqslant 0$

2.2　（1）$y(0_+)=0, y'(0_+)=1$　　　　　　　（2）$y(0_+)=1, y'(0_+)=3$

2.3　（1）$(1-2\mathrm{e}^{-2t})\mathrm{V}, t\geqslant 0$　　　　　　　　（2）$(2\mathrm{e}^{-t}-3\mathrm{e}^{-2t})\mathrm{V}, t\geqslant 0$

　　　（3）$(2t-1)\mathrm{e}^{-2t}\mathrm{V}, t\geqslant 0$　　　　　　　（4）$(t-0.5-0.5\mathrm{e}^{-2t})\mathrm{V}, t\geqslant 0$

2.4　（1）$y_{zi}(t)=(2\mathrm{e}^{-t}-\mathrm{e}^{-3t})\varepsilon(t)$,　$y_{zs}(t)=\left(\dfrac{1}{3}-\dfrac{1}{2}\mathrm{e}^{-t}+\dfrac{1}{6}\mathrm{e}^{-3t}\right)\varepsilon(t)$

　　　（2）$y_{zi}(t)=(4t+1)\mathrm{e}^{-2t}\varepsilon(t)$,　$y_{zs}(t)=[-(t+2)\mathrm{e}^{-2t}+2\mathrm{e}^{-t}]\varepsilon(t)$

2.5　$i''+5i'+6i=u_{\mathrm{s}}$,　$i_{zs}(t)=(\mathrm{e}^{-t}-2\mathrm{e}^{-2t}+\mathrm{e}^{-3t})\varepsilon(t)\mathrm{A}$

2.6　$u_{\mathrm{c}}(t)=\left[-\mathrm{e}^{-t}+0.8\mathrm{e}^{-2t}+\dfrac{2}{\sqrt{10}}\cos(t-71.6^\circ)\right]\varepsilon(t)\mathrm{V}$

2.7　（1）$h(t)=0.5(\mathrm{e}^{-t}-\mathrm{e}^{-3t})\varepsilon(t)$

　　　（2）$h(t)=(t+1)\mathrm{e}^{-2t}\varepsilon(t)$

2.8　$u_{\mathrm{R}}'+2u_{\mathrm{R}}=2i_{\mathrm{s}}$,　$h(t)=2\mathrm{e}^{-2t}\varepsilon(t)$,　$g(t)=(1-\mathrm{e}^{-2t})\varepsilon(t)$

2.9　$i_{\mathrm{c}}'+2i_{\mathrm{c}}=i_{\mathrm{s}}'$,　$h(t)=\delta(t)-2\mathrm{e}^{-2t}\varepsilon(t)$,　$g(t)=\mathrm{e}^{-2t}\varepsilon(t)$

2.10　$h(t)=2(\mathrm{e}^{-t}-\mathrm{e}^{-2t})\varepsilon(t)$,　$g(t)=(1-2\mathrm{e}^{-t}+\mathrm{e}^{-2t})\varepsilon(t)$

2.11　$h(t)=2.5\mathrm{e}^{-t}\sin(2t)\varepsilon(t)$,　$g(t)=\left[1-\dfrac{\sqrt{5}}{2}\mathrm{e}^{-t}\sin(2t+63.4^\circ)\right]\varepsilon(t)$

2.12　$h(t)=\delta(t)-3\mathrm{e}^{-2t}\varepsilon(t)$,　$g(t)=(-0.5+1.5\mathrm{e}^{-2t})\varepsilon(t)$

2.13　$h(t)=\delta'(t)-2\delta(t)+4\mathrm{e}^{-2t}\varepsilon(t)$,　$g(t)=\delta(t)-2\mathrm{e}^{-2t}\varepsilon(t)$

2.14　（1）$0.5t^2\varepsilon(t)$　　　　　　　　　　　　（2）$0.5(1-\mathrm{e}^{-2t})\varepsilon(t)$

　　　（3）$t\mathrm{e}^{-2t}\varepsilon(t)$　　　　　　　　　　　　（4）$(\mathrm{e}^{-2t}-\mathrm{e}^{-3t})\varepsilon(t)$

　　　（5）$0.25(2t-1+\mathrm{e}^{-2t})\varepsilon(t)$　　　　　（6）$(t-1)\varepsilon(t-1)$

　　　（7）$\begin{cases}\dfrac{1}{\pi}[1-\cos(\pi t)], & 0\leqslant t\leqslant 4\\[2mm] 0, & t<0, t>4\end{cases}$　　　（8）$\begin{cases}0, & t<0\\ 0.5t^2, & 0\leqslant t\leqslant 2\\ 2(t-1), & t>2\end{cases}$

　　　（9）$(0.5t^2+3t+4)\varepsilon(t+2)$　　　　　（10）$0.5\mathrm{e}^2[1-\mathrm{e}^{-2(t-2)}]\varepsilon(t-2)$

2.15　略

2.16　（1）$y_{zs}(t)=(\mathrm{e}^{t-1}-\mathrm{e}^2)\varepsilon(t-3)$

　　　（2）$y_{zs}(t)=\begin{cases}1, & t<0\\ 2-\mathrm{e}^{-t}, & t>0\end{cases}$

　　　（3）$y_{zs}(t)=\begin{cases}0, & t<0\\ 2(1-\mathrm{e}^{-t}), & 0\leqslant t\leqslant 1\\ 2(1-\mathrm{e}^{-t})\mathrm{e}^{-(t-1)}, & t>1\end{cases}$

　　　（4）$y_{zs}(t)=2[(t+2)\varepsilon(t+2)-2(t+1)\varepsilon(t+1)+2(t-1)\varepsilon(t-1)-(t-2)\varepsilon(t-2)]$

2.17　$y(t)=(t-3)\varepsilon(t-3)-(t-5)\varepsilon(t-5)$

2.18　$h(t)=(\mathrm{e}^{-2t}+2\mathrm{e}^{-3t})\varepsilon(t)$

2.19　$f(t)=(\mathrm{e}^{-t}-\mathrm{e}^{-2t})\varepsilon(t)$

2.20 （1） $h(t) = \begin{cases} t, & 0 \leqslant t \leqslant 1 \\ 2-t, & 1 \leqslant t \leqslant 2 \\ 0, & t < 0, t > 2 \end{cases}$　　　　（2）略

2.21 $h(t) = 2\delta(t) - 3e^{-t}\varepsilon(t)$

2.22 $y_{zs}(t) = \sin t\varepsilon(t) - \sin(t-4\pi)\varepsilon(t-4\pi) = \sin t[\varepsilon(t) - \varepsilon(t-4\pi)]$

2.23 $y_{zs}(t) = (0.5 + e^{-t} - 1.5e^{-2t})\varepsilon(t)$

2.24 $h(t) = \varepsilon(t) + \varepsilon(t-1) + \varepsilon(t-2) - \varepsilon(t-3) - \varepsilon(t-4) - \varepsilon(t-5)$

2.25 $h(t) = \varepsilon(t) - \varepsilon(t-1)$

习 题 三

3.1 （1） $\nabla f(k) = \begin{cases} 0, & k < 0 \\ 1, & k = 0 \\ -(0.5)^k, & k \geqslant 1 \end{cases}$　　　$\sum_{i=-\infty}^{k} f(i) = \begin{cases} 0, & k < 0 \\ 2-(0.5)^k, & k \geqslant 0 \end{cases}$

（2） $\nabla f(k) = \varepsilon(k-1)$　　　　　$\sum_{i=-\infty}^{k} f(i) = \frac{k(k+1)}{2}\varepsilon(k)$

3.2 （1） $(0.5)^k \varepsilon(k)$　　　　　　　（2） $2(2)^k \varepsilon(k)$

（3） $(-3)^{k-1}\varepsilon(k)$　　　　　　（4） $\frac{1}{3}\left(-\frac{1}{3}\right)^k \varepsilon(k)$

3.3 （1） $3^k - (k+1)2^k, k \geqslant 0$　　　（2） $2k-1+\cos\left(\frac{k\pi}{2}\right), k \geqslant 0$

3.4 （1） $[2(-1)^k - 4(-2)^k]\varepsilon(k)$　　　（2） $(2k+1)(-1)^k\varepsilon(k)$

（3） $\left[\cos\left(\frac{k\pi}{2}\right) + 2\sin\left(\frac{k\pi}{2}\right)\right]\varepsilon(k) = \sqrt{5}\cos\left(\frac{k\pi}{2} - 63.4°\right)\varepsilon(k)$

3.5 $y(k) - 0.5y(k-1) = 0$　　　$y(k) = 10(0.5)^k \varepsilon(k)m$

3.6 （1） $y_{zi}(k) = -2(2)^k \varepsilon(k)$,　$y_{zs}(k) = [4(2)^k - 2]\varepsilon(k)$

（2） $y_{zi}(k) = -2(-2)^k \varepsilon(k)$,　$y_{zs}(k) = 0.5[(-2)^k + 2^k]\varepsilon(k)$

（3） $y_{zi}(k) = 2(-2)^k \varepsilon(k)$,　$y_{zs}(k) = [2(-2)^k + k + 2]\varepsilon(k)$

（4） $y_{zi}(k) = [(-1)^k - 4(-2)^k]\varepsilon(k)$, $y_{zs}(k) = \left[-\frac{1}{2}(-1)^k + \frac{4}{3}(-2)^k + \frac{1}{6}\right]\varepsilon(k)$

（5） $y_{zi}(k) = (2k-1)(-1)^k\varepsilon(k)$, $y_{zs}(k) = \left[\left(-2k + \frac{8}{3}\right)(-1)^k + \frac{1}{3}\left(\frac{1}{2}\right)^k\right]\varepsilon(k)$

3.7 （1） $y_{zs}(k) = 1.51\cos\left(\frac{k\pi}{3} + 19.1°\right)$　　　（2） $y_{zs}(k) = 4\cos\left(\frac{k\pi}{3} - 21.8°\right)$

3.8 （1） $h(k) = (-2)^{k-1}\varepsilon(k-1)$　　　（2） $h(k) = 0.5[1 + (-1)^k]\varepsilon(k)$

（3） $h(k) = (k+1)(-0.5)^k\varepsilon(k)$　　　（4） $h(k) = 2^k\cos\left(\frac{k\pi}{2}\right)\varepsilon(k)$

（5） $h(k) = \sqrt{2}(2\sqrt{2})^k\cos\left(\frac{k\pi}{4} - \frac{\pi}{4}\right)\varepsilon(k)$

3.9　（a）$h(k)=\left(\dfrac{1}{3}\right)^{k}\varepsilon(k)$　　　　　　　　　（b）$h(k)=\left(\dfrac{1}{2}\right)^{k-1}\varepsilon(k-1)$

　　　　（c）$h(k)=\left[\dfrac{3}{5}\left(-\dfrac{1}{2}\right)^{k}+\dfrac{2}{5}\left(\dfrac{1}{3}\right)^{k}\right]\varepsilon(k)$　　　（d）$h(k)=2^{k}\cos\left(\dfrac{k\pi}{2}\right)\varepsilon(k)$

3.10　（a）$h(k)=[-1+4(3)^{k}]\varepsilon(k)$　　　　　（b）$h(k)=0.5[(0.6)^{k}+(0.4)^{k}]\varepsilon(k)$

3.11　（1）$f_{1}(k)*f_{2}(k)=\{...,0,1,3,4,\underset{\uparrow k=0}{4},4,3,1,0,...\}$

　　　　（2）$f_{2}(k)*f_{3}(k)=\{...,0,3,5,\underset{\uparrow k=0}{6},6,6,3,1,0,...\}$

　　　　（3）$f_{3}(k)*f_{4}(k)=\{...,0,\underset{\uparrow k=0}{3},-1,2,-2,-1,-1,0,...\}$

　　　　（4）$[f_{2}(k)-f_{1}(k)]*f_{3}(k)=\{...,0,3,2,\underset{\uparrow k=0}{-2},-2,2,2,1,0,...\}$

3.12　（1）$y_{zs}(k)=(k+1)\varepsilon(k)$

　　　　（2）$y_{zs}(k)=\varepsilon(k)-\varepsilon(k-3)$

　　　　（3）$y_{zs}(k)=(k+1)\varepsilon(k)-2(k-3)\varepsilon(k-4)+(k-7)\varepsilon(k-8)$

　　　　（4）$y_{zs}(k)=[2-(0.5)^{k}]\varepsilon(k)-[2-(0.5)^{k-5}]\varepsilon(k-5)$

3.13　（a）$g(k)=\left[\dfrac{3}{2}-\dfrac{1}{2}\left(\dfrac{1}{3}\right)^{k}\right]\varepsilon(k)$

　　　　（b）$g(k)=2\left[1-\left(-\dfrac{1}{2}\right)^{k}\right]\varepsilon(k)$

　　　　（c）$g(k)=\left[1+\dfrac{1}{5}\left(-\dfrac{1}{2}\right)^{k}-\dfrac{1}{5}\left(\dfrac{1}{3}\right)^{k}\right]\varepsilon(k)$

3.14　（a）$h(k)=\delta(k)-(0.5)^{k}\varepsilon(k-1)=2\delta(k)-(0.5)^{k}\varepsilon(k)$，$g(k)=(0.5)^{k}\varepsilon(k)$

　　　　（b）同（a）

3.15　$h(k)=\delta(k)-(0.5)^{k}\varepsilon(k-1)=2\delta(k)-(0.5)^{k}\varepsilon(k)$，$g(k)=(0.5)^{k}\varepsilon(k)$

3.16　（a）（1）$y_{zs}(k)=\left[\dfrac{2}{3}+\dfrac{1}{3}\left(-\dfrac{1}{2}\right)^{k}\right]\varepsilon(k)$　　　（2）$（2）y_{zs}(k)=\left[\dfrac{4}{5}(2)^{k}+\dfrac{1}{5}\left(-\dfrac{1}{2}\right)^{k}\right]\varepsilon(k)$

　　　　（b）（1）$y_{zs}(k)=\left[2k+\left(\dfrac{1}{2}\right)^{k}\right]\varepsilon(k)$　　　　（2）$y_{zs}(k)=\left[-2+\dfrac{8}{3}(2)^{k}+\dfrac{1}{3}\left(\dfrac{1}{2}\right)^{k}\right]\varepsilon(k)$

3.17　$y_{zs}(k)=\left[2k\left(\dfrac{1}{2}\right)^{k}+\left(\dfrac{1}{4}\right)^{k}\right]\varepsilon(k)$

3.18　$y_{zs}(k)=2\cos\left(\dfrac{k\pi}{4}\right)$

3.19　$h(k)=[1+(6k+8)(-2)^{k}]\varepsilon(k)$

3.20　$h(k)=\begin{cases}1,0\leqslant k\leqslant N-1\\0,k<0,k\geqslant N\end{cases}$

3.21　$h(k)=\begin{cases}1,&k<0\\k+1,0\leqslant k\leqslant4\\5,&k\geqslant5\end{cases}$

习 题 四

4.1 （1）100，0.02π （2）$\dfrac{\pi}{2}$，4 （3）2，π （4）π，2 （5）$\dfrac{\pi}{4}$，8 （6）$\dfrac{\pi}{30}$，60

4.2 （a）$F_n = \dfrac{1}{2}\mathrm{Sa}\left(\dfrac{n\pi}{2}\right)$，$n = 0,\pm1,\pm2,\cdots$ （b）$F_n = \dfrac{1+\mathrm{e}^{-jn\pi}}{2\pi(1-n^2)}$，$n = 0,\pm1,\pm2,\cdots$

4.3 $f_1(t) = \dfrac{1}{4} + \sum_{n=1}^{\infty}\dfrac{\cos(n\pi)-1}{(n\pi)^2}\cos(n\Omega t) - \sum_{n=1}^{\infty}\dfrac{\cos(n\pi)}{n\pi}\sin(n\Omega t)$

$f_2(t) = \dfrac{1}{4} + \sum_{n=1}^{\infty}\dfrac{1-\cos(n\pi)}{(n\pi)^2}\cos(n\Omega t) - \sum_{n=1}^{\infty}\dfrac{1}{n\pi}\sin(n\Omega t)$

$f_3(t) = \dfrac{1}{4} + \sum_{n=1}^{\infty}\dfrac{1-\cos(n\pi)}{(n\pi)^2}\cos(n\Omega t) + \sum_{n=1}^{\infty}\dfrac{1}{n\pi}\sin(n\Omega t)$

$f_4(t) = \dfrac{1}{2} + \sum_{n=1}^{\infty}\dfrac{2(1-\cos(n\pi))}{(n\pi)^2}\cos(n\Omega t)$

4.4 $f_1(t)$ 偶函数并且是奇谐波函数；级数中只含奇次谐波、只含余弦项；不含直流分量和偶次谐波，不含正弦项。

$f_2(t)$ 奇函数；级数中只含正弦项；不含直流分量和余弦项。

$f_3(t)$ 偶函数并且是偶谐波函数；级数中只含直流分量、偶次谐波、只含余弦项；不含奇次谐波，不含正弦项。

$f_4(t)$ 奇谐波函数；级数中只含奇次谐波；不含直流分量和偶次谐波。

4.5 $U = 4.36$，$P = 19$

4.6 $i(t) \approx 0.5 + 0.45\cos(t-45°) + 0.07\cos(3t+108°) + 0.03\cos(5t-79°)\,\mathrm{A}$

4.7 $F_1(j\omega) = \tau\mathrm{Sa}\left(\dfrac{\omega\tau}{2}\right)\mathrm{e}^{-j\omega\tau/2}$，$F_2(j\omega) = \dfrac{\pi\cos\omega}{\left(\dfrac{\pi}{2}\right)^2 - \omega^2}$

4.8 $F(j\omega) = 4\mathrm{Sa}(\omega)\cos(2\omega)$

4.9 （1）$j\dfrac{2\mathrm{e}^{-j1.5(\omega-1)}}{\omega-1}$ （2）$\dfrac{j\omega \mathrm{e}^2}{2+j\omega}$ （3）$\dfrac{\mathrm{e}^{(2-j\omega)}}{2-j\omega}$

（4）$\dfrac{-\pi\cos(\omega)}{\omega^2 - \left(\dfrac{\pi}{2}\right)^2}$ （5）$\pi\mathrm{e}^{-2|\omega|}$ （6）$\pi[\mathrm{Sa}(\pi(\omega+5)) + \mathrm{Sa}(\pi(\omega-5))]$

4.10 （1）$j\dfrac{1}{2}\cdot\dfrac{\mathrm{d}F\left(j\dfrac{\omega}{2}\right)}{\mathrm{d}\omega}$ （2）$j\dfrac{\mathrm{d}F(j\omega)}{\mathrm{d}\omega} - 2F(j\omega)$ （3）$-\omega\dfrac{\mathrm{d}F(j\omega)}{\mathrm{d}\omega} - F(j\omega)$

（4）$F(-j\omega)\mathrm{e}^{-j\omega}$ （5）$j\mathrm{e}^{-j\omega}\dfrac{\mathrm{d}F(-j\omega)}{\mathrm{d}\omega}$ （6）$\dfrac{1}{2}F\left(j\dfrac{\omega}{2}\right)\mathrm{e}^{-j2.5\omega}$

4.11 （1）$\dfrac{\sin(\omega_0 t)}{\pi t}$ （2）$\dfrac{\sin(\omega_0 t)}{j\pi}$ （3）$\delta(t+3) + \delta(t-3)$

（4）$\dfrac{\sin(t-1)}{\pi(t-1)}\mathrm{e}^{j(t-1)}$ （5）$g_2(t-1) + g_2(t-3) + g_2(t-5)$

4.12　$f_1(t) = \dfrac{A\omega_0}{\pi}\text{Sa}(\omega_0(t - t_d))$，　$f_2(t) = \dfrac{2A}{\pi t}\text{Sin}^2\left(\dfrac{\omega_0}{2}t\right)$

4.13　$f_1(t) = \pm e^{-t}\varepsilon(t)$

4.14　$F_1(j\omega) = \dfrac{\pi}{2}[2\delta(\omega) + \delta(\omega + \pi) + \delta(\omega - \pi)]$，　$F_2(j\omega) = \dfrac{2\pi}{T}\left[\displaystyle\sum_{n=-\infty}^{\infty}(1 - e^{jn\pi})\delta\left(\omega - \dfrac{2n\pi}{T}\right)\right]$

4.15　（1）$F_n e^{-jn\Omega t_0}$　　　　（2）F_{-n}　　　　（3）$jn\Omega F_n$　　　　（4）F_n（但信号周期为$\dfrac{T}{a}$）

4.16　（1）$H(j\omega) = \dfrac{1}{(j\omega)^2 + 3(j\omega) + 2}$　　　（2）$H(j\omega) = \dfrac{j\omega + 4}{(j\omega)^2 + 5(j\omega) + 6}$

4.17　$R_1 = R_2 = 1\Omega$

4.18　$R_1C_1 = R_2C_2$

4.19　$y(t) = \sin(2t)$

4.20　$y(t) = \dfrac{\sin(2t)}{t}\sin(4t)$

4.21　（略）

4.22　（略）

4.23　$y(t) = \dfrac{\sin(t)}{2\pi t}\cos(1000t)$

4.24　$y(t) = \dfrac{\sin(t)}{2\pi t}$

4.25　（1）$f_s \geqslant 600\text{Hz}$　　（2）$f_s \geqslant 400\text{Hz}$　　（3）$f_s \geqslant 200\text{Hz}$　　（4）$f_s \geqslant 400\text{Hz}$

4.26　$2\text{kHz} < f_c < 3\text{kHz}$

习　题　五

5.1　（1）$\dfrac{1}{s(s+1)}, \text{Re}[s] > 0$　　　　　　　（2）$\dfrac{2}{s(s+1)(s+2)}, \text{Re}[s] > 0$

　　（3）$\dfrac{2s+3}{s^2+1}, \text{Re}[s] > 0$　　　　　　（4）$\dfrac{s-2}{\sqrt{2}(s^2+4)}, \text{Re}[s] > 0$

　　（5）$\dfrac{2s}{s^2-1}, \text{Re}[s] > 1$　　　　　　　（6）$\dfrac{2}{(s+1)^2+4}, \text{Re}[s] > -1$

5.2　（1）$\dfrac{1 - e^{-2s}}{s+1}$　　　　（2）$\dfrac{1 - e^{-2(s+1)}}{s+1}$　　　　（3）$\dfrac{\pi(1 - e^{-2s})}{s^2 + \pi^2}$

　　（4）$\dfrac{\pi(1 - e^{-s})}{s^2 + \pi^2}$　　　（5）$\dfrac{1}{4}e^{-\frac{1}{2}s}$　　　　（6）$\dfrac{s}{s^2+9}e^{-\frac{2}{3}s}$

　　（7）$\dfrac{2 - s}{\sqrt{2}(s^2+4)}$　　　（8）$\dfrac{2}{s^2+4}e^{-\frac{\pi}{8}s}$　　　（9）$\dfrac{\pi}{s(s^2+\pi^2)}$

　　（10）$\dfrac{s^2\pi}{s^2+\pi^2}$　　　　（11）$\dfrac{2}{(s+2)^3}$　　　　（12）$\dfrac{2s^2 - 6s}{(s^2+1)^3}$

　　（13）$\dfrac{s+2}{(s+1)^2}e^{-(s-2)}$　　（14）$\dfrac{(s+\alpha)^2 - \beta^2}{[(s+\alpha)^2 + \beta^2]^2}$

5.3　（1）$\dfrac{2}{4s^2+6s+3}$　　　　　　（2）$\dfrac{2e^{-\frac{s+3}{2}}}{s^2+4s+7}$

　　（3）$\dfrac{3(2s+1)}{(s^2+s+7)^2}$　　　　　（4）$\dfrac{s(s+2)e^{-\frac{5}{2}}}{(s^2-2s+4)^2}$

5.4　略

5.5　（1）2,0　　　　　　　　　　（2）3,1

5.6　（1）$\dfrac{1}{2}(e^{-2t}-e^{-4t})\varepsilon(t)$　　　　（2）$(2e^{-4t}-e^{-2t})\varepsilon(t)$

　　（3）$\delta(t)+(2e^{-t}-e^{-2t})\varepsilon(t)$　　　（4）$\left(\dfrac{2}{3}+e^{-2t}-\dfrac{2}{3}e^{-3t}\right)\varepsilon(t)$

　　（5）$[1+\sqrt{2}\sin(2t-45°)]\varepsilon(t)$　　　（6）$[e^{-t}-e^{-2t}+e^{2t}]\varepsilon(t)$

　　（7）$[1-(1-t)e^{t}]\varepsilon(t)$　　　　（8）$[t-1+e^{-t}]\varepsilon(t)$

　　（9）$[1-e^{-t}\cos(2t)]\varepsilon(t)$

5.7　（1）$y(t)=\dfrac{1}{2}(1+e^{-2t})\varepsilon(t)$

　　（2）$y(t)=\dfrac{1}{4}[e^{-2t}+\sqrt{2}\sin(2t-45°)]\varepsilon(t)$

5.8　（1）$y_{zi}(t)=(5e^{-2t}-4e^{-3t})\varepsilon(t)$　　　$y_{zs}(t)=\left(\dfrac{1}{2}-\dfrac{3}{2}e^{-2t}+e^{-3t}\right)\varepsilon(t)$

　　（2）$y_{zi}(t)=(e^{-2t}-e^{-3t})\varepsilon(t)$　　　　$y_{zs}(t)=\left(\dfrac{3}{2}e^{-t}-3e^{-2t}+\dfrac{3}{2}e^{-3t}\right)\varepsilon(t)$

5.9　（1）$\dfrac{1}{2}(1+e^{-2t})\varepsilon(t)$　　　　　（2）$e^{-2t}\varepsilon(t)$

　　（3）$(1-t)e^{-2t}\varepsilon(t)$　　　　　（4）$\dfrac{1}{4}(2t+1-e^{-2t})\varepsilon(t)$

5.10　（1）$y_{zi}(t)=(e^{-t}-e^{-2t})\varepsilon(t)$,　$y_{zs}(t)=(2-3e^{-t}+e^{-2t})\varepsilon(t)$

　　（2）$y_{zi}(t)=(3e^{-t}-2e^{-2t})\varepsilon(t)$,　$y_{zs}(t)=[3e^{-t}-(2t+3)e^{-2t}]\varepsilon(t)$

5.11　（1）$h(t)=(-2e^{-t}+3e^{-3t})\varepsilon(t)$,　$g(t)=(-1+2e^{-t}-e^{-3t})\varepsilon(t)$

　　（2）$h(t)=\dfrac{2}{\sqrt{3}}e^{-\frac{t}{2}}\cos\left(\dfrac{\sqrt{3}}{2}t-30°\right)\varepsilon(t)$,$g(t)=\left[1-\dfrac{2}{\sqrt{3}}e^{-\frac{t}{2}}\cos\left(\dfrac{\sqrt{3}}{2}t-150°\right)\right]\varepsilon(t)$

5.12　（1）$y_{zi}(t)=(4e^{-2t}-3e^{-3t})\varepsilon(t)$　　　（2）$y_{zi}(t)=\dfrac{1}{2}\sin(2t)\varepsilon(t)$

5.13　$f(t)=\left(1+\dfrac{1}{2}e^{-2t}\right)\varepsilon(t)$

5.14　$g(t)=(1-e^{-2t}+2e^{-3t})\varepsilon(t)$

5.15　（a）$H(s)=\dfrac{2s^2-3s-4}{s^2+5s+6}$　　　　（b）$H(s)=\dfrac{s+2}{s^2+4}$

5.16　$h(t)=\left(\dfrac{1}{2}-2e^{-t}+\dfrac{3}{2}e^{-2t}\right)\varepsilon(t)$

5.17　$h_3(t)=3\delta(t)-8e^{-4t}\varepsilon(t)$

5.18 （1） $h(t) = \dfrac{1}{3}(2 + e^{-3t})\varepsilon(t)$ （2） $h(t) = \sum\limits_{m=0}^{\infty}\delta(t - mt)$

5.19 $a = -5, b = -6, c = 6$

5.20 $a = -3, b = -2, c = 2$; $y_{zi}(t) = (2e^{-t} - e^{-2t})\varepsilon(t)$

5.21 （1） $y(t) = (e^{-t} + 2e^{-2t})\varepsilon(t)$ （2） $y(t) = (1 + e^{-t})\varepsilon(t) - \varepsilon(t - 1)$

5.22 （a） $u(t) = \sin(2t)\varepsilon(t)\,\mathrm{V}$ （b） $u(t) = \dfrac{2}{\sqrt{3}}e^{-t}\sin(\sqrt{3}t)\varepsilon(t)\,\mathrm{V}$

5.23 （1） $u_{czs}(t) = \dfrac{2}{3}(e^{-5t} - e^{-20t})\varepsilon(t)\,\mathrm{V}$ （2） $u_{czs}(t) = 10te^{-10t}\varepsilon(t)\,\mathrm{V}$

（3） $u_{czs}(t) = \dfrac{5}{4}e^{-6t}\sin(8t)\varepsilon(t)\,\mathrm{V}$

5.24 （1） $u_{czi}(t) = (-e^{-5t} + 2e^{-20t})\varepsilon(t)\,\mathrm{V}$ （2） $u_{czi}(t) = (-20t + 1)e^{-10t}\varepsilon(t)\,\mathrm{V}$

（3） $u_{czi}(t) = \sqrt{5}e^{-6t}\sin(8t + 63.4°)\varepsilon(t)\,\mathrm{V}$

5.25 （1） $y_{zs}(t) = e^{-2t}\varepsilon(t)$

（2） $y_{zs}(t) = (e^{-t} - e^{-2t})\varepsilon(t)$

（3） $y_{zs}(t) = \dfrac{1}{2}[\sqrt{2}\cos(2t - 45°) - e^{-2t}]\varepsilon(t)$

（4） $y_{zs}(t) = \dfrac{1}{2T}(1 - e^{-2t})\varepsilon(t) - \dfrac{1}{2T}[1 + (2T - 1)e^{-2(t-T)}]\varepsilon(t - T)$

5.26 $i(t) = \dfrac{U_0}{3}\left[2\delta(t) + \dfrac{1}{3}e^{-\frac{t}{3}}\right]\varepsilon(t)\,\mathrm{A}$ $u_R(t) = \dfrac{U_0}{3}e^{-\frac{t}{3}}\varepsilon(t)\,\mathrm{V}$

5.27 $h(t) = 2\delta'(t) - 2\delta(t) + 2e^{-t}\varepsilon(t)$, $g(t) = 2\delta(t) - 2e^{-t}\varepsilon(t)$

5.28 （1） $\dfrac{1 - e^{-j2\omega}}{j\omega}$ （2） $\dfrac{1 - e^{-j\omega} - j\omega e^{-j\omega}}{-\omega^2}$

（3） $\dfrac{\pi}{2}[\delta(\omega + \beta) + \delta(\omega - \beta)] - \dfrac{j\omega}{\omega^2 - \beta^2}$

习　题　六

6.1 （1） $\dfrac{-2z}{2z - 1}$, $|z| < \dfrac{1}{2}$ （2） $\dfrac{-5z}{(z - 2)(3z - 1)}$, $\dfrac{1}{3} < |z| < 2$

（3） $\dfrac{-3z}{(z - 2)(2z - 1)}$, $\dfrac{1}{2} < |z| < 2$ （4） $\dfrac{32z^5}{2z - 1}$, $\dfrac{1}{2} < |z| < \infty$

6.2 （1） $\dfrac{3z}{3z - 1}$, $|z| > \dfrac{1}{3}$ （2） $\dfrac{z}{z + 3}$, $|z| > 3$

（3） $\dfrac{4z^2 - 7z}{(2z - 1)(z - 3)}$, $|z| > 3$ （4） $\dfrac{z^2 - \dfrac{1}{\sqrt{2}}z}{z^2 - \sqrt{2}z + 1}$, $|z| > 1$

（5） $\dfrac{\dfrac{1}{\sqrt{2}}(z^2 + z)}{z^2 + 1}$, $|z| > 1$

6.3 （1） $\delta(k)$ （2） $\delta(k + 3)$

(3) $\delta(k-1)$

(4) $2\delta(k+1)+\delta(k)-\delta(k-2)$

(5) $a^k\varepsilon(k)$

(6) $-a^k\varepsilon(-k-1)$

6.4 (1) $\dfrac{z^2}{z^2-1},\ |z|>1$

(2) $\dfrac{z}{z-1}\left(\dfrac{z^4-1}{z^4}\right)^2,\ |z|>0$

(3) $\dfrac{-z}{(z+1)^2},\ |z|>1$

(4) $\dfrac{1}{(z-1)^2},\ |z|>1$

(5) $\dfrac{2z}{(z-1)^3},\ |z|>1$

(6) $\dfrac{z+1}{(z-1)^3},\ |z|>1$

(7) $\dfrac{z^4-4z+3}{z^3(z-1)^2},\ |z|>1$

(8) $\dfrac{z^2}{z^2+1},\ |z|>1$

(9) $\dfrac{4z^2}{4z^2+1},\ |z|>0.5$

(10) $\dfrac{\sqrt{2}z(2z-1)}{4z^2+1},\ |z|>0.5$

6.5 (1) $\dfrac{z(z^2-1)}{(z^2+1)^2}$

(2) $\ln\left(\dfrac{z-b}{z-a}\right)$

6.6 (1) $f(0)=1,f(1)=3,f(2)=7$

(2) $f(0)=1,f(1)=\dfrac{3}{2},f(2)=\dfrac{9}{4}$

6.7 (1) 能，0

(2) 能，2

6.8 (1) $2\delta(k)+\left(-\dfrac{1}{2}\right)^k\varepsilon(k)$ 或 $3\delta(k)+(-\dfrac{1}{2})^k\varepsilon(k-1)$

(2) $a\delta(k)+(a^2-1)a^{k-1}\varepsilon(k-1)$ 或 $a^{k+1}\varepsilon(k)-a^{k-1}\varepsilon(k-1)$

(3) $[2(-2)^k-(-1)^k]\varepsilon(k)$

(4) $\left[2\left(\dfrac{1}{2}\right)^k-\left(\dfrac{1}{4}\right)^k\right]\varepsilon(k)$

6.9 (1) $\left[\left(\dfrac{1}{2}k+3\right)\left(\dfrac{1}{2}\right)^k-4\right]\varepsilon(-k-1)$

(2) $-4\varepsilon(-k-1)-(k+3)\left(\dfrac{1}{2}\right)^k\varepsilon(k)$

6.10 (1) $\dfrac{z}{z-1}F\left(\dfrac{z}{a}\right)$

(2) $\dfrac{z}{z-a}F\left(\dfrac{z}{a}\right)$

6.11 (1) $a^{k-2}\varepsilon(k-2)$

(2) $\dfrac{1-a^k}{1-a}\varepsilon(k)$

6.12 (1) $(0.9)^{k+1}\varepsilon(k)$

(2) $[-(-1)^k+(2)^k]\varepsilon(k)$

6.13 (1) $[1+0.9(0.9)^k]\varepsilon(k)$

(2) $\left[\dfrac{1}{6}+\dfrac{1}{2}(-1)^k-\dfrac{2}{3}(-2)^k\right]\varepsilon(k)$

6.14 $y_{zi}(k)=\left[\dfrac{1}{2}(-1)^k-2^k\right]\varepsilon(k)$　$y_{zs}(k)=\left[-\dfrac{1}{2}+\dfrac{1}{6}(-1)^k+\dfrac{4}{3}2^k\right]\varepsilon(k)$

$y(k)=\left[-\dfrac{1}{2}+\dfrac{2}{3}(-1)^k+\dfrac{1}{3}2^k\right]\varepsilon(k)$

6.15 (a) $h(k)=\left(\dfrac{1}{3}\right)^k\varepsilon(k),\quad g(k)=\left[\dfrac{3}{2}-\dfrac{1}{2}\left(\dfrac{1}{3}\right)^k\right]\varepsilon(k)$

(b) $h(k)=\left(\dfrac{1}{2}\right)^{k-1}\varepsilon(k-1),\quad g(k)=2\left[1-\left(\dfrac{1}{2}\right)^k\right]\varepsilon(k)$

6.16 （1） $-2\delta(k)+\left(\dfrac{1}{2}\right)^k \varepsilon(k)$ （2） $2\left[\left(\dfrac{1}{2}\right)^k -1\right]\varepsilon(k)$

（3） $\left[\dfrac{1}{\sqrt{3}}\left(\dfrac{1}{2}\right)^k -\dfrac{2}{\sqrt{3}}\cos\left(\dfrac{\pi}{3}k-\dfrac{\pi}{3}\right)\right]\varepsilon(k)$ （4） $\left[\dfrac{2\sqrt{2}}{9}\left(\dfrac{1}{2}\right)^k -\dfrac{2}{\sqrt{3}}\left(\sqrt{2}\right)^k \cos\left(\dfrac{\pi}{2}k-74.2°\right)\right]\varepsilon(k)$

6.17 （1） $H(z)=\dfrac{2z+1}{z(z+0.1)}$ （2） $h(k)=10\delta(k-1)-8(-0.1)^{k-1}\varepsilon(k-1)$

（3） $y(k)+0.1y(k-1)=2f(k-1)+f(k-2)$

6.18 $H(z)=\dfrac{15z-6}{3z-1}$，   （图略）

6.19 $H(z)=\dfrac{2z^2+0.5}{z^2+z-0.75}$， $y(k)+y(k-1)-0.75y(k-2)=2f(k)+0.5f(k-2)$

6.20 $k\left(\dfrac{1}{2}\right)^{k-1}\varepsilon(k)$

6.21 $y_{zs3}(k)=(k+1)\left(\dfrac{1}{2}\right)^k \varepsilon(k)$

6.22 $y_{zs}(k)=2\varepsilon(k-1)$

6.23 $h_1(k)=\left(\dfrac{1}{2}\right)^k \varepsilon(k)$

6.24 $a=4$，$b=-16$，$c=8$
6.25 $f(k)=(k+1)\varepsilon(k)$
6.26 $f(k)=-\varepsilon(k)$

习　题　七

7.1 （1） $H(s)=\dfrac{1-2s}{s^2+5s+6}$；零点：0.5；极点：$-2$，$-3$

（2） $H(s)=\dfrac{s}{s^2+6s+25}$；零点：0；极点：$-3\pm j4$

（3） $H(z)=\dfrac{z^2-1}{z^2-z+0.5}$；零点：$\pm1$；极点：$0.5\pm j0.5$

（4） $H(z)=\dfrac{4z^2+8z}{8z^2-4z+1}$；零点：0，$-2$；极点：$0.25\pm j0.25$

7.2 （a） $H(s)=\dfrac{2}{s+2}$ （b） $H(s)=\dfrac{-6(s-1)}{(s+2)(s+3)}$

7.3 （a） $H(s)=\dfrac{s}{s+2}$，$|H(j\omega)|=\dfrac{1}{\sqrt{1+\left(\dfrac{2}{\omega}\right)^2}}$ （b） $H(s)=\dfrac{s-2}{s+2}$，$|H(j\omega)|=1$

7.4 （1）不稳定   （2）稳定   （3）稳定

7.5 $k<2$

7.6 $H(s)=\dfrac{3s+2}{s^3+3s^2+2s}$

附录 A　卷积积分表

序　号	$f_1(t)$	$f_2(t)$	$f_1(t) * f_2(t)$
1	$f(t)$	$\delta'(t)$	$f'(t)$
2	$f(t)$	$\delta(t)$	$f(t)$
3	$f(t)$	$\varepsilon(t)$	$\displaystyle\int_{-\infty}^{t} f(\lambda)\mathrm{d}\lambda$
4	$\varepsilon(t)$	$\varepsilon(t)$	$t\varepsilon(t)$
5	$t\varepsilon(t)$	$\varepsilon(t)$	$\dfrac{1}{2}t^2\varepsilon(t)$
6	$\mathrm{e}^{-\alpha t}\varepsilon(t)$	$\varepsilon((t)$	$\dfrac{1}{\alpha}(1-\mathrm{e}^{-\alpha t})\varepsilon(t)$
7	$\mathrm{e}^{-\alpha_1 t}\varepsilon(t)$	$\mathrm{e}^{-\alpha_2 t}\varepsilon(t)$	$\dfrac{1}{\alpha_2-\alpha_1}(\mathrm{e}^{-\alpha_1 t}-\mathrm{e}^{-\alpha_2 t})\varepsilon(t),\alpha_1\neq\alpha_2$
8	$\mathrm{e}^{-\alpha t}\varepsilon(t)$	$\mathrm{e}^{-\alpha t}\varepsilon(t)$	$t\mathrm{e}^{-\alpha t}\varepsilon(t)$
9	$t\varepsilon(t)$	$\mathrm{e}^{-\alpha t}\varepsilon(t)$	$\left(\dfrac{\alpha t-1}{\alpha^2}+\dfrac{1}{\alpha^2}\mathrm{e}^{-\alpha t}\right)\varepsilon(t)$
10	$t\mathrm{e}^{-\alpha_1 t}\varepsilon(t)$	$\mathrm{e}^{-\alpha_2 t}\varepsilon(t)$	$\left[\dfrac{(\alpha_2-\alpha_1)t-1}{(\alpha_2-\alpha_1)^2}\mathrm{e}^{-\alpha_1 t}+\dfrac{1}{(\alpha_2-\alpha_1)^2}\mathrm{e}^{-\alpha_2 t}\right]\varepsilon(t),\qquad\alpha_1\neq\alpha_2$
11	$t\mathrm{e}^{-\alpha t}\varepsilon(t)$	$\mathrm{e}^{-\alpha t}\varepsilon(t)$	$\dfrac{1}{2}t^2\mathrm{e}^{-\alpha t}\varepsilon(t)$
12	$\mathrm{e}^{-\alpha_1 t}\cos(\beta t+\theta)\varepsilon(t)$	$\mathrm{e}^{-\alpha_2 t}\varepsilon(t)$	$\left[\dfrac{\mathrm{e}^{-\alpha_1 t}\cos(\beta t+\theta-\phi)}{\sqrt{(\alpha_2-\alpha_1)^2+\beta^2}}-\dfrac{\mathrm{e}^{-\alpha_2 t}\cos(\theta-\phi)}{\sqrt{(\alpha_2-\alpha_1)^2+\beta^2}}\right]$，其中 $\phi=\arctan\left(\dfrac{\beta}{\alpha_2-\alpha_1}\right)$

附录 B　卷 积 和 表

序号	$f_1(k)$	$f_2(k)$	$f_1(k) * f_2(k)$
1	$f(k)$	$\delta(k)$	$f(k)$
2	$f(k)$	$\varepsilon(k)$	$\displaystyle\sum_{i=-\infty}^{k} f(i)$
3	$\varepsilon(k)$	$\varepsilon(k)$	$(k+1)\varepsilon(k)$
4	$k\varepsilon(k)$	$\varepsilon(k)$	$\dfrac{1}{2}(k+1)k\varepsilon(k)$
5	$a^k \varepsilon(k)$	$\varepsilon(k)$	$\dfrac{1-a^{k+1}}{1-a}\varepsilon(k), a \neq 0$
6	$a_1^k \varepsilon(k)$	$a_2^k \varepsilon(k)$	$\dfrac{a_1^{k+1}-a_2^{k+1}}{a_1-a_2}\varepsilon(k), a_1 \neq a_2$
7	$a^k \varepsilon(k)$	$a^k \varepsilon(k)$	$(k+1)a^k\varepsilon(k)$
8	$k\varepsilon(k)$	$a^k \varepsilon(k)$	$\dfrac{k}{1-a}\varepsilon(k)+\dfrac{a(a^k-1)}{(1-a)^2}\varepsilon(k)$
9	$k\varepsilon(k)$	$k\varepsilon(k)$	$\dfrac{1}{6}(k+1)k(k-1)\varepsilon(k)$
10	$a_1^k \cos(\beta k+\theta)\varepsilon(k)$	$a_2^k \varepsilon(k)$	$\dfrac{a_1^{k+1}\cos\left[\beta(k+1)+\theta-\varphi\right]-a_2^{k+1}\cos(\theta-\varphi)}{\sqrt{a_1^2+a_2^2-2a_1a_2\cos\beta}}\varepsilon(k)$ $$\varphi=\arctan\left[\dfrac{a_1\sin\beta}{a_1\cos\beta-a_2}\right]$$

附录 C　常用周期信号的傅里叶系数表

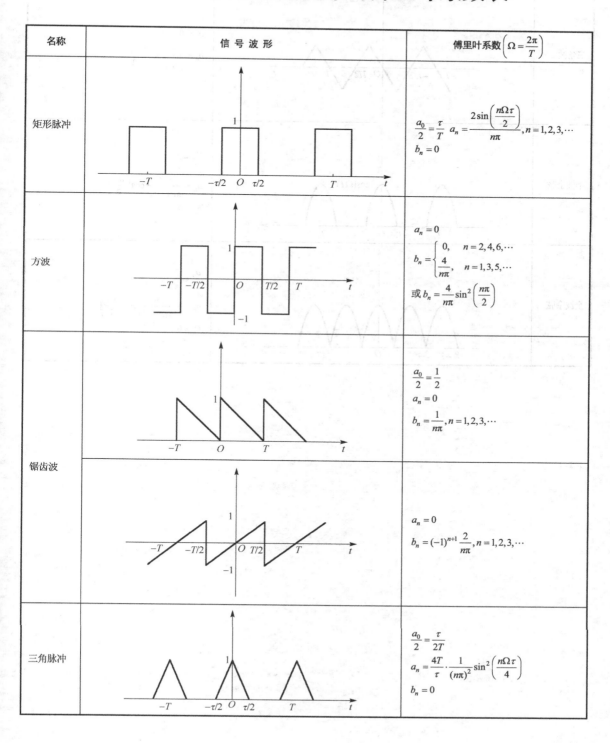

名称	信号波形	傅里叶系数 $\left(\Omega=\dfrac{2\pi}{T}\right)$
矩形脉冲		$\dfrac{a_0}{2}=\dfrac{\tau}{T}\quad a_n=\dfrac{2\sin\left(\dfrac{n\Omega\tau}{2}\right)}{n\pi},\ n=1,2,3,\cdots$ $b_n=0$
方波		$a_n=0$ $b_n=\begin{cases}0, & n=2,4,6,\cdots\\[2mm]\dfrac{4}{n\pi}, & n=1,3,5,\cdots\end{cases}$ 或 $b_n=\dfrac{4}{n\pi}\sin^2\left(\dfrac{n\pi}{2}\right)$
锯齿波		$\dfrac{a_0}{2}=\dfrac{1}{2}$ $a_n=0$ $b_n=\dfrac{1}{n\pi},\ n=1,2,3,\cdots$
		$a_n=0$ $b_n=(-1)^{n+1}\dfrac{2}{n\pi},\ n=1,2,3,\cdots$
三角脉冲		$\dfrac{a_0}{2}=\dfrac{\tau}{2T}$ $a_n=\dfrac{4T}{\tau}\cdot\dfrac{1}{(n\pi)^2}\sin^2\left(\dfrac{n\Omega\tau}{4}\right)$ $b_n=0$

名称	信 号 波 形	傅里叶系数 $\left(\Omega = \dfrac{2\pi}{T}\right)$
三角波		$a_n = 0$ $b_n = \dfrac{8}{(n\pi)^2} \sin\left(\dfrac{n\pi}{2}\right)$
半波余弦		$\dfrac{a_0}{2} = \dfrac{1}{\pi}$ $a_n = \dfrac{-2}{\pi(n^2-1)} \cos\left(\dfrac{n\pi}{2}\right)$ $b_n = 0$
全波余弦		$\dfrac{a_0}{2} = \dfrac{2}{\pi}$ $a_n = -\dfrac{4}{\pi(n^2-1)} \cos\left(\dfrac{n\pi}{2}\right)$ $b_n = 0$

附录 D　常用信号的傅里叶变换表

表 1　能 量 信 号

序号	名称	时间函数 $f(t)$ 表示式	时间函数 $f(t)$ 波形图	傅里叶变换 $F(\mathrm{j}\omega)$
1	矩形脉冲 （门函数）	$g_\tau(t)=\begin{cases}1, & \|t\|<\dfrac{\tau}{2}\\[2mm]0, & \|t\|>\dfrac{\tau}{2}\end{cases}$		$\tau\mathrm{Sa}\left(\dfrac{\omega\tau}{2}\right)=\dfrac{2}{\omega}\sin\left(\dfrac{\omega\tau}{2}\right)$
2	三角脉冲	$f_\Delta(t)=\begin{cases}1-\dfrac{2\|t\|}{\tau}, & \|t\|<\dfrac{\tau}{2}\\[2mm]0, & \|t\|>\dfrac{\tau}{2}\end{cases}$		$\dfrac{\tau}{2}\mathrm{Sa}^2\left(\dfrac{\omega\tau}{4}\right)$
3	锯齿脉冲	$\begin{cases}\dfrac{1}{\tau}\left(t+\dfrac{\tau}{2}\right), & \|t\|<\dfrac{\tau}{2}\\[2mm]0, & \|t\|>\dfrac{\tau}{2}\end{cases}$		$\mathrm{j}\dfrac{1}{\omega}\left[\mathrm{e}^{-\mathrm{j}\frac{\omega\tau}{2}}-\mathrm{Sa}\left(\dfrac{\omega\tau}{2}\right)\right]$
4	梯形脉冲	$\begin{cases}1, & \|t\|<\dfrac{\tau_1}{2}\\[2mm]\dfrac{\tau}{\tau-\tau_1}\left(1-\dfrac{2\|t\|}{\tau}\right), & \dfrac{\tau_1}{2}<\|t\|<\dfrac{\tau}{2}\\[2mm]0, & \|t\|>\dfrac{\tau}{2}\end{cases}$		$\dfrac{8}{\omega^2(\tau-\tau_1)}\sin\left[\dfrac{\omega(\tau+\tau_1)}{4}\right]\times$ $\sin\left[\dfrac{\omega(\tau-\tau_1)}{4}\right]$
5	单边指数 脉冲	$\mathrm{e}^{-\alpha t}\varepsilon(t),\alpha>0$		$\dfrac{1}{\alpha+\mathrm{j}\omega}$
6	偶双边指 数信号	$\mathrm{e}^{-\alpha\|t\|},\alpha>0$		$\dfrac{2\alpha}{\alpha^2+\omega^2}$

续表

序号	名称	时间函数 $f(t)$ 表示式	波形图	傅里叶变换 $F(j\omega)$
7	奇双边指数信号	$\begin{cases} -e^{\alpha t}, & t<0 \\ e^{-\alpha t}, & t>0 \end{cases}(\alpha>0)$		$-j\dfrac{2\omega}{\alpha^2+\omega^2}$
8	钟形脉冲	$e^{-\left(\frac{t}{\tau}\right)^2}$		$\sqrt{\pi}\tau\cdot e^{-\left(\frac{\omega\tau}{2}\right)^2}$
9	余弦脉冲	$\begin{cases} \cos\left(\dfrac{\pi}{\tau}t\right), & |t|<\dfrac{\tau}{2} \\ 0, & |t|>\dfrac{\tau}{2} \end{cases}$		$\dfrac{\pi\tau}{2}\cdot\dfrac{\cos\left(\frac{\omega\tau}{2}\right)}{\left(\frac{\pi}{2}\right)^2-\left(\frac{\omega\tau}{2}\right)^2}$
10	升余弦脉冲	$\begin{cases} \dfrac{1}{2}\left[1+\cos\left(\dfrac{2\pi}{\tau}t\right)\right], & |t|<\dfrac{\tau}{2} \\ 0, & |t|>\dfrac{\tau}{2} \end{cases}$		$\dfrac{\sin\left(\frac{\omega\tau}{2}\right)}{\omega\left[1-\left(\frac{\omega\tau}{2\pi}\right)^2\right]}$

表 2　奇异信号和功率信号

序号	时间函数 $f(t)$	傅里叶变换 $F(j\omega)$
1	$\delta(t)$	1
2	1	$2\pi\delta(\omega)$
3	$\varepsilon(t)$	$\pi\delta(\omega)+\dfrac{1}{j\omega}$
4	$\mathrm{sgn}(t)$	$\dfrac{2}{j\omega}$
5	$\delta'(t)$	$j\omega$
6	t	$j2\pi\delta'(\omega)$
7	$\delta^{(n)}(t)$	$(j\omega)^n$
8	t^n	$2\pi(j)^n\delta^{(n)}(\omega)$
9	$t\varepsilon(t)$	$j\pi\delta'(\omega)-\dfrac{1}{\omega^2}$
10	$\dfrac{1}{t}$	$-j\pi\,\mathrm{sgn}(\omega)$
11	$|t|$	$-\dfrac{2}{\omega^2}$

序号	时间函数 $f(t)$	傅里叶变换 $F(j\omega)$
12	$e^{j\omega_0 t}$	$2\pi\delta(\omega - \omega_0)$
13	$\cos(\omega_0 t)$	$\pi[\delta(\omega + \omega_0) + \delta(\omega - \omega_0)]$
14	$\sin(\omega_0 t)$	$j\pi[\delta(\omega + \omega_0) - \delta(\omega - \omega_0)]$
15	$\delta_T(t) = \displaystyle\sum_{n=-\infty}^{\infty} \delta(t - nT)$	$\Omega\delta_\Omega(\omega) = \Omega \displaystyle\sum_{n=-\infty}^{\infty} \delta(\omega - n\Omega), \Omega = \dfrac{2\pi}{T}$
16	$\displaystyle\sum_{n=-\infty}^{\infty} F_n e^{jn\Omega t}$	$2\pi \displaystyle\sum_{n=-\infty}^{\infty} F_n\delta(\omega - n\Omega), \quad \Omega = \dfrac{2\pi}{T}$

附录 E　拉普拉斯逆变换表

（编号中第一个数字表示 $F(s)$ 分母中的最高次数）

编　号	$F(s)$	$f(t),\ t \geqslant 0$
0-1	s	$\delta'(t)$
0-2	1	$\delta(t)$
1-1	$\dfrac{1}{s}$	$\varepsilon(t)$
1-2	$\dfrac{b_0}{s+\alpha}$	$b_0 \mathrm{e}^{-\alpha t}$
2-1	$\dfrac{\beta}{s^2+\beta^2}$	$\sin(\beta t)$
2-2	$\dfrac{s}{s^2+\beta^2}$	$\cos(\beta t)$
2-3	$\dfrac{\beta}{s^2-\beta^2}$	$\sinh(\beta t)$
2-4	$\dfrac{s}{s^2-\beta^2}$	$\cosh(\beta t)$
2-5	$\dfrac{\beta}{(s+\alpha)^2+\beta^2}$	$\mathrm{e}^{-\alpha t}\sin(\beta t)$
2-6	$\dfrac{s+\alpha}{(s+\alpha)^2+\beta^2}$	$\mathrm{e}^{-\alpha t}\cos(\beta t)$
2-7	$\dfrac{\beta}{(s+\alpha)^2-\beta^2}$	$\mathrm{e}^{-\alpha t}\sinh(\beta t)$
2-8	$\dfrac{s+\alpha}{(s+\alpha)^2-\beta^2}$	$\mathrm{e}^{-\alpha t}\cosh(\beta t)$
2-9	$\dfrac{b_1 s+b_0}{(s+\alpha)^2+\beta^2}$	$A\mathrm{e}^{-\alpha t}\sin(\beta t+\theta)$，其中 $A\mathrm{e}^{\mathrm{j}\theta}=\dfrac{b_0-b_1(\alpha-\mathrm{j}\beta)}{\beta}$
2-10	$\dfrac{b_1 s+b_0}{s^2}$	$b_0 t+b_1$
2-11	$\dfrac{b_1 s+b_0}{s(s+\alpha)}$	$\dfrac{b_0}{\alpha}-\left(\dfrac{b_0}{\alpha}-b_1\right)\mathrm{e}^{-\alpha t}$
2-12	$\dfrac{b_1 s+b_0}{(s+\alpha)(s+\beta)}$	$\dfrac{b_0-b_1\alpha}{\beta-\alpha}\mathrm{e}^{-\alpha t}+\dfrac{b_0-b_1\beta}{\alpha-\beta}\mathrm{e}^{-\beta t}$
2-13	$\dfrac{b_1 s+b_0}{(s+\alpha)^2}$	$\left[(b_0-b_1\alpha)t+b_1\right]\mathrm{e}^{-\alpha t}$
3-1	$\dfrac{b_2 s^2+b_1 s+b_0}{(s+\alpha)(s+\beta)(s+\gamma)}$	$\dfrac{b_0-b_1\alpha+b_2\alpha^2}{(\beta-\alpha)(\gamma-\alpha)}\mathrm{e}^{-\alpha t}+\dfrac{b_0-b_1\beta+b_2\beta^2}{(\alpha-\beta)(\gamma-\beta)}\mathrm{e}^{-\beta t}+\dfrac{b_0-b_1\gamma+b_2\gamma^2}{(\alpha-\gamma)(\beta-\gamma)}\mathrm{e}^{-\gamma t}$
3-2	$\dfrac{b_2 s^2+b_1 s+b_0}{(s+\alpha)^2(s+\beta)}$	$\dfrac{b_0-b_1\beta+b_2\beta^2}{(\alpha-\beta)^2}\mathrm{e}^{-\beta t}+\dfrac{b_0-b_1\alpha+b_2\alpha^2}{\beta-\alpha}t\mathrm{e}^{-\alpha t}-\dfrac{b_0-b_1\beta+b_2\alpha(2\beta-\alpha)}{(\beta-\alpha)^2}\mathrm{e}^{-\alpha t}$
3-3	$\dfrac{b_2 s^2+b_1 s+b_0}{(s+\alpha)^3}$	$b_2\mathrm{e}^{-\alpha t}+(b_1-2b_2\alpha)t\mathrm{e}^{-\alpha t}+\dfrac{1}{2}(b_0-b_1\alpha+b_2\alpha^2)t^2\mathrm{e}^{-\alpha t}$
3-4	$\dfrac{b_2 s^2+b_1 s+b_0}{(s+\gamma)(s^2+\beta^2)}$	$\dfrac{b_0-b_1\gamma+b_2\gamma^2}{\gamma^2+\beta^2}\mathrm{e}^{-\gamma t}+A\sin(\beta t+\theta)$，其中 $A\mathrm{e}^{\mathrm{j}\theta}=\dfrac{(b_0-b_2\beta^2)+\mathrm{j}b_1\beta}{\beta(\gamma+\mathrm{j}\beta)}$
3-5	$\dfrac{b_2 s^2+b_1 s+b_0}{(s+\gamma)\left[(s+\alpha)^2+\beta^2\right]}$	$\dfrac{b_0-b_1\gamma+b_2\gamma^2}{(\alpha-\gamma)^2+\beta^2}\mathrm{e}^{-\gamma t}+A\mathrm{e}^{-\alpha t}\sin(\beta t+\theta)$，其中 $A\mathrm{e}^{\mathrm{j}\theta}=\dfrac{b_0-b_1(\alpha-\mathrm{j}\beta)+b_2(\alpha-\mathrm{j}\beta)^2}{\beta(\gamma-\alpha+\mathrm{j}\beta)}$

编　号	$F(s)$	$f(t),\ t \geqslant 0$
4-1	$\dfrac{1}{s^2(s^2+\beta^2)}$	$\dfrac{1}{\beta^3}\big[\beta t - \sin(\beta t)\big]$
4-2	$\dfrac{1}{(s^2+\beta^2)^2}$	$\dfrac{1}{2\beta^3}\big[\sin(\beta t) - \beta t \cos(\beta t)\big]$
4-3	$\dfrac{s}{(s^2+\beta^2)^2}$	$\dfrac{1}{2\beta}t\sin(\beta t)$
4-4	$\dfrac{s^2}{(s^2+\beta^2)^2}$	$\dfrac{1}{2\beta}\big[\sin(\beta t) + \beta t \cos(\beta t)\big]$
4-5	$\dfrac{s^2-\beta^2}{(s^2+\beta^2)^2}$	$t\cos(\beta t)$

附录 F 序列的 z 变换表

序号	$f(k), \quad k \geqslant 0$	$F(z)$
1	$\delta(k)$	1
2	$\delta(k-m), \quad m \geqslant 0$	z^{-m}
3	$\varepsilon(k)$	$\dfrac{z}{z-1}$
4	$\varepsilon(k-m), \quad m \geqslant 0$	$\dfrac{z}{z-1} \cdot z^{-m}$
5	k	$\dfrac{z}{(z-1)^2}$
6	k^2	$\dfrac{z^2+z}{(z-1)^3}$
7	k^3	$\dfrac{z^3+4z^2+z}{(z-1)^4}$
8	a^k	$\dfrac{z}{z-a}$
9	$\dfrac{a^k-(-a)^k}{2a}$	$\dfrac{z}{z^2-a^2}$
10	$\dfrac{a^k+(-a)^k}{2a}$	$\dfrac{z^2}{z^2-a^2}$
11	ka^k	$\dfrac{az}{(z-a)^2}$
12	k^2a^k	$\dfrac{az^2+a^2z}{(z-a)^3}$
13	k^3a^k	$\dfrac{az^3+4a^2z^2+a^3z}{(z-a)^4}$
14	$\dfrac{k(k-1)}{2}$	$\dfrac{z}{(z-1)^3}$
15	$\dfrac{(k+1)k}{2}$	$\dfrac{z^2}{(z-1)^3}$
16	$\dfrac{(k+2)(k+1)}{2}$	$\dfrac{z^3}{(z-1)^3}$
17	ka^{k-1}	$\dfrac{z}{(z-a)^2}$
18	$(k+1)a^k$	$\dfrac{z^2}{(z-a)^2}$
19	$\dfrac{k(k-1)\cdots(k-m+1)}{m!}$	$\dfrac{z}{(z-1)^{m+1}}$
20	$\dfrac{(k+1)\cdots(k+m)a^k}{m!}, \quad m \geqslant 1$	$\dfrac{z^{m+1}}{(z-a)^{m+1}}$
21	$\dfrac{a^k-b^k}{a-b}$	$\dfrac{z}{(z-a)(z-b)}$
22	$\dfrac{a^{k+1}-b^{k+1}}{a-b}$	$\dfrac{z^2}{(z-a)(z-b)}$
23	e^{ak}	$\dfrac{z}{z-\mathrm{e}^\alpha}$

序号	$f(k),\ k \geqslant 0$	$F(z)$
24	$e^{j\beta k}$	$\dfrac{z}{z - e^{j\beta}}$
25	$\cos(\beta k)$	$\dfrac{z[z - \cos\beta]}{z^2 - 2z\cos\beta + 1}$
26	$\sin(\beta k)$	$\dfrac{z\sin\beta}{z^2 - 2z\cos\beta + 1}$
27	$\cos(\beta k + \theta)$	$\dfrac{z^2\cos\theta - z\cos(\beta - \theta)}{z^2 - 2z\cos\beta + 1}$
28	$\sin(\beta k + \theta)$	$\dfrac{z^2\sin\theta + z\sin(\beta - \theta)}{z^2 - 2z\cos\beta + 1}$
29	$a^k\cos(\beta k)$	$\dfrac{z(z - a\cos\beta)}{z^2 - 2az\cos\beta + a^2}$
30	$a^k\sin(\beta k)$	$\dfrac{az\sin\beta}{z^2 - 2az\cos\beta + a^2}$
31	$ka^k\cos(\beta k)$	$\dfrac{az(z^2 + a^2)\cos\beta - 2a^2 z^2}{(z^2 - 2az\cos\beta + a^2)^2}$
32	$ka^k\sin(\beta k)$	$\dfrac{az(z^2 - a^2)\sin\beta}{(z^2 - 2az\cos\beta + a^2)^2}$
33	$a^k\cosh(\beta k)$	$\dfrac{z[z - a\cosh\beta]}{z^2 - 2az\cosh\beta + a^2}$
34	$a^k\sinh(\beta k)$	$\dfrac{az\sinh\beta}{z^2 - 2az\cosh\beta + a^2}$
35	$\dfrac{1}{k}a^k,\ k > 0$	$\ln\left(\dfrac{z}{z - a}\right)$
36	$\dfrac{1}{k!}a^k$	$e^{\frac{a}{z}}$
37	$\dfrac{[\ln a]^k}{k!}$	$a^{\frac{1}{z}}$
38	$\dfrac{1}{(2k)!}$	$\cosh\sqrt{\dfrac{1}{z}}$
39	$\dfrac{1}{k+1}$	$z\ln\left(\dfrac{z}{z+1}\right)$
40	$\dfrac{1}{2k+1}$	$\dfrac{1}{2}\sqrt{z}\ln\dfrac{\sqrt{z}+1}{\sqrt{z}-1}$

参 考 文 献

1. 吴大正. 信号与线性系统分析[M]. 4 版. 北京: 高等教育出版社, 2005.

2. 郑君里. 信号与系统（上、下册）[M]. 2 版. 北京: 高等教育出版社, 2000.

3. 陈后金. 信号与系统[M]. 北京: 北京交通大学出版社, 2003.

4. 陈戈珩. 信号与系统[M]. 北京: 清华大学出版社, 2007.

5. 应自炉. 信号与系统[M]. 北京: 国防工业出版社, 2005.

6. 徐亚宁. 信号与系统[M]. 北京: 电子工业出版社, 2007.

7. 段哲民. 信号与系统[M]. 2 版. 西安: 西北工业大学出版社, 2005.

8. A V 奥本海姆. 信号与系统[M]. 2 版. 刘海棠, 译. 西安: 西安交通大学出版社, 2001.

9. 汤全武. 信号与系统[M]. 武汉: 华中科技大学出版社, 2008.